Tellington —
Training für Pferde

Ich widme dieses Buch meiner brillanten Schwester Robyn Hood und meinem geliebten Mann Roland Kleger.

LINDA TELLINGTON-JONES
MIT BOBBIE LIEBERMAN

Tellington — Training für Pferde

DAS GROSSE LEHR- UND PRAXISBUCH

MIT KOSMOS MEHR ENTDECKEN
Mit 10 FILMEN
SEIT 1822

KOSMOS

Die Tellington-Methode für Pferde: Basiswissen

Das komplette Lehr- und Praxisbuch der Tellington-Methode

Dies ist das erste umfassende Lehr- und Praxisbuch der Tellington-Methode für Pferde. Es enthält das komplette Wissen, um die Tellington-Methode im Training mit Pferden erfolgreich anzuwenden.

Das Buch gliedert sich in drei große Kapitel.

- Das erste Kapitel „Die Tellington-Methode für Pferde“ enthält das Basiswissen und bietet einen interessanten Einstieg in die Methode.
- Das zweite Kapitel „Verhalten, Training und Gesundheit“ beschreibt alle gängigen Probleme mit Pferden und deren Lösungen in alphabetischer Reihenfolge.
- Das dritte Kapitel „Tellington Training für Pferde“ zeigt alle Tellington-Techniken in ihrer praktischen Anwendung und erklärt sie mit zahlreichen Schritt-für-Schritt-Fotos und Illustrationen:
  Tellington TTouch: Alle Tellington TTouches
  Bodenarbeit: Führpositionen und Hindernisse im Lernparcours
  Reiten: Techniken und Ausrüstungen für mehr Freude im Sattel

Das Kapitel endet mit einer Fallstudie zum wichtigen Thema Verladen; es zeigt, wie man Pferde sicher auf das Hängerfahren vorbereiten kann.

Verhalten, Training und Gesundheit: Probleme und Lösungen von A–Z

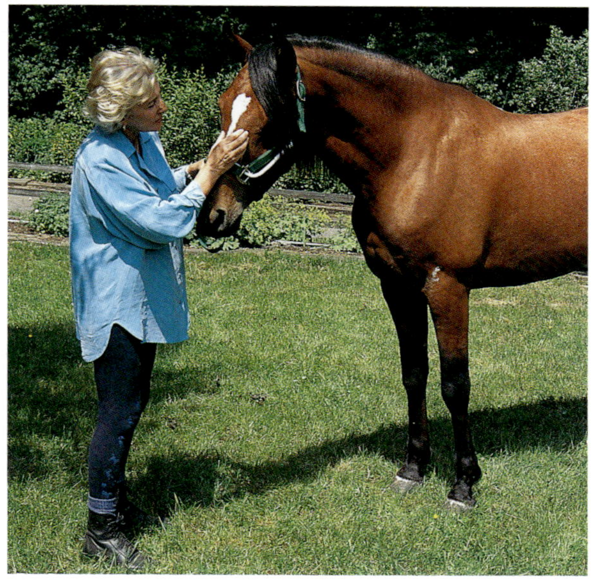

Tellington Training für Pferde: Tellington TTouch

DAS KOSTENLOSE EXTRA: DIE KOSMOS-PLUS-APP FÜR DIGITALE ZUSATZINHALTE

Dieses Buch bietet Ihnen weitere Inhalte in Form von ausgewählten Lektionen als Video, die durch dieses Symbol 123 gekennzeichnet sind.

Und so geht's:

1. Besuchen Sie den App Store oder Google Play
2. Laden Sie die kostenlose App „KOSMOS-PLUS" auf Ihr Mobilgerät
3. Öffnen Sie die App und laden die Inhalte für Tellington-Training für Pferde herunter. Geben Sie hierfür das Codewort „TTouch" ein.
4. Auf den Buchseiten mit dem Symbol 123 können Sie sich die Videos ansehen. Dazu geben Sie den dort genannten Zahlen-Code, z. B. 001, in die App ein.

Mehr Informationen finden Sie unter plus.kosmos.de

Bodenarbeit

Reiten

Zum Geleit: John Lyons

Es gibt einige wenige Pferdetrainer, die so wie Linda Tellington-Jones für jahrelange Kontinuität stehen. Linda verkörpert aber nicht nur Beständigkeit in ihrer Arbeit, die für die Ausbildung von Pferden absolut notwendig ist, sondern sie zeigt sie in ihrem ganzen Lebensstil. Linda trägt ihr Herz nach außen. Sie ist einfach sie selbst. Ihre Energie und ihre Herzenswärme strahlen aus ihrem Gesicht und ihrem Lächeln.

Ich habe viele Menschen erlebt, die mit blumigen Worten beschreiben, wie freundlich sie mit Pferden umgehen, konnte dies aber nicht mehr entdecken, als sie auf ihren Pferden saßen. Wer rüde mit seinem Pferd umgeht, ist meist auch rüde zu anderen Menschen. Linda kenne ich seit 20 Jahren und habe erleben können, dass sie mit Pferden und Menschen stets achtsam und einfühlsam umgeht.

Ihre Trainingstechniken sind die humansten, die je entwickelt wurden. Schmerz ist niemals die Lösung für ein Problem, es ist aber leider oft der Weg, mit dem Pferden gezeigt wird, auf was sie sich konzentrieren sollen. Ich bin immer wieder überrascht, wie Pferde trotz Schmerzen versuchen, es dem Reiter recht zu machen. Linda zeigt mit ihrer Arbeit, wie sehr Schmerzen dem Lernen entgegenstehen. Ihre leichte Hand mit Pferden zeigt wundervolle Ergebnisse.

Ich werde nie die Nacht vergessen, als sie mit meinem Hengst Zip arbeitete, als er während einer Pferdemesse Mitte der 90er-Jahre plötzlich eine unerklärliche gesundheitliche Krise hatte. Von einem Moment auf den anderen wurde Zip friedlich. Pferde reagieren sofort auf Freundlichkeit. Sie nehmen jede Kleinigkeit wahr, die man tut. Durch die Art der Berührung kann man sie friedlich stimmen. Berührung kann sich oberflächlich oder herzlich anfühlen. Auch Pferde spüren und verstehen die „Qualität“ einer Berührung. Es ist dasselbe wie zwischen Menschen – manchmal fühlt sich eine Umarmung kalt an oder aber man fühlt sich darin warm und geborgen. Ich glaube nicht, dass dies etwas Geheimnisvolles ist, aber jeder Mensch kann es spüren und den anderen danach einschätzen.

Ich traf Linda das erste Mal 1987 in Scottsdale, Arizona. Wir beide wurden gebeten, unsere Arbeit zu demonstrieren. Ich beobachtete, wie Linda ein kopfscheues und ein zitterndes Pferd behandelte. Sie arbeitete sehr gut mit beiden Pferden, beantwortete alle Fragen des Publikums in einer direkten, ernsthaften Art und konnte den Leuten mit ihren Pferden wirklich helfen.

Die Pferdewelt verändert sich ständig, es tauchen immer wieder neue Einsteiger auf und alle haben mit den gleichen Probleme zu tun, die wir schon seit Jahren kennen: Kleben an anderen Pferden, Koordinationsprobleme, Rückenprobleme, scheuende Pferde, Durchgänger, Pferde ohne Selbstkontrolle, Pferde, die sich vor jeder Bewegung fürchten, um nur einige zu nennen.

Es benötigt echte Hingabe, um ein Werk wie dieses zusammenzutragen. Es genügt nicht nur, das Wissen zu haben, viel wichtiger ist die nötige Zielstrebigkeit und Ausdauer, um ein Kompendium wie dieses zu vollenden.

Dies ist ein Buch, das jeder Pferdemensch besitzen sollte.
Meine Gratulation, Linda!

John Lyons

John Lyons

John Lyons ist der in den USA gefragteste Pferdetrainer und weltweit bekannt und anerkannt.

Zum Geleit: Ingrid Klimke

Als mich Linda darum bat, das Vorwort für ihr ultimatives TTEAM- und TTouch-Pferdebuch zu schreiben, ehrte mich das sehr.

Meine Familie und ich kennen Linda Tellington-Jones schon seit vielen Jahren und schätzen ihr Engagement für das Wohl der Tiere und vor allem der Pferde. Ihre Ideen für die Behandlung, den Umgang und das Reiten sind pferdegerecht, logisch und von jedem leicht und sicher anwendbar. Sie macht es Einsteigern in den Reitsport leicht, ein großes Tier wie ein Pferd auf freundliche Art behandeln und anleiten zu können. Viele Menschen möchten mit Pferden zusammen sein, ohne dabei aber aggressiv oder dominant sein zu müssen. Mit der Tellington-Methode ist das möglich. Aber auch Pferdeprofis wie ich sind dankbar für ihre innovativen Trainingsideen und die Möglichkeiten, ein Leistungspferd mit TTouch zu stärken und gesund zu erhalten.

Linda zeigt für alle möglichen Problemsituationen Lösungen auf, die für Mensch und Pferd ohne Stress oder Kampf ablaufen. Manche in der Pferdewelt immer noch üblichen Methoden sind nicht zum Wohl des Pferdes und machen auch die Menschen unglücklich, die sie anwenden.

Ich finde es interessant und lehrreich, dass Linda in diesem Buch erklärt, welche Problemlösungen ihr sinnvoll erscheinen und welche alternativen Ideen sie vorschlägt.

Mein Vater Reiner Klimke und ich lernten Linda Tellington-Jones kennen, als er sie einlud, ihre Methode an seinen Pferden zu demonstrieren. Wir alle waren höchst beeindruckt von ihr. Seit dieser Zeit ist auch meine Mutter Ruth Klimke, die sich in der Deutschen Reiterlichen Vereinigung engagiert, in regem Kontakt mit Linda.

Als mein Vater ein viertägiges Dressurreiter-Seminar in Los Angeles abhielt, lud er sie ein, ihm zur Seite zu stehen. Ihn interessierte ihre Meinung zu den Pferden, und er bat sie um Vorschläge, wie sie trainiert werden sollten. Einige der Pferde waren sehr nervös, weil die Plastikplane, mit der die Halle bedeckt war, laut flatterte. Durch das Reiten mit Balancezügel und Körperband, das Linda vorschlug, konnten sie in der Aufwärmphase losgelassen am langen Zügel traben, was vorher nicht möglich war. Über tausend Zuschauer besuchten dieses Seminar, es war eine sehr interessante und befruchtende Zusammenarbeit, die leider nicht fortgeführt werden

konnte, als mein Vater starb. Ich freue mich darauf, dass Linda und ich zusammen mit meinen Pferden arbeiten werden, wenn sie wieder einmal in Deutschland ist.

Ich kann mich dem Ausspruch meines Vaters: „Jeder Pferdemensch sollte die Tellington-Methode kennen und sie bei seinen Pferden anwenden" von ganzem Herzen anschließen.

Ingrid Klimke
Dressur- und Vielseitigkeitsreiterin
Mannschaftsweltmeisterin in der Vielseitigkeit

Dr. Reiner Klimke war der erfolgreichste Dressurreiter der Welt. Seine Medaillen und Siege erritt er alle auf selbst ausgebildeten Pferden.
Seine Tochter Ingrid Klimke folgt den Spuren ihres berühmten Vaters. Die Olympiateilnehmerin ist die einzige Profireiterin der Welt, die sowohl in der Dressur als auch in der Vielseitigkeit international erfolgreich reitet.

DIE TELLINGTON-METHODE FÜR PFERDE: BASISWISSEN

Was ist die Tellington-Methode™?

Die Tellington-Methode ist ein spezielles System zur Ausbildung von Pferden und Reitern, das ich im Verlauf von drei Jahrzehnten entwickelt habe. Mitte der 1970er-Jahre entdeckte ich, dass man mit einer bestimmten Art von Körperarbeit Furcht, Spannungen, Unbehagen und Schmerz bei Pferden zum Verschwinden bringen und damit ihr Verhalten ändern, die Persönlichkeit beeinflussen und insgesamt Gesundheit und Wohlbefinden verbessern kann.

Die Tellington-Methode besteht aus drei Komponenten: Der Tellington-TTouch, bekannt als TTouch (gesprochen Ti-Tatsch), ist eine Form der Körperarbeit und umfasst vielfältige kreisförmige, hebende und gleitende Bewegungen, die mit den Händen und den Fingerkuppen ausgeführt werden.

In Verbindung mit sorgfältig ausgewählten Bodenübungen und Lektionen unter dem Sattel erweitert und verbessert die Tellington-Methode auf geradezu dramatische Weise Lernfähigkeit und Kooperationsbereitschaft des Pferdes, steigert Gleichgewicht und Koordination bei Pferd und Reiter und vertieft die Bindung zwischen Mensch und Pferd.

Eine entspannte Körperhaltung beeinflusst das Verhalten des Pferdes, der Kampf-oder-Flucht-Reflex wird überwunden.

Wie die Tellington-Methode entstanden ist

Körperarbeit an Tieren scheint eine moderne Erscheinung zu sein. Aber schon 1905 wurde meinem Großvater Will Caywood, nachdem die von ihm trainierten Vollblüter auf der Moskauer Rennbahn 87 Mal als Sieger durchs Ziel gegangen waren, der Titel „Führender Trainer" verliehen. Als Preis erhielt er einen juwelengeschmückten Spazierstock aus der Hand von Zar Nikolaus II. Seinen Erfolg führte mein Großvater auf die Tatsache zurück, dass alle Pferde in seinem Stall jeden Tag 30 Minuten lang massiert wurden, und zwar über jeden Quadratzentimeter ihres Körpers.

Das Wissen meines Großvaters hat mein ganzes Leben beeinflusst. 1965 veröffentlichte ich mit meinem damaligen Ehemann Wentworth Tellington zusammen ein Handbuch mit dem Titel „Massage and Physical Therapy for the Athletic Horse" (Massage und Physiotherapie für das Leistungspferd). Es basierte auf der Körperarbeit, mit der wir unsere Pferde nach 100-Meilen-Distanzritten, Hindernisrennen, Vielseitigkeitsprüfungen und Turnieren, an denen ich damals häufig teilnahm, wieder frisch machten. Sie erholten sich damit viel schneller.

Der Einfluss der Feldenkrais-Methode

Es wäre mir damals aber nicht im Traum eingefallen, dass sich das Verhalten und der Charakter eines Tieres – und seine Bereitwilligkeit und Fähigkeit zu lernen – durch Körperarbeit beeinflussen ließen. Das änderte sich 1975, als ich mich am Humanistic Psychology Institute in San Francisco für einen 4-Jahres-Kurs bei Dr. Moshe Feldenkrais einschrieb. Dieses Studium fiel aus meinem gewohnten Rahmen als Reitlehrerin. Es handelte sich um eine Methode der Integration von Körper und Geist für das menschliche Nervensystem, und ich kam aus der Welt der Pferde.

Damals hatte ich schon mehr als 20 Jahre lang Pferde geritten und trainiert, und die letzten zehn Jahre war ich Mitbesitzerin und Leiterin der Pacific Coast Equestrian Research Farm School of Horsemanship gewesen, die sich mit der Ausbildung von

Reitlehrern und Pferdetrainern befasste. Für den Kurs hatte ich mich eingeschrieben in der Hoffnung, Dr. Feldenkrais' Methode für Menschen zur Verbesserung meiner eigenen Lehrtätigkeit für Pferdeleute einsetzen zu können. Im Endergebnis konnte ich die Feldenkrais-Methode, bekannt für Leistungssteigerung, Schmerzlinderung, Verbesserung von neurologischen Funktionsstörungen und Steigerung des Lernpotenzials, abwandeln zu einer höchst effektiven Methode zur Verbesserung von Leistung, Lernfähigkeit und Wohlbefinden von Pferden.

Im Verlauf der nächsten acht Jahre arbeitete ich mit Hunderten von Pferden und entwickelte neue Wege, sie vom Boden aus zu bewegen und sie so durch Hindernisse zu führen, dass sich im Gehirn neue Nervenleitungen bildeten, was ihre Lernwilligkeit und -fähigkeit verbesserte. Die positiven Veränderungen im Verhalten, in Gleichgewicht und Leistungsfähigkeit waren bemerkenswert. Bekannt wurde diese Arbeit als **T**ellington **T**ouch **E**quine **A**wareness **M**ethod oder auch TTEAM.

Tellington-TTouch: Das Aha-Erlebnis

1983 brachte eine neue Wendung in meiner Arbeit mit Pferden. Ich befasste mich damals mit einer Vollblutstute, die es hasste, geputzt und gesattelt zu werden. Sie legte dann die Ohren an und schlug mit dem Schweif, manchmal auch mit dem Hinterbein. Ich begann damit, meine Hände mit winzigen, kaum sichtbaren Feldenkrais-Bewegungen über ihren Körper wandern zu lassen, und zur großen Überraschung von Wendy, ihrer Besitzerin, fing sie an, sich zu entspannen – sie ließ den Kopf sinken, ihre Augen wurden ganz sanft, und sie stand ruhig still.

Wendy traute ihren Augen kaum und fragte: „Was machst du denn da? Setzt du Energie ein oder so was?" Ohne nachzudenken erwiderte ich: „Kümmere dich nicht darum, was ich mache, leg einfach deine Hände auf das Pferd und verschieb die Haut in einem Kreis." Meine Antwort überraschte mich genauso wie sie, aber ich hatte schon vor Jahren gelernt, meiner Intuition zu vertrauen. Verblüfft sah ich zu, wie die normalerweise so aggressive Stute mit weichem, nach innen gekehrtem Blick ruhig dastand, während Wendy ihr Fell in kleinen Kreisen verschob. Eine weitere Überraschung war, dass sie unter Wendys Händen genauso ruhig wurde wie bei mir.

Dazu müssen Sie wissen, dass ich nie zuvor an Kreise gedacht hatte und sie nichts mit der Feldenkrais-Methode zu tun hatten. Heute bin ich überzeugt, dass der TTouch ein göttliches Geschenk war. Intuitiv erfasste ich, dass ich etwas Besonderes erlebte und dass ich diese kreisförmigen Berührungen näher erforschen musste.

Die verschiedenen TTouches

In den folgenden Monaten und Jahren experimentierte ich mit verschiedenen Druckstärken, Durchmessern und Geschwindigkeiten. Ich übte mich darin, meine Hände intuitiv auf verschiedene

Sanft kreisende TTouches überall am Körper fördern das Vertrauen. Sie schaffen damit eine enge Bindung zu Ihrem Pferd und erfahren, welche Berührungen Ihrem Pferd gut tun.

Sie lernen mit der Tellington-Methode neue Wege kennen, um mit Ihrem Pferd zu einer neuen Form der Verständigung zu finden.

Art und Weise zu bewegen, je nachdem, was die Tiere als angenehm empfanden. Meine Schwester Robyn Hood hat Augen wie ein Luchs. Mithilfe ihrer logischen Herangehensweise dokumentierten wir, wie ich meine Hände hielt und bewegte.

Bis Mitte der 1980er-Jahre hatten wir eine einfache Methode entwickelt, die als Tellington-TTouch bekannt wurde. Im Gegensatz zu der brillanten funktionalen Integration von Dr. Feldenkrais, die ich jahrelang angewandt hatte, war der TTouch leichter zu erlernen und hatte tief greifende Auswirkungen auf Verhalten, Gesundheit und Leistung des Pferdes. Gleichzeitig verstärkte er die Pferd-Mensch-Beziehung.

Mit dieser Entdeckung konnte jeder an einem Pferdekörper mit den sanften, leicht erlernbaren kreisförmigen Bewegungen arbeiten, die 1983 von der Zeitschrift EQUUS einprägsam als „The Touch That Teaches“ (im Deutschen weniger einprägsam: „Die Berührung, die lehrt“) beschrieben wurden. Seitdem haben wir über 30 verschiedene TTouches entwickelt, alle leicht verschieden in der Wirkung. Bei dieser großen Auswahl brauchten wir kreative, einprägsame Namen für jede Bewegung, und so nannte ich die TTouches nach verschiedenen Tieren, mit denen ich gearbeitet hatte und mit denen besondere Erinnerungen verknüpft waren.

Ein Durchbruch in der Pferdeausbildung

Im FS-Testzentrum Reken wurde ein Forschungsprojekt durchgeführt, das zeigen sollte, ob ein Durchschnittsreiter mithilfe der Tellington-Methode ein Problempferd erfolgreich korrigieren kann. Wir nahmen zwanzig Pferde in das Projekt, das sich über fünf Wochen erstreckte. Außerdem wurden fünf Reiter mit wenig Erfahrung ausgewählt, um die Wirksamkeit der Methode zu testen, wenn sie von Durchschnittsreitern angewandt wurde.

Die von ihren Reitern und Tierärzten zu uns geschickten Testpferde wiesen dokumentierte Verhaltensprobleme und neurologische Störungen auf. Einige galten als hoffnungslose Fälle. Die Ergebnisse waren bemerkenswert und bildeten die Grundlage für mein erstes Buch, „Die Tellington-Methode: So erzieht man sein Pferd“.

Ein weiteres interessantes Forschungsprojekt zum Thema Stressreduktion bei Sportpferden wurde 1984 im russischen Olympia-Reitzentrum Bitsa durchgeführt. An diesem zehntägigen Seminar nahm eine Gruppe von acht russischen Tierärzten teil.

Wir arbeiteten mit TTouch und Bodenarbeit im Lernparcours an zehn Pferden, die in der Dressur- oder Springausbildung standen. Sie wurden jeden Tag auf das Stresshormon Cortisol hin untersucht, ebenso wie zehn weitere „Kontrollpferde“, die nicht in den Genuss der Tellington-Methode kamen. Die Ergebnisse, veröffentlicht vom Bitsa-Veterinärzentrum, zeigten, dass bei nach unserer Methode behandelten Pferden ein ausgeprägter Rückgang des hormonellen Stressniveaus zu verzeichnen war.

TTouch-Studium gestartet

Das Center for Spirituality and Healing der Universität von Minnesota hat 2001 ein Center for Tellington TTouch Research and Education eingerichtet. Das Center for Spirituality and Healing ist eine Dachorganisation für das einzige Programm im Land, das einen akademischen Abschluss (graduate minor) in alternativen Heilmethoden anbietet. Der Studiengang steht Akademikern aller Disziplinen offen, und der wahlweise angebotene Kurs Tellington TTouch for Humans bringt zwei Anrechnungspunkte für das Programm. Akademiker vieler Disziplinen und von überall her auf der Welt haben diesen Einführungskurs belegt und können am Center for Spirituality and Healing einen Forschungsfokus vervollständigen. Weitere Informationen unter www.csh.umn.edu.

Forschungen bestätigen die Wirkung

Als ich in den 1980er-Jahren erhebliche Veränderungen bei den traumatisierten Tieren, mit denen ich arbeitete, feststellte, gab es wenig Verständnis und keinerlei Forschung, die mein intuitives Gefühl, dass die TTouches auf der Zellebene Angstzustände beheben und die Erinnerung an Schmerzen löschen könnten, gestützt hätten. Nun allerdings hat die Neurologin Candice Pert in ihrem Buch „Moleküle der Gefühle" ausgeführt, dass Emotionen in den Zellen nachweisbar sind und von Neuropeptiden, komplexen Strukturen, die als „Botenmoleküle" dienen, zum Gehirn geleitet werden, um Körper und Geist zu vereinen. Laut der Autorin wohnt „der Berührung eine Kraft inne, unsere natürlichen Chemikalien zu stimulieren und zu regulieren". Sie erkennt auch das Phänomen der Zellintelligenz an und stützt damit mein intuitives Gefühl, dass der TTouch auf der Zellebene wirkt. Einen tiefen Eindruck machte mir auch die Aussage des Nobelpreisträgers Charles Sherrington, Mediziner und Forscher auf dem Gebiet des Nervensystems: „Jede Zelle im Körper weiß um ihre Funktion innerhalb des Körpers und ihre Funktion im Universum." Das ist wohl der Grund für den Erfolg der Tellington-Methode bei misshandelten oder extrem scheuen Tieren.

TTouch wirkt auf die Gehirnfunktion

Von 1987 bis 1988 arbeitete ich mit Anna Wise vom Biofeedback Institute in Boulder, Colorado, an der Messung der Aktivität von Hirnstromwellen zusammen. Anna Wise hatte elf Jahre als Forschungsassistentin bei Maxwell Cade, dem Biologen und Biophysiker, gearbeitet, dem die Entdeckung zu verdanken ist, dass bei einem Menschen der effektivste geistige Wachzustand mit einem immer gleichen Muster von Alpha-, Beta-, Theta- und Deltawellen zusammenfällt. Cade nannte dies den „Awakened Mind State", den „Zustand des geistigen Wachseins".

Anna Wise ist die Autorin des Buches „The High-Performance Mind".

Anna kannte meine Arbeit und interessierte sich dafür, ob dieses Hirnstromwellenmuster während der Arbeit mit dem TTouch auch bei mir vorhanden sein würde. Als sie feststellte, dass dieses Hirnstromwellenmuster bei mir tatsächlich ständig vorhanden war, wenn ich einen Menschen mit TTouch behandelte, wollte sie wissen, ob meine Schüler über dieselbe Fähigkeit verfügten. Während sie gegenseitig den TTouch anwandten, wurden auch bei ihnen Hirnstromwellen in beiden Hirnhälften aktiviert. Aber noch bemerkenswerter war, dass die Menschen, bei denen der TTouch angewandt wurde, dasselbe ausgeprägte Muster aufwiesen.

Hier wurde die Studie nun wirklich interessant. Anna beschloss, das Stirnband des Messgeräts einem Pferd anzulegen. Sobald wir mit den kleinen Kreisen am Pferdekörper anfingen, leuchtete der Schirm für beide Hirnhälften auf, manchmal sehr ähnlich dem Muster, das bei der ausführenden Person entstand. Wir standen wie erstarrt, konnten es kaum glauben, zum einen vor Überraschung, dass die für den Denkprozess verantwortlichen Betawellen aktiviert waren, zum andern, dass

Wenn sie ihr Pferd mit der Tellington-Methode ausbilden, gehört Abwechslung zu Ihrem täglichen Programm. Ihr Pferd wird ein sicherer Partner.

Wenn Sie so entspannt und sicher durchs Wasser traben können, haben Sie viel erreicht. Setzen Sie sich Ziele.

die Muster in beiden Hirnhälften denen der Menschen oft sehr ähnlich waren – ein Prozess, der „entrainment", auf Deutsch „einsteigen", genannt wird.

Alle 20 Practitioner fingen auf einen Schlag an zu reden. Unser erster Gedanke war: Würde dieses Muster immer erscheinen, unabhängig davon, wie man das Pferd berührte? Also rieben, streichelten und „kreisten" wir an einer bestimmten Stelle, aber wir konnten die Betawellen nicht in diesem speziellen Muster wiederholen.

Nur wenn die Haut in einem Eineinviertelkreis, und das höchstens zwei Mal, verschoben wurde, sahen wir eine Aktivierung der Hirnstromwellen, die mit logischem Denken assoziiert werden, oder die Aktivität beider Hirnhälften.

Aber uns stand noch eine weitere Offenbarung bevor. Im Jahr darauf, in einem einwöchigen Kurs, hatte Anna ein in England gefertigtes drahtloses Stirnband zur Verfügung, das uns erlaubte, die Hirnstromwellenmuster an einem Pferd in Bewegung zu messen. Wieder hatten wir dieses Aha-Erlebnis, das uns eine Gänsehaut bescherte. Das Muster des speziellen Lernzustands zeigte sich auch dann wieder, wenn das Pferd mit verkürzten Schritten durch die Bodenübung geführt wurde, die wir das Labyrinth nennen.

Das Erlebnis war geeignet, unser Bewusstsein zu verändern. Der Gedanke, dass Pferde zu einer Hirnstromwellentätigkeit fähig waren, die der unseren gleichkam, eröffnete eine völlig neue Perspektive bezüglich der Lernfähigkeit von Pferden und gab Anlass, das Bewusstsein von Pferden neu zu überdenken. Und die Tatsache, dass der Mensch, der die TTouches ausführte, dieselben Muster aufwies, scheint zu bedeuten, dass der TTouch für den Menschen ebenso nützlich sein kann wie für das Pferd!

Neue Bewusstheit durch TTouch

An dem Trainingskurs, der uns dieses Aha-Erlebnis bescherte, nahm eine zweijährige Vollblutstute teil, die derartig explosiv und hysterisch war, dass der Besitzer beschlossen hatte, sie einschläfern zu lassen. Mein Kurs war die letzte Chance, sie vielleicht doch noch auf die Reihe zu bringen. Als sie an den Hirnstrom-Monitor angeschlossen wurde, zeigte dieser ganz klar: Die Stute war total konfus, man konnte schon sagen „übergeschnappt". Kein Wunder, dass sie sich nicht konzentrieren und nicht auf normale Weise lernen konnte.

Als wir mit den TTouches an ihrem Körper begannen, veränderten sich sofort die Muster auf dem Hirnstrom-Monitor. Hier hatten wir den Beweis dafür, dass der TTouch messbare Veränderungen im Gehirn bewirkte. Im Verlauf der nächsten Woche machte das Stütchen eine Kehrtwendung um 180 Grad und wurde handzahm, konzentriert und offensichtlich lernfähig. Die zuvor so störrische Zweijährige hatte eine glänzende Zukunft vor sich, und wir hatten handfeste Beweise dafür, dass der TTouch eine wissenschaftliche Basis hatte, auf die das Wunder sich stützen konnte.

Die Tellington-Methode heute

Ausgehend von 14 Büchern in 12 Sprachen, 23 Videos, unzähligen Artikeln in Zeitschriften, einem vierteljährlich erscheinenden Newsletter auf Englisch und Deutsch und vielen TV- und Rundfunkdokumentationen in Europa, Asien, Südamerika, Afrika, Australien, Kanada und den USA verbreitet sich die Tellington-Methode weiter um die Welt. Über 1.200 TTouch-Practitioners für Pferde und Heimtiere in 26 Ländern halten Seminare ab und arbeiten mit einzelnen Tieren (Kontakt-Adressen finden Sie im Serviceteil). Der Tellington-TTouch hat mich in nahezu jeden Winkel der Erde geführt, und ich lerne ununterbrochen weiter dazu. Auch Sie können mit nur ein paar Minuten TTouch am Tag auf Dauer Gesundheit, Verhalten und Lernfähigkeit Ihres Pferdes positiv beeinflussen.

Klassische Horsemanship im neuen Jahrtausend

Seit vor ca. 6000 Jahren Pferde in der zentralasiatischen Steppe domestiziert wurden, waren sie wichtige Begleiter der Menschen. Die Vereinigung von Pferd und Mensch zu einem einzigen, kentaurähnlichen Wesen wird heute sogar als Ausgangspunkt für den verblüffenden Kreativitäts- und

Oben: Katzenmutter und Kätzchen lernen den TTouch gemeinsam kennen. Es kommt darauf an, die Bedürfnisse der Tiere zu verstehen und entsprechend zu reagieren.

Links: Die Tellington-Methode hat sich auch für die Erziehung und Behandlung von Haus- und Wildtieren bewährt. Es gibt weltweit eine Vielzahl von Tellington-Lehrern extra für Hunde und Katzen sowie Bücher und Filme, die in vielen Sprachen erschienen sind.

Produktivitätsschub betrachtet, die letztendlich zur digitalen Ära und zum Weltraumzeitalter führte. Denken Sie einmal darüber nach: Vom Pferd ging der Anstoß aus, der Homo sapiens vom zu Fuß gehenden Jäger/Sammler zum umherziehenden Reitersoldaten machte, der die Welt eroberte und sie samt ihren Nationen, Kulturen, Sprachen und Handelsbeziehungen umformte.

Ich lade Sie und Ihr Pferd ein zu einer faszinierenden Reise, die zu einem lebenslangen Abenteuer des Lernens für Sie und Ihren vierbeinigen Gefährten werden kann. Sie lernen seine Persönlichkeit, seinen Charakter und sein Verhalten mit neuen Augen zu sehen. Ich möchte Ihnen das Werkzeug und die Techniken an die Hand geben, Ihre Probleme zu lösen, den Herausforderungen zu begegnen und die Genugtuung und Freude zu erleben, dass Ihr Pferd all das verwirklichen kann, was die Natur ihm an Talenten mitgegeben hat.

Neue Perspektiven in der Pferdewelt

Wir leben erstmals in einer Zeit, in der Pferde nicht mehr wichtig sind für Transport, Handel oder Krieg. In unserer industrialisierten Gesellschaft werden Pferde hauptsächlich für sportliche Zwecke, zum Vergnügen und zur Erholung gehalten. Die Pferdewelt verändert sich, weil heute viele Erwachsene die Zeit und auch das Geld haben, ihre lebenslange Begeisterung für Pferde auszuleben. Viele dieser Wiedereinsteiger haben Pferde schon als Kind geliebt und spüren eine starke Affinität zu allem, was diese wunderbaren Geschöpfe verkörpern – Abenteuer, Freiheit, eine Herausforderung zu lernen. Nur zu oft erleben ihre Träume aber einen harten Zusammenprall mit der Wirklichkeit, wenn sich die Reiterei und die Arbeit mit Pferden als nicht so leicht erweisen, wie sie dachten oder sie in Erinnerung hatten. Und wenn sie Rat suchen, müssen sie oft feststellen, dass man ihnen statt Vertrauen und Partnerschaft, die sie sich erhofft hatten, Unterwerfung und Gehorsam predigt: „Zeigen Sie ihm, wer der Boss ist."

Erfolgreiche Ausbilder haben schon immer intuitiv gewusst, dass ein Pferd nur dann sein Bestes geben kann, wenn es gern für sie arbeitet. Damit ein Rennpferd auf der Zielgeraden sein Letztes gibt, ein Cutting Horse sich mit aller Kraft in den Boden stemmt, ein Springpferd auch den letzten Sprung noch mit Glanz und Gloria meistert, ein Dressurpferd mit seinem Reiter zu einem einzigen Wesen verschmilzt und schwierigste Lektionen mit Anmut und Leichtigkeit ausführt, genügt es nicht, wenn ein Pferd seine Aufgaben mechanisch und gehorsam absolviert.

Respektvoll sein

In Diskussionsrunden und in den Chatrooms des Internets ist oft das Wort „Respekt" zu hören, wie zum Beispiel: „Das Pferd muss Respekt vor dem Reiter haben." Mir erscheint das unvollständig, so, als ob Respekt eine einseitige Angelegenheit wäre. Ich finde, auch wir sollten das Pferd respektvoll behandeln und seine oder ihre Persönlichkeit anerkennen. So finde ich den Zulu-Gruß „Ich sehe dich", in der Bedeutung „Ich sehe deine Seele", höchst eindrucksvoll. In meinen Augen ist es an der Zeit, dass wir die Individualität von Pferden (und anderen Tieren) erkennen und ihre Seele und inneren Werte ebenso anerkennen wie die unserer eigenen Spezies.

Vor Kurzem sagte meine Schwester und Instructor-Kollegin Robyn Hood während eines von uns beiden gemeinsam geleiteten Seminars: „Alle Welt redet von Pferdeflüsterern. Ich finde, wir sollten endlich damit anfangen, auf das Flüstern unserer Pferde zu hören." Dem kann ich mich nur von ganzem Herzen anschließen. Wenn wir unsere Ohren dem Flüstern unserer Pferde verschließen, wird aus dem Flüstern oft ein Schrei, der anzeigt, dass etwas ganz und gar nicht in Ordnung ist, aber die Botschaft geht oft an uns vorbei.

Pferdeverhalten verstehen

Das Tellington-Training geht die Dinge mit Mitgefühl an, was mit den folgenden Erkenntnissen beginnt:

- Wenn ein Pferd sich unkooperativ verhält, gibt es dafür immer einen Grund, sei es körperlich, seelisch oder emotional.
- Ein Pferd, das unter Stress steht, kann nicht lernen.
- Ein Pferd, das Angst hat, kann nicht aufpassen.
- Ein Pferd, das sich unbehaglich fühlt oder Schmerzen hat, weil Sattel, Gebiss oder Zäumung nicht passen oder es falsch beschlagen ist, kann die Anforderungen des Reiters nicht erfüllen.
- Ein Pferd, das nicht genügend Bewegung hat, zu viel oder zu wenig Futter erhält, kann nicht kooperativ sein.

Ich habe vor über einem Vierteljahrhundert damit begonnen, mich genauer mit den Gründen zu

Oben: Das Training im Lernparcours ist eine wichtige Säule des Tellington-Trainings. Noch vor fünfzehn Jahren war es nicht selbstverständlich, ein Reitpferd an der Hand auszubilden, inzwischen hat es sich auch in anderen Methoden etabliert.

Links: 1974 war das Reiten mit Halsring auf der großen Pferdemesse Equitana eine Sensation. Heute ist es ein wichtiger Teil des Tellington-Reittrainings, verbreitet in anderen Methoden und schafft eine unvergleichliche Vertrauensbasis zwischen Mensch und Pferd.

befassen, warum Pferde sich so und nicht anders verhalten. Auf der Grundlage von biologischen Prinzipien habe ich Lösungen entwickelt, die jedermann, vom unerfahrensten Anfänger bis zum Profi-Trainer, ohne Risiko und erfolgreich anwenden kann. Ich habe nach Wegen gesucht, die Aufmerksamkeit des Pferdes zu gewinnen, damit es den Menschen als Führer anerkennt und wir im Verlauf dieses Prozesses eine Beziehung entwickeln, die zu einer gefahrlosen und angenehmen Partnerschaft führen kann.

Partnerschaft zwischen Mensch und Tier

Wie bereits erwähnt, wird für den Fall eines unerwünschten Verhaltens von Seiten des Pferdes oft geraten, dominant zu sein, ihm zu zeigen, „wer hier der Boss ist", als ob Anbrüllen oder Schläge jedes Problem und jedes Fehlverhalten beheben könnten. Bei Pferdeleuten mit sehr viel Erfahrung mag dies Wirkung zeigen, aber was ist mit denen, die weder das Timing noch das Geschick und die Kraft – oder auch nicht den Wunsch – haben, ein Pferd zu dominieren? Und was ist mit Pferden, die sich nicht einschüchtern lassen?

Es ist an der Zeit, mit den aus der Mode gekommenen Modellen von Dominanz und Unterwerfung, dem jahrhundertealten Konzept der „Herrschaft des Menschen über das Tier" aufzuräumen. In unserem neuen Jahrhundert explodieren geradezu die wissenschaftlichen Beweise dafür, dass Tiere über weit mehr Intelligenz und Sensibilität verfügen und zu komplexeren Gefühlen und Emotionen fähig sind, als wir uns das jemals zuvor vorstellen konnten.

Da wissenschaftliche Forschungsergebnisse zusammentreffen mit einer wachsenden Wertschätzung der Öffentlichkeit für die Vielfalt und Heiligkeit jeglichen Lebens auf unserem Planeten, ist es kulturell nicht länger akzeptabel, Tiere so zu behandeln, als hätten sie keine Gefühle und Emotionen, nicht die Fähigkeit zu denken.

Was hat es für einen Sinn, ein Pferd stundenlang im Round Pen herumzutreiben, um ihm beizubringen, zu einem zu kommen, wenn es nicht versteht, was es tun soll? Oder es angebunden den ganzen Tag in der Sonne stehen zu lassen in der Hoffnung, dass es endlich kapiert und aufhört, „sich nach Australien durchzugraben"? Wie können wir noch solche Standardtechniken erklären wie Pferde so lange zu arbeiten, bis sie vor Erschöpfung aufgeben, ihnen stundenlang den Kopf am Steigbügel oder am Schweif anzubinden, damit sie endlich „nachgeben", oder sie mit einem hochgebundenen Vorderbein zu longieren, damit sie Gehorsam lernen?

Angesichts dessen, was wir heutzutage über die schädlichen Auswirkungen von Stress auf Gesundheit, Lernfähigkeit und Langlebigkeit wissen, wird es Zeit, einen neuen Ansatz für die Erziehung des Pferdes zu entwickeln.

Instinkt und Intelligenz

Die Tellington-Methode führt das Pferd über seine Instinkte hinaus, hebt den Kampf-oder-Flucht-Reflex auf und stärkt nicht nur seine Lernfähigkeit, sondern auch seinen Wunsch zur Kooperation. Mit unserer Herangehensweise lernen Sie, das Interesse Ihres Pferdes zu gewinnen und es so fein auf sich abzustimmen, dass es Sie mag und respektiert. Das führt dazu, dass sowohl Sie wie Ihr Pferd an Selbstvertrauen gewinnen und sich in jeder Situation sicher fühlen können.

Mein Motto lautet: Es ist leichter, ein paar Pfund Gehirnmasse zu beeinflussen als 1000 Kilogramm Pferdefleisch. Sie werden feststellen, dass die Beziehung, die Sie entwickeln, wenn Ihr Pferd Sie mag und gern mit Ihnen zusammenarbeitet, reicher und lohnender ist, als Sie es je für möglich gehalten haben.

Was Sie von der Tellington-Methode erwarten können

- Probleme im Verhalten oder beim Training sowie gebäudebedingte Schwierigkeiten gewaltlos zu verbessern oder zu beheben;
- das Vertrauen Ihres Pferdes, seine Kooperation und seinen Lernwillen zu stärken;
- sowohl beim Pferd wie beim Reiter Selbstvertrauen aufzubauen;
- mehr Sicherheit für Sie selbst und Ihr Pferd, am Boden wie im Sattel;
- mehr Freude an Ihrem Pferd und an Ihrer beider Leistung;
- Gleichgewicht, Gesundheit und Lebenserwartung Ihres Pferdes zu verbessern;
- das Erlebnis und die Freude, auf einem neuen Niveau zu reiten;
- Ihrem Pferd eine abwechslungsreichere Umwelt zu bieten;
- Ihre Effizienz als Pferdefrau und Pferdemann zu erhöhen.

Im Laufe der Jahre hat meine Organisation, genannt Tellington-TTouch-Training, unzählige Fallstudien verzeichnet von Menschen, die ihren Pferden einen neuen Anfang geboten haben und deren Verhalten sich nach relativ kurzer Zeit vollständig veränderte. Im ganzen Buch werden Sie immer wieder auf solche Berichte aus erster Hand, Mini-Fallgeschichten, treffen, als Inspiration, die Tellington-Methode selbst auszuprobieren.

Die Vielfalt der Tellington-Methode

Stellen Sie sich dieses Trainingssystem eher dreidimensional vor anstatt wie eine lineare Methode, bei der Sie eine vorgeschriebene Reihenfolge einhalten und erst jeden einzelnen Schritt „gemeistert" haben müssen, bevor Sie zum nächsten übergehen können. Lassen Sie sich von der Reichhaltigkeit der Wahlmöglichkeiten aber bitte nicht einschüchtern: Das Schöne an unserer Arbeit ist, dass Sie so ziemlich überall einsteigen können und immer Erfolg haben werden. Welchen Bereich an Ihrem Pferd Sie sich auch vornehmen, es wird immer Auswirkungen auf das ganze Pferd haben. Selbst wenn Ihnen einmal eine Lektion weniger effektiv vorkommt, als Sie sich vorgestellt hatten, werden Sie höchstwahrscheinlich am nächsten Tag entdecken, dass Ihr Pferd doch mehr gelernt hat, als Sie dachten.

Die 7 Säulen des Tellington-Trainings

(1) Auf der Grundlage von Kooperation und Mitgefühl verbessert die Tellington-Methode das Lernvermögen, vermindert Stress und macht Training wie sportliche Leistung zum Vergnügen für Pferd und Reiter.

(2) Die Tellington-Methode bringt das Pferd über den reflexhaften Kampf- oder Fluchtinstinkt (siehe Seite 33) hinaus und lehrt es zu denken – seine Furcht zu überwinden, sich sicher zu fühlen, willig mitzuarbeiten und dem Reiter zu vertrauen.

(3) Pferde lernen leichter und schneller in der Gesellschaft eines oder mehrerer anderer Pferde oder wenn sie Pferde bei der Arbeit beobachten können. Trainieren Sie Ihr Pferd wenn irgend möglich nicht allein. So ist das Pferd von Anfang an auf die „wirkliche Welt" vorbereitet, wenn im Gelände, in der Halle oder auf dem Platz auch andere Pferde geritten oder an der Hand gearbeitet werden.

(4) Schmerz, Verspannung und Unbehagen, oft unentdeckt, schränken das Leistungsvermögen ein und führen zu Widersetzlichkeit und verbreiteten Verhaltensproblemen. Wenn ein Pferd sich widersetzt, ist dieses Verhalten unserer Meinung nach entweder auf Schmerz, Angst oder Frustration oder aber auf unfaire Behandlung oder unklare Kommunikation zurückzuführen.

(5) Wenn es Ihnen gelingt, eine Furcht zu verringern, verringert sich ganz allgemein die Furcht in allen möglichen Situationen. Die Tellington-Methode gibt Ihnen das Werkzeug an die Hand, mit dem Sie das Selbstbewusstsein Ihres Pferdes stärken können, sodass es weniger seinen Reflexen unterworfen ist.

(6) Jedes Pferd ist ein Lehrmeister. In den vergangenen fünf Jahrzehnten waren meine besten Lehrmeister sogenannte „Problempferde", die von den Besitzern frustriert zu mir gebracht wurden, nachdem alle anderen Möglichkeiten ausgeschöpft waren.

(7) Wir erkennen an, dass Pferde ihre eigenen Gefühle und ihre eigene Persönlichkeit besitzen. Ziel der Tellington-Methode ist eine Arbeit mit freundlichem Verständnis statt mit Gewalt und die Anwendung der goldenen Regel der Horsemanship: Behandle dein Pferd so, wie du selbst gern behandelt werden möchtest.

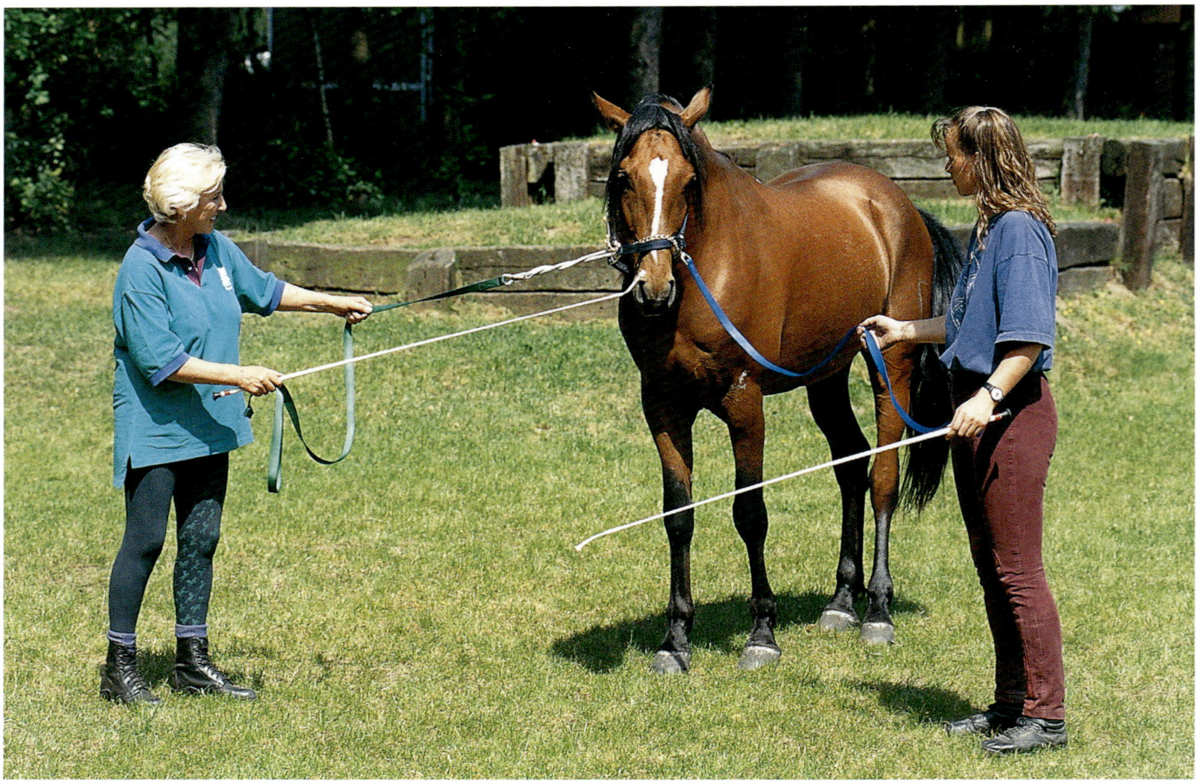

Ursachen für unerwünschtes Verhalten und negative Einstellung

Bevor Sie Ihrem Pferd eine „negative Einstellung" oder ein Verhaltensproblem unterstellen … bevor Sie nach dem schärferen Gebiss oder Sporen greifen … sogar noch bevor Sie eine der in diesem Buch beschriebenen und illustrierten TTEAM-Übungen ausprobieren … sehen Sie sich die 14 weit verbreiteten Ursachen für Widersetzlichkeit, mangelhafte Leistung oder Verhaltensprobleme an.

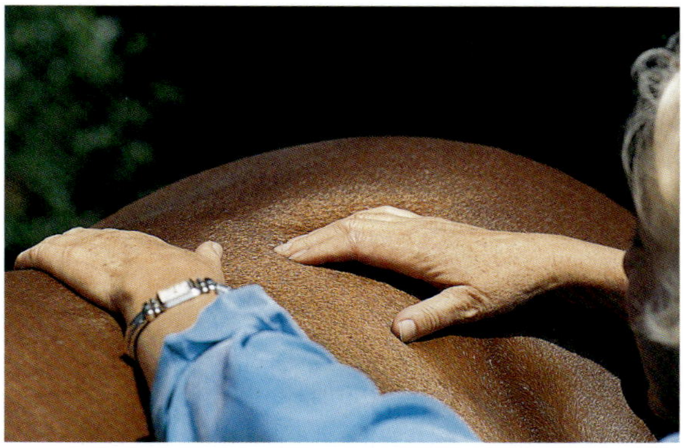

Kreisende TTouches unterstützen die Stärkung der Rückenmuskulatur.

Schlecht passender Sattel

Es erstaunt mich immer wieder, wie oft ein schlecht passender Sattel oder ein verzogener oder schiefer Sattelbaum als Ursache für Scheuen, unerklärliches Buckeln, Durchgehen oder mangelnde Leistungsbereitschaft übersehen wird. Viele Verhaltensprobleme lassen sich auf Schmerzen oder Einschränkungen infolge eines schlecht passenden Sattels zurückführen. Ein kneifender Sattel schränkt die Bewegungsfreiheit vom Genick bis zum Becken ein, führt zu verkürzten, gebundenen Gängen und ist dem Pferd unangenehm. Der Sattel kann zu eng sein oder zu weit vorn liegen, sodass er Schultern und Widerrist einengt und einen freien Bewegungsablauf behindert. Die Wirkung eines zu niedrigen Vorderzwiesels, der auf den Widerrist drückt, kann noch verschlimmert werden, wenn das Pferd über dem Zügel geht, den Rücken wegdrückt oder einfach bergab geht.

Ich habe Pferde mit teuren, maßgefertigten Sätteln gesehen, die nicht mehr passten, weil das Pferd an Kondition oder Gewicht zugelegt oder verloren hatte. Die meisten Sattelhersteller lassen außerdem das Gewicht und die Balance des Reiters außer Acht, durch die sich die Druckpunkte vollständig verändern können. Die weit verbreitete Methode, den Sattel auf ein Tuch zu legen und sich die Druckpunkte anzusehen, ist absolut nutzlos, wenn der Reiter nicht darauf sitzt.

Bei manchen Sätteln ist die Kammer nicht weit genug, was ebenfalls zu einem Widerristdruck führen kann. Ein zu großer Sattel liegt nicht stabil genug auf, sodass der Reiter immer versucht, das Pferd „einzuholen". Unangenehm ist es auch, wenn der Sattel nur vorn und hinten, nicht aber im Mittelstück Kontakt zum Pferd hat. Ein zu langer Sattel drückt auf die Nieren. Selbst von den sogenannten flexiblen Sattelbäumen sind einige zu eng oder zu lang.

Bei manchen Pferden, zum Beispiel solchen mit Senkrücken oder asymmetrischen Schultern, ist es gar nicht so leicht, den Sattel richtig anzupassen.

Zu den Verhaltensweisen, die möglicherweise auf einen schlecht sitzenden Sattel zurückzuführen sind, gehören Reizbarkeit, schiefer Gang, Überreagieren (oder überhaupt nicht Reagieren) auf die Hilfen, gebundener Gang, angehaltener Atem und auffallende Verspanntheit.

Neue, alternative Sattelmodelle, mit verstellbaren/flexiblen Kissen, ganz ohne Baum oder in der Weite verstellbar, kündigen für unsere vierbeinigen Partner eine neue Ära an.

Hufe und Beschlag

Wenn ein Pferd sich nicht frei vorwärts bewegt, sieht dies oft nach Eigensinn, Unwille oder Faulheit aus. Es können aber auch eine Reihe von Hufproblemen zugrunde liegen, etwa das Lange-Zehen-niedrige-

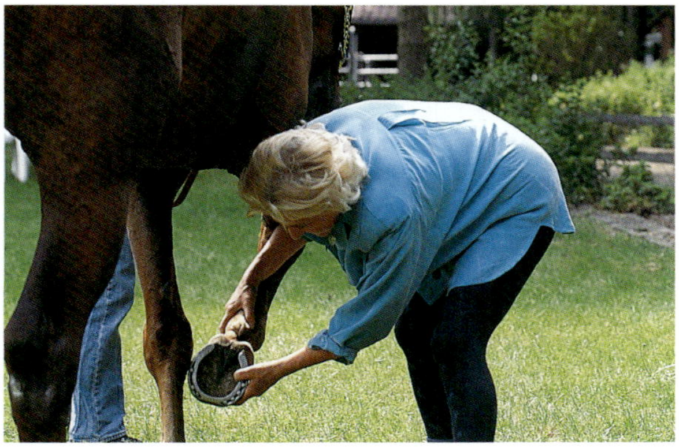

Das Kreisen der Vorderbeine entspannt und bereitet auf die täglichen Hufpflegemaßnahmen vor.

Trachten-Syndrom, Zwanghuf, Hornspalten, Huflederhautentzündung, Hufabszess, chronische Hufrehe, unsymmetrisch gekürzte oder beschlagene Hufe, Vernagelung, Steingallen, empfindliche Ballen oder Blutergüsse in der Hufsohle. All diese Probleme können das Pferd daran hindern, sein Bestes zu geben.

Wenn es die Hufe sind, die dem Pferd Unbehagen oder Schmerzen verursachen, kann es zu Taktfehlern kommen, das Pferd geht nicht mehr frei vorwärts, stolpert oft oder weigert sich überhaupt, vorwärts zu gehen. Im schlimmsten Fall geht das Pferd offensichtlich lahm, aber über einen längeren Zeitraum erfolgende subtile Veränderungen des Gleichgewichts werden vielleicht nicht sofort bemerkt oder als Verhaltensstörung interpretiert.

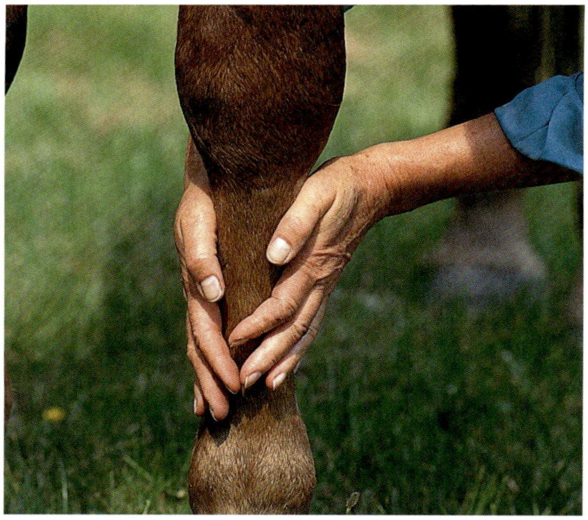

Wenn Sie Ihr Pferd täglich mit TTouches behandeln, steigern Sie Wohlbefinden und Gesundheit.

Schmerz und Empfindlichkeit

Ich bin davon überzeugt, dass Schmerz in irgendeinem Körperbereich, vom Rücken bis hinunter zu den Hufen, mehr als alles andere als Ursache von Verhaltensstörungen übersehen oder falsch gedeutet worden ist. Als ich vor einem Vierteljahrhundert erstmals entdeckte, dass Widersetzlichkeit oder Fehlverhalten oft primär von Schmerzen verursacht werden, war dies ein unbeachtetes Konzept. Die Empfindlichkeit kann von einem einmaligen Ereignis herrühren, das den Organismus aus dem Gleis bringt (akut), oder von ständiger Arbeit ohne ausreichende Ruhe- und Erholungspausen (chronisch).

Eine allgemein akzeptierte Methode, den Pferderücken auf empfindliche Stellen abzutasten, besteht darin, mit den Fingern oder einem Stift rechts und links von der Wirbelsäule entlangzufahren. Viele der so untersuchten Pferde zeigten keine Schmerzsymptome, obwohl sie Schmerzen hatten.

Mit der TTouch-Methode von Druck und Vergleich (siehe Kapitel „Erforschung des Pferdekörpers", Seite 168) können Sie sich auf jeden Pferderücken individuell einlassen. Sie müssen allerdings viele Pferde abgetastet haben, bevor Sie beurteilen können, was „normal" ist. Ohne diese Erfahrung ist es schwer zu sagen, ob ein Pferd einfach nur empfindlich ist oder wirklich Schmerzen hat.

Schmerz kann buchstäblich überall im Körper sitzen, am häufigsten aber im Rücken, in den Hüftgelenken, im Gurtbereich, am Übergang vom Hals zu den Schultern, kurz hinter der höchsten Stelle des Genicks (Atlaswirbel), in den Beinen und Hufen einschließlich versteifter oder verspannter Muskulatur in der Kruppe, an den Hinterschenkeln oder am Unterarm. All dies kann die Freiheit der Bewegung beeinträchtigen, sodass der Reiter sein Pferd für faul, widersetzlich, unwillig oder unkooperativ hält. Schmerz und Steifheit können viele verschiedene Ursachen haben, u. a. Überanstrengung oder Arbeit auf ungewohntem Boden oder unter ungewohnten Bedingungen, beispielsweise in tiefem Sand, auf felsigem Untergrund, auf unregelmäßigem Boden oder in hügeligem Gelände. Weitere Gründe für Schmerzen – mit anschließendem „Sauerwerden" des Pferdes: zu viel Springen, zu viele Stunden unter dem Sattel, Longieren auf zu kleinem Zirkel, Fahren oder Reiten ohne entsprechende Vorbereitung, übermäßige Versammlung und/oder zu viel Trab im Aussitzen ohne eine entsprechend gepolsterte Sattelunterlage oder entsprechendes Aufbautraining. Achten Sie immer auf Wärme, Schwellungen oder Empfindlichkeit (besonders an den Beinen und Fesselgelenken) und auf schwindende Arbeitsfreude.

Ein Pferd kann Schmerzen in beiden Schultern oder Vorderbeinen haben und trotzdem nur den Anschein erwecken, nicht ganz „klar" zu gehen, weil es „kurz" oder steif geht oder Unwillen äußert. Oft wird dies der Einstellung des Pferdes zur Arbeit zugeschrieben oder mit einem „Das gibt sich, wenn er erst warm ist" abgetan. Achten Sie auf angelaufene oder warme Beine und Fesselgelenke, auf stumpfes Fell und Lustlosigkeit.

Zähne

Besonders bei jungen und schon älteren Pferden gehören Zahnprobleme zu den am wenigsten beachteten Ursachen für Verhaltensstörungen wie zum Beispiel Kopfschlagen, sich aufs Gebiss legen, Zungestrecken, Sperren, das Gebiss nicht annehmen, Herumzappeln, Nervosität bzw. nicht Stillstehen können, halb zerkautes Futter, das wieder aus dem Maul fällt, und mangelnde Konzentrationsfähigkeit. Bei der Praxis, Pferdezähne ohne Spekulum oder Sedierung zu raspeln, werden Abszesse, Wolfszähne, gebrochene Zähne oder nicht ausgefallene Milchzähne leicht übersehen. Achten Sie auf geschwollenes Zahnfleisch und auf Höcker im Unterkiefer. Wunde Stellen können die Folge von Zahnhaken, scharfen Kanten oder ungleichmäßig abgeriebenen Backenzähnen sein.

TTouches am Maul bereiten auf die Untersuchung und Behandlung der Zähne vor.

Wenn es um Probleme mit dem Verhalten oder dem Training von Pferden geht, empfehle ich vor allem, das Pferd von einem kompetenten Pferdezahnarzt untersuchen zu lassen. Die moderne Zahntechnik bedient sich der Sedierung, des Spekulums und elektrischer Geräte, die es dem Pferdezahnarzt erlauben, seine Arbeit sehr viel gründlicher zu erledigen. Alexander Zingher, DVM, auf Pferdezähne spezialisierter Fachmann, rät, nach einem Zahnarzt Ausschau zu halten, der, wie sein Humankollege, das gesamte Pferdegebiss auflistet und über eine Lichtquelle verfügt, die das Innere des Pferdemauls samt aller Zähne ausleuchtet.

Fütterung

Unausgewogenes Futter oder Futterallergien können dazu führen, dass sich Verhalten und Einstellung des Pferdes verändern. Zu viel Protein oder Ergänzungsfuttermittel bei gleichzeitig zu wenig Bewegung erzeugen ein Übermaß an Energie mit Buckeln, Kopfschlagen und allgemeinen Schwierigkeiten bei der Arbeit unter dem Sattel im Gefolge. Unterernährung dagegen führt zu einem Verlust an Schwung und Energie, zu Schlappheit und Lustlosigkeit. Enthält das Futter beispielsweise zu wenig Vitamin E und Selen, können kurze, gebundene Gänge und sogar Kreuzverschlag die Folge sein. Für unsere Pferde heute, besonders für solche, die am Rand von Großstädten leben oder wenig Gelegenheit zum Grasen haben, können Ergänzungsfuttermittel mit Antioxidantien, Vitaminen und Mineralien von Nutzen sein, die – wie beim Menschen – Schäden durch freie Radikale in Luft und Wasser vorbeugen.

Grundlage der Ernährung ist für Pferde gutes Heu und Stroh. Wenn Sie Bedenken haben, ob Ihr Pferd richtig gefüttert wird, fragen Sie einen Fachmann auf diesem Gebiet und lassen Sie Ihr Heu und das Futter analysieren. Eine Futterallergie kann zu Widersetzlichkeit, Temperamentsausbrüchen und unbeständiger Leistung führen. Rübenschnitzel (ballaststoffreich) und Reiskleie (fettreich) haben sich als hervorragende und gefahrlose Alternativen zur Haferfütterung erwiesen. Ich kenne auch Pferde, die auf die Fütterung von mit Melasse angereicherten Futtermischungen hin außer Kontrolle gerieten, und habe erlebt, wie Verhaltensstörungen einfach verschwanden, als die Fütterung geändert wurde.

Gebäude (Exterieur)

Viele unerwünschte Verhaltensweisen und Widersetzlichkeiten lassen sich vermeiden, wenn Sie bei der Auswahl des Pferdes daran denken, für welche reiterliche Disziplin oder welchen Reitstil Sie es letztendlich einsetzen wollen. Gebäudemängel können zu Widersetzlichkeiten oder Verhaltensproblemen führen, wenn die Anforderungen anspruchsvoller werden.

Ein Pferd, das sehr fest im Genick ist, hat vielleicht die Tendenz, hochexplosiv zu reagieren, wenn ein höherer Grad der Versammlung gefordert wird. Ein schmalbrüstiges Springpferd mit „Wespentaille“ wird nur begrenzt einsetzbar sein als Vielseitigkeits-

Beurteilen Sie das Gebäude Ihres Pferdes und stellen Sie Ihr Training darauf ein.

pferd, weil im Galopp im Gelände und über Hindernisse der Sattel kaum den richtigen Halt hat. Ein Vordergeschirr, das eng genug verschnallt ist, um ihn am Verrutschen zu hindern, engt wiederum den Gang und die freie Bewegung ein. Bei einem Pferd mit Hirschhals muss in jeder Disziplin mit Tendenz zum Flüchten, Ausfällen, Guckigkeit und mangelndem Gleichgewicht gerechnet werden, weil ihm der Rücken wehtut und die Atmung beeinträchtigt ist.

Schmalbrüstige, hochbeinige Pferde neigen zu Fluchtreaktionen, weil sie schlecht ausbalanciert sind und sich infolgedessen unsicher fühlen. Pferde mit langem Rücken und eingezogener Lendenpartie („Wespentaille") sind generell als Gewichtsträger ungeeignet und fallen gern auseinander. Pferde mit steiler Schulterpartie und steilen Fesseln können nicht die langen, schwebenden Tritte zeigen, die in vielen Disziplinen verlangt werden. Pferde mit extrem geradem Hinterbein oder mit Säbelbeinen haben wahrscheinlich Mühe, bergab und in Versammlung zu gehen. Viele von Gebäudemängeln verursachte Verhaltensschwierigkeiten lassen sich aber von vornherein vermeiden, wenn Sie ein Pferd wählen, das körperlich für die von Ihnen gewählte Disziplin geeignet ist.

Hormonelle Störungen

Bei manchen Stuten macht sich die Rosse mehr bemerkbar als bei anderen, und ihre mitfühlenden Partner haben gelernt, die fünf bis sieben Tage innerhalb eines Zyklus, in denen ihre Stute rossig ist, zu respektieren. Manchmal kann sich unter der Oberfläche auch ein ernsteres Problem verbergen. Wenn eine Stute sogar auf leichten Druck an jeder beliebigen Stelle des Körpers quietscht oder ausschlägt oder wenn sie ständig unter dem Sattel kaum zu bändigen ist, ist eine tierärztliche Untersuchung und eine Blutanalyse angesagt; der Grund könnte eine Eierstockzyste sein, fehlende Rückbildung des Gelbkörpers oder eine andere endokrine Störung. Wenn Sie für den Rest des Monats zehn Minuten pro Tag für TTouches erübrigen, lassen diese hormonellen Schwankungen und die Launenhaftigkeit im Verlauf des östralen Zyklus vielfach deutlich nach. Heilkräuter und orale Progestin-Gaben haben sich in manchen Fällen als hilfreich erwiesen.

Das Reiten mit dem gebisslosen Lindell kann helfen, wenn sich Ihr Pferd mit einem Mundstück im Maul nicht wohlfühlt.

Trainingstechniken und Reitstile

Eine schwere oder harte Hand und/oder ein übermäßig treibender Sitz können übertriebene Versammlung zur Folge haben und dadurch zu Verspannungen und Schmerzen im Pferdekörper beitragen, vor allem im Genick, in den Schultern, im Rücken, in der Nierenpartie und im Becken. Im Übermaß kann jede Trainingstechnik zu Stresssymptomen führen, die von zu häufigen Wiederholungen einer Bewegung herrühren. Am anfälligsten dafür sind Disziplinen wie Dressur, Reining, Cutting und Barrel-Racing, bei denen bestimmte Muster und Seitengänge im Training immer wieder geübt werden. Achten Sie auf schmerzende Körperstellen, unregelmäßigen Gang, ein festes Genick, Lustlosigkeit, plötzliche Temperamentsausbrücke oder Widersetzlichkeiten, angelaufene Fesseln oder angelegte Ohren. Vermeiden lassen sich diese Probleme, indem Sie das Training immer wieder durch Ausritte, Fahren vom Boden oder andere Übungen abwechslungsreich gestalten.

Einstellung des Reiters

Für mich ist die Einstellung des Reiters wichtiger als seine rein reiterlichen Fähigkeiten. Selbst unter dem technisch besten Reiter kann ein Pferd sein Potenzial nicht voll entfalten, wenn der Reiter/die Reiterin die Individualität des Pferdes nicht erkennt und nicht in seiner/ihrer Arbeit flexibel darauf eingeht. Haben Sie dagegen ein Herz für Ihr Pferd, sodass es sich wohlfühlt und seine Sicht der Dinge zum Ausdruck bringen kann, sind Sie auf dem besten Weg zu einer lohnenden Partnerschaft.

Stress

Vieles von dem, was wir mit Pferden unternehmen, ist für das Pferd mit Stress verbunden. Dank ausgedehnter Forschungsarbeit wissen wir heute, dass viele mentale, emotionale und physische Probleme direkte Folgen von Stress sind. Beim Pferd sind die hauptsächlichen Stressfaktoren räumliche Enge, Training, Transport, Turniere und medizinische Behandlungen. Die Schwelle ist bei jedem Pferd unterschiedlich hoch; mit Bedacht an Neues herangeführt, wird das Pferd mit der Zeit auch duldsamer. Sorgen Sie dafür, dass sich Ihr Pferd allmählich an neue Situationen oder Trainingsbedingungen gewöhnen kann, und halten Sie die Augen offen für Stresssymptome.

Magengeschwüre sind für Pferde in Ausbildung geradezu typisch geworden, vielleicht aufgrund der langen Stunden, die sie ohne die Gesellschaft von Artgenossen eingesperrt sind und dann nervöse Spannungen aufbauen, oder aufgrund allzu konzentrierter Fütterung bei allzu wenig Bewegung. Sorgen Sie also dafür, dass Ihr Pferd so viel Gesellschaft wie möglich und viel Auslauf und Bewegung an der frischen Lust erhält, und denken Sie daran, dass der TTouch erwiesenermaßen bei Pferden in der Ausbildung oder auf Hängerfahrten das Stressniveau absenkt. Mit dem TTouch lassen sich auch Pferde, denen Boxenruhe verordnet wurde, entspannen, und er kann als Ersatz für sozialen Kontakt dienen, wenn Pferde aus irgendwelchen Gründen nicht mit den anderen zur Koppel gehen können.

Das sanfte Ausstreichen der Ohren ist eine effektive und einfache Technik zur Stressreduzierung.

Achten Sie besonders bei langen Transporten darauf, dass das Pferd nicht austrocknet (geben Sie ihm vor dem Transport und an jedem weiteren Tag auf dem Transporter Elektrolyte) und dass es den Kopf senken kann, um die Atemwege freizupusten. Vitamin C und E stärken den Organismus gegen die schwächende Wirkung von Stress.

Neurologische Störungen

Wenn Ihr Pferd sich anders verhält oder anders bewegt als sonst, kann dies ein Zeichen für eine neurologische Störung wie Herpesvirus, Borreliose oder Ataxie sein. Typisch für davon befallene Pferde ist, dass sie häufig stolpern, lahm gehen, Schwierigkeiten haben, im Kreis oder durch Wendungen zu gehen und allgemein unkoordiniert wirken (Einzelheiten siehe Seite 157).

Verspannungen können mithilfe von TTouches erkannt werden.

Stallhaltung und Bewegung

Pferde müssen sich jeden Tag bewegen, und zwar ausgiebig, wenn sie fit, gesund und leistungsbereit sein sollen. Da es immer weniger freie Flächen gibt, müssen sich viele Pferde mit Boxenhaltung oder kleinen Paddocks abfinden. Solche beengten Verhältnisse machen sie entweder faul und lethargisch oder aber explosiv, wenn sie endlich aus dem Stall herauskommen. Wenn Ihr Pferd nicht täglich auf die Koppel kommt, ist es Ihre Aufgabe, jeden Tag für Bewegung und organisierte Beschäftigung zu sorgen. Im Stall gehaltene Pferde entwickeln Untugenden wie pausenlos im Kreis gehen, Weben, gegen die Wände schlagen oder nach vorbeigehenden Personen schnappen. Viele Pferde können schon von Glück sagen, wenn sie zwei Stunden am Tag aus der Box kommen. In diesem Fall ist es unrealistisch

Eine gute Alternative zum Ablongieren: Das Training im Labyrinth fördert Beweglichkeit, Lernfähigkeit und Konzentration Ihres Pferdes.

zu glauben, Sie könnten sich auf Ihr Pferd schwingen und versammelte Lektionen reiten oder im gestreckten Galopp durchs Gelände jagen, ohne dass es steif und unwillig reagiert und schmerzhafte Verspannungen auftreten.

Je nach Terminplan haben Sie vielleicht nicht unbegrenzt Zeit für Ihr Pferd und sind in Versuchung, es einfach im Round Pen oder an der Longe laufen zu lassen. Das „Ablongieren", um überschüssige Energie loszuwerden, ist aber nicht unproblematisch. Mit einer halben Stunde Longenarbeit pro Tag baut Ihr Pferd Kondition auf, sodass es immer länger dauert, bis es sich loslässt und gut und konzentriert mitarbeitet.

Außerdem verlieren Sie damit eine halbe Stunde, in der Sie auch hätten reiten können, und Longieren kann für das Pferd auch langweilig oder körperlich anstrengend werden. Es kann auch auf die Idee kommen, dass Sie es am Ende einer 7 m langen Longe vielleicht nicht mehr so gut kontrollieren können, und sich zum eigenen Vergnügen Spielchen ausdenken und Sie herausfordern. Das reicht von unkontrolliertem Losstürmen, Sichlosreißen, Umdrehen und nach Ihnen Ausschlagen bis zur richtigen Attacke auf Sie. Die Tellington-Methode bietet Ihnen eine Alternative zu dem Ablongieren oder zur Round-Pen-Arbeit, damit das Pferd „Dampf ablässt". Mit zehn Minuten vertrauensbildenden TTouches (Seite 188) – besonders der Ohrenarbeit – können Sie Ihr Pferd besser entspannen als mit 30 Minuten an der Longe.

Einfluss der Umgebung

Gäbe es für Pferde ein Grundgesetz, wie es die Menschen für ihre Rechte haben, würde es wohl folgende Punkte umfassen: saubere Einstreu, täglicher Koppelgang, frisches, sauberes Futter und Wasser, sichere Einzäunung, ein Unterstand im Sommer und im Winter, täglichen Kontakt zu Artgenossen und Menschen und freundlichen Umgang.

Es kann dauern, bis ein Pferd sich in einer neuen Umgebung eingewöhnt hat. Es hat vielleicht gute Freunde zurückgelassen, was den Stress des Transports, der Ankunft in einem neuen Stall mit anderen Pferden, Gerüchen, Pflegern, anderem Futter noch verschärft. Selbst die unsichtbaren Mikroben in der Erde stellen eine neue Herausforderung für das Immunsystem des Pferdes dar, und an all diese veränderten Bedingungen soll es sich möglichst schnell anpassen.

Und wir wundern uns, wenn Pferde nach einem Stallwechsel das Futter verweigern, lethargisch oder depressiv werden oder sogar einen nervösen Zusammenbruch erleiden! Ich kenne zwei Pferde, die einen Zusammenbruch erlitten und denen das Fell ausging – und zwar, wie ich glaube, aus Heimweh.

Beim Schreiten über den Stern können Sie feststellen, ob Ihr Pferd ein gutes Körpergefühl hat.

Sehvermögen

Ich habe Pferde erlebt, die völlig verspannt, reizbar und unrittig waren, weil ihr Sehvermögen nicht 100% in Ordnung war. Eines, das als „unwillig", „unkooperativ" und „dumm" galt, sah, wie sich schließlich herausstellte, sehr wenig und war jahrelang nur seinem Weidegenossen gefolgt, fast mit Nasenkontakt. Niemand hatte sich viel dabei gedacht. Ein Warmblüter scheute jedes Mal, wenn ein anderes Pferd von vorn auf ihn zukam. Bei ihm lag es daran, dass seine Augen so weit seitlich lagen, dass man, wenn er versammelt ging, mit der Nase an der Senkrechten, von vorn so gut wie keine Augen sah. Da er fast immer in Versammlung geritten wurde, konnte er vermutlich nach vorn nicht genügend sehen. Lassen Sie das Sehvermögen Ihres Pferdes vom Tierarzt überprüfen, wenn Sie irgendwelche entsprechenden Bedenken haben.

Die Pferdesprache verstehen lernen

Sich die Zeit zu nehmen, die Sprache Ihres Pferdes zu lernen, kann Ihre Beziehung auf ein neues Niveau voller gegenseitigem Vertrauen heben und Ihrer beider Fortschritte beschleunigen. Mit seinem Verhalten versucht das Pferd zum großen Teil, Ihnen klarzumachen, dass es sich aus irgendeinem Grund nicht wohlfühlt. So kann ein reflexhaftes Ausschlagen beim Putzen ein Zeichen dafür sein, dass das Pferd kitzlig ist oder irgendwo Schmerzen hat und dass es Ihre Art des Putzens als zu rau empfindet. Manchmal kann das Verhalten auch von zu wenig Bewegung und mangelnder Ausbildung herrühren. Vielleicht hat das Pferd auch einfach nie Geduld gelernt. Wenn Sie anfangen, sich auf Ihr Pferd einzustimmen, stellen Sie möglicherweise fest, dass sein „schlechtes Benehmen" ein Hinweis darauf ist, dass es Schmerzen im Genick, im Rücken oder in der Hinterhand hat.

Wenn Sie das nächste Mal ein Turnier besuchen, an einem Ausritt teilnehmen oder einfach im Stall sind, verwandeln Sie sich einmal in einen Detektiv und versuchen Sie herauszufinden, welche Pferde ihre Aufgaben gern erfüllen und welche gestresst oder unglücklich sind. Achten Sie besonders auf die Augen, Ohren, Nüstern, das Maul, das Kinn und den Schweif – die sichtbaren emotionellen „Sender", die anzeigen, in welchem Gemütszustand sich das Pferd befindet. Stimmen Sie sich auf die zwischenpferdliche Kommunikation ein, und Ihr Pferd braucht nicht mehr zu schreien, damit Sie es hören. Im nächsten Kapitel werden wir uns ausführlicher mit dem Dialog Pferd-Mensch beschäftigen.

Der Gesichtsausdruck und die Körperhaltung eines Pferdes sagen sehr viel über seine Stimmung aus.

Populäre Irrtümer über Pferde

Mythos: *Wenn Sie sich auf einen Kampf mit Ihrem Pferd einlassen (weil es z. B. nicht über eine Brücke oder ins Wasser gehen will), dürfen Sie auf keinen Fall nachgeben, weil sonst das Pferd „gewonnen" hat.*
Pferde führen nicht Buch und sind nicht nachtragend. Wenn Sie zu müde, ungeduldig, wütend oder um Ihre Sicherheit besorgt sind, um mit dem Pferd zu arbeiten, hören Sie auf. Unter diesen Mythos fällt auch die folgende Maxime: „Steigen Sie nie vom Pferd, oder Sie haben verloren." Damit ein Pferd seine Scheu vor Wasser verliert, genügt es oft, dass der Reiter absteigt und ihm voraus durchs Wasser geht. (Auf Seite 130 erzählt die Distanzreiterin Julie Suhr eine bemerkenswerte Geschichte.)

Mythos: *Wenn Ihr Pferd aggressiv ist, ausschlägt oder beißt, müssen Sie es ihm richtig „geben".*
Pferde beißen oder schlagen, weil sie mit „Flüstern" nicht zu uns durchgedrungen sind. Sie sind lauter, damit wir sie hören. Wenn Sie lernen, auf das Flüstern zu hören, braucht Ihr Pferd niemals zu schreien.

Mythos: *Pferde lernen nur durch Wiederholung.*
Wenn ein Pferd eine „schlechte" Angewohnheit aufs erste Mal lernen kann, warum dann nicht auch eine „gute"? Dr. Moshe Feldenkrais hat schon vor 40 Jahren die Theorie aufgestellt, dass das menschliche Nervensystem in einer einzigen Sitzung Neues lernen kann, wenn sanfte, ungewohnte Bewegung damit verbunden ist. Ein gewisses Maß an Wiederholung in verschiedenen Variationen ist nützlich, um die neuronalen Pfade für das Lernen festzulegen, aber ich glaube nicht, dass man etwas Hunderte von Malen wiederholen sollte. Geistlose Wiederholungen führen m. E. zu Langeweile und Widersetzlichkeit und können ein Pferd so sehr unter Stress setzen, das es krank oder lahm wird.

Mythos: *Pferde nutzen Sie aus, wenn Sie sie lassen.*
Pferde reagieren einfach auf unsere Anforderungen, Hinweise und visuellen Bilder. Sie spiegeln genau das wider, was wir ihnen vorgeben. Wie Sie in den Wald rufen, so schallt es heraus!

Mythos: *Füttern Sie Ihrem Pferd keine Leckerli; es wird davon nur verzogen und zum Schnappen animiert.*
Dem Pferd während der Arbeit Leckerli zu füttern dient der Entspannung. Es atmet durch und lässt eher den Hals fallen. Außerdem ist es eine nette Belohnung.

Mythos: *Schmusen Sie nie mit Ihrem Pferd.*
Pferde sind emotionale Wesen und brauchen den Kontakt zu anderen Pferden wie zu Menschen. Versagen wir ihnen dieses grundlegende Bedürfnis, suchen sie sich einen anderen Ausweg (wie etwa Schnappen, Holznagen, im Kreis laufen oder gegen die Wände schlagen). Die Tellington-Methode eröffnet Ihnen eine Möglichkeit der Verbindung mit Ihrem Pferd, die über „Schmusen" hinausgeht. Die gezielten kreisförmigen TTouches entspannen und wecken Körper und Geist des Pferdes mit dem Erfolg von mehr Lernbereitschaft und Kooperation.

Mythos: *Verhaltensstörungen sind irreparable Charakterfehler.*
Meiner Erfahrung nach wird problematisches Verhalten bei Pferden oft missverstanden und falsch interpretiert. Das Pferd ist dann ein für alle Mal abgestempelt. Sieht man näher hin, lassen sich viele Verhaltensstörungen jedoch auf einen oder mehrere Faktoren zurückführen, z. B. auf Angst, Schmerz, anatomische Gegebenheiten, Rasse und Haltung.

Mythos: *Ein Beißer bleibt immer ein Beißer.*
Sie können diese Angewohnheit wie auch viele andere Untugenden – beispielsweise das Schnappen in die Luft, wenn der Gurt angezogen wird – ändern. Statt dem Pferd eine böse Absicht zu unterstellen, gehen Sie mit der neuen Einstellung an die Angelegenheit heran, dass das Pferd Ihnen zu verstehen geben möchte, dass ihm der Vorgang unangenehm ist. Vielleicht ist es die einzige Art, Ihre Aufmerksamkeit zu erregen. Fangen Sie es anders an, damit es keinen Grund mehr hat zu schnappen: mit Maul-TTouches (Seite 203) und Muschel-TTouches (Seite 189) im Gurtbereich.

Mythos: *Pferde sind dumm.*
Wenn dies wahr wäre, hätte dieses Buch nicht geschrieben zu werden brauchen, und wir würden nie davon reden, dass ein Pferd uns „angeschmiert" hat. Die Evolution hat alle Geschöpfe mit einer angeborenen, für ihre Art nützlichen Intelligenz ausgestattet; sonst hätten sie nicht überlebt. Darwin hat Intelligenz als die Fähigkeit, sich an seine Umwelt anzupassen, definiert.

Die Persönlichkeit und ihre Widersprüche: Faktoren, die das Verhalten beeinflussen

Die Verhaltensforscher waren sich weitgehend einig, dass die Persönlichkeit von Mensch und Tier großenteils permanent und unveränderlich ist. Aber schon der flüchtigste Blick auf Studien in so verschiedenen Bereichen wie Wirtschaft, Psychoneuroimmunologie (PNI) und Linguistik enthüllt, dass jeder von uns in Wirklichkeit die Fähigkeit besitzt, sich selbst neu zu erfinden. Und wenn es um die Dynamik der Pferd-Mensch-Beziehung geht, kann Ihre Einstellung zu sich selbst und zu Ihrem Pferd (und der Welt überhaupt) zusätzlichen Einfluss auf Verhalten und Einstellung Ihres Pferdes haben.

Die Persönlichkeit wurde lange als Gesamtsumme der physischen, mentalen, sozialen und emotionalen Eigenschaften eines Individuums betrachtet, eine Beschreibung, die sowohl auf Menschen als auch auf Tiere zutrifft. In Wahrig, Deutsches Wörterbuch, beispielsweise wird Persönlichkeit wie folgt definiert: „Gesamtheit aller Wesenszüge, Verhaltensweisen, Äußerungen eines Menschen; Gesamtheit der besonderen Eigenarten eines Menschen."

Ich spreche hier nicht von angewandter „konditionierter Reaktion" im Sinne des Verhaltensforschers Skinners; das würde unsere Pferde zu Automaten reduzieren, die wie konditionierte Ratten im Labyrinth auf bestimmte Reize reagieren. Stattdessen propagiere ich eine neue Sprache für die Erziehung von Pferden – eine, die offen ist für die Möglichkeit, dass sich Intelligenz wachrufen, der Fluchtinstinkt überwinden lässt und dass Bereitwilligkeit, Gleichgewicht und Leistungspotenzial bei beiden Teilen einer Partnerschaft gesteigert werden können. Wir suchen nichts weniger als eine neue Sprache, die zu neuen Praktiken jenseits von Dominanz, Unterwerfung, Gewaltanwendung und Alphatraining führt.

Es gibt ein paar Hauptbegriffe, die geklärt werden müssen, bevor wir zum vergnüglichen Teil kommen: Machen Sie sich bereit, Verhalten, Einstellung und Persönlichkeit Ihres Pferdes mit ganz neuen Augen zu betrachten. Veränderungen sind möglich – und vielleicht einfacher, als Sie denken!

Oben: TTouch ist eine Sprache der Hände, eine Verständigung ohne Worte.

Links: Wenn Sie sich und Ihr Pferd mit anderen Augen betrachten, können sich ganz neue Perspektiven für das Training ergeben.

Persönlichkeit + Einstellung = Verhalten

Die Persönlichkeit eines Pferdes kann von seiner Einstellung verändert werden. Die Einstellung hängt ab von Gesundheit, Umwelt, Fütterung und Training. Die daraus resultierende Persönlichkeit und Einstellung wirken sich auf das Verhalten aus. Und natürlich: **Das Verhalten bestimmt die Leistung.**

Hat Ihr Pferd eine Einstellung?

Natürlich hat es die. Sie auch! Und wer hätte keine?

Ein Wörterbuch definiert Einstellung als „Gesinnung, innere Haltung, Denkart" bezüglich einer bestimmten Angelegenheit.

Wie oft haben Sie schon Aussagen wie diese gehört:

„Dieses Pferd ist ein Mistvieh."

„Was für eine blöde Zicke!"

„Mein Pferd ist ein faules Stinktier."

Viele Pferdeleute sehen ihre Pferde durch eine starre Linse der Unvermeidbarkeit. Einstellung oder Verhalten werden abgetan mit einem „So sind sie eben", als sei dies ein angeborener Charakterfehler von Pferden. Leider werden aus solchen Einschätzungen oft sich selbst erfüllende Prophezeiungen, weil der menschliche Partner ungewollt das unerwünschte Verhalten bestärkt.

Meine Gedanken zum Thema Einstellung änderten sich im Sommer 1975, als ich mir im Auftrag einer Kundin einen Vollblutwallach ansah. Mir wurde einiges klar, während ich zusah, wie sich das Pferd unter dem Reiter mit angelegten Ohren, steif und verspannt auf dem Reitplatz bewegte, offensichtlich unglücklich und ohne jeden Vorwärtsdrang.

Ich fragte den Besitzer, ob das Pferd immer so sei. Es stellte sich heraus, dass der Wallach zwei Tage zuvor an einem Ausritt in der Gruppe teilgenommen und der Reiter ihm die meiste Zeit den Kopf auf eine Seite gezogen hatte, um ihn halten zu können. Das Pferd hatte nun eine heiße Stelle am Hals, die sehr berührungsempfindlich war. Damals betrachtete man Schmerzen oder Muskelkater einfach nicht als mögliche Ursachen für widersetzliches Verhalten.

Intuitiv hatte ich gedacht: „Hmmm ... ich würde gern seinen Körper untersuchen." Diese Entdeckung – dass unerwünschtes Verhalten oder eine unwillige Einstellung auf Unbehagen oder körperliche Schmerzen zurückzuführen sein könnte – war eines meiner ersten Aha-Erlebnisse auf dem Weg zur Entwicklung der Tellington-Methode. Im Rückblick war dies ein Meilenstein in meinem Verständnis für die oft versteckten Wurzeln eines Verhaltens bei Pferden und schließlich auch bei anderen Tieren und sogar bei unserer eigenen Spezies.

Auf die richtige Einstellung kommt es an

Im darauffolgenden Vierteljahrhundert haben wir Dutzende weiterer Faktoren entdeckt, die unwilliger Einstellung und daraus resultierendem unerwünschtem Verhalten zugrunde liegen oder es beschleunigen können. Wie schon im Kapitel über „Unerwünschtes Verhalten" erläutert, können nicht nur Schmerzen und Entzündungen, sondern ebenso Fütterung, Bewegung, Zähne, Sättel, Beschlag, Stress, hormonelle Schwankungen oder neurologische Störungen nach Unfällen, Herpes oder Borreliose Verhaltensweisen auslösen, die uns oft verblüffen und manchmal in Gefahr bringen. Auch der Reitstil, beispielsweise eine harte Hand oder eine zu schwere Sitzeinwirkung, kann – unabhängig von der Disziplin oder der Erfahrung des Reiters – die Ursache für allgemeine Widersetzlichkeit und Verhaltensstörungen sein.

In der Verhaltensgleichung müssen wir nicht nur die Einstellung des Pferdes in Betracht ziehen, wir dürfen auch nicht vergessen, dass die Meinung des Reiters über sein Pferd ebenfalls eine Rolle spielt. Denken Sie an die – inzwischen auch verfilmte – Geschichte des legendären Rennpferdes Seabiscuit, der als unreitbarer Verbrecher galt, bis er glücklicherweise dem verständnisvollen Besitzer Charles Howard, dem brillanten und humanen Trainer Tom Smith und dem gefühlvollen Jockey Red Pollard in die Hände fiel. Dieses einfühlsame Trio erkannte die überdurchschnittliche Intelligenz und den Siegeswillen ihres Schützlings, brachte seine besten Seiten zur Entfaltung und schenkte der Welt eine Erfolgsgeschichte ohnegleichen.

Instinkt oder angelernt?

Viele der heutigen Trainingsmethoden erheben den Anspruch, den Instinkt des Pferdes mittels Dominanz manipulieren zu können. Was aber ist Instinkt? Ist es die Fluchtbereitschaft des Pferdes? Ist es die Kampfreaktion, die Widersetzlichkeit?

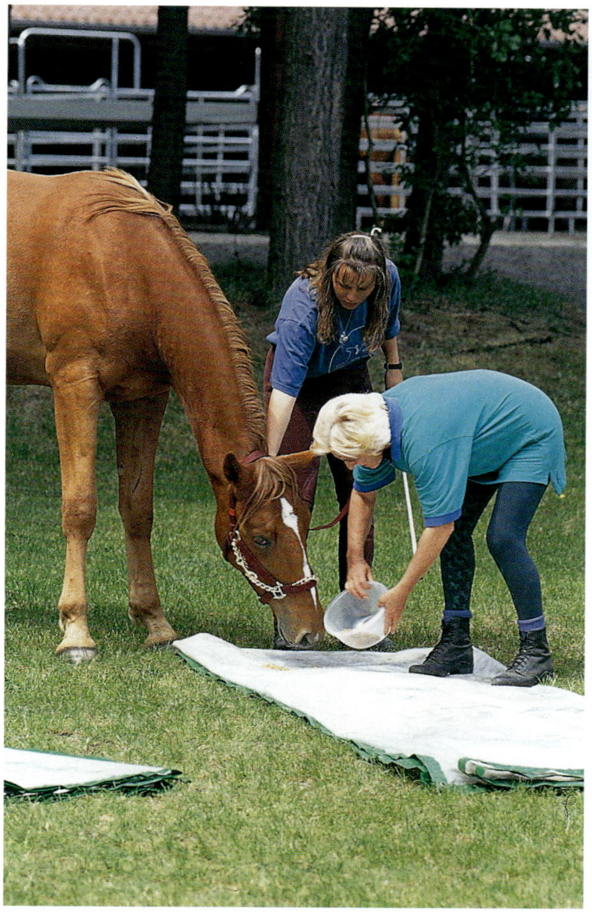

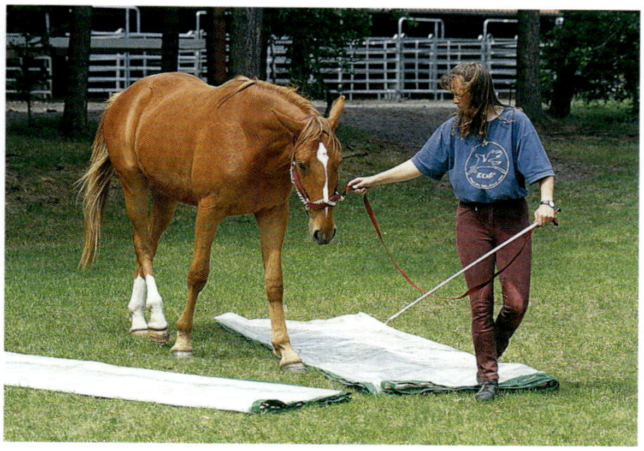

Sie können den Fluchtinstinkt überwinden, wenn Sie Ihr Pferd dazu bringen, den Kopf zu senken und Futter auf der Folie aufzunehmen. Schritt für Schritt lernt Ihr Pferd, Angst zu überwinden und Selbstbewusstsein zu entwickeln.

Der Kampf-oder-Flucht-Reflex vom tierärztlichen Standpunkt aus betrachtet

Pioniere der Stressforschung haben den Stresszustand so beschrieben, dass dadurch der Körper des Tieres für Verhaltensweisen einschließlich „Kampf oder Flucht" mobilisiert wird. Linda Tellington-Jones hat beobachtet, dass Tiere unter Stress tatsächlich zu Kampf oder Flucht neigen, dass sie aber auch „erstarren" können, das heißt, sie können unter höchster Muskelanspannung und äußerster Erregung vollständig unbeweglich still stehen. Mein Vorschlag war, in die Reihe der bei Tieren unter Stress beobachteten Verhaltensweisen auch „Zappeln" aufzunehmen – ein Begriff, der verschiedene absichtliche Bewegungen und Übersprunghandlungen umfasst. Die Kombination aus hoher Erregtheit und Muskelanspannung führt zu absichtlichen Bewegungen, die eine Art misslungener „Fehlstarts" für ein bestimmtes Verhalten sind. Zusammenhanglose oder irrelevante Reaktionen auf Angstzustände werden von den Verhaltensforschern Übersprunghandlungen genannt. Zum Beispiel kann eine Katze, die sich angesichts einer bedrohlichen Situation zwischen Kämpfen und Fliehen nicht entscheiden kann, ein drittes, damit nicht zusammenhängendes Verhalten zeigen und sich etwa putzen. Übersprunghandlungen dienen dazu, das Niveau der Erregung oder Anspannung zu halten oder zu senken, während das Tier die Situation erfasst und eine Entscheidung fällt. Die Einführung einer fünften Kategorie der Stressreaktion, dem „Zappeln", trägt dazu bei, uns zu erinnern, dass die von uns beobachteten absichtlichen Bewegungen und Übersprunghandlungen nicht Ungehorsam oder mangelnde Aufmerksamkeit anzeigen, sondern Hinweise darauf sind, dass das Tier unter Stress steht."

Tom Beckett, Tiermediziner, DVM, Austin, Texas

Die vier Arten des Lernens

Da wir anerkennen, dass Pferde Individuen und fühlende Wesen sind und, wie Menschen auch, auf verschiedene Weise lernen, umfasst die Tellington-Methode vier Arten des Lernens, um den Pferden ein stressfreies Lernen zu ermöglichen. Ihnen steht hier eine verständliche Informationsquelle zur Verfügung, die sich logisch erschließt und intuitiv anwenden lässt.
Wenn Sie sich mit der Zeit durch sämtliche Bereiche der TTouches, der Bodenübungen und der Arbeit unter dem Sattel arbeiten, knüpfen Sie mit Ihrem Pferd eine Verbindung von der Hautoberfläche bis zu den tiefsten Schichten der zellulären Intelligenz und aktivieren alle vier Arten des Lernens:

Kinesthetisch (durch Bewegung) – Sie bewegen sich und „tanzen" mit Ihrem Pferd auf eine Art und Weise, die es nachahmen kann. So steigen Sie zum Beispiel mit übertriebenen Schritten über die Stangen des Sterns (Seite 271) und fordern damit Ihr Pferd auf, seine Füße ebenso hochzuheben. Solche Bewegungen verbessern bei Ihnen wie beim Pferd das Bewusstsein, wo im Raum Sie sich befinden (Eigenwahrnehmung und Wahrnehmung im Raum).

Auditiv (durch Töne) – ruhige, lang gezogene Töne („braaaav" – „Hoooo") statt kurzer, heller Kommandos („Lass das!" – „Stopp!") beruhigen das autonome Nervensystem und heben den Fluchtreflex auf.

Visuell (durch Sehen) – Eine 1,20 m lange, weiße Gerte, von uns „Zauberstab" genannt und ca. 1 m vor die Pferdenase gehalten, dient dem Pferd als visuelle Richtschnur, wohin es gehen und wie viel Abstand es zu Ihnen einhalten soll.

Taktil (durch Berührung) – Mit dem TTouch wird das Pferd beruhigt, aufgeweckt, entspannt, gelöst, getröstet, informiert und konzentriert. So manifestiert sich der Zauber der Methode für Sie wie für Ihr Pferd.

Oder besteht er darin, einfach „dichtzumachen" und zu erstarren? Genauer betrachtet stellen sich die „instinktiven" Verhaltensweisen, die ich hier aufgelistet habe, meist als ausgelöst durch mangelndes Verständnis, Stress oder Angst, Nervosität oder Furcht heraus. In der Tellington-Methode werden diese instinktiven Verhaltensweisen des Pferdes folgendermaßen definiert:

Flucht – Angesichts einer wahrgenommenen Gefahr zu fliehen ist vielleicht die vordringlichste Tendenz des Pferdes. In Vorbereitung darauf geht der Kopf hoch, der Hals wird starr, der Rücken wird durchgedrückt, die Gliedmaßen werden nicht mehr durchblutet, der Herzschlag beschleunigt sich, und das Pferd starrt auf einen Punkt in der Ferne. Flucht war für das Wildpferd das Mittel der Wahl, aber domestizierte Pferde können auch mit folgenden Verhaltensweisen auf furchterregende Situationen reagieren:

Kampf – Wenn ein Pferd einer bedrohlichen Situation nicht entfliehen kann oder zu etwas gezwungen wird, was ihm Schmerz bereitet, ihm Angst macht oder körperlich unmöglich ist, widersetzt es sich oft mit Ausschlagen, Beißen oder Steigen.

Erstarren – Anstatt zu kämpfen oder zu fliehen erstarren manche Pferde unter bestimmten Umständen, als ob sie angewurzelt wären. Zu sehen ist dies häufig beim Verladen oder wenn ein Pferd, das nicht mit Fahren vom Boden gelernt hat, auf ein Zeichen hin vorwärts zu gehen, zum ersten Mal geritten wird. Solche Pferde stehen stockstill und halten die Luft an, und der einzige Weg, sich wieder in Bewegung zu setzen, ist für sie, „auseinanderzubrechen" und sich in einem gewaltigen Bocksprung Luft zu machen.

Ohnmacht – In extremen Situationen fällt ein Pferd, das unter großem Druck steht, einfach in sich zusammen, anstatt zu kämpfen. Es handelt sich um eine Reaktion des Nervensystems, die oft auf den Erstarrungsreflex folgt. Vorkommen kann diese Reaktion in den folgenden Situationen: wenn ein Pferd unter Zwang oder mit Prügel verladen werden soll; wenn es eng ausgebunden und womöglich mit einem Overcheck gehen soll; manchmal sogar beim Angurten, wenn der Gurt zu schnell oder zu fest angezogen wird.

Zappeln oder „Herumhampeln" – Vor Kurzem wurde von der Texas A & M University ein fünftes Verhalten als mit Stress verbunden und nicht ein-

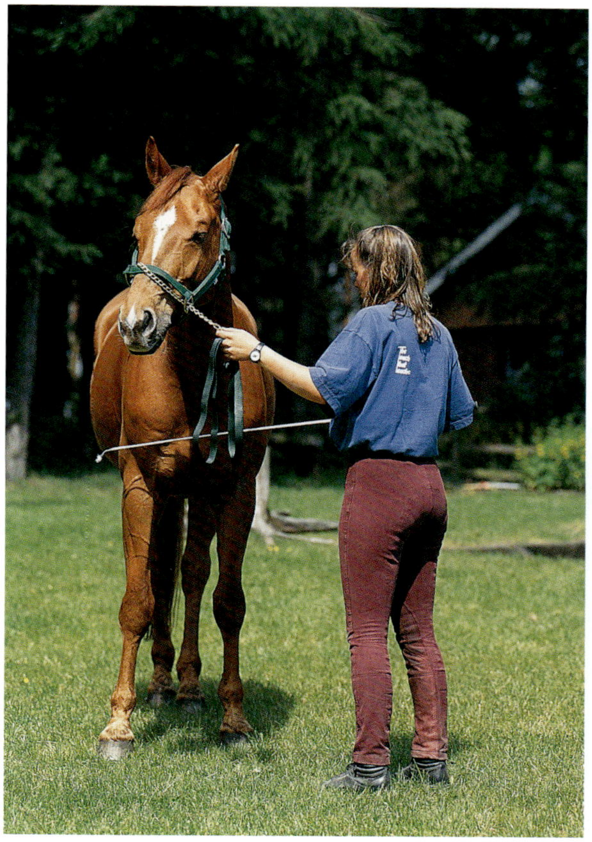

Die verschiedenen Führpositionen sind einfach zu lernen und können je nach Aufgabenstellung variiert werden. Sie bleiben souverän und können Ihr Pferd in jede Richtung lenken.

Links: Die Vorbereitung zum Rückwärtstreten
Unten: Das Losgehen im Schritt

fach als eine „Einstellungssache", wie so viele Pferdeleute bisher geglaubt hatten, festgestellt. Damit sind Pferde gemeint, die etwa nach dem Führstrick schnappen und bei der Arbeit nervös herumzappeln. Auch wenn viele es als schlechtes Benehmen betrachten, ist es für das Pferd eine Übersprunghandlung mit dem Ziel, Ängste abzubauen und mit Stress fertig zu werden. Sie ist offensichtlich subtiler und im Allgemeinen weniger gefährlich als die anderen Reaktionen, lässt sich aber ebenfalls nur mit Verständnis beheben. Der Tierarzt Tom Beckett, der die Auswirkungen der Tellington-Methode auf Tiere über 20 Jahre lang studiert hat, zeigt dazu eine verständnisvolle Perspektive auf (siehe Kasten auf Seite 33).

Nachdenken und flexibel sein

Die fünf instinktiven Reaktionen werden meiner Erfahrung nach ausgelöst durch mangelndes Verständnis oder Angst. Daraus folgt, dass die Anwendung von Gewalt oder Dominanzpraktiken kontraproduktiv ist. Unser Ziel ist es, Sie so weit zu bringen, dass Sie Ihrem Pferd über das instinktive Verhalten hinweghelfen und gleichzeitig seine Intelligenz – seine Bereitschaft und Fähigkeit, sich an neue Situationen anzupassen – erhöhen können.

Eines der Grundprinzipien der Tellington-Methode lautet, dass es, wenn ein Pferd einen Schritt in der Ausbildung nicht versteht oder akzeptiert, andere Mittel der Wahl gibt, als die Übung so lange zu wiederholen, bis das Pferd sie endlich kapiert. Ich bin auch nicht der ansonsten weit verbreiteten Meinung, dass ein Pferd mit etwas „durchgekommen" ist, wenn Sie mit einer Lektion beginnen und sie nicht zu Ende führen. Legen Sie lieber eine Pause ein und denken Sie darüber nach, wie man die Übung schrittweise aufbauen könnte, damit sie für Sie und Ihr Pferd einfacher wird. Wenn wir die Lektion in einzelne Schritte aufteilen können, lernen wir, flexibler zu reagieren, sodass in vielen Fällen das Training viel glatter verläuft.

Wie empfindsam ist das Nervensystem Ihres Pferdes?

Sicher wissen Sie, wie ein Pferd im Flucht- oder Erstarrungszustand aussieht – Kopf und Hals sind hoch erhoben und völlig versteift, der Rücken hängt durch, das Pferd hört auf zu fressen, hält den Atem an und ist nicht mehr ansprechbar, reagiert auf keine Hilfe und kein Kommando mehr.

Durch Angst, Schmerz und Beklemmung werden Stresshormone wie zum Beispiel Kortisol ausgelöst, wenn sich das sympathische Nervensystem (SNS) einschaltet. Ein gewisses Maß an Stress ist unvermeidlich, aber jenseits eines bestimmten Schwellenwertes blockiert er das Bewusstsein und das Lernvermögen. Als reflexhafte Reaktion auf den Flucht-, Kampf- oder Erstarrungsmodus zieht sich das Blut aus den Gliedmaßen zurück.

Wenn ein Pferd seine Beine oder Füße nicht mehr spürt, wird es unberechenbar und neigt dazu, den Atem anzuhalten, zu bocken oder durchzugehen. Peggy Cummings, eine Tellington-Training- und Centered-Riding-Lehrerin, die die Technik des Connected Riding® entwickelt hat, nennt dies: „Das Pferd ist außerhalb seines Körpers."

Mit der Tellington-Technik, das Pferd mit der Gerte, dem „Zauberstab", abzustreichen, bringen wir das Pferd in seinen Körper zurück und überwinden den Kampf-, Flucht- oder Erstarrungsreflex. Für das Überleben der Pferde und anderer Säugetiere der Steppe war diese alte biologische Reaktion sicher äußerst wichtig – wer auf Stress nicht angemessen reagieren konnte, fiel bald einer Raubkatze oder einem anderen Räuber zum Opfer.

Stressreaktionen

Die Stressreaktion war wichtig, um Pferde, Menschen und andere Geschöpfe über kurze, intensive Zeiten von Lebensgefahr hinwegzubringen – meistens durch Flucht, manchmal aber auch durch Standhalten und Kämpfen. In seinem faszinierenden Buch „Warum Zebras keine Migräne kriegen" stellt Robert M. Sapolsky fest, dass der Kampf-oder-Flucht-Reflex in der modernen Gesellschaft tödlich sein kann. Moderne Langzeit-Stressfaktoren wie die Angst, seinen Job zu verlieren, oder stundenlang im Stau zu stecken sorgen dafür, dass die mit der Fluchtreaktion verbundenen Chemikalien viel länger im Blut zirkulieren, als es für die Gesundheit zuträglich ist. Daraus können chronische Störungen wie Herzkrankheiten entstehen.

Auch für unsere Pferde hat der Kampf-oder-Flucht-Reflex heutzutage seine Berechtigung wohl verloren. Ab und zu mag er Sie beide aus einer gefährlichen Situation befreien, aber wenn er öfter oder länger auftritt, ist er eher schädlich als nützlich. In diesem Buch geht es zwar um sehr spezielle Verhaltensweisen, im Grunde genommen aber

Das Führen über am Boden ausgelegte Autoreifen schult die Trittsicherheit. Wenn Sie Ihr Pferd vielseitig fordern, steigern Sie sein Lernvermögen und damit seine Intelligenz.

Angst zugeben

Unkontrollierte Angst kann zu gefährlichen Reaktionen führen. Wenn ein Pferd zum Beispiel plötzlich abdreht, bockt oder durchgeht, klammert sich der Reiter womöglich mit Händen und Beinen fest und signalisiert so dem Pferd, seine Flucht noch mehr zu beschleunigen.

Bei der Tellington-Methode wird der Lernprozess für Reiter und Pferd in kleine Schritte aufgegliedert, was den Umgang mit Pferden sicherer und vertrauensvoller macht – einschließlich der Erkenntnis, wann es besser ist aufzuhören. Die Anwendung von TTouch bei Ihrem Pferd hat den zusätzlichen Vorteil, dass Sie Angst und Anspannung bei sich selbst abbauen lernen.

Sind Sie im Umgang mit Pferden manchmal ein bisschen unsicher oder zögerlich? Vielleicht reiten Sie normalerweise auch ganz beherzt, haben es jetzt aber mit einem neuen Pferd zu tun, dessen Reaktionen Sie nicht vorhersehen können. Sie müssen lernen, diesem ängstlichen Gefühl als einer Art Sicherheitsventil zu vertrauen. Sie brauchen sich nicht zu riskanten Schritten gedrängt fühlen, sondern können es wagen, ein paar Schritte zurückzugehen und dann weiterzumachen in der Gewissheit, dass es einen sichereren Weg gibt, Ihren Pferdepartner zu trainieren.

Wenn Sie feststellen, dass ein Pferd zu viel für Sie ist, sollten Sie auf Ihre innere Stimme hören. Auch wenn Sie das Pferd noch so sehr lieben, ist es das Risiko einer Verletzung nicht wert. Ihr Leben und Ihre gesunden Gliedmaßen sind sehr kostbar. Wenn Ihr Pferd Ihnen Angst macht und Sie das Gefühl haben, nicht mit ihm fertig zu werden, dann denken Sie über Hilfe von Profiseite nach. Stellen sich auch damit nicht die gewünschten Ergebnisse ein, sollten Sie das Pferd vielleicht an jemand anders weitervermitteln und sich einen neuen Partner suchen, damit das Reiten Ihnen wieder Freude macht und Sie kein Risiko mehr einzugehen brauchen. Ein Pferd, das Ihnen ernsthafte Probleme bereitet, kann für jemand anders der perfekte Partner sein.

darum, dass Sie – und Ihr Pferd – lernen, diesen Reflex in Schach zu halten und durch andere Reaktionen zu ersetzen, die mit der Zeit Teil Ihres Nervensystems und damit fast automatisch werden.

Der Fluchtreflex lässt sich zum Beispiel oft damit ausschalten, dass man ein Pferd, das nervös oder angespannt ist, einfach füttert. Wenn ein Pferd frisst, wird nämlich das parasympathische Nervensystem (PNS) aktiviert, und dies ist einer der Gründe, warum es so hilfreich ist, ein ängstliches Pferd zu füttern.

Die Tellington-Methode bringt das Pferd über das instinktive Verhalten hinaus, überwindet den Fluchtreflex und eröffnet ihm neue Möglichkeiten, zu lernen und Leistung zu erbringen. Mit unserem Ansatz entwickelt sich der Geist des Pferdes; es gewinnt an Selbstvertrauen und fühlt sich auch ohne Herde sicher. Das Pferd wird insgesamt sicherer, glücklicher und zugänglicher.

Sind Sie bereit, mit Ihrem Pferd ein Team zu bilden?

Mit der Tellington-Methode habe ich einen Weg entdeckt, der es jedem Reiter – unabhängig von seinem Alter – erlaubt, ein Pferd mit Erfolg zu arbeiten, und zwar einen Weg, der sicher und einfach zu lernen ist und von Herzen kommt. Ein Pferd, das seine Ausbildung mit Bodenübungen begonnen hat, will mit Ihnen arbeiten, wenn Sie sich schließlich in den Sattel setzen. Und wenn Sie mit der Ausbildung vom Boden aus beginnen, lernen Sie Ihr Pferd auf eine Weise kennen, die Ihnen das Gefühl gibt, alles unter Kontrolle zu haben.

Pferde als Lehrmeister anerkennen

Viele Reiter suchen Einlass in die magische Welt der Pferde nicht nur zur Erholung, sondern auch zur Neuorientierung. In meinen Augen sind unsere Pferde unsere Lehrmeister. Gut möglich, dass die Unstimmigkeiten, die Sie mit Ihrem Pferd haben – solange sie nicht zur Gefahr ausarten –, eine Gelegenheit darstellen, eine neue Ebene des Verstehens und des Könnens zu erreichen. Viele Menschen wenden sich der Tellington-Methode zu, weil sie mit irgendeinem Problem nicht fertig werden, und stellen dann fest, dass sich ihnen ganz neue Perspektiven der Beziehung und Übereinstimmung mit ihrem Pferd erschließen.

VERHALTEN, TRAINING UND GESUNDHEIT

PROBLEME UND LÖSUNGEN VON A–Z

Verhaltens- und Trainingsprobleme von A–Z

Gesundheitsprobleme von A–Z

Verhaltens- und Trainings-probleme von A–Z

Hinweise für die Leser

In diesem Teil des Buches sind über 60 Verhaltens- und Trainingsprobleme alphabetisch aufgelistet, von „Anbinden" bis „Zackeln" und „Zunge strecken". Jedes Kapitel geht kurz auf die Wurzeln des Problems ein, stellt ein paar konventionelle Korrekturmethoden vor und bietet Lösungen nach der Tellington-Methode an. Die „Tellington-Lösungen"-Kästen am Ende jedes einzelnen Kapitels weisen auf die Seiten im Buch hin (Beginn auf Seite 160), in der die entsprechenden TTouches, Bodenübungen und das Training unter dem Reiter Schritt für Schritt beschrieben und illustriert sind. Die Anzahl der TTouches und Bodenübungen mag anfangs verwirrend erscheinen – als ob Sie eine neue Sprache lernen müssten. Aber Sie werden staunen, wie schnell Sie und Ihr Pferd die neue Art lernen, zusammen zu „tanzen", und wie reich belohnt Sie sich fühlen werden.

Aggressiv anderen Pferden gegenüber

Siehe auch „Niedrig in der Rangordnung"

In einer gewachsenen Herde kennt jedes Pferd seinen Platz, und ein Ohrenzucken, ein einfaches Schweifschlagen genügt, um friedlich die Grenzen zu wahren. Gelegentlich schubst ein Pferd die anderen herum oder tyrannisiert eines, das am Ende der Rangordnung steht.

Auch wenn Sie solch ein aggressives Verhalten mit einem sogenannten Alpha-Tier oder Anführer der Herde assoziieren würden, ist Aggressivität doch meistens eine Folge von Angst – beispielsweise der Angst, nicht genug Futter zu bekommen oder nicht genug Platz zu haben. Menschen nennen solche Pferde gern „gemein" oder „böse", aber das Verhalten lässt sich oft verändern.

Die Tellington-Methode kann dem Pferd ein neues Bild von sich selbst vermitteln, indem es ihm über seinen Instinkt hinweg hilft und eine dauerhafte Veränderung des Verhaltens bewirkt. Manchmal nützt es schon, der Herde mehr Platz zu verschaffen. Auch darf eine Koppel oder Weide keine rechtwinkligen Ecken aufweisen, in die Pferde hinein getrieben werden können. Manchmal wird man das aggressive Pferd auf eine andere Weide bringen müssen.

Damit Ihr Pferd nicht einsam ist, sollten Sie ihm einen Gefährten zugesellen, zumindest beim gemeinsamen Training und Ausreiten gibt es da meist keine Schwierigkeiten. Wenn es aber ums gemeinsame Fressen geht, sieht das oft anders aus. Das aggressive Pferd hält mit einem einzigen Schweifschlag, gefletschten Zähnen und angelegten Ohren das zweite Pferd vom Futter fern. Die Situation ist nicht ganz einfach.

Legen Sie auf jeden Fall Heu immer an mehreren Plätzen aus, nicht nur an zweien, oder bauen Sie zwei Fressstände, sodass die Pferde beim Fressen getrennt sind. Die Ständer müssen so eng sein, dass das aggressive Pferd den Weidegenossen beim Fressen nicht schikanieren kann. Als Besitzer eines aggressiven Pferdes sind Sie dafür verantwortlich, es in sicherer Entfernung von anderen Pferden zu halten, ob auf der Weide oder im Gelände.

Lösungen

Vom Boden aus

- *Erforschen* Sie zuerst mit der flachen Hand den *Pferdekörper* um festzustellen, an welchen Stellen das Pferd besonders empfindlich ist. Aggressive Pferde haben oft etwas gegen Berührungen am Kopf, an den Beinen, unterhalb des Karpal- oder Sprunggelenks, an den Innenseiten der Hinterbeine und an den Flanken. Außerdem neigen sie dazu, den Schweif festzuhalten oder einzuklemmen.

Nicht selten entsteht Aggressivität aus der Angst heraus, nicht genug Raum zu haben und nicht vor ranghöheren Pferden fliehen zu können.

- Nach einiger Zeit können Sie mithilfe von vertrauensbildenden und bewusstseinsfördernden TTouches (Seite 188 bis 214) dem Pferd am ganzen Körper ein sicheres Gefühl vermitteln. Machen Sie mehrmals vor dem Reiten *Ohren-*, *Maul-* und *Schweif-TTouches* ergänzt vom *Lecken der Kuhzunge* und *Verbundenen Muschel-TTouches* mit *Aufgerollte-Python-TTouches* am ganzen Körper und an den Beinen. Idealerweise sollte diese Arbeit in der Nähe eines anderen Pferdes stattfinden.
- Laden Sie einen Freund oder eine Freundin ein und arbeiten Sie Ihre Pferde gemeinsam im *Labyrinth*, über *Brett* und *Wippe*, über den *Stern* und über oder durch *Plastikplanen*.

Unter dem Reiter

- Legt das Pferd beim Reiten einem anderen gegenüber drohend die Ohren an, schimpfen oder strafen Sie nicht, sondern lassen Sie es den Kopf wenden und bieten Sie ihm ein Stück Karotte oder ein Leckerli aus der Hand an, sodass es die Gegenwart eines anderen Pferdes mit einer angenehmen Erfahrung assoziiert.

Tellington-Lösungen

Pferdekörper erforschen	168
Ohren-TTouch	233
Maul-TTouch	203
Schweif-TTouch	208
Lecken der Kuhzunge	197
Muschel-TTouch	189
Aufgerollte-Python-TTouch	190
Labyrinth	277
Wippe	291
Brett	289
Stern	271
Training mit Plastikplanen	283
Halsring	297

Das gemeinsame Training mit anderen Pferden hilft, Angst und Unsicherheit des Pferdes zu überwinden. Das Führen über die Brücke steigert Selbstbewusstsein und Körpergefühl, sodass Aggressionen abgebaut werden.

Anbinden/Losreißen

Sie haben Ihr Pferd am Balken angebunden, und es lässt sich ganz ruhig putzen. Sie holen den Sattel aus der Sattelkammer, und wenn Sie ein paar Augenblicke später zurückkommen, kämpft das Pferd auf Leben oder Tod gegen den Anbindestrick. Was ist passiert?

Meiner Meinung nach gibt es zwei Gründe, warum ein Pferd sich loszureißen versucht. Einmal versuchen manche Pferde tatsächlich, die Haltbarkeit des Stricks auszutesten, indem sie sich dagegenstemmen. Das ist typisch für Pferde, denen es einmal gelungen ist, den Strick zu zerreißen; sie versuchen es immer wieder. Es gibt aber auch Pferde, die plötzlich in Panik geraten, ausflippen, sich in den Strick hängen und nicht eher wieder nach vorn kommen, bis irgendetwas nachgibt. Sie versuchen durch das Rückwärtsziehen der Situation zu entkommen. Dieser Typ ist sehr viel gefährlicher, weil sich die Pferde nach hinten überschlagen und ernstlich verletzen können.

In den meisten Fällen, die ich erlebt habe, hatte das Pferd gelernt, sich in den Strick zu hängen. Wie können Sie ihm dies wieder abgewöhnen?

Die meisten Pferde fürchten sich instinktiv davor, angebunden zu sein – kein Wunder, wenn man bedenkt, dass Flucht ihre wirkungsvollste Verteidigung ist. Viele Pferde, die sich loszureißen versuchen, handeln aus einer Urangst heraus. Der selbst verursachte Schmerz löst einen noch heftigeren und verzweifelteren Versuch aus, sich zu befreien. Ergebnis ist oft ein zerrissenes Halfter – oder manchmal sogar ein gebrochenes oder zumindest beschädigtes Genick.

Zu dem Thema, ob man Pferde überhaupt anbinden sollte, gibt es verschiedene Theorien. Der britische Pony Club ist aus Sicherheitsgründen gegen das feste Anbinden, und seine Mitglieder lernen, ihre Pferde oder Ponys mit einer Sollbruchstelle aus Futterballenschnur anzubinden. Besser, sie zerreißt, als dass das Pferd sich verletzt, ist der Gedanke, der dahintersteht und dem ich mich voll anschließe.

Je weiter westlich man kommt, desto verbreiteter ist die Meinung, dass ein Pferd so angebunden werden sollte, dass es sich gar nicht losreißen kann.

Oft sieht *das* so aus, dass man das Pferd „so stramm und fest wie möglich" anbindet und es dann dagegen ankämpfen lässt, bis es „kapiert" hat. Oder man bindet ihm einen Strick um den Rumpf und lässt ihn oben durch den Halfterring laufen, sodass das Pferd gegen sich selbst kämpft.

Andere Möglichkeiten sind das Anbinden an eine Wand oder einen Reifenschlauch. Möglich, dass manche dieser Methoden in manchen Fällen funktionieren, aber ich finde, dass man mit dieser Unnachgiebigkeit ein doppeltes Risiko eingeht: Erstens lösen solche Methoden eher den Kampf-oder-Flucht-Reflex aus, als dass sie das Pferd erziehen, und zweitens kann sich das Pferd ernsthaft an den Halswirbeln verletzen. Es kann sich nach hinten überschlagen und sich den Widerrist oder sogar den Hals brechen. Angesichts dieser Risiken ist viel Kraft und Geschicklichkeit vonseiten des Menschen erforderlich.

Ein elastischer Anbindestrick, ähnlich einem Bungee-Seil, kann bei mittleren Pullern, die den Strick „austesten", Erfolg haben. Aber es besteht immer die Gefahr, dass unter extremer Belastung etwa der Haken bricht und der Strick unkontrolliert herumschlägt, wobei jeder in der Nähe, Mensch oder Pferd, gefährlich verletzt werden kann. Auch die sogenannten Panikhaken haben ihre Nachteile. Wenn das Pferd herumzerrt und nach vorn springt, wenn Sie gerade nach dem Panikhaken greifen wollen, kann es für Sie ziemlich gefährlich werden.

Besser ist der sogenannte Blocker oder Aussie Tie Ring, der einem halben Trensengebiss ähnelt. Wenn das Pferd rückwärts zieht, kann der Strick ein wenig

Das Ziehen am Strick kann an der Halswirbelsäule des Pferdes großen Schaden anrichten.

durchrutschen, aber nicht so weit, dass das Pferd freikommt. Anscheinend löst diese Vorrichtung, die auch zum Anbinden im Hänger geeignet ist, bei Pferden weniger Platzangst aus. Eine Stute, mit der ich einmal gearbeitet hatte und die diverse Halfter, Stricke und Haken „geschafft" hatte, versuchte sich nie mehr loszureißen, nachdem sie das erste Mal mit diesem einfachen (und tragbaren) Hilfsmittel angebunden worden war.

Wenn Sie zwei bis drei Mal geübt haben, müsste das Pferd zuverlässig auf ein Signal von Gerte und Strick hin den Kopf senken. Die folgenden Richtlinien sind ebenso geeignet, ein Pferd an das Anbinden zu gewöhnen, wie dazu, einen gewohnheitsmäßigen Puller zu korrigieren. Junge Pferde, die nie im Leben angebunden waren, lernen auf diese Weise, angebunden ruhig stehen zu bleiben.

Lösungen

Schritt 1: Bringen Sie dem Pferd zuerst bei, auf leichten Druck hin den *Kopf* zu *senken*. Lösen Sie etwaige Verspannungen mit dem *Ohren-TTouch* und dem *Raupen-TTouch* über Genick und Hals, damit das Pferd Hals und Kopf streckt und absenkt. Ist das Pferd sehr verkrampft, machen Sie *Verbundene Kreise* am ganzen Körper. Das vermittelt dem Pferd ein neues Körperbewusstsein und bereitet es auf das Anbinden vor bzw. beseitigt seine Angst vor dem Angebundensein.

Schritt 2: Befestigen Sie eine Führkette oder *Lama-Leine* seitlich am Halfter. Über der Nase oder am Kinn verschnallt animiert sie das Pferd nur noch mehr, sich dagegenzustemmen. Bringen Sie das Pferd mit leichtem Zupfen an der Leine dazu, den Kopf zu senken. Führen Sie es ein paar Schritte

Das Kopfsenken mit seitlich verschnallter Führkette und in Verbindung mit einem hebenden TTouch am Hals ist eine der sinnvollen Vorübungen zum stressfreien Anbinden.

vorwärts und lassen Sie es aus dem Stand oder dem langsamen Schritt den Kopf senken.

Manche Pferde senken im Stand sofort den Kopf, wenn die seitlich befestigte Leine leicht angenommen wird. Andere reagieren besser, wenn sie zuerst ein paar Schritte vorwärts gegangen sind. Wenn das Pferd verstanden hat, dass es auf Ihre Aufforderung hin ein oder zwei Schritte vorwärts gehen soll, legen Sie eine Hand oben auf das Halfter und üben Sie leichten Druck auf das Kopfstück und den Nasenriemen des Halfters aus.

Schritt 3: Das Ziel ist, dass das Pferd auf einen Druck am Kopf hin eher vorwärts geht als sich dagegenzustemmen. Die *Tanzende Kobra* ist hervorragend geeignet, einem Pferd beizubringen, auf ein leichtes Signal an der *Lama-Leine* hin nach vorn zu kommen. *Dingo*, das Antippen auf der Kruppe, sorgt zusätzlich dafür, dass das Pferd auf leichten Druck der Leine vorwärts geht. Es bekommt einen Vorwärtsimpuls von hinten und gleichzeitig von der Hand und am Kopf.

Diese Technik wandte ich in einem einwöchigen Lehrgang bei einer Norweger Falbstute an, die sich gern losriss. Als Eleanor, ihre Besitzerin, sie sattelte und auftrenste, blieb die Stute mit dem Gebiss an einem Haken hängen. Eleanor rechnete damit, dass sie explodieren und sich nach hinten werfen würde, aber die Stute senkte nur den Kopf und wartete auf Hilfe. Wenn ein Pferd erst einmal gelernt hat, auf ein leichtes Signal von hinten vorwärts zu gehen, können Sie sich darauf verlassen, dass es oft eher von selbst nach vorn gehen als dagegen kämpfen wird.

Schritt 4: Halten Sie in der Position *Den Tiger*

Tellington-Tipp

Mit unserem zuverlässigen Den Tiger zähmen, von uns auch oft „halbes Anbinden" genannt, kann man Pferde auch an das beidseitige Anbinden gewöhnen. Wichtig ist, wie schwer die Anbindestricke oder -ketten sind und auf welcher Höhe sie befestigt werden. Viele sind so hoch, dass das Pferd den Kopf kaum noch hinunter nehmen kann. Es sollte Kopf und Hals beim Putzen bequem auf Widerristhöhe halten können.
Ist ein Pferd gezwungen, den Kopf hochzuhalten, während es geputzt und gesattelt wird, entsteht oft Spannung im Rücken, die auch während der Arbeit unter dem Sattel anhalten kann. Sind in Ihrem Stall die üblichen Anbindestricke für Ihr Pferd zu hoch angebracht, haken Sie sie in die oberen Ringe am Halfter ein. Oder machen Sie sich ca. 50 cm lange Verlängerungen aus leichten Stricken, Schnur oder Wäscheleine und versehen Sie diese an beiden Enden mit Karabinerhaken.
Schwere Ketten sind nicht zu empfehlen – schließlich möchten Sie dem Pferdekopf nicht zu viel Gewicht zumuten. Im Putzkasten verwahrt, haben Sie diese Verlängerungen immer zur Hand. Verwenden Sie zum Anbinden immer leichte Stricke, keine Ketten, und achten Sie außerdem darauf, dass alle von Ihnen benutzten Anbindevorrichtungen eine Sollbruchstelle besitzen.
Zappelt Ihr Pferd beim Putzen herum oder schlägt mit dem Kopf, versucht es Ihnen vielleicht beizubringen, dass es empfindlich ist oder dass Sie mit zu viel Druck oder zu schnell putzen. Schlägt es zusätzlich noch mit dem Schweif, ist es im Rücken verspannt oder hat dort Schmerzen (siehe „Putzen", Seite 107).

zähmen den Kopf mit dem Halfter ruhig. Dann drehen Sie den Pferdekopf so, dass das Pferd Sie beobachten kann, wie Sie jegliche Verkrampfung auf dieser Seite lösen. Machen Sie mit einem Lammfellhandschuh am ganzen Körper langsame *Verbundene Kreise* und *Aufgerollte-Python-TTouches*.Nehmen Sie die Leinen abwechselnd an und geben Sie wieder nach, besonders wenn das Pferd sich entspannt. Putzen Sie das Pferd mit einer weichen Bürste oder einem Handschuh mit Gumminoppen in langsamen, gleichmäßigen Kreisen.

Mit der seitlich eingehakten Führkette oder *Lama-Leine* und Begrenzungen auf der rechten Seite und hinter dem Pferd sind Sie in der Lage, den Druck ein wenig zu verstärken. Hat das Pferd gelernt, der Hand und der weichen Leine seitlich am Halfter nach unten nachzugeben, wird es diese Simulation des Angebundenseins akzeptieren. Annehmen und Nachgeben sollten mit unterschiedlichem Druck erfolgen.

Müssen Sie Ihr Pferd tatsächlich anbinden, suchen Sie sich einen sicheren Platz dafür, um das Verletzungsrisiko so gering wie möglich zu halten. Wenn Sie das Pferd zu einem Turnier oder Geländeritt transportieren, lassen Sie den Hänger an das Zugfahrzeug angekuppelt und sorgen Sie dafür, dass in der Nähe keine Hindernisse wie Schubkarren oder Mistgabeln herumstehen. Binden Sie das Pferd an etwas an, das sich nicht bewegt, falls das Pferd sich bewegen sollte.

Für Fortgeschrittene: Bringen Sie Ihrem Pferd bei, auch ohne jegliches Anbinden absolut still zu stehen – eine Position, die wir *Die Statue* nennen. Das Pferd lernt auf diese Weise Gehorsam und das Zuhören. Sie brauchen viel Geduld, aber der Lohn ist ein entspanntes, kooperativeres Pferd.

Tellington-Tipp

Fohlen können schon beim ersten oder zweiten Mal Aufhalftern lernen, nicht zu ziehen: Befestigen Sie wieder den Führstrick seitlich am Halfter und nehmen Sie ihn abwechselnd ein wenig an und lassen wieder nach, bis das Fohlen gelernt hat, zwischen der Bewegung der Gerte und dem Strick vorwärts zu gehen. Fohlen dürfen gar nicht erst in eine Position geraten, die sie zum Ziehen verleiten könnte. Die seitliche Befestigung unterscheidet sich sehr von der im unteren mittleren Ring, weil es ihnen damit viel leichter fällt, nachzugeben und mitzugehen, anstatt reflexhaft nach rückwärts zu ziehen, sobald sie den Druck unter dem Kinn spüren. Wenn Sie viele Fohlen haben, machen Sie vielleicht eine Anleihe bei den Methoden polnischer Gestüte. Wenn Stuten und Fohlen zum Füttern hereinkommen, werden die Fohlen seitlich an der Mutter angebunden und bleiben während der Fütterung immer auf Tuchfühlung bei ihr.

Tellington-Lösungen

Den Pferdekopf senken	182
Ohren-TTouch	233
Raupen-TTouch	220
Verbundene Kreise	191
Den Tiger zähmen	185
Lama-Leine	175
Dingo	253
Tanzende Kobra	252
Aufgerollte-Python-TTouch	190
Verbundene Kreise	191
Die Statue	268

Angaloppieren

Siehe auch „Gleichgewicht und Koordination"

Sie geben die Hilfen zum Angaloppieren, aber das Pferd galoppiert jedes Mal „falsch" an, und zwar entweder jedes Mal im Rechts- oder jedes Mal im Linksgalopp, auch wenn Sie noch so oft wieder zum Trab durchparieren und es neu anspringen lassen.

Für manche Reiter ist dies pure Widersetzlichkeit, und sie setzen einfach ihre Hilfen verstärkt ein, setzen sich tiefer in den Sattel und treiben vermehrt mit Sitz und Schenkel. Leider ist diese Herangehensweise alles andere als nützlich, wenn das Pferd bereits empfindlich im Rücken geworden ist.

Viele Trainer lassen ihre Schüler über eine Stange traben und dann angaloppieren, was oft tatsächlich wirkt, aber wenn der „Motor" Ihres Pferdes „unrund" läuft oder es irgendwo Schmerzen hat, hilft

Pferde, die Schwierigkeiten beim Angaloppieren haben, erhalten durch das Kreisen der Beine ein neues Bewusstsein für ihre Extremitäten und ihr Bewegungspotenzial.

diese Methode nicht. Es ist, als ob ein Auto aus der Spur gebracht worden wäre. Auch ein Vorbeugen im Sattel kann das Pferd am richtigen Angaloppieren hindern. Wenn Sie dazu neigen, zum Angaloppieren oder für den Lope aus dem Schritt tiefer einzusitzen, machen Sie sich im Sattel lieber leichter und überlegen Sie sich, ob Sie die Polsterung unter dem Sattel eventuell verstärken sollten.

Die Tendenz, immer auf derselben Hand anzugaloppieren, geht oft auf eine Asymmetrie zurück. Bei einem Pferd, das ständig einen bestimmten Schenkel nicht annimmt, liegt gewöhnlich ein körperliches Problem vor. Bevor Sie mit Übungen am Boden und unter dem Reiter beginnen, sollten Sie den Pferdekörper erforschen und sehen, ob Sie eine Reaktion oder Überempfindlichkeit im Genick, im Hals, in den Schultern oder im Rücken entdecken können. Typische Schmerzpunkte finden sich häufig am ersten und zweiten Halswirbel, auf der Schultermitte, entlang der Wirbelsäule, beidseitig auf den Rippen, am Lendenbereich und dort, wo gewöhnlich Ihre Schenkel anliegen. Unsere Lösungsvorschläge können dazu beitragen, Asymmetrien oder Verspannungen im Körper zu beseitigen. Sie können sich erst den Körper oder erst die Beine vornehmen.

Wichtig ist, dass die Sattelunterlage gut gepolstert ist und weder am Widerrist noch auf der Schulter drückt, weil sich sonst das Pferd angewöhnt, eine Schulterseite zu verkrampfen. Sind die Muskeln, besonders an der Schulter, auf einer Seite mehr entwickelt als auf der anderen, kann es dem Pferd durch den Druck des Sattels, und zwar sowohl eines englischen (zu eng) wie eines Westernsattels (zu weit vorn), schwerfallen, richtig anzugaloppieren. Reichen die Trachten zu weit nach hinten und das Pferd neigt gleichzeitig ein wenig zum Senkrücken, kann der Sattel in die Nierengegend kneifen und dem Pferd das Angaloppieren erschweren. Um diesem unangenehmen Gefühl zu entgehen, verdreht sich das Pferd vielleicht in eine Richtung.

Galoppiert Ihr Pferd immer noch auf derselben Hand an, obwohl Sie Ihr Möglichstes versucht haben, haben Sie es vielleicht mit chronischen Schmerzen oder einer Asymmetrie zu tun. In diesen Fällen kann ein fähiger Chiropraktiker in Verbindung mit den hier beschriebenen Übungen gute Dienste leisten.

Und denken Sie immer daran, dass jede Asymmetrie in Ihrem eigenen Körper, besonders im hinteren Beckenbereich, zu einer Asymmetrie bei Ihrem Pferd führen kann. Überprüfen Sie zuerst den Sattel und dann den Pferderücken auf irgendwelche Überempfindlichkeiten oder Überreaktionen.

Lösungen

Unter dem Reiter

- Machen Sie mit dem gesattelten Pferd *Beinkreise hinten* und *Schweif-TTouches*, steigen Sie anschließend auf und lassen Sie einen Helfer die Übungen wiederholen, während Sie im Sattel sitzen.
- Der *Balancezügel* macht die Vorhand leichter und verhindert, dass das Pferd auf die innere Schulter fällt. Ist der Rücken fest, trägt das *Tellington-Trainingsgebiss* zusätzlich dazu bei, dass sich das Pferd neu ausbalanciert und sich leichter tut, auf der anderen Hand anzugaloppieren. Versuchen Sie kurz vor der Ecke aus dem Trab anzugaloppieren. Machen Sie sich leicht und setzen Sie nur den äußeren Schenkel ein. Reiten Sie das Pferd außerdem mit dem elastischen *Körperband,* das am Sattel befestigt wird.
- Wenn Sie ein junges Pferd anreiten wollen oder selbst noch nicht viel Erfahrung haben, lassen Sie das Pferd auf einem großen Zirkel aus dem Trab allmählich in den Galopp springen. Manchmal löst sich das Problem allein dadurch, dass man den Reitplatz verlässt und ins Gelände geht. Die

wechselnden Bodenverhältnisse, die Kurven und Hügel sorgen dafür, dass das Pferd beide Seiten seines Körpers aktiviert, und es kann sein, dass es draußen auf beiden Händen galoppiert.

- Wir haben schon oft erlebt, dass der Einsatz von *Tellington-Trainingsgebiss, Körperband* und *Balancezügel* bereits genügt, um dem Pferd ein neues Körperbewusstsein zu vermitteln, sodass es ihm nicht mehr schwerfällt, auf beiden Händen anzugaloppieren.

Vom Boden aus

- Fangen Sie mit dem Vorderbein an, mit dem das Pferd am leichtesten angaloppiert. Machen Sie im Stand *Aufgerollte-Python-TTouches, Oktopus-TTouches* und Kreise an diesem Bein, ziehen Sie es dann etwas nach vorn heraus und beschreiben Sie damit Kreise (*Beinkreise vorn*).
- Im nächsten Schritt versuchen Sie den Körper mit den Beinen zu verbinden. Beginnen Sie am Hals mit dem *Raupen-TTouch* und machen Sie dann *Verbundene Muschel-TTouches* und *Aufgerollte-Python-TTouches*, um die Muskeln an Hals und Schultern zu lösen. Oft ist der Hals auf einer Seite steif, und diese Steifheit wirkt sich das ganze Bein hinunter und bis in die Schulter aus. Es folgen einige Male *Hals lösen, Lecken der Kuhzunge* und *Zebra-TTouches* vor und zurück über der Kruppe. Dadurch werden Hinterhand und Becken aktiviert.
- Auf die *Hufe klopfen*: Zeigt das Pferd keine Reaktion, klopfen Sie stärker, ist das Pferd empfindlich, klopfen Sie nur leicht. Klopfen Sie die gesamte Hufwand ab, und zwar jeweils sechs oder sieben Mal in drei verschiedenen Reihen.
- *Cha-Cha* und *Halbe Tritte* vermitteln dem Pferd eine neue Erfahrung bezüglich der Bewegung von Schulter, Beinen und Körper.

Angst vor Bewegung oder Gegenständen im Hintergrund

Siehe auch „Scheuen, Guckigkeit", „Über dem Zügel gehen", „Schweif einklemmen"

Ist Ihnen schon einmal aufgefallen, dass das letzte Pferd bei einem gemeinsamen Ausritt immer misstrauisch nach hinten schielt und dann manchmal plötzlich nach vorn schießt? Die Natur hat Pferde als Fluchttiere geschaffen, und das Wegrennen vor einer erkannten Gefahr ist im Nervenkostüm des Pferdes seit Langem fest verankert.

Tellington-Lösungen

Den Pferdekörper erforschen	168
Beinkreise hinten	195
Schweif-TTouch	208
Becken kippen	243
Rückenheben	214
Balancezügel	293
Tellington-Trainingsgebiss	305
Körperseil	303
Beinkreise vorn	192
Aufgerollte-Python-TTouch	190
Oktopus-TTouch	224
Raupen-TTouch	220
Muschel-TTouch	189
Hals lösen	241
Lecken der Kuhzunge	197
Zebra-TTouch	230
Hufe abklopfen	219
Cha-Cha	249
Halbe Tritte	295

Die Brücke mit Planen ist ein sinnvolles Hindernis für Pferde, die Angst überwinden sollen, wenn sie Bewegungen hinter sich wahrnehmen.

Wenn Pferde Angst haben, klemmen sie den Schweif ein und spannen die Muskeln an der Hinterhand an, was das Gefühl der Furcht noch verstärkt. Sie machen sich selbst noch mehr Angst. Achten Sie auf folgende Zeichen:

- steif oder verspannt im Hals- oder Rückenbereich;
- hoch erhobener Kopf, Nervosität;
- schreckhaft oder hyperaktiv;
- schlägt aus, wenn ein Pferd von hinten kommt;
- klemmt den Schweif ein oder wehrt sich gegen Schweifriemen;
- will nicht allein zurückbleiben.

Diese angeborene Furcht zu überwinden ist eine der besten Lebensversicherungen, die ein Reiter abschließen kann. „Desensibilisieren" oder Aussacken gehörte früher zu den verbreiteten Methoden, schreckhafte Pferde zu kurieren. In manchen Fällen wirken sie tatsächlich, aber sie können auch den Negativeffekt haben, ein sensibles Pferd noch nervöser und noch schreckhafter zu machen. Mithilfe der vertrauensbildenden TTouches (Seite 188) und einer Reihe weiterer TTouches können Sie dem Pferd ein neues Selbstbild vermitteln, das es ihm ermöglicht, seine Angst zu überwinden.

Lösungen

Vom Boden aus

- *TTouches* an der Schweifrübe stärken das Vertrauen, weil sie die Gesäßmuskeln entspannen, mehr Bewusstsein in die Hinterhand bringen und von hinten nach vorn eine Verbindung durch den ganzen Körper schaffen. Wenn Sie unter Einsatz eines *Körperbands den Pferdekopf senken*, können Sie zusätzlich das Selbstvertrauen und ein Gefühl der Sicherheit verbessern.
- *Bodenarbeit mit Plastikfolien*, *Wippe* und andere Übungen aus dem *Lernparcours* (Seite 270), sowohl an der Hand wie unter dem Reiter, dazu *Fahren vom Boden* mit und ohne Zaumzeug tragen dazu bei, dass ein Pferd die Angst vor Berührungen von hinten verliert.

Unter dem Reiter

- Reiten Sie mit dem *Balancezügel* und dem *Körperband*, damit Sie sich, wenn das Pferd sich verspannt, nicht festziehen und das Pferd damit noch mehr verschrecken. Gewöhnen Sie das Pferd daran, unter dem Sattel den Kopf zu wenden und Ihnen ein Leckerli aus der Hand zu nehmen, sobald es wegen irgendetwas hinter ihm unruhig wird. Denken Sie daran: Kauen überwindet den Fluchtreflex, indem es das parasympathische Nervensystem aktiviert.

Tellington-Lösungen

Schweif-TTouch	208
Körperband	303
Den Pferdekopf senken	182
Balancezügel	293
Training mit Plastikfolien	283
Wippe	291
Fahren vom Boden mit und ohne Zaumzeug	279

Aufrollen, hinter dem Zügel/ der Senkrechten

Übertriebene Versammlung, mit der Pferdenase hinter der Senkrechten, kann dazu führen, dass sich die Halsmuskeln schmerzhaft verkrampfen. Die Folge können gebundene Gänge sein, Zügellahmheit oder Schmerzen in der Hals- und Rückenmuskulatur. Abgesehen von den Schmerzen, die von einem derartig aufgerollten Hals verursacht werden, muss es für das Pferd auch sehr langweilig, wenn nicht sogar erschreckend sein, wenn es mit der Nase auf der Brust gar nicht mehr sehen kann, wo es hingeht.

Ein häufig zu sehendes Bild: ein Pferd, das hinter den Zügel gerät.

Dieser Fehler ist in allen Bereichen des reiterlichen Lebens zu sehen, von zackelnden Geländepferden über zombieähnliche Western-Pleasure-Horses bis zu Grand-Prix-Dressurpferden. Pferde, die gewohnheitsmäßig in dieser Haltung geritten werden, verkrampfen sich allmählich und bewegen sich nicht mehr im Gleichgewicht.

Bei meinen Lehrgängen werde ich oft gebeten, mit Pferden zu arbeiten, die jahrelang in übertriebener Versammlung geritten wurden. Ihre Muskeln sind manchmal derartig verkrampft, dass sie den Hals überhaupt nicht mehr strecken können! Charakteristisch für solche Pferde ist die Empfindlichkeit im Genick, über den beiden ersten Halswirbeln, aber auch entlang dem Mähnenkamm, am Widerrist und oft im Rücken und in der Nierengegend. Sie sind meist nicht von hinten nach vorn über den Rücken geritten, wie es für echte Versammlung Voraussetzung ist.

Mit einer Kombination von TTouches und Reiten mit dem *Lindell* – oder ganz ohne Zaumzeug – können Sie die Schmerzen und die Versteifung in den Halsmuskeln beseitigen, die Schritte und Tritte wieder verlängern, das Gleichgewicht herstellen und Ihren einst willigen, harmonischen vierbeinigen Partner zurückgewinnen.

Geschichte einer Wandlung

Justin Thyme, ein Vollblüter, der unter Claus Erhorn zu der Vielseitigkeitsmannschaft gehört hatte, die eine olympische Goldmedaille gewann, war ein hervorragendes Buschpferd. Mit 13 aber ging er nicht mehr so frei und flüssig wie früher, und Claus dachte, der Tellington-TTouch könnte ihm vielleicht helfen. Mit Geländesprüngen hatte er keine Probleme, aber Dressur war – typisch für viele Vielseitigkeitspferde – nie seine Stärke gewesen.

Ich sah zu, wie Claus ihn ritt: Justin Thyme rollte sich auf und war ständig hinter dem Zügel. Auch wenn der Zügel noch so locker war – er streckte nie den Hals. Seine Gänge waren infolge der verkrampften Hals- und Rückenmuskulatur kurz und gebunden.

Ich ttouchte ihn 30 Minuten lang am ganzen Körper und bat Claus dann, wieder aufzusitzen. Justin bewegte sich ein wenig freier, war aber immer noch hinter der Senkrechten und ging im Trab nach wie vor kurz. Ich lockerte den Nasenriemen, weil ich dachte, dies würde es ihm erleichtern, sich zu strecken. Aber selbst am durchhängenden Zügel blieb die Nase hinter der Senkrechten. Ich nahm den Nasenriemen ganz ab – keine Veränderung.

Nachdem diese Taktik nichts bewirkt hatte, fragte ich, ob ich ihn selbst reiten könne, um zu sehen, ob Reiten ohne Zaumzeug helfen könnte. Ein paar Minuten ritt ich ihn mit dem Halsring und den Zügeln auf dem Hals, bis Justin verstanden hatte, wie und wann er anhalten und wenden sollte. Dann nahm ich das Zaumzeug vollständig ab, und sofort ließ das Pferd die Nase auf die Höhe des Karpalgelenks fallen und ging dann, als ich ihn etwas antrieb, in einem wunderbar raumgreifenden Trab locker vorwärts. Claus war verblüfft. Ich ritt das Pferd vielleicht fünf Minuten im Schritt, Trab und Galopp, ließ ihn über ein paar niedrige Sprünge gehen und gab ihn dann nur ungern wieder an Claus ab. Er hatte mir so viel Spaß gemacht!

Nachdem Claus ebenfalls einige Zeit in den Genuss des Springens ohne Zaumzeug und der neuen Freiheit der Bewegungen gekommen war, zäumte ich Justin mit dem Tellington-Trainingsgebiss auf, und Justin ging, typisch für die Wirkung dieses Gebisses, noch durchlässiger über den Rücken und begann den Kopf korrekt an der Senkrechten zu tragen. Als wir ihn noch zusätzlich mit dem elastischen Körperband ausstatteten, wurden seine Gänge sogar noch geschmeidiger. In der Folge ritt Claus ihn mit dem Trainingsgebiss und einige Male mit dem Halsring. Fünf Wochen darauf gewann er, zum ersten Mal in seinem Leben, die Dressurprüfung bei einer der berühmtesten Vielseitigkeitsprüfungen in Großbritannien.

Lösungen

Unter dem Reiter

- Sorgen Sie mit *Liegender-Leopard-TTouches* und Abstreichen von Hals und Genick dafür, dass das Pferd den Hals streckt. Mit dem *Balancezügel* können Sie den Suchreflex noch weiter verstärken und so das Pferd dazu ermutigen, den Hals nach vorwärts-abwärts zu strecken.

Beim Fahren vom Boden wird das Pferd zuerst am Halfter geführt. Die Übung macht den Kopf und Hals frei und animiert das Pferd, mehr nach vorn zu denken und sich mit einer lockeren Halshaltung zu bewegen.

Vom Boden aus

- Kombinierte TTouches am Körper, besonders *Wolken-Leopard-TTouches* mit Druckstärke 3 bis 4, gefolgt von *Bären-TTouches* mit *Schwamm-TTouch* am Hals, vom Hals bis zur Schulter. Fangen Sie den Hals entlang an mit *Muschel-TTouches* und *Aufgerollte-Python-TTouches*, dann folgen Sie zwei gedachten parallelen Linien am Hals und Rücken entlang bis zu den Flanken. Es folgen *Aufgerollte-Python-TTouches* an den Schultern und den Vorderbeinen. *Senken* Sie den *Pferdekopf*, streichen Sie die *Ohren* aus, *lösen* Sie den *Hals* und machen Sie *Raupen-TTouch*.
- Führen Sie das Pferd über den *Stern* oder durchs *Labyrinth* und variieren Sie dabei die Kopfhaltung – einmal höher, einmal tiefer.
- *Fahren vom Boden* mit und ohne Zaumzeug ist nützlich für Pferde, die sich aufrollen, sobald Sie mit den Zügeln Kontakt aufnehmen wollen, und die sich nicht strecken wollen. Dazu brauchen Sie zwei Personen: eine, die das Pferd am Kopf führt, und eine zweite, die hinter dem Pferd hergeht und die Leinen führt. Diese Bodenübung macht Kopf und Hals frei und regt das Pferd dazu an, mehr nach vorn auszugreifen.
- Pferde, die aufgrund ihrer Sparte der Reiterei die meiste Zeit versammelt geritten werden, profitieren davon, wenn man mehrmals in der Woche lösende und streckende Übungen mit dem *Lindell* und dem *Balancezügel* macht, um Hals, Rücken und Hinterhand locker zu machen. Wunder wirkt bei solchen Pferden auch das *Reiten ohne Zaumzeug*, nur mit *Halsring*: Sie strecken und dehnen sich oft sofort.

Tellington-Lösungen

Balancezügel	293
Lindell	301
Verbundene Kreise	191
Halsring	297
Wolken-Leopard-TTouch	218
Bären-TTouch mit Schwamm-TTouch	236
Muschel-TTouch	189
Aufgerollte-Python-TTouch	190
Liegender-Leopard-TTouch	201
Den Pferdekopf senken	182
Ohren-TTouch	233
Hals lösen	241
Raupen-TTouch	243
Stern	271
Labyrinth	277
Fahren vom Boden mit und ohne Zaumzeug	279
Reiten ohne Zaumzeug	297

Aufsitzen lassen

Das Pferd ist fertig gesattelt, und Sie wollen aufsitzen. Aber in dem Augenblick, in dem Sie die Zügel annehmen und den Fuß in den Steigbügel stellen wollen, trappelt Ihr Pferd vorwärts oder weicht zur Seite hin aus, bevor Sie sich in den Sattel schwingen können. Oder es bleibt nicht lange genug neben der Aufsitzhilfe stehen, dass Sie in den Sattel hüpfen könnten.

Ich finde es immer wieder erstaunlich, wie viele Leute sich mit diesem Benehmen einfach abfinden oder aber am Zügel ziehen und das Pferd anbrüllen.

Ein hippeliges Pferd, das beim Aufsteigen nicht still steht, strapaziert sich selbst und den Reiter.

Andere warten geduldig, bis das Pferd stehen bleibt, was zwar sehr viel humaner ist, das unerwünschte Verhalten aber nur weiter verstärkt. Vielfach zappelt das Pferd herum, weil es sich im Voraus vor einem kneifenden Sattel oder Gebiss fürchtet oder eigentlich den Zahnarzt nötig hätte.

Viele Pferde bleiben zum Aufsitzen nicht stehen, weil sie sich im Rücken verkrampfen und die Luft anhalten, und dies, weil sie erfahrungsgemäß das Gleichgewicht verlieren, wenn der Reiter aufsitzt. Vielleicht haben sie nie gelernt, sich selbst richtig auszubalancieren, und das Reitergewicht bringt sie dann vollends aus dem Gleichgewicht. Ein Pferd muss lernen, das Reitergewicht auszubalancieren, indem es „geschlossen" auf allen vier Beinen steht, „mit einem Bein an jeder Ecke". Denken Sie auch darüber nach, ob Sie beim Aufsitzen die richtige Technik verwenden – dem Pferd voll auf einer Seite zu hängen trägt nicht gerade zu dessen Gleichgewicht bei. Die im Folgenden beschriebenen Schritte sind die gleichen wie bei einem jungen Pferd, das angeritten werden soll, und sind dazu geeignet, jedes Pferd so zu korrigieren, dass es zum Aufsitzen ruhig und ausbalanciert stehen bleibt.

Lösungen

- Einige wenige Übungseinheiten mit *Dingo* und *Dem Kamel einen Tipp geben* reichen aus, damit das Pferd das Signal zum Antreten abwartet und auf ein leichtes Antippen an der Brust anhält. Wenn Sie fertig zum Aufsitzen sind, bitten Sie jemanden, das Pferd weiterhin vom Boden aus ruhig zu halten. Der Helfer darf die Zügel aber nicht zu fest halten, weil dies das Pferd erschrecken könnte, sodass es sich loszureißen versucht.
- Stellen Sie das Pferd zwischen zwei Strohballen oder zwischen Einzäunung und einen Strohballen, um Grenzen zu setzen. Dann stellen Sie sich auf den Strohballen und machen vom Mähnenkamm bis zur Kruppe auf beiden Seiten *Verbundene Kreise*. Bieten Sie dem Pferd einen knackigen Leckerbissen an, damit es seine Nervosität verliert und den Kopf senkt.

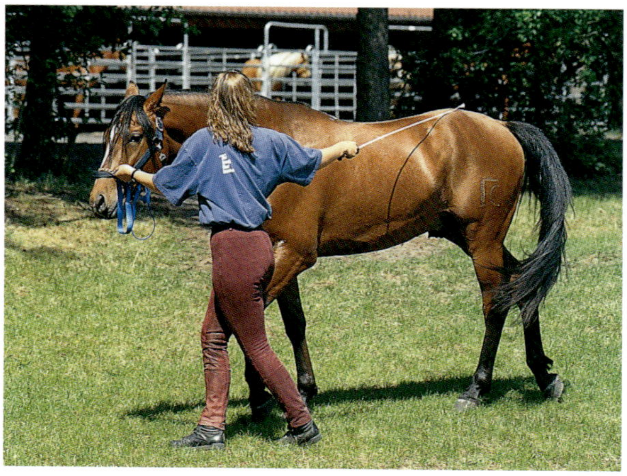

Wichtig ist, dass das Pferd lernt, auf ein eindeutiges Signal hin vorwärts zu gehen. In der Führposition Dingo wird die Kruppe des Pferdes angetippt und das Pferd animiert, mit der Hinterhand beginnend vorwärts zu treten.

- Nehmen Sie nun die Zügel mitsamt einem Büschel Mähnenhaare in die rechte Hand; mit der linken greifen Sie Ihren Fuß und stellen ihn in den Bügel. Dann wechseln Sie die Zügel in die linke Hand und greifen mit der rechten Hand auf die andere Seite des Vorderzwiesels (nicht des Hinterzwiesels!). Das Knie liegt am Sattel an, die Fußspitze zeigt nach vorn, damit Sie das Pferd nicht aus Versehen in den Bauch treten.
- Steigen Sie nicht senkrecht auf, sondern schieben Sie sich quasi bäuchlings über den Sattel, sodass Ihr Kopf fast auf der anderen Seite ist, während Sie ruhig das rechte Bein über den Sattel schwingen. Auf diese Weise wird der Sattel nicht zur Seite verzogen. Nehmen Sie sanft im Sattel Platz, z. B. bieten Sie dem Pferd an, den Kopf zu wenden und Ihnen ein Stückchen Karotte oder ein Leckerli aus der Hand zu nehmen. Üben Sie das Aufsteigen von beiden Seiten. Eine

Aufsteighilfe sollte sicher und solide sein, um den seitlichen Zug so weit wie möglich zu minimieren.

- Ein schwieriges oder noch junges Pferd stellen Sie zu Anfang in der Position *Den Tiger zähmen* in eine Box. Gewöhnen Sie es daran, sich zwischen den Strohballen hindurchführen zu lassen, und bringen Sie es dann allmählich dazu, sich neben dem nächsten Strohballen aufzustellen. Dann begrenzen Sie alle vier Seiten, stellen sich auf einen Strohballen und arbeiten mit TTouch, bis das Pferd sich vollständig entspannt hat. Kann sich das Pferd mit dem Prozess nicht anfreunden, müssen Sie vielleicht noch weiter zurückgehen, bis zum *Training unter den Gerten* (siehe „Training mit Plastikfolien", Seite 283).

So wird das Auftrensen zur Qual – das Pferd reißt den Kopf hoch, ist nervös und unkooperativ.

Tellington-Lösungen

Auftrensen, Gebiss nicht nehmen

Siehe auch „Kopfscheu"

Pferde, die das Gebiss nicht nehmen wollen, wehren sich auf verschiedene Weise dagegen: Sie beißen die Zähne zusammen, heben den Kopf so hoch, dass der Reiter nicht mehr an sie herankommt, oder lassen sich das Kopfstück nicht über die Ohren ziehen.

Wenn Ihr Pferd das Gebiss nicht nehmen will, kontrollieren Sie als Erstes, ob mit den Zähnen alles in Ordnung ist. Bei einem dreijährigen Pferd sind es möglicherweise nicht ausgefallene Milchzähne, die Probleme bereiten. Erwachsene Pferde leiden vielleicht unter Zahnhaken oder einer Entzündung, die nicht ohne Weiteres zu sehen ist. Typische Anzeichen von Zahnproblemen sind: Dem Pferd fällt beim Fressen immer wieder Futter aus dem Maul, es verliert an Gewicht, nimmt auf einer Hand die Hilfen nicht mehr an oder schlägt mit dem Kopf.

Sind Sie sicher, dass keine körperlichen Gründe vorliegen, überprüfen Sie Ihre Technik beim Auftrensen. Hält das Pferd den Kopf in Normalpositur still oder wird es plötzlich so hoch wie eine Giraffe? Leiten Sie das Mundstück so, dass es zwischen die Zähne passt, oder landet es unter der Unterlippe? Hebt das Pferd beim Abtrensen den Kopf, bleibt die Trense an den Zähnen hängen? Werden die Pferdeohren vielleicht unangenehm geknickt, wenn Sie das Kopfstück darüberziehen? All diese Einzelheiten können von Bedeutung sein.

Sie können Ihr Pferd in wenigen Übungseinheiten dazu erziehen, den Kopf beim Auftrensen etwa in Widerristhöhe still zu halten. Gehen Sie die unten beschriebenen Schritte durch, aber versuchen Sie nicht, dem Pferd das Gebiss mit Gewalt ins Maul zu schieben, wenn es das Maul nicht öffnet oder den Kopf hochnimmt. Wenn Sie wollen, dass das Pferd das Maul öffnet, geben Sie ihm eine Weile jeweils ein paar Körner Hafer.

Kontrollieren Sie die Passform des Gebisses, ob es dem Pferd angenehm ist und keine scharfen Kanten vorhanden sind.

Lösungen

- Bringen Sie dem Pferd bei, auf ein leichtes Zeichen hin den *Kopf* ungefähr auf Widerristhöhe zu *senken*. Dies ist ein wichtiger Bestandteil von Vertrauen und hilft Ihnen wahrscheinlich, sowohl vom Boden als auch vom Sattel aus viele Schwierigkeiten zu überwinden.
- *TTouch* am *Maul* und an den *Ohren* sind eine gute Vorbereitung auf das Auftrensen. Machen Sie mit der flachen Hand *Muschel-TTouch* außen

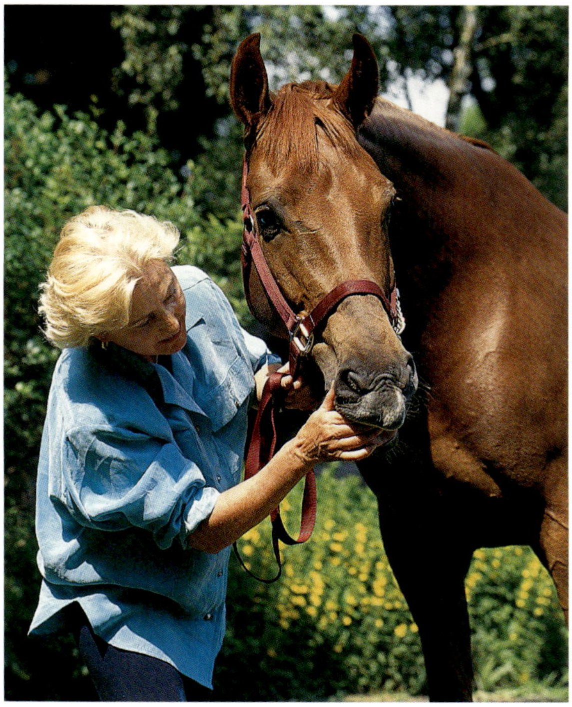

Das Streichen am Zahnfleisch ist eine gute Vorübung, um Pferde toleranter zu machen. Gleichzeitig verändert es das emotionale Befinden des Pferdes, weil das limbische System im Gehirn positiv angeregt wird.

Tellington-Tipp

Beißt das Pferd beim Auftrensen immer noch die Zähne zusammen oder reißt den Kopf hoch, wenden Sie folgende Methode an: Nehmen Sie einen 1 bis 1,5 cm dicken Strick und befestigen Sie ihn im rechten oberen Halfterring. Dann fädeln Sie ihn durch den unteren Ring und führen ihn unter dem Kinn durch und durch den linken unteren Halfterring. Der Strick soll eng am Kinn anliegen.

Bieten Sie ein wenig Hafer aus der flachen Hand oder von einer flachen Schale (etwa wie ein Frisbee) an. Beginnt das Pferd zu fressen, bringen Sie den Strick vor das Pferdemaul. Spannen Sie den Strick an, sodass er zwischen die Zähne rutscht. Achten Sie darauf, dass er wirklich ins Maul hineinrutscht und nicht nur am Zahnfleisch anliegt.

Hält Ihr Pferd den Kopf beim Auf- und Abtrensen still, nehmen Sie den Strick samt dem Zaum ein oder zwei Mal ruhig herunter. Bieten Sie ihm dabei mit einer Hand ein wenig Hafer an.

am Maul und am Kinn. Besonders bei einem jungen Pferd stecken Sie den Daumen in die Maulspalte und wackeln damit hin und her, bis das Pferd das Maul öffnet. Wenn Sie sich trauen, tippen Sie mit den Fingern gegen den Gaumen und auf die Zunge, als ob Sie Klavier spielen würden.

Gewöhnung ans Gebiss

Schritt 1: Schnallen Sie Zügel, Stirnband und Nasenriemen aus einer Trense aus, sodass nur noch das Genickstück mit den Backenstücken und dem Gebiss übrig bleibt. Der Zaum darf nicht zu straff verschnallt sein, damit Sie ihn leicht über die Ohren schieben können.

Schritt 2: Halten Sie den Zaum an den beiden Backenstücken in der rechten Hand, und zwar direkt an der Stirn des Pferdes, vor den Ohren.

Schritt 3: Nehmen Sie das Trensengebiss so zwischen Zeige- und Mittelfinger, dass es ein „V“ bildet.

Schritt 4: Während Sie Kopfstück und Gebiss mit der rechten Hand nach oben ziehen, schieben sie den linken Daumen in die Zahnlücke, damit das Pferd das Maul öffnet und Sie das Gebiss präzise zwischen der oberen und unteren Zahnreihe hineinschieben können. Füttern Sie die ersten paar Male ein bisschen Hafer, und achten Sie darauf, dass das Gebiss nicht gegen die Zähne schlägt, wenn Sie es hineinschieben. Lassen Sie sich Zeit, atmen Sie tief durch und visualisieren Sie, wie Ihr Pferd willig das Gebiss nimmt.

Schritt 5: Beim Abtrensen kommt es darauf an, dass das Pferd den Kopf senkrecht zum Boden hält, damit das Gebiss nicht an den unteren Zähnen hängen bleiben kann. Dazu üben Sie Druck auf die Stirn aus, während Sie das Genickstück vorsichtig über die Ohren ziehen und hinuntergleiten lassen.

Tellington-Lösungen

Den Pferdekopf senken	182
Maul-TTouch	203
Ohren-TTouch	233
Muschel-TTouch	189

Ein Ausschlagen in der Enge der Box ist für Pferd und Mensch besonders gefährlich.

Ausschlagen

Siehe auch „Angst vor Bewegung oder Gegenständen im Hintergrund"

Pferde, die unter dem Reiter oder an der Hand ausschlagen, können andere Pferde, Reiter oder das Führpersonal ernsthaft verletzen. Meist ist der Grund für das Verhalten grundsätzliche Furcht, manchmal auch Klaustrophobie. Es ist gewöhnlich defensiv gemeint und typisch für Pferde, die nicht an andere Pferde gewöhnt sind oder früher auf der Weide schlechte Erfahrungen gemacht haben.

Um ihnen klarzumachen, dass ihr Verhalten inakzeptabel ist, werden Pferde, die nach anderen Pferden schlagen oder zumindest damit drohen, häufig mit der Gerte bestraft. Bei manchen Pferden mag das wirken, aber wenn ein Pferd wirklich Angst vor anderen Pferden hat, wird das Verhalten dadurch nur verstärkt. Zu der Angst vor Pferden, die hinter ihnen auftauchen, kommt noch die Angst vor der Gerte und bestärkt sie in ihrer Einstellung, dass andere Pferde gefährlich sind.

Es ist Ihre Aufgabe, das Pferd zu erziehen und es unter allen Umständen unter Kontrolle zu halten. Ein verantwortungsbewusster Geländereiter muss außerdem sein Pferd darauf vorbereiten, dass ein anderes Pferd überraschend hinter ihm auftauchen und es überholen kann. Der Schlüssel liegt in der Umerziehung des Pferdes zu Hause und im Gelände, unter kontrollierten Umständen. Solange Sie nicht vollständig sicher sind, dass Ihr Pferd nicht ausschlägt, müssen Sie ihm als Warnung für andere Reiter, Abstand zu halten, ein rotes Schleifchen in den Schweif binden.

Lösungen

Vom Boden aus

- Damit Ihr Pferd sich später einmal auch unter fremden Pferden sicher fühlt, müssen Sie es zunächst daran gewöhnen, sich am ganzen Körper – und besonders an den Hinterbeinen – ttouchen zu lassen, ohne nervös zu werden. *Erforschen* Sie als Erstes seinen *Körper*, um empfindliche oder verkrampfte Stellen ausfindig zu machen.
- *Schweif-TTouches* machen dem Pferd seine Hinterhand bewusst, sodass jede Art von Nähe nicht als Bedrohung aufgefasst wird. Besonders wichtig ist dies für junge Stuten, die oft sehr darauf bedacht sind, ihre Hinterhand zu schützen.
- *Fahren vom Boden* mit und ohne Zaumzeug und mit dem *Körperband* ist eines der besten Mittel, wenn es darum geht, die Angst vor Bewegung oder Gegenständen im Hintergrund, die den Reflex zum Ausschlagen auslösen, zu überwinden. Macht man diese Bodenübung inmitten anderer Pferde, vermittelt sie dem Pferd ein Gefühl des Verbundenseins, wenn ein anderes Pferd von hinten heran oder an ihm vorbeikommt.
- Legen Sie in bequemer Schrittdistanz vier Stangen auf den Boden. Führen Sie das Pferd (an der Hand oder mit den Leinen) in einer Richtung über die Bodenstangen. Gleichzeitig geht das Pferd einer Freundin (das im Idealfall gut erzogen, ruhig und erfahren ist) in Gegenrichtung außen an den Stangen entlang.

Das Körperseil erzeugt neue Bewusstheit für die Grenzen des Körpers, das Pferd verbessert sein Selbstbewusstsein und das eigene Raumgefühl.

Geschichte einer Wandlung

Vor Jahren hatte ich eine dreijährige Stute eine Woche zum Training bei mir. Wenn ein anderes Pferd hinter ihr auftauchte, rannte sie bis zu fünf Meter rückwärts, um nach ihm zu schlagen. Mit der Brieftaube und einem dritten Helfer, der sie vom Boden aus fuhr, mit Belohnungen dafür, dass sie still stand, sich nach hinten umsah und Hafer aus einer flachen Schüssel fraß, während sich die anderen Pferde um sie herumbewegten, überwand sie ihre Angst und veränderte ihr Verhalten. Wir zeigten der jungen Stute, was sie tun sollte, anstatt sie einfach für unerwünschtes Verhalten zu bestrafen.

Als Teil ihres Erfolgs konnte sie später auf dem Platz inmitten anderer Pferde gearbeitet werden. Dass sie sich umwenden und Hafer fressen konnte, während wir sie mit den Leinen ruhig hielten, vermittelte ihr eine positive Erfahrung in der Anwesenheit anderer Pferde. In weniger als einer Woche hatte sie, am Boden wie unter dem Reiter, ihre Angst und das gewohnheitsmäßige Ausschlagen abgelegt. Ebenso können Sie positives Verhalten – zum Beispiel still stehen – belohnen, im Gegensatz zu einer Verstärkung von Angst und Anspannung durch das Bestrafen von unerwünschtem Verhalten.

- Wenn das Pferd sich vorbeiführen lässt, ohne sich im Hals zu verkrampfen, die Ohren anzulegen oder irgendwelche sonstigen Anzeichen von Angst oder Aggressivität, gehen Sie einen Schritt weiter. Führen Sie das Pferd wieder über die Stangen, während das andere Pferd erst auf der einen, dann auf der anderen Seite in geringerem Abstand vorbeigeht. Dann lassen Sie die beiden Seite an Seite gehen, Ihr Pferd anfangs etwas hinter dem anderen und immer außerhalb des Schlagbereichs. Ziel ist es, die Pferde allmählich immer enger zusammenzubringen, ohne dass Ihr Pferd seine Komfortzone verlassen muss.
- Ist Ihr Pferd immer noch nervös oder versucht zu schlagen, vergrößern Sie die Distanz zum anderen Pferd wieder und versuchen Sie den Bereich herauszufinden, in dem Sie Ihr Pferd belohnen können, anstatt es so weit zu treiben, dass Sie es für sein negatives Verhalten bestrafen müssen.

Unter dem Reiter

- Sobald das Pferd an der Hand die Gegenwart eines anderen Pferdes akzeptiert, ist es Zeit für die nächste Stufe unter dem Reiter. Wieder brauchen Sie einen Helfer und ein ruhiges Pferd. (Das funktioniert auch, wenn Sie Ihr Pferd als Handpferd mitführen.) Streichen Sie vom Sattel aus die Hinterbeine mit der Gerte ab, drehen Sie sich um und machen Sie *Wolken-Leopard-TTouches* auf der Kruppe. Bieten Sie ihm aus der Hand ein Leckerli an, wenn ein anderes Pferd von hinten herankommt. Reiten Sie mit dem *Körperband*, sodass das Pferd seine Hinterhand wirklich spüren kann, und bitten Sie Ihren Helfer/Ihre Helferin, immer näher an Sie heranzureiten. Er oder sie darf nur nicht zu schnell zu nahe kommen. Dehnen Sie die Übung ruhig über eine oder mehrere Übungseinheiten aus, auf dem Reitplatz oder im Gelände, bis Ihr Pferd wirklich Vertrauen gefasst hat.
- Werden Sie auf einem engen Pfad ohne adäquate Vorbereitung von solch einer Situation überrascht, nehmen Sie einen Zügel vermehrt an

Tellington-Tipp

Achten Sie auf die Warnsignale, die ein Ausschlagen ankündigen: Der Hals wird steif, der Kopf geht in die Höhe, die Ohren liegen flach im Genick. Wenn Sie mit einem anderen Reiter zusammen reiten, bewegen Sie die Gerte zwischen den beiden Pferden vor und zurück, um damit eine Begrenzung zu schaffen. Als beruhigendes Zeichen, dass Sie das Pferd vor dem anderen schützen werden, können Sie es mit der Gerte abstreichen.
Visualisierung ist bei all diesen Übungen äußerst wichtig: Halten Sie vor Ihrem inneren Auge ein deutliches Bild davon fest, wie Sie Ihr Pferd beschützen, anstatt sich vor dem zu fürchten, was passieren könnte.

und drehen das Pferd, sodass es sein Gewicht verlagern muss und sehen kann, was hinter ihm vorgeht. Gleichzeitig verhindern Sie dadurch, dass es sich sammeln und ausschlagen kann. Ein *Tellington-Trainingsgebiss* erlaubt Ihnen außerdem viel mehr Einwirkung auf die Reaktion Ihres Pferdes.

Tellington-Lösungen

Den Körper erforschen	168
Schweif-TTouch	208
Fahren vom Boden	279
Körperband und Körperseil	303
Wolken-Leopard-TTouch	218
Tellington-Trainingsgebiss	305

Beißen, Nibbeln, Kneifen, in die Luft schnappen

Siehe auch „Putzen", „Widersetzlichkeit"

Wenn Ihr Pferd Sie zu beißen oder zu kneifen versucht, nach Ihnen schnappt oder an Ihnen herumnibbelt, gibt es Ihnen damit eine wichtige Information. Wenn es nur mit den Lippen herumspielt oder Sie ableckt, ist dies wohl ein Zeichen der Zuneigung oder eine Bitte um Aufmerksamkeit. Was bleibt Ihnen übrig als Pferd, mit vier Füßen am Boden? Nur Ihr Mund! Dann gibt es noch die spielerischen Kneifversuche, zum Beispiel bei Fohlen, die den Unterschied zwischen Menschen und Fohlen noch nicht begriffen haben und denken, sie können mit Ihnen umgehen wie mit einem anderen Pferd.

Beißen oder Kneifen an Kleidung und Körper kann ein Zeichen von mangelnder Ausbildung sein.

Pferde, die in die Luft schnappen, versuchen Ihnen mitzuteilen, dass ihnen die Art, wie sie geputzt oder gesattelt werden, nicht behagt, dass ihnen der Rücken wehtut oder dass sie extrem empfindlich sind und das, was Sie gerade tun, nahezu unerträglich finden. Mit Flüstern haben sie nichts erreicht, das Beißen ist der Schrei.

Extreme Beißer signalisieren, dass sie irgendwo starke Schmerzen haben. Es kann auch die Angst davor sein, dass man ihnen wehtut oder sie übermäßig abstraft, und es kann ein Zeichen der Wut sein, die auf eine hormonelle Störung, vielleicht infolge eines Tumors, hindeuten kann.

Wird solch ein Pferd in der Box gehalten, hat es keine Möglichkeit, seine aufgestaute Energie und Anspannung abzureagieren; es kann nicht in die Luft springen, sich auslaufen, sich wälzen oder buckeln. Stattdessen donnert es gegen die Boxenwände, scharrt – und wird bestraft. Es kann seinen Frust nur mit den Zähnen und den Hufen ausleben.

Über Beißer hört man oft: „... einfach keinen Respekt", oder: „Einmal ein Beißer, immer ein Beißer." Meiner Erfahrung nach stimmt das nicht. Wenn Sie dagegen die „Mauligkeit" als sein Mittel zur Kontaktaufnahme verstehen, werden Sie erkennen, wie nutzlos (und brutal) es ist, ihm sein Verhalten einfach durch Prügel abgewöhnen zu wollen. Nach meiner Erfahrung wirken solche Methoden nicht; sie können das aggressive Verhalten noch weiter verstärken, wenn das Pferd sich gezwungen sieht zurückzuschlagen.

Uns wird beigebracht, dass wir ein Pferd, das beißt, sofort bestrafen müssen. Meistens verfällt es daraufhin in Erstarrung, was den Stress und die Anspannung noch verstärkt; das Vertrauen ist zerstört. Oft beruht diese Strafmentalität auf der Vorstellung, andernfalls „käme das Pferd mit etwas durch."

In meinen Augen ist die Botschaft, die das Pferd empfängt, sehr gemischt; vor allem bleibt der Grund für das Verhalten des Pferdes dabei völlig unberücksichtigt. Versucht man diese Technik bei einem Hengst, wird er dadurch erst richtig gefährlich. Das nächste Mal wird er Sie im Ernst angehen! Andere Pferde warten einfach ab, bis Sie ihnen den Rücken zuwenden, und schlagen dann zurück. Bei manchen Pferden werden die Reaktionen durch

Strafen nur noch heftiger. Aggressionen mit Aggressionen zu beantworten ist keine Lösung.

TTEAM zielt auf mehr ab als auf eine Reaktion – auf Agieren statt Reagieren. Als Erstes müssen Sie herausfinden, warum Ihr Pferd beißt, schnappt oder nibbelt, denn hierin liegt die Lösung. Sie wollen natürlich erreichen, dass Ihr Pferd gar keine Lust mehr verspürt, Sie zu beißen oder nach Ihnen zu schnappen, wenn Sie mit ihm umgehen. Wie Sie sehen werden, besteht die Lösung teilweise sogar in noch mehr Kontakt zum Pferdemaul, nicht in weniger,

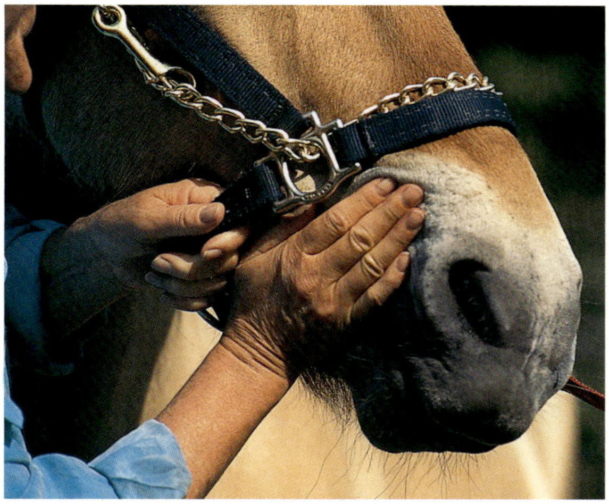

Wenn das Pferd sanfte Kreise am Maul akzeptiert, wird es emotional ausgeglichener und sein Bedürfnis nach Berührung gestillt.

denn die meisten „Beißer" versuchen, mit dem Maul Verbindung aufzunehmen.

Lösungen

- Stellen Sie Ihr erwachsenes Pferd in der Position *Den Tiger zähmen* in die Box oder in eine sichere Ecke im Paddock und ttouchen Sie ruhig am ganzen Pferdekopf, besonders am Maul. Halten Sie das Halfter seitlich gut fest, sodass es keine Möglichkeit hat, Sie mit Lippen oder Zähnen zu erreichen.
- Viele Jahre Erfahrung haben gezeigt, dass diese Position, in der das Pferd nicht beißen kann, und die anschließende sanfte Arbeit am Pferdekopf, besonders am Maul, an den Nüstern und den Ohren, nach einigen Übungseinheiten zu merklichen Änderungen im Verhalten führen kann.
- Ich schlage nicht nach einem Pferd, das nach mir schnappt oder mich abzulecken versucht, ich ignoriere das Verhalten aber auch nicht. Stattdessen halte ich das Halfter seitlich fest und arbeite ruhig seitlich am Maul, um den Kontakt zuzulassen. Viele Pferde vermissen den Sozialkontakt in der Herde: Sie sind ihr Sozialkontakt! Für ein Pferd ist es normal, nach Ihnen zu schnappen. Sie müssen ihm das Gefühl einer Verbindung geben. Vertrauensbildende TTouches tun solchen Pferden gut. Für misshandelte und gerettete Pferde beginnen Sie am besten mit leichten *Muschel-TTouches* unter Verwendung eines Lammfellhandschuhs oder eines Wärmepacks.
- *TTouches am Maul* und an den *Ohren* sind besonders wirkungsvoll, weil sie auf das limbische System wirken, das Kontrollzentrum für Emotionen und Lernen im Gehirn. Mit diesen TTouches geben Sie dem Pferd die Aufmerksamkeit, die es verlangt – aber Sie führen beim Tanz.

Vorbeugende Maßnahmen

- Bei einem Fohlen oder jungen Pferd beugt man dem Schnappen am besten vor, bevor es überhaupt zur Gewohnheit werden kann, und zwar folgendermaßen: Junge Pferde versuchen oft, Ihre Haut zwischen die Zähne zu nehmen, als ob Sie ebenfalls ein Pferd wären. Zur Vorbeugung achten Sie darauf, einem Fohlen nie die Finger

Geschichte einer Wandlung

Vor ein paar Jahren arbeitete ich einmal mit einem bildschönen Palomino. Er war wunderbar zu reiten, benahm sich im Stall aber aggressiv. Seiner Besitzerin hatte man gesagt, er zeige nicht genügend Respekt, und sie solle ihm ins Gesicht schlagen, in den Bauch treten und „zeigen, wer hier der Boss ist". Widerstrebend hatte sie es versucht, aber das Pferd zeigte keine Besserung, und im Stall hatte sie Angst vor ihm. Ich zeigte ihr, wie sie ihn mit der Den-Tiger-zähmen-Position unter Kontrolle und vom Beißen abhalten konnte, und machte am ganzen Körper TTouches mit einem Lammfellhandschuh. Sie war sehr dankbar, einen Weg gefunden zu haben, mit dem Pferd in Verbindung zu kommen und ihm etwas Gutes tun zu können, ohne deshalb gleich in Reichweite seiner Zähne zu kommen.

ins Maul zu stecken oder es „süß“ zu finden, wenn es an Ihnen saugt. Herangewachsen, wird es fast mit Sicherheit schnappen und kneifen. Hier eine Lösung: Halten Sie das Halfter seitlich fest, machen Sie mit der Rückseite der gekrümmten Finger außen am Maul *Schimpansen-TTouches* und lassen Sie Ihre Finger dann ins Maulinnere und vor und zurück über das obere Zahnfleisch gleiten. Machen Sie die Finger nass, falls der Gaumen zu trocken ist. Absetzer, Jährlinge und Hengste haben auf diese Methode schon mit den erstaunlichsten Veränderungen reagiert.

- Hengste neigen oft zum Schnappen – sie sind biologisch darauf angelegt, nach anderen Hengsten in einer Junggesellenherde zu schnappen, sie zu beißen und mit ihnen herumzuraufen. Vielleicht haben Sie schon gesehen, dass ein Hengst versucht, ein anderes Pferd in die Schulter zu beißen. Hält man Hengste isoliert, ohne Sozialkontakt, verstärkt sich ihre Neigung zu schnappen und zu nibbeln. Arbeiten Sie einen Hengst in der Position *Den Tiger zähmen* und führen Sie ihn mit der *Brieftaube* durchs *Labyrinth*.
- Wenn ein Pferd beim Putzen oder Satteln in die Luft beißt oder schnappt, sagt es ganz deutlich: „Autsch, das ist mir zu viel! Das ist unangenehm!“ Überprüfen Sie als Erstes die Passform des Sattels und gurten Sie nur allmählich nach. Setzen Sie *Den Tiger zähmen* und TTouches mit Lammfell ein, bis das Pferd darauf zu vertrauen wagt, dass Ihre Art des Putzens und Sattelns angenehm ist. Solche Pferde reagieren oft auch sehr empfindlich auf das Angurten. Sie fahren mit dem Kopf herum und versuchen zu beißen, wenn der Gurt angezogen wird.

Tellington-Lösungen

Den Tiger zähmen	185
Muschel-TTouch	189
Maul-TTouch	203
Schimpansen-TTouch	217
Ohren-TTouch	233
Brieftaube	261
Labyrinth	277

Heftiges Buckeln kann den Reiter gefährlich aus dem Gleichgewicht bringen.

Bocken, Buckeln, Ausschlagen

In Freiheit gehören Bocksprünge oder Ausschlagen zu den instinktiv ausgeführten Bewegungen des Pferdes. Eine Form davon wird in der Hohen Schule bzw. der Schule über der Erde als Courbette kultiviert. Den Reiter auf dem Pferderücken allerdings können Bocksprünge die wenigste Zeit in Begeisterung versetzen. Für das Bocken oder Ausschlagen gibt es die verschiedensten Gründe. Setzen Sie also als Erstes Ihre Sherlock-Holmes-Mütze auf und gehen Sie der Ursache auf den Grund. Hier ein paar der häufigsten:

- Buckelt Ihr Pferd einfach aus Übermut, weil es ihm gut geht und es ihm Spaß macht? Vielleicht macht es nur ein paar spielerische Hüpfer, wenn Sie anreiten wollen – weil es selbst frisch ist, zu lange Boxenruhe hatte oder weil kühles Wetter dazu animiert.
- Vielleicht nehmen Sie an einem Ausritt in der Gruppe teil, und Ihr Pferd hat Angst zurückzubleiben. Viele Reiter halten das Pferd dann erst recht zurück, wodurch die Situation nur noch explosiver wird.
- Bocken ist, besonders wenn es ohne Vorwarnung auftritt, oft ein Zeichen für Schmerz oder körperliches Unbehagen. Zwei häufige Gründe sind ein unpassender Sattel oder ein zu stramm angezogener Gurt. Ein dritter Faktor mag das Reitergewicht sein, besonders wenn es für das Alter des Pferdes und seine Kondition zu schwer oder zu

wenig ausbalanciert ist. Das Pferd hält die Luft an, verspannt sich und kann seine Anspannung nur dadurch loswerden, indem es einen Bocksprung macht.

- Haben Sie den Grund für das Bocken gefunden, können Sie die entsprechenden Schritte unternehmen, um ihn aus der Welt zu schaffen. Sehen wir uns die verschiedenen Arten des Bockens einmal genauer an und suchen wir nach Lösungen.

Szenario 1 – Das Pferd bockt im Gelände

Viele Pferde buckeln, wenn sie Angst haben, den Anschluss an die anderen Pferde zu verlieren, oder wenn sie zurückgehalten werden und wieder aufholen wollen. Oft versucht der Reiter, das Pferd auf Abstand zu den anderen Pferden zu halten, und das Bocken ist das einzige Ventil des Pferdes für seine aufgestaute Energie. Pferd wie Reiter profitieren von Übungen, die das gegenseitige Vertrauen stärken.

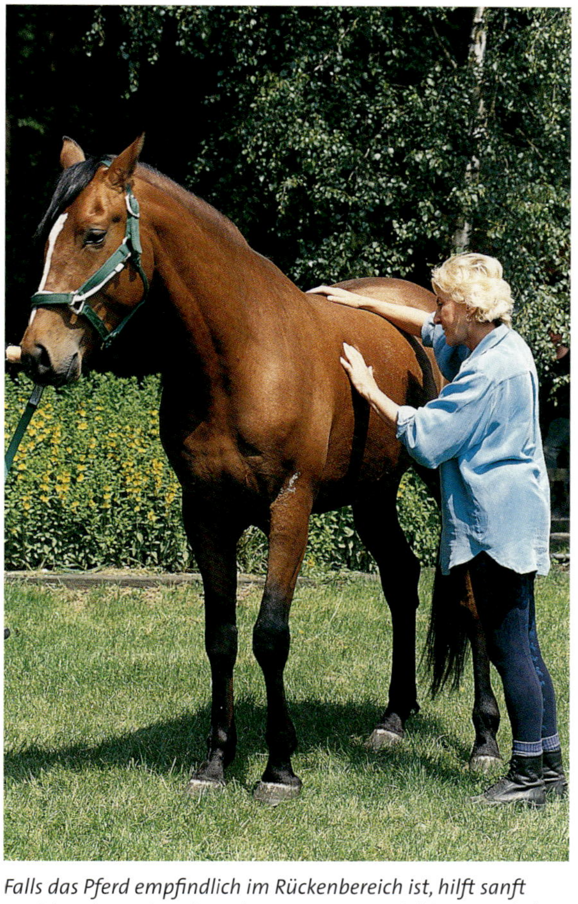

Falls das Pferd empfindlich im Rückenbereich ist, hilft sanft streichendes Lecken der Kuhzunge vom Bauch bis zur Wirbelsäule.

Ein nicht passender Sattel …

… ist häufig der Auslöser für das Bocken. Das Pferd kann abgenommen oder infolge des Trainings seine Form verändert haben und der Sattel passt nicht mehr. In diesem Fall gehen die Pferde oft vor lauter Unbehagen über dem Zügel oder mit festgehaltenem Rücken. Pferde mit Schmerzen wollen Sie wirklich weg von ihrem Rücken haben – und aus gutem Grund!

Lösungen

- Beginnen Sie mit *Ohren-TTouches*, dem *Lecken der Kuhzunge* und *Schweif-TTouches*, um eine neue Verbindung zu Ihrem Pferd aufzubauen. Ihre Absicht ist es, die Lernzentren im Gehirn zu stimulieren und zu aktivieren, damit es nicht mehr zu explosiven Reaktionen aus Angst kommt. Das Pferd wird gern mit Ihnen zusammen sein und lernen, erst zu denken, bevor es wegspringt. Die Reaktion wird durch eine vertrautere Verbindung ersetzt.
- Führen Sie das Pferd vor jedem Ritt zehn Minuten durchs *Labyrinth*, und zwar sowohl an der Hand wie unter dem Sattel. Sie werden beide anfangen sich zu konzentrieren, sich entspannen und durchatmen, was die Spannung bei einem Ausritt zu mehreren verringert.
- Das *Training mit Plastikfolien*, besonders in Gesellschaft anderer Pferde, trägt dazu bei, dass das Pferd am Boden schon besser auf Sie hört, bevor Sie in den Sattel steigen. *Fahren vom Boden* mit und ohne Zaumzeug ist gut für die Geduld. Das *Brett* und die *Wippe* helfen, das Pferd zu „erden".
- Unter dem Sattel können *Tellington-Trainingsgebiss*, *Balancezügel* und *Körperband* den Rücken stabilisieren, ohne dass das Pferd „zusammengeschraubt" werden muss. Bei Pferden, die gezwungenermaßen zu eng gehen, entlädt sich die Spannung gern in Bocksprüngen.
- Pferde regen sich oft auf, wenn sie andere Pferde angaloppieren sehen. Bitten Sie also Ihre Freunde, Sie vorzuwarnen, wenn sie schneller reiten wollen, und nicht einfach davonzustürmen. Vielleicht können sie Sie anfangs in die Mitte nehmen oder an der Spitze reiten lassen, bis Sie und Ihr Pferd sich an das Reiten in der Gruppe gewöhnt haben. Reiten Sie ein paarmal

mit dem elastischen *Körperband*, um Ihrem Pferd ein Gefühl der Sicherheit zu vermitteln.
- Bitten Sie einen Freund, eine Freundin, im Schritt neben Ihnen herzureiten und dann im leichten Trab ca. 10 m wegzureiten und auf Sie zu warten. Ziel ist, Ihr Pferd an Übergänge zu gewöhnen und trainiert ruhig zu bleiben, auch wenn es andere Pferde vor sich hat.
- Als Nächstes soll Ihre Freundin auf Sie zu und an Ihnen vorbeitraben. Dann traben Sie auf sie zu und reiten um sie herum. Belohnen Sie das Pferd für gutes Betragen mit einem Leckerli oder einer Karotte. Verspannt sich das Pferd, wenn andere Pferde im Trab vorausreiten, halten Sie es mit dem *Balancezügel* unter Kontrolle. Vergessen Sie das Atmen nicht und machen Sie sich nicht steif. Dadurch vermeiden Sie, dass sich Spannung anstaut und schließlich in Bocksprüngen entlädt.

Tellington-Lösungen

Ohren-TTouch	233
Lecken der Kuhzunge	197
Schweif-TTouch	208
Labyrinth	277
Training mit Plastikfolien	283
Fahren vom Boden mit und ohne Zaumzeug	279
Brett	289
Wippe	291
Tellington-Trainingsgebiss	305
Balancezügel	293
Körperband	303

Szenario 2 – Das Pferd bockt beim Angaloppieren

Warum buckelt ein Pferd, wenn es angaloppieren soll? Ein Grund könnte sein, dass die Reiterhilfe zu kräftig ausgefallen ist, dass der Reiter den Sporn eingesetzt oder dem Pferd den Absatz in die Rippen gebohrt hat. In diesem Fall können *Liegender-Leopard-TTouches* und *Aufgerollte-Python-TTouches* über dem empfindlichen Bereich die Überreaktion abschwächen. Außerdem muss der Reiter lernen, leichtere Hilfen zu geben, und höchstwahrscheinlich die Sporen ablegen.

Ich kenne zwei Grand-Prix-Dressurpferde, die auf die Hilfe zum Angaloppieren hin heftig bockten. Beide waren infolge von zu extremer Versammlung fest im Hals und Rücken und extrem empfindlich im Bereich unter dem Hinterzwiesel. Wenn der Reiter zum Angaloppieren ein wenig tiefer einsaß und einen Gesäßknochen mehr belastete, verspannten sich diese Pferde im Rücken, hielten die Luft an und explodierten in einem Riesenbocksprung.

Lösungen

- In solchen Fällen muss als Erstes der Schmerz im Rücken behoben werden. *Liegender-Leopard-* und *Wolken-Leopard-TTouches* am Rücken, *Bauch anheben* und leichtes *Lecken der Kuhzunge*, dazu *Beinkreisen hinten, Schweif ziehen* und *Becken kippen* wirken beruhigend bei empfindlichem Rücken. Außerdem empfehle ich den Einsatz von geeigneten Sattelpads mit dämpfender Wirkung.

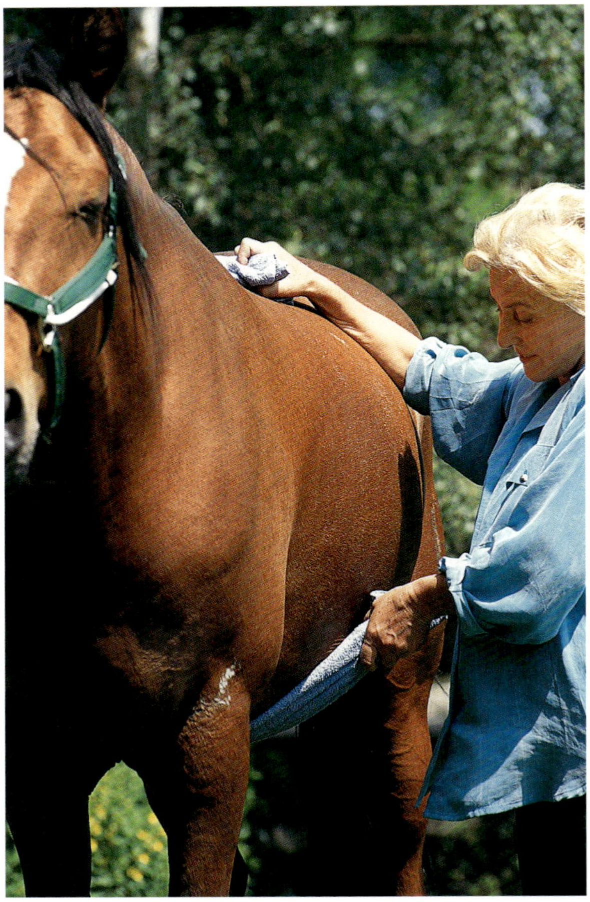

Bauchheben mit Handtuch entspannt den Rücken und reguliert die Atmung. Wer keinen Helfer hat, kann das Tuch in dieser Form halten und mit der unteren Hand sanft hebenden Zug ausüben.

Tellington-Lösungen

Szenario 3 – Bocken, weil es kalt oder windig ist oder aus Übermut

Lösungen

- Machen Sie vor dem Aufsitzen drei oder vier Minuten lang *Ohren-TTouch*, um das ganze Pferd aufzuwärmen. Es folgen Aufwärmübungen wie *Zebra-TTouch* auf dem Rücken unter der Stalldecke und zum Abschluss ein paarmal *Lecken der Kuhzunge*. Verspannt sich das Pferd, machen Sie die Kreise und TTouches am Rücken mit einem kleinen Wärmepack in der Hand, bevor Sie aufsitzen. Reiten Sie mit einer wärmenden Nierendecke, wenn es wirklich kalt ist.
- Noch mehr Sicherheit geben Ihnen das *Tellington-Trainingsgebiss und Balancezügel*, die das das Pferd daran hindern, den Kopf zwischen die Vorderbeine zu nehmen. Auf Trense gezäumt kann das Pferd viel einfacher den Kopf tief nehmen, um zu bocken und auszuschlagen, und wenn Sie die Zügel fester annehmen, kann es den Kopf hochwerfen und alles nur noch schlimmer machen. Wenn Longieren das Pferd vom Bocken abhält, ist das eine feine Sache, aber sinnvoller ist das *Training im Lernpacour (Training mit Plastikfolien, Fahren vom Boden, Brett und Wippe).*
- *Beinkreise hinten* und vorn können das Pferd vor dem Aufsitzen aufwärmen und „erden".
- Nur noch ein Tipp: Führen Sie das Pferd kurz vor dem Aufsitzen in *Halben Tritten* durch das *Labyrinth* und reiten Sie dann ein oder zwei Mal hindurch, damit es sich besser auf Sie konzentriert und anfängt zu denken. Mit ein paar *Schweif-TTouches* zusätzlich entspannen Sie den Rücken, und das Pferd geht unter dem Reiter von Anfang an ruhig und gelöst.

Warnung: Wenn ein Pferd so heftig bockt, dass es Sie aus dem Sattel katapultiert, empfehle ich zu Ihrer eigenen Sicherheit die Zusammenarbeit mit einem Profi-Ausbilder. Wenn sich herausstellt, dass Ihr neu gekauftes Pferd tatsächlich chronisch bockt, geben Sie es am besten wieder zurück. War das Pferd beim Probereiten in Ordnung, versucht Sie jetzt aber ständig abzusetzen, stand es vorher vielleicht unter Beruhigungsmitteln. Meiner Meinung nach ist es das Risiko nicht wert, ein Pferd zu behalten, das derartig bockt, dass es den Reiter in Gefahr bringt.

Das Ausstreichen der Ohren beruhigt, vermindert Schmerzen und vertieft das Vertrauen zum Menschen.

Tellington-Lösungen

Ein Durchgänger gerät in Panik, folgt seinem Instinkt und kann die Einwirkungen seines Reiters nicht wahrnehmen.

Durchgehen

Das Durchgehen ist ein reines Fluchtverhalten und wird gewöhnlich ausgelöst von Angst oder Schmerz. Wenn ein Pferd auf „Flucht oder Kampf" schaltet, werden Adrenalin und andere Hormone ausgeschüttet, und das sympathische Nervensystem übernimmt die Kontrolle. Aus den Beinen wird Blut abgezogen und in die großen Muskeln geschickt, um sie für die Flucht zu stärken. Ein Pferd auf der Flucht nimmt seine Umgebung nicht mehr wahr, ebenso wenig wie etwaige Reiterhilfen.

Diese Art von Angst stammt meiner Erfahrung nach daher, dass das Pferd nicht richtig auf den Reiter vorbereitet, d. h. unsachgemäß angeritten wurde. Nun verspannt es sich jedes Mal, wenn sich der Reiter im Sattel bewegt, wenn er den Arm hebt oder unachtsam die Lage des Schenkels verändert. Schmerz ist als Ursache weniger häufig, aber ich habe erlebt, dass Pferde durchgingen, weil ihnen ein schlecht angepasster Sattel Rückenschmerzen verursachte oder ein Nerv eingeklemmt war.

Der Standardratschlag, um ein durchgehendes Pferd langsamer zu machen oder anzuhalten, lautet: „Nimm es auf einen Zirkel!" Leider wirkt diese Technik nicht immer und nicht bei allen Pferden, denn erstens müssen Sie ein Feld oder eine Wiese zur Verfügung haben, um das Pferd abwenden zu können, und zweitens müssen Sie schon sehr geschickt (oder kräftig!) sein, um es auf einen Zirkel zu lenken. Für Sie mag dies im Augenblick die einzige Option sein, aber unser Interesse geht dahin, das Pferd davon abzuhalten, dass es überhaupt durchgeht. Das Durchgehen ist eine gefährliche Angelegenheit, bei der Sie sich schwer verletzen können; deshalb lautet mein Rat, vom Boden aus anzufangen.

Lösungen

Vom Boden aus

- Stellen Sie fest, ob Sie es mit Angst infolge unsachgemäßer Ausbildung oder körperlichem Schmerz zu tun haben. Ob ein Pferd etwas gegen Berührung hat, können Sie herausfinden, wenn Sie den *Pferdekörper erforschen*. Ist es berührungsempfindlich im Gurt- oder Rippenbereich, genügt u. U. schon ein leichtes Anlegen oder Verschieben des Schenkels, um es aus der Fassung zu bringen. (Wie oft haben Sie schon gehört: „Vorsicht mit dem Schenkel bei diesem Pferd!") Meist haben solche Pferde kein Vertrauen zum Menschen und versuchen den Umgang möglichst zu meiden. Oft lassen sie sich nicht gern putzen, zappeln herum, schlagen mit dem Schweif und knirschen mit den Zähnen. Zu den empfindlichen Bereichen gehören bei Durchgängern der Rücken, der Hals, die Rippen, die Schultern und die Hinterhand. (Wenn Sie vorbeugend darauf achten, dass der Sattel passt, und das Pferd regelmäßig vom Zahnarzt und vom Chiropraktiker untersuchen lassen, treten solche Verhaltensweisen oft gar nicht erst auf.)
- Arbeiten Sie am ganzen Pferdekörper, um die Berührungsempfindlichkeit – ob sie nun daher rührt, dass sich das Pferd verkrampft, die Luft an-

Langsame Tarantel-TTouches im Sattelbereich vermindern Berührungsempfindlichkeiten.

hält oder die Muskeln anspannt – zu vermindern. Beginnen Sie mit *Verbundenen Wolken-Leopard-TTouches* parallel zur Oberlinie und die Beine hinunter. Es folgen langsame *Tarantel-TTouches* und *Muschel-TTouches* mit *Aufgerollte-Python-TTouches* und *Lecken der Kuhzunge*, bis das Pferd die Berührung an jeder beliebigen Stelle akzeptiert. Diese TTouches lösen Ängste auf der Zellebene und aktivieren neue Nervenpfade. Das Pferd lernt, erst zu denken anstatt nur instinktiv zu reagieren.

- Lassen Sie das Pferd den *Kopf senken* und machen Sie *Ohren-* und *Maul-TTouches*, wenn das Pferd verkrampft oder überempfindlich ist, um Schmerz, Stress oder Angst zum Verschwinden zu bringen.
- Bringen Sie dem Pferd bei, den Kopf zu wenden und Futter von Ihnen anzunehmen, sowohl vom Boden wie vom Sattel aus. Durch das Kauen wird nicht nur der Fluchtreflex überwunden, sondern auch das parasympathische Nervensystem aktiviert. Das ist die billigste Lebensversicherung, die Sie erwerben können – eine Vorbereitung, um das Pferd über Reflexe wie Erstarren, Flüchten oder Kämpfen hinwegzubringen.
- Das *Abstreichen mit der Gerte*, *Aufgerollte-Python-TTouches* an den Beinen, *Oktopus-TTouches* und *Beinkreise vorn und hinten* können bei einem nervösen Pferd das Körperbewusstsein wiederherstellen und die Blutzirkulation in den Beinen anregen und verbessern.
- Versuchen Sie auch *Schweif-TTouches* und *Becken kippen*. *Fahren vom Boden* mit und ohne Zaumzeug hilft besonders den Pferden, die sich verspannen und dazu neigen, auf ein Geräusch oder eine Bewegung von hinten durchzugehen.

Tellington-Tipp

Amateurreiter sollten nicht versuchen, Durchgänger zu korrigieren – die Verletzungsgefahr ist zu groß. Ich halte Sie durchaus nicht für ein „Hühnchen“, wenn Sie beschließen, dass solch ein Pferd Ihr Können übersteigt. Hören Sie auf Ihre innere Stimme! Suchen Sie sich professionelle Hilfe oder wenden Sie sich an das TTEAM-Büro (siehe Seite 327), wo man Ihnen weitere Informationen geben oder einen Practitioner in Ihrer Nähe nennen kann.

Unter dem Reiter

- Zurück im Sattel lassen Sie sich die ersten paar Male von einem Helfer mit Führkette (oder *Lama-Leine*) durchs *Labyrinth* führen. Manchmal kann das Reiten mit dem *Lindell* der Schlüssel zum Erfolg sein. Schlägt das Pferd dagegen gern mit dem Kopf, ist vielleicht das *Tellington-Trainingsgebiss* das Mittel der Wahl. Mit dem *Körperband* hat das Pferd ein Gefühl für seine Grenzen

Geschichte einer Wandlung

Ein sehr erfahrener, geschickter Ausbilder schickte mir einen siebenjährigen Isländer, der angeblich so gefährlich war, dass er als unreitbar galt. Er ging durch und war durch nichts zu bremsen. Wenn ein Reiter aufstieg, verkrampfte er sich vollständig, reckte den Hals steif nach oben und hielt den Atem an. Die Schenkel durfte man schon überhaupt nicht anlegen. Dieser Isländer war mit fünf Jahren aus einer Herde geholt, zwischen zwei Pferden angebunden und ohne jegliche Vorbereitung eine Stunde geritten worden.
Auch mit acht Jahren versetzte den Islandwallach jede Bewegung des Reiters auf seinem Rücken noch in Angst und Schrecken. Meine Lösung war, ihn dazu zu bringen, den Kopf zu senken und den TTouch am ganzen Körper zu akzeptieren. Seiner Angst versuchte ich mit Maul-TTouches und vielen entspannenden Ohren-TTouches entgegenzuwirken.
Wir fuhren ihn mit und ohne Sattel vom Boden, führten ihn mit mir im Sattel und ließen ihn den Kopf wenden, um mir etwas Hafer aus der Hand zu fressen. Außerdem gewöhnte ich ihn an vorsichtigen Schenkelkontakt auf beiden Seiten und daran, dass ich mich im Sattel hin und her bewegte – was ihn zuvor zum Durchgehen gebracht hatte. Innerhalb eines Monats war von seiner Neigung zum Durchgehen nichts mehr zu spüren.

Tellington-Lösungen

Den Pferdekörper erforschen	168
Verbundene Wolken-Leopard-TTouches	191, 218
Tarantel-TTouch	227
Muschel-TTouch	189
Aufgerollte-Python-TTouch	190
Den Pferdekopf senken	182
Ohren-TTouch	233
Labyrinth	277
Lindell	301
Tellington-Trainingsgebiss	305
Körperband	303
Lecken der Kuhzunge	197
Maul-TTouch	203
Oktopus-TTouch	224
Beinkreise vorn und hinten	192
Fahren vom Boden mit und ohne Zaumzeug	279
Schweif-TTouch	208
Becken kippen	243

und fürchtet sich weniger vor seiner Umgebung. Das Endergebnis sind Selbstvertrauen, Sicherheit und Kooperation.

- Falls das Durchgehen von Schmerzen oder anderen Unannehmlichkeiten herrührt, versuchen wir mit unserer Methode, dem Pferd ein neues Körperbewusstsein zu vermitteln, um den Schmerz oder die Reaktion auf den Schmerz zu verringern und dem Pferd zu zeigen, dass es auch eine andere Wahl hat. Spielt Schmerz keine Rolle und das Pferd geht nur durch, weil es nicht ausreichend ausgebildet wurde, können Sie es neu schulen und damit den Fluchtreflex überwinden. Ob das Pferd nun aus Schmerz oder aus Mangel an Ausbildung durchgeht – unsere Methode ist auf jeden Fall dem Fluchtreflex und dem Durchgehen vorzuziehen.

Eilen, Stürmen

Ihr Pferd läuft Ihnen im Trab oder Galopp davon. Immer wieder finden Sie: „Bei meinem Pferd fehlen einfach die Bremsen.“ Sie haben das Gefühl, auf einem Pulverfass zu sitzen, das jeden Augenblick explodieren kann. Bei einer Erforschung des Körpers stellt sich oft eine extreme Verspanntheit heraus. Solche Pferde sind verkrampft, nervös und fluchtbereit, mögen keinen Kontakt am Maul, an den Flanken oder den Hinterbeinen und reagieren überempfindlich auf den Schenkel. Sie können am ganzen Körper kitzlig sein, die Bauchmuskulatur ist verspannt. Oft klemmen sie auch den Schweif ein. Ich kenne dieses Muster von vielen jungen Pferden, die zu schnell eingeritten wurden.

Das Stürmen hinter anderen Pferden her kann ein Zeichen von Unsicherheit und mangelndem Vertrauen zum Reiter sein.

Um sie halten zu können, werden solche Pferde oft mit Aufziehtrensen, mechanischen Hackamores oder verschiedenen Arten von Hilfszügeln geritten. Oder sie werden so lange longiert oder im Round Pen herumgetrieben, bis sie müde sind. Diese Methoden führen aber häufig eher zu einer gegenteiligen Reaktion – die Pferde werden nur noch explosiver, angespannter und frustrierter. Vielleicht „erstarren“ sie, werden langsamer oder halten an, aber die Anspannung bleibt.

Es kann einige Zeit dauern, solch ein Pferd so umzuerziehen, dass es Angst und Anspannung ablegt und stattdessen Selbstvertrauen aufbaut. Die TTEAM-Übungen rekapitulieren die Schritte, mit denen wir ein junges Pferd starten. Buchstäblich jeder TTouch, jede Übung in diesem Buch ist nützlich dafür. Nehmen Sie mit dem Pferd dieses Programm durch, und es wird langsamer werden und anfangen zu denken, statt einfach nur zu reagieren.

Außerdem werden Sie feststellen, dass Sie eine Beziehung zu Ihrem Pferd entwickeln, die anstatt auf Zwang und Dominanz auf gegenseitigem Vertrauen und Kooperation beruht.

Lösungen

Vom Boden aus

- Führen Sie das Pferd durch das *Labyrinth*. Mehr als jede andere Bodenübung holt das Führen durch ein *Labyrinth* aus Bodenstangen die Aufmerksamkeit und den Fokus des Pferdes „aus den Wolken" zu Ihnen zurück. In Studien hat sich gezeigt, dass die Arbeit im *Labyrinth* die Gehirnwellen eines Pferdes zu einem Muster verlangsamt, das eher mit Denken als mit Fliehen assoziiert wird.
- Versuchen Sie nach einigen Übungseinheiten, mit der *Tanzenden Kobra* und *Freier Arbeit* innerhalb und außerhalb des Labyrinths Gleichgewicht, Konzentration und Selbstdisziplin des Pferdes weiter zu verbessern.
- Machen Sie weiter mit Übungen im Lernparcours. *Fahren vom Boden* mit und ohne Zaumzeug und mit *Körperband* durch Hindernisse (*Labyrinth, Stern, Mikado*) kann dazu beitragen, dass das Pferd die Vorhand entlastet. Es soll lernen, auf ein Antippen an der Kruppe (*Dingo*) vorwärts zu gehen und auf ein Signal an der Brust (*Dem Kamel einen Tipp geben*) anzuhalten. Durch das *Training mit Plastikfolien* und über das *Brett* wird die Angst vor dem Unbekannten durch Selbstvertrauen ersetzt. Hat das Pferd diese ganze Arbeit akzeptiert, legen Sie den Sattel auf – seien Sie langsam und behutsam beim Angurten! – und wiederholen alle Übungen noch einige Male.

Pferde lernen im Labyrinth, kontrolliert und ausbalanciert zu gehen. Die Wendungen zeigen, wie gut sich das Pferd im Gleichgewicht befindet.

- Lassen Sie das Pferd den *Kopf senken* und machen Sie vertrauensbildende TTouches, besonders *Muschel-TTouches* mit *Aufgerollte-Python-TTouches* an jedem Zentimeter des Pferdekörpers, insbesondere an den Rippen, am Rumpf und im Gurtbereich, sodass das Pferd den Schenkel annimmt, wenn Sie sich wieder in den Sattel setzen.
- *Ohren ausstreichen* und *Maul-TTouch* bringen emotionelle Entspannung. Mit *Beinkreisen* und *Oktopus-TTouches* „erden" Sie das Pferd. *Tarantel-TTouches* sorgen für Entspannung im ganzen Körper.
- Eine verspannte Bauchmuskulatur wird mit *Schweif-TTouches*, *Bauch anheben* und einem sehr sanften *Lecken der Kuhzunge* gelockert.

Erfolgsnachweis

Die Augen des Pferdes werden weicher; die Nüstern weiten sich leicht; Hals und Kopf werden tiefer getragen, während das Pferd auf Ihr Signal zum Vorwärtsgehen wartet.

Unter dem Reiter

- Nachdem Sie ruhig von einer Aufstiegshilfe aus aufgesessen sind, bieten Sie dem Pferd ein Stückchen Karotte oder einen anderen Leckerbissen aus der Hand an. Sie oder eine Hilfsperson können das Pferd langsam mit der Gerte am Hals, an den Schultern, den Flanken und der Kruppe abstreichen. Dann führt der Helfer/die Helferin das Pferd an; Sie verhalten sich ruhig im Sattel und halten nur leicht die Zügel. Die Signale zum Antreten und Anhalten – *Dingo* und *Dem Kamel einen Tipp geben* – werden vom Helfer gegeben.
- Reiten Sie mit dem *Tellington-Trainingsgebiss* oder einem Pelham mit geschwungener Stange und kurzen Anzügen. Setzen Sie den *Balancezügel* oder den *Halsring* ein und sagen Sie langsam und mit tiefer Stimme „Hooo" oder „Haaalt", damit Ihr Pferd lernt, auf ein leichtes Signal vom Sattel aus anzuhalten und ruhig stehen zu bleiben. Geben Sie dem Pferd jedes Mal zur Belohnung ein Stückchen Karotte oder ein Leckerli aus Ihrer Gürteltasche, sodass das Pferd den Kopf wenden muss und sich wirklich voll auf Sie konzentriert.

Tellington-Tipp

Nehmen Sie in einer kleinen Gürteltasche dünne Karottenscheibchen oder andere kleine Leckerbissen mit, wenn Sie mit dem Pferd vom Boden oder vom Sattel aus arbeiten.

Machen Sie sich leicht im Sattel. Manche Pferde verspannen sich im Rücken, wenn der Reiter zu schwer einsitzt, und wenn sie antreten sollen, bekommen sie Angst. Nun können Sie kreuz und quer um die Hindernisse im Lernparcours, die das Pferd schon mit und ohne Sattel an Ihrer Hand kennengelernt hat, herum- oder zwischen ihnen durchreiten. Legen Sie die Stangen für das *Labyrinth* doppelt so weit auseinander wie üblich, damit das Pferd es leichter in den Wendungen hat.

- Bei einem Pferd, das überempfindlich auf den Schenkel reagiert, fangen Sie damit an, dass Sie jeweils nur einen Schenkel ruhig anlegen. Drücken Sie ganz leicht, federleicht, den Unterschenkel und die Innenseite des Absatzes an und lassen Sie wieder los. Das Pferd soll erst antreten, wenn Sie die Hilfen dazu geben. Achten Sie auf die Druckstärke, auf die das Pferd reagiert – lieber zweimal auffordern als ein Losstürmen provozieren. Nach ein paar Übungseinheiten sollte das Pferd nicht mehr auf jedes beliebige Signal hin einfach losrennen, sondern auf eine bekannte Schenkelhilfe in der gewünschten Weise reagieren.

Tellington-Tipp

Achten Sie besonders darauf, dass Sattel und Satteldecke oder Pad richtig passen. In vielen Fällen sollten Sie für eine extradick gepolsterte Sattelunterlage sorgen, damit der Rücken geschützt ist. Ein bereits nervöses Pferd empfindet die verspannte Rückenmuskulatur als besonders unangenehm; es bekommt Angst und geht erst recht vorwärts. Der Sattel darf nicht zu lang sein, damit er nicht auf die Nierengegend drückt. Bei einem Westernsattel dürfen die Skirts nicht auf den Nieren auf- und abspringen, wenn das Pferd vorwärts geht.

- Üben Sie verschiedene „Gänge“ aus: *Halbe Tritte*, Mittelschritt, starker Schritt am langen Zügel, dann ein etwas schnellerer Schritt.

Stürmen im Galopp

Setzen Sie das *Tellington-Trainingsgebiss* und das *Körperband* ein. Fällt Ihr Pferd auseinander, machen Sie zuerst *Lecken der Kuhzunge* und *Zebra-TTouches* über die Kruppe und *Beinkreise hinten*, um die Hinterbeine zu aktivieren. Die *Schweif-TTouches* schaffen zum Abschluss eine Verbindung durch den ganzen Körper. Reiten Sie dann mit dem elastischen *Körperband*, damit das Pferd sofort zum Untertreten animiert wird und den Rücken nach oben bringt.

Tellington-Lösungen

Den Pferdekörper erforschen	168
Labyrinth	277
Tanzende Kobra	252
Freie Arbeit	274
Fahren vom Boden ohne Zaumzeug	279
Körperband	303
Stern	271
Mikdado	271
Dingo	253
Dem Kamel einen Tipp geben	253
Training mit Plastikfolien	283
Wippe	291
Den Pferdekopf senken	182
Muschel-TToches	189
Aufgerollte-Python-TTouch	190
Ohren-TTouch	233
Maul-TTouch	203
Beinkreise vorn	192
Beinkreise hinten	195
Brett	289
Oktopus-TTouch	224
Tarantel-TTouch	227
Schweif-TTouch	208
Bauchheben	231
Lecken der Kuhzunge	197
Tellington-Trainingsgebiss	305
Balancezügel	293
Halsring	297
Halbe Tritte	295
Zebra-TTouch	230

Der Mensch begrüßt das Pferd, möchte es einfangen – und das Pferd rennt weg.

Einfangen lassen

Siehe auch „Putzen"

Viele Pferde scheinen es als Spiel zu betrachten, sich nicht einfangen zu lassen – ein äußerst frustrierendes Spiel allerdings. Für viele Pferdeleute ist es das Ergebnis einer „dominanten" Haltung, aber meiner Meinung nach haben diese Pferde nie richtig gelernt, Menschen zu vertrauen. Sie können auch sauer oder übertrainiert sein, die Botschaft ist jedenfalls klar: „Ich möchte nichts mit dir zu tun haben."

Eine verbreitete Lösung besteht darin, das Pferd auf einer kleinen Fläche herumzutreiben, bis es müde ist. Die „Belohnung" besteht dann in Ruhe, wenn es zum Trainer herkommt. Ich habe diese Methode selbst viele Jahre gelehrt, und sie funktioniert auch – wenn das Pferd weiß, dass Sie es ernst meinen, und Sie nicht aufgeben. Die meisten Pferde testen aber jeden Unbekannten, der sie einfangen will, aufs Neue, und Sie müssen jeden Tag dieselbe Prozedur durchstehen. Man kann auch so lange hinter ihm hergehen, bis es aufgibt, aber das kann Stunden dauern und heißt noch lange nicht, dass das Pferd in Zukunft willig auf Sie zukommt.

Pferde, die sich nicht einfangen lassen, sind auch beim Putzen oft empfindlich, schlagen mit dem Schweif, sind in Unruhe oder lassen sich nicht gern anfassen. Empfindliche oder kitzlige Stellen können sein: Bauch, Röhrbeine, Innenseite der Schenkel oder auf der Schweifrübe. Untersuchen Sie, ob das Pferd Schmerzen im Rücken hat, die Hals- oder Rückenmuskeln verkrampft sind, ob Zahnprobleme vorliegen oder sonst eine Ursache zu finden ist, die das Verhalten des Pferdes erklärt. Was wie eine Verhaltensstörung aussieht, hat oft eine körperliche Ursache (siehe auch Seite 23 „Ursachen für unerwünschtes Verhalten und negative Einstellung"). Wenn Sie sich Zeit für verschiedene TTouches nehmen, können Sie beachtliche Verwandlungen erleben. Fressen kann das Pferd auch ohne Sie, aber mit den TTouches können Sie eine einzigartige Beziehung zu ihm aufbauen.

Die Lösung für diese Art von Kapriolen besteht darin, das Vertrauen des Pferdes zu entwickeln und es so weit zu bringen, dass es den TTouch akzeptiert und es genießt, TTouch am ganzen Körper zu bekommen.

Lösungen

- Beginnen Sie damit, den *Pferdekopf zu senken*, und arbeiten Sie viel mit vertrauensbildenden TTouches wie *Ohren ausstreichen, Maul-TTouches, Ohren-TTouches, Troika-TTouches* und *Verbundenen Kreisen* über den ganzen Körper und alle vier Beine hinunter. *Tarantel-TTouches* vom Kopf bis zum Schweif und *Schweif-TTouches* werden die Aufmerksamkeit Ihres Pferdes fesseln.
- Versuchen Sie *Freie Arbeit* und *Die Statue*, um auf neuen Wegen das Interesse des Pferdes zu gewinnen.

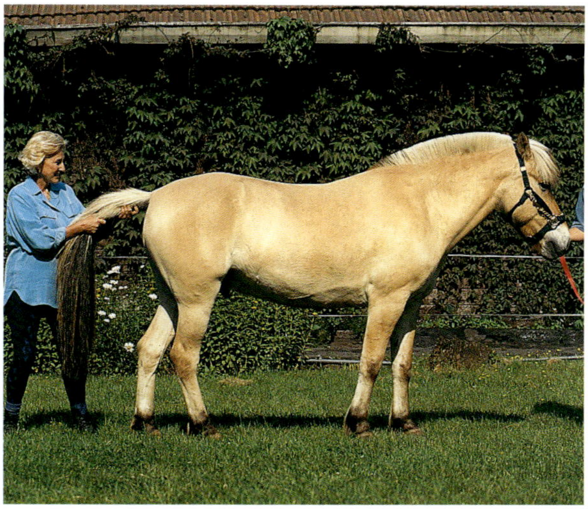

Vertrauensbildende Maßnahme: Das vorsichtige Ziehen am Schweif dient als Entspannungsübung.

Geschichte einer Wandlung

1983 hatte ein sehr erfahrener Cowboy an einer Tellington-Vorführung in Farmington, New Mexico, teilgenommen. Am Tag nach der Vorführung rief er bei der Ranch, auf der ich wohnte, an und erzählte meinem Gastgeber – der zufällig ein Freund von ihm war –, dass er mit großer Skepsis zu dieser Vorführung gegangen sei („... eine Frau, die neue Methoden vorführt ..."), dass er aber überrascht und beeindruckt gewesen sei von dem, was ich über Pferde gesagt hatte, die sich nicht einfangen ließen. Wie sich herausstellte, hatte er einen 16 Jahre alten Falben, der eines seiner besten Cow Horses war, sich aber von Anfang an bis heute nur mit dem Lasso einfangen ließ, den Cowboy wollte es freiwillig nicht in seine Nähe lassen.

Er ging wieder nach Hause und beschloss, es einmal mit der Tellington-Methode zu versuchen. Wie üblich fing er den Wallach mit dem Lasso ein und machte dann Ohren-TTouch, das heißt, er strich von der Stirnmitte über die Außenseite der Ohren bis zur Spitze. Der Falbe stand ganz ruhig, mit gesenktem Kopf, und schien die Berührung zu genießen. Er machte dies nicht viel länger als fünf Minuten, aber er konnte kaum glauben, was dann passierte. Als er aufhörte und den Corral verlassen wollte, folgte ihm das Pferd zum Tor, und er musste das Tor vor ihm schließen, damit es ihm nicht noch weiter nachging. Er war so verblüfft von dieser Wandlung seines Pferdes, dass er auf der Ranch anrief und es seinem Freund erzählte.

Tellington-Lösungen

Einseitig steif

Wie wir Menschen sind auch Pferde meist auf einer Seite weniger flexibel. Die meisten biegen sich weniger gern nach rechts, weil wir sie meistens von links führen und von links aufsitzen. In der Hoffnung, damit die seitliche Biegung zu verbessern, ziehen viele Reiter den Pferdekopf wiederholt nach hinten, bis er den Steigbügel berührt, und viele Western-Trainer binden den Pferdekopf am Steigbügel an. Dieses häufige Abbiegen im Hals kann aber zu Muskelschmerzen und Steifheiten im Genick, Hals und Rücken führen und erhöht nicht unbedingt die Geschmeidigkeit.

Das Ergebnis dieser Methoden können Verhaltensstörungen und saure, unkooperative Pferde sein. Manche Pferde drehen als Ausweg zwar in der Bewegung den Kopf nach hinten, gehen dafür aber über die äußere Schulter weg. Wie oft haben Sie schon einen Reiter am Ende seines Lateins gesehen, dessen Pferd in eine Richtung ging, während die Nase, nach hinten gedreht, den Steigbügel berührte? Diese Pferde wissen überhaupt nicht, was es heißt, „gerade gerichtet" zu sein und sich auf einer Linie fortzubewegen.

Wenn Sie das Pferd schon mit TTouches bekannt gemacht haben, können Sie die seitliche Biegung oft nach nur fünf Minuten Arbeit verbessern, so-

Der Raupen-TTouch am Mähnenkamm in Verbindung mit Kopfsenken.

dass das Pferd sich gleichmäßig nach beiden Seiten biegt, und das alles ohne das Risiko unerwünschter Nebenwirkungen, wie sie bei den konventionellen Methoden leicht auftreten.

Ich habe diese Übung aus den Lehren von James Fillis, einem Reitmeister des 19. Jahrhunderts, weiterentwickelt, der berühmt war für seine erstaunliche Fähigkeit, das Gleichgewicht eines Pferdes so zu beeinflussen, dass ihm Lektionen wie Galopp auf drei Beinen oder Trab rückwärts möglich waren. Die Methode des Kopfabwendens, die Fillis mit einer Kandare (plus Unterlegtrense) durchführte, habe ich mit zwölf Jahren aus seinem Buch gelernt und in sehr vereinfachter Form seither angewendet.

Lösungen

Vom Boden aus

- Das Pferd sollte bereits gelernt haben, den *Kopf zu senken* und *Liegender-Leopard-TTouches* über Nase und Stirn sowie den *Raupen-TTouch* an der Mähne zu akzeptieren.
- Ist der Hals extrem fest oder lässt es sich nicht gern im Gesicht berühren, machen Sie zur Vorbereitung *Hals biegen* mit *Kopf senken*, *Liegender-Leopard-TTouches* über das ganze Gesicht, *Raupen-TTouch*, *Hals lösen*, *Hals schaukeln* und *Schulter lösen*.
- Stellen Sie sich neben den Pferdekopf und legen Sie die Finger ungefähr 20 cm hinter den Ohren im *Bären-TTouch* auf den Mähnenkamm. Mit einer Hand am Nasenriemen signalisieren Sie dem Pferd, Ihnen den Kopf zuzuwenden, mit der anderen drücken Sie in den Mähnenkamm.
- Fangen Sie mit einer ganz kleinen Bewegung in der Richtung an, die dem Pferd leichter fällt – zwei oder drei Mal in der leichten Richtung und dann versuchen Sie es in der anderen. Die Pferdenase sollte dabei möglichst senkrecht zum Boden bleiben.
- Diese kleinen Bewegungen tragen dazu bei, die Muskeln in der oberen Halspartie zu lösen und das Pferd so vorzubereiten, dass es ihm leichtfällt, den Kopf zu wenden. Wird der Kopf gleich zu Anfang zu weit abgewendet, weicht der Hals von der Mittellinie ab, ein Vorderbein wird mehr belastet, und das Pferd bewegt sich entweder oder wehrt sich.
- Achten Sie darauf, dass Sie selbst im Gleichgewicht stehen, die Füße leicht auseinander, und behalten Sie vor Ihrem inneren Auge ein klares Bild dessen, was Sie erreichen wollen, wenn Sie das Pferd mit einem leichten Signal zu dieser kleinen Bewegung auffordern. Das Pferd kann Sie damit überraschen, dass es sich umdreht und fast von selbst in Richtung Schweif schaut. Solange Sie bei der Sache und im Gleichgewicht sind, brauchen auch die Pferde nur Minuten, um den Sinn der Sache zu begreifen.

Geschichte einer Wandlung

Bei den Paralympischen Spielen in Atlanta arbeitete eine Gruppe von elf Practitioners mit allen Pferden der 16 vertretenen Länder. Die Pferde waren zur Verfügung gestellt worden und nicht alle gleich gut dressurmäßig ausgebildet. Die irische Mannschaft fand nur drei Pferde für ihre Reiter geeignet, die Mindestzahl für den Mannschaftswettbewerb. Leider war eines der Pferde auf der linken Hand total steif. Genau dann kann die Tellington-Methode Wunder wirken. Practitioner Kirsten Henry rettete die Prüfung mit einer einzigen Sitzung von 30 Minuten, bei der sie Hals biegen, Rippen lösen, Schultern lösen und Rücken anheben mit dem Lecken der Kuhzunge kombinierte. Nach dieser einzigen Sitzung konnte sich das Pferd korrekt nach links biegen, und die irische Mannschaft gewann eine Medaille.

Zur Verbesserung der seitlichen Biegung und der allgemeinen Geschmeidigkeit machen Sie zusätzlich zwei Wochen lang folgende Bodenübungen und TTouches:

- Den *Rücken anheben* – um die Halsmuskeln zu lösen;
- Die *Brieftaube* – um der Einseitigkeit abzuhelfen;
- *Rippen lösen* – um die Durchlässigkeit und Biegung im gesamten Pferdekörper, nicht nur im Hals, zu verbessern;
- Führen und Aufsitzen von rechts – um das Körperbewusstsein zu steigern und Nervenverbindungen auf der rechten Seite zu schaffen.

Tellington-Lösungen

Nach der Tellington-Methode wird das Pferd dazu erzogen, seinem Menschen zu vertrauen und auf den Anblick einer Sprühflasche oder eines Wasserschlauchs mit positiven Erwartungen zu reagieren. Mit dem Einsatz sicherer Begrenzungen und ein wenig Futter können Sie ihm beibringen, seinen Fluchtinstinkt zu überwinden. Durch den Kauvorgang werden vom parasympathischen Nervensystem beruhigende Hormone ausgeschüttet, die dazu beitragen, den Kampf-oder-Flucht-Reflex und Angst zu überwinden.

Einsprühen, Abspritzen

Auf ungewohnte Situationen reagieren viele Pferde mit Flucht. Ist Flucht unmöglich, stellen sie sich zum Kampf. Infolgedessen reißen viele Pferde den Kopf hoch und machen den Rücken steif, wenn sie von einer Sprühdose oder dem Wasserschlauch „attackiert" werden. Gesteigert wird ihre Panik noch dadurch, dass sie meist beidseitig angebunden oder in einem Waschstand „gefangen" sind.

Die übliche Reaktion menschlicherseits besteht darin, am Führstrick zu reißen, das Pferd kürzer anzubinden oder es auch nur anzuschreien, was nur zu oft noch mehr Widersetzlichkeit und körperliche Verkrampfung zur Folge hat. Steht das Pferd dazu noch auf einer glatten Oberfläche wie z. B. Zement, besteht zusätzlich die Gefahr, dass das Pferd ausrutscht und hinfällt.

Ein typisches Szenario. Ein Pferd reagiert hektisch, weil es Angst vor dem Einsprühen hat.

Beruhigende Übung: TTouches am Kopf steigern das Vertrauen zum Menschen.

Lösungen

Schritt 1: *Den Tiger zähmen* ist ein sicheres und wirkungsvolles Hilfsmittel zur Überwindung des Kampf-oder-Flucht-Reflexes. Das Erfolgsgeheimnis besteht darin, dass das Pferd eingefasst ist – es kann weder vorwärts noch rückwärts, noch seitwärts ausweichen –, Sie jedoch jederzeit nachgeben können, sodass für das Pferd kein Grund besteht zu explodieren. Halten Sie die Enden beider Leinen in der linken Hand in Schulternähe. (Sträubt sich das Pferd wirklich sehr, lassen Sie es während der ersten Übung von jemand anders halten.) Wenn nötig hält ein Helfer dem Pferd auf Brusthöhe eine Gummiwanne mit etwas Heu oder Hafer vor, denn durch das Fressen wird es dazu angeregt, durchzuatmen und den Kopf tiefer zu halten.

Schritt 2: Drehen Sie sich etwas zur Seite, um das Geräusch zu dämpfen, und sprühen Sie ein Tuch leicht mit purem Wasser ein. Reiben Sie mit dem feuchten Tuch dem Pferd den Hals ab und laden Sie es dann ein, Ihnen den Kopf zuzuwenden und Ihnen ein Maulvoll Futter aus der Hand zu nehmen. Streichen Sie dem Pferd dann mit der Sprühflasche über den Hals und sprühen Sie etwas Wasser auf den am wenigsten „gefährdeten" Körperteil, vermutlich den Hals. (Die Flasche sollte anfangs wirklich nur reines Wasser enthalten, eventuell vermischt mit ein paar Notfalltropfen oder anderen Blütenessenzen, damit das Pferd schneller seine Angst verliert.)

Schritt 3: Hat Ihr Pferd Angst vor dem Wasserschlauch, behalten Sie ebenfalls die Position *Den Tiger zähmen* bei, mit einem stabilen Zaun oder einer Wand auf einer Seite und hinter dem Pferd. Mit den Leinen wie zuvor in der linken Hand drehen Sie das Wasser leicht an und lassen es auf den Boden laufen – vom Pferd weg, sodass Sie sich zwischen dem Pferd und dem Schlauch befinden. Lassen Sie das Wasser kurze Zeit auf den Boden laufen und drehen Sie den Hahn dann wieder zu. Spritzen Sie zunächst die Hufe oder Fesseln noch nicht ab, um das Pferd nicht zu erschrecken oder zu kitzeln. Heben Sie den Schlauch auf Schulterhöhe, drehen Sie das Wasser wieder an und lassen Sie es über die Schulter laufen, während Sie ihm ein Leckerli füttern.

Manche Pferde mögen es nicht, wenn ihnen das Wasser an den Beinen hinabläuft; besonders Stuten sind oft kitzlig zwischen den Hinterbeinen. Nehmen Sie sich in diesem Fall ein paar Augenblicke Zeit, das Pferd mit *Liegender-Leopard-TTouches* und *Python-TTouches* die Beine hinunter vorzubereiten. Reiben Sie die Beine mit einem Schwamm ab, sodass das Wasser nicht hinabtropft und sie kitzelt.

Wenn das Pferd jedes Mal den Kopf wenden darf und ein Leckerli oder Karottenstückchen bekommt, weiß es sehr bald, dass mit dem Einsprühen oder Abspritzen immer etwas Gutes verbunden ist. Das Pferd bekommt eine Belohnung und überwindet durch den Kauvorgang den Fluchtreflex. Es überrascht mich immer wieder, wie schnell sich Ablehnung in Akzeptanz verwandeln lässt.

Tellington-Lösungen

Den Tiger zähmen	185
Liegender-Leopard-TTouch	201
Python-TTouch	190

Der Pferdekopf wird nach oben gerissen, die Wurmpaste landet nicht im Maul, sondern daneben.

Entwurmen

Sie müssen Ihrem Pferd ein Wurmmittel oder Elektrolyte verabreichen. Aber kaum kommen Sie mit der Spritze in die Nähe des Pferdemauls, reißt das Pferd auch schon den Kopf hoch, außerhalb Ihrer Reichweite, droht zu steigen oder kriecht rückwärts. Bald haben Sie die Paste überall – nur nicht da, wo sie hingehört.

Die meisten Pferde leisten einfach deshalb Widerstand, weil sie nie gelernt haben, den Kopf auf Wunsch des Reiters zu heben oder zu senken. Vielleicht wurde das Pferd aber früher auch schon mit

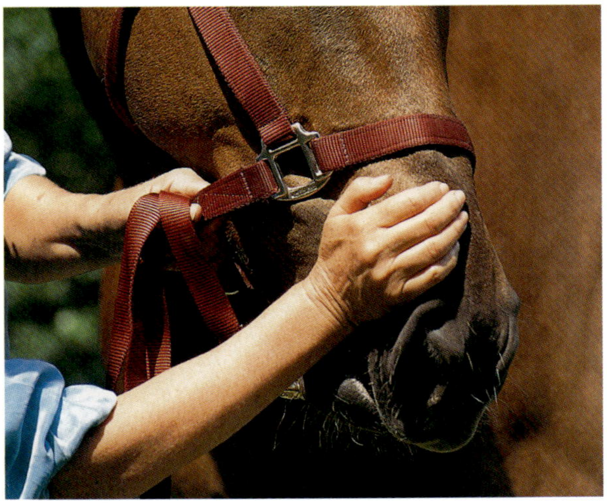

Muschel-TTouches am Maul sind eine gute Vorbereitung zum Entwurmen.

Tellington-Tipp

Machen Sie ein dünnes Stück Tuch oder ein Geschirrtuch nass, wringen Sie es gut aus und legen Sie es über den Nasenriemen des Halfters. Schlagen Sie es nun über die Pferdenase und befestigen Sie es unter dem Kinn wieder am Halfter, sodass die ganze Nase von dem Tuch umhüllt ist. Dann schieben Sie dem Pferd ruhig die Spritze in den Maulwinkel und verabreichen die Wurmpaste. Füllen Sie die Spritze die ersten paar Male mit etwas, das gut schmeckt – mit Apfelsaft oder aromatisiertem Joghurt, damit sich das Pferd darauf freut. Heben Sie das Kinn leicht an und machen Sie über der Kehle und am Hals ein paar TTouches, damit es zum Schlucken angeregt wird. Das Nasentuch übt eine schwer zu erklärende beruhigende Wirkung auf Pferde aus. Ich habe damit bei den schwierigsten Pferden Erfolg gehabt.

der Nasenbremse malträtiert oder am Ohr festgehalten und hat guten Grund, sich zu wehren. Sie können Ihrem Pferd beibringen, mit dem Kopf auf der von Ihnen gewünschten Höhe ruhig stehen zu bleiben, damit Sie ihm, was auch immer – eine Spritze oder ein Gebiss, – ins Maul schieben können.

Lösungen

- Sie brauchen ein Kunststoff- oder Lederhalfter mit seitlichen Ringen und eine Führkette, eingeschnallt wie auf Seite 175 zu sehen, oder eine *Lama-Leine*. (Später sollten Sie zur Verabreichung eines Wurmmittels nicht viel mehr als einen weichen Strick um den Hals benötigen.)
- Beginnen Sie damit, den *Pferdekopf zu senken*. Dann machen Sie *Maul-TTouches* mit den Fingerspitzen oder der Handfläche über die Nüstern und das Zahnfleisch.

Tellington-Lösungen

Ein Durchbruch in der Pferdeausbildung

In Stoneleigh, dem britischen Olympiazentrum, wurde mir zu einer Vorführung ein neunjähriger Araberhengst gebracht, ein hervorragendes Distanzpferd – bis auf die Tatsache, dass er sich bei der Verfassungsprüfung von den Tierärzten nicht das Zahnfleisch anschauen ließ. Er war schon disqualifiziert worden und sollte erst wieder antreten, wenn dieses Problem behoben war.

Ich machte die üblichen TTouches, um den Kopf zu senken, sowie Liegender-Leopard-TTouches, wobei ich auf einem offenen Platz arbeiten musste, ohne den Vorteil eines abgegrenzten Raums, ähnlich wie die Bedingungen bei einem Distanzritt. Ich konnte ihm die Hand über das Zahnfleisch schieben, aber sobald ich versuchte, die Lippen anzuheben, um Farbe und Durchblutung des Zahnfleischs zu überprüfen, wehrte sich der Hengst mit Steigen. Bei dieser Gelegenheit entdeckte ich, dass das feuchte Nasentuch gegen das Steigen wirkte. Ich holte ein Geschirrtuch aus dem Gepäck, machte es nass, wrang es aus und legte es dem Pferd über die Nase. Sein Benehmen änderte sich schlagartig. Er stand ganz ruhig da, während ich nach Belieben seine Lippen abheben, auf die Zunge tippen oder auf sein Zahnfleisch drücken konnte – alles Teil einer Standard-Verfassungsprüfung bei einem Distanzritt. Der Hengst konnte wieder mit Erfolg in Distanzritten eingesetzt werden.

Ein unmotiviertes Pferd schlurft durch das Gelände und stößt sich an jedem Stein.

Faulheit

Siehe auch „Störrisch"

Viele Pferdeleute halten „Faulheit" bei einem Pferd für eine Einstellungssache. Bevor Sie aber Ihr Pferd als „Faulpelz" brandmarken, sollten Sie sich die folgenden Fragen ansehen:

Bekommt das Pferd genügend „Treibstoff"? Manche Pferde bekommen für das, was sie tun, einfach nicht genug Energie, Fette, Proteine oder Mineralien. Vielleicht haben sie auch zu wenig rote Blutkörperchen, oder es ist etwas anderes mit ihren Blutwerten nicht in Ordnung. Vergewissern Sie sich also zuerst, ob das Pferd das richtige Futter und genügend Energie für sein Alter und sein Leistungsniveau erhält.

Besteht ein körperliches Problem? Eine Stoffwechselstörung wie beispielsweise eine Unterfunktion der Schilddrüse kann ein Pferd extrem lethargisch machen. Trotz magerer Futterportionen lagern diese Pferde Fett im Mähnenkamm und in anderen Körperteilen ab. Wird Ihr Pferd ganz plötzlich faul, sollten Sie auch Ataxie oder Cushing-Syndrom sicher ausschließen können, zwei Erkrankungen, die Pferde ebenfalls sehr träge machen können.

Ist Ihr Pferd genügend gefordert? Wenn Pferde nur in der Halle oder auf dem Platz geritten werden und nichts Interessanteres zu tun haben, als dort Runde um Runde zu drehen, langweilen sie sich mit der Zeit und stumpfen ab gegen die Hilfen (Schulpferde sind ein klassisches Beispiel dafür). Ist dies der Fall, sollten Sie Ihren reiterlichen Horizont erweitern und abwechselnd auf dem Platz und im Gelände reiten, mit Bodenübungen Ihr Pferd auch geistig fordern oder ohne Zaumzeug mit dem *Halsring* reiten.

Liegt es an der Reitweise, dass das Pferd so langsam geworden ist? Sie wollen zum Beispiel Dressur reiten und halten das Pferd vorn zurück, während Sie gleichzeitig mit Kreuz und Schenkeln treiben – als ob Sie Gas und Bremspedal gleichzeitig betätigen würden. Diese Art Reiterei bringt Pferde manchmal dazu, das energische Vorwärtsgehen einfach einzustellen. Besonders häufig ist diese Reaktion bei jungen Pferden zu finden, die zu früh oder zu oft in Versammlung geritten werden. In vielen Fällen sind solche „faulen" Pferde auch unkoordiniert, stolpern viel oder verstehen schlicht die unklaren Hilfen ihrer Reiter nicht.

Hat das Pferd vielleicht gar nicht gelernt, wie man sich vorwärts bewegt? Vielleicht ist es jung und unausgereift und hat noch nicht genügend Kraft in der Hinterhand entwickelt, um sich tragen zu können (Selbsthaltung). Möglicherweise fehlen ihm auch die Nervenverbindungen, die die Signale von Ihrem Sitz und Schenkel zum Gehirn leiten. Es ist, als ob der Pferdekörper in sich noch keine richtige Verbindung hätte – die Nervenleitungen sind nicht genügend aktiviert, um auf den Reiter und seine Signale zu reagieren. Solch ein Pferd wirkt stumpf, als ob es nicht genug Gefühl im Körper hätte.

Machen Sie diesen kleinen Test, um zu sehen, ob das Pferd gelernt hat, auf ein Signal hin vorwärts zu gehen: Halten Sie es im *Dingo*, mit einer Hand am Halfter, und tippen Sie dem Pferd mit der Gerte auf die Kruppe. Bleibt das Pferd einfach so stehen, hat es nie gelernt vorwärts zu gehen.

Lösungen

Vom Boden aus

- Stellen Sie wie bei einem Puzzle Bodenarbeit mit TTouches am Körper zusammen oder reiten Sie das Pferd mit Hilfsmitteln, die es munter machen und in Schwung bringen.
- Da alle Bewegung von der Hinterhand ausgeht,

reiten Sie mit dem *Körperseil*, um die Hinterhand des Pferdes zu aktivieren, und tippen Sie Vor- und Hinterhand bei jedem Schritt im Takt mit der Gerte an, um die Schritte zu verlängern. Diese „Bewegung eines Metronoms" verbessert wie das *Tellington-Trainingsgebiss* oft Balance, Losgelassenheit und Vorwärtsdrang des Pferdes.

Der Schlag der Bärenpranke verbessert das Körperbewusstsein und die Durchblutung.

- Folgende TTouches tragen zur Aktivierung und Verbesserung des Körperbewusstseins bei: *Schlag der Bärenpranke, Tarantel-TTouches, Lecken der Kuhzunge, Zebra-TTouches, Verbundene Kreise* und *Schweif-TTouches*.

Unter dem Reiter

- Bringen Sie Ihrem Pferd vom Boden aus bei, im *Dingo* vorwärts zu gehen, erst im langsamen und im schnellen Schritt, dann im langsamen und schnellen Trab.
- *Reiten* Sie mit oder *ohne Zaumzeug* durch die Hindernisse des *Lernparcours* wie etwa den *Stern*, die *Mikado-Stangen* oder das *Labyrinth*, die Ihr Pferd geistig fordern und seine Aufmerksamkeit fesseln.
- *Reiten ohne Zaumzeug*, nur mit dem *Halsring*, vermittelt dem Pferd ein neues Gefühl von Freiheit und Freude, besonders wenn es in einem oder mehreren Körperbereichen blockiert war. Ein langsames Pferd gewinnt so einen neuen Zugang zum Leben, neue Zuversicht und Spaß beim Training.

Tellington-Lösungen

Körperseil	303
Tellington-Trainingsgebiss	305
Schlag der Bärenpranke	239
Tarantel-TTouch	227
Lecken der Kuhzunge	197
Zebra-TTouch	230
Verbundene Kreise	191
Schweif-TTouch	208
Dingo	253
Lernparcours	270
Stern	271
Mikado	271
Labyrinth	277
Reiten ohne Zaumzeug	297
Halsring	297

Führen lassen, Drängeln, Losreißen

Nie werde ich den Anblick vergessen, wie eine erfahrene Pferdefrau, nennen wir sie Ingrid, stolz ihre preisgekrönte Dressurstute in die Arena führen wollte, um sie dem Publikum vorzustellen. Die Stute platzte in die Halle und schob Ingrid einfach beiseite. Sie versuchte noch, das Pferd zu bremsen, indem sie sich gegen die Schulter stemmte, aber die Stute ignorierte sie, stieß sie zu Boden, riss sich los und raste bis zum andern Ende der Halle. Ingrid stand auf, klopfte sich ab und entschuldigte sich mit einem verlegenen Lächeln für das „enthusiastische" Benehmen ihrer Stute.

Wie sich herausstellte, war es nicht das erste Mal, dass die Stute sich losgerissen hatte. Da Ingrid sich für die Tellington-Methode interessierte, bot ich an, ihr ein paar Grundregeln zu zeigen. Nicht mehr als zehn Minuten im *Labyrinth* mit Gerte und Führkette waren nötig, und die Stute war aufmerksam und voll konzentriert.

Dass Pferde beim Führen drängeln oder sich losreißen, ist in der Pferdewelt ein häufiges Problem. Dabei verrät dieses Benehmen, dass es am elementaren Training von Grundregeln fehlt. Sehen Sie sich noch einmal die Führregeln an, damit sich Ihr „Elefant im Porzellanladen" zu einem sichereren und kooperativeren Partner wandelt.

Wenn ein Pferd derartig am Führstrick zerrt oder in Ihren persönlichen Bereich eindringt, dass Sie

Wer bedrängt hier wen? Sicheres, geregeltes Führen gehört zur Grundausbildung von Pferd und Reiter.

Gefahr laufen, getreten oder über den Haufen gerannt zu werden, haben Sie es mit einer potenziell gefährlichen Gewohnheit zu tun, besonders wenn Sie je versuchen sollten, das Pferd über einen Graben oder durch eine unübersichtliche Engstelle im Gelände zu führen.

Wenn Ihr Pferd sich willig führen lässt und ruhig stillsteht, bedeutet dies einen erheblichen Vorteil in puncto Sicherheit und Leistung.

Es gehört einfach zu den Grundregeln guter Horsemanship, seinem Pferd beizubringen, sich ruhig und gehorsam führen zu lassen und auf Wunsch still stehen zu bleiben, aber das ist noch nicht alles. Es gibt außerdem noch den Bonus, dass ein Pferd, das gelernt hat, auf Ihre leichten Signale mit Führkette und Gerte zu reagieren, auch besser ausbalanciert ist und schneller auf Ihre Zügelhilfen reagiert, wenn Sie im Sattel oder auf dem Kutschbock sitzen.

Das Pferd soll Selbstkontrolle lernen und diese auch dann nicht aufgeben, wenn die Entfernungen zwischen Ihnen und dem Pferd allmählich immer größer werden. Schlussendlich soll es wie ferngelenkt im Trab über eine Reihe von Bodenstangen gehen. Als weitere Belohnung für das Training dieser Führübungen werden Sie feststellen, dass sich Ihre eigene Koordinations- und Lernfähigkeit sowie Ihr Gleichgewicht ebenfalls verbessern, und zwar sowohl am Boden wie im Sattel.

Lösungen

Vom Boden aus

- Bringen Sie dem Pferd in der Führposition *Eleganter Elefant* bei, auf einer geraden Linie anzutreten und anzuhalten sowie in seinem eigenen Bereich zu bleiben. Nehmen Sie die Gerte, fädeln Sie die Kette über den Nasenriemen des Halfters und stellen Sie sich auf Nasenhöhe neben das Pferd. Halten Sie die Kette in ca. 15 cm Abstand vom Halfterring, sodass Sie mit der Schulter etwa 60 cm Abstand vom Pferdekopf haben.
- Die Kombination aus Ihrem Signal an der Kette und der Gerte ca. 60 cm vor seiner Nase macht

Erfolgsgeheimnis

Erfolgsgeheimnis 1

Mit der Führkette allein lässt sich kein Pferd davon abhalten, zu ziehen oder zu drängeln. Erst die Kombination aus Gerte, Kette und Ihrer Vorwärtshaltung macht es dem Pferd leicht, Sie im Auge zu behalten. Mit Ihrer Körpersprache und Haltung bringen Sie es dazu, in gerader Linie anzuhalten und still stehen zu bleiben, wenn Sie dies wünschen.

Erfolgsgeheimnis 2

Bleiben Sie bis zum Anhalten stets auf gleicher Höhe mit dem Pferdekopf. Gönnen Sie dem Pferd zwei bis drei Schritte bis zum vollständigen Stopp und bewegen Sie sich währenddessen ebenfalls weiter, sodass Sie auf der Höhe des Pferdekopfes bleiben. Nicht zurückbleiben! Üblicherweise soll die Führperson auf Schulterhöhe gehen und stehen, aber wir gehen die Sache anders an, weil Sie in dieser Position hinter der Bewegung zurückbleiben würden und nicht effektiv einwirken könnten.

Die Führposition Der elegante Elefant verhilft zu einem kontrollierten und höflichen Miteinander.

das Pferd aufmerksam genug, dass es langsamer wird und nicht gegen Sie drängelt. Vielleicht müssen Sie es mit dem Gertenknauf leicht an der Nase oder seitlich am Hals antippen, um es von sich fernzuhalten. Hört es trotzdem nicht auf zu drängeln, halten Sie die Kette gegen den Unterkiefer und bringen den Pferdekopf sanft wieder in die ursprüngliche Position.

- Zum Anhalten geben Sie Signale mit Gerte und Führleine und drehen Ihren Körper in Richtung Pferdekopf.
- Damit das Pferd sich noch besser konzentrieren, langsamer werden und auf Ihre leisen Signale mit Kette und Gerte hören lernt, führen Sie es durch das *Labyrinth*.
- Im Verlauf von einigen Übungseinheiten vergrößern Sie den Abstand zum Pferd auf etwa 1,20 m und praktizieren Sie *Der fröhliche Delfin*. Lassen Sie das Pferd aus dieser Entfernung auf die leichtestmögliche Berührung mit der Spitze der Gerte an der Nase oder der Brust, kombiniert mit einer leichten Verbindung an der Kette, anhalten oder langsamer werden. Geben Sie dazu ein lang gezogenes, tiefes Stimmkommando, zum Beispiel „Hooo", „Haaalt" oder „Laaaangsaaam". Legen Sie im Abstand von 60 bis 90 cm zwei Reihen Stangen am Boden aus, sodass sie zwischen Ihnen und dem Pferd einen offenen Kanal bilden. Sie werden verblüfft sein über das Maß an Aufmerksamkeit, das Ihnen Ihr Pferd schenkt, wenn Sie diese Übung erst einmal gemeistert haben.
- Ein büffliges Pferd führt man besser zu zweit in der *Brieftaube*. Damit lernt es schnell, an seinem Platz zu bleiben. Tippen Sie es leicht am Nasenrücken an, wenn Sie es zum ersten Mal zum Anhalten auffordern.
- *Tanzende Kobra* im *Labyrinth*. Bei dieser ungewöhnlichen Übung stehen Sie vor dem Pferd und bringen ihm mit leichtesten Signalen der Gerte

Geschichte einer Wandlung

Zum Tellington-Training in Ojai, Kalifornien, fuhr ein Pkw mit Anhänger vor, im Pkw ein Vater mit seinem 13-jährigen Sohn, im Anhänger eine dreijährige Tennessee-Walker-Stute. Sie hatte die schlechte Angewohnheit, extrem gegen die Führperson zu drängeln und hatte schon oft den Sohn beinahe umgerannt, wenn sie sich erschreckte – und das kam häufig vor. Ich bat die beiden, mir zu zeigen, wie sie die Stute normalerweise führten. Der Vater ergriff das Führseil direkt unter dem Haken, und die Stute wickelte sich praktisch um ihn herum, den Hals gegen seine Schulter gepresst.
Es war klar, dass er ihr dieses Verhalten ungewollt beigebracht hatte, nicht nur das Drängeln, sondern auch die Abhängigkeit von ihm. Wenn sie sich allein gelassen fühlte, wurde sie höchst nervös. Als ich ihn fragte, warum er sie so eng führte, kam heraus, dass ihm die Abhängigkeit der Stute ein gutes Gefühl vermittelte. Er mochte es, wenn sie so dicht bei ihm war, in seinem persönlichen Raum.
Der Vater fand diese Intimität zwar wünschenswert, aber der Sohn lebte in ständiger Angst, von der Stute umgerannt zu werden. Nach nur zwei Übungseinheiten von je 15 Minuten an zwei Tagen hatte die Stute mit dem Eleganten Elefanten gelernt, anzuhalten und in ihrem eigenen persönlichen Raum stehen zu bleiben, fern von beiden Führpersonen.
Nachdem sie gelernt hatte, Abstand zu halten, merkte der Vater, dass sie auch ohne so engen körperlichen Kontakt in Verbindung bleiben konnten. Die Stute gewann Selbstvertrauen und überwand ihre Schreckhaftigkeit, sodass auch der Sohn gefahrlos mit ihr umgehen konnte.

Tellington-Tipp

Wenn Sie ein übermütiges Pferd auf die Koppel führen und nicht mit der Führkette arbeiten wollen, werden Sie feststellen, dass Sie das Pferd besser unter Kontrolle haben, wenn Sie den Führstrick im seitlichen Halfterring einhaken anstatt wie üblich unter dem Kinn. Mit dem seitlichen Ring haben Sie eine direktere Verbindung zur Pferdenase, und das Pferd kann nicht so gut ziehen – Ihre Kontrolle ist leichter, feiner. Achten Sie aber darauf, dass das Halfter gut passt: Ein zu großes oder zu locker verschnalltes Halfter verzieht sich zu sehr.

und Ihrer Körpersprache bei, Abstand zu halten. Auf diese Weise lernt Ihr Pferd Selbstkontrolle und federleichtes Reagieren. Oder bewegen Sie die Gerte wie einen Scheibenwischer von einer Seite zur anderen zwischen sich und dem Pferd – langsam und rhythmisch, mit dem *Pfauenrad.*

- Haben Sie erst einmal diese Grundbegriffe des Führens gemeistert, sind dem Spaß, den Sie mit Ihrem Pferd haben können, keine Grenzen mehr gesetzt. So können Sie das Pferd beispielsweise über vier Bodenstangen im Abstand von ca. 1,20 m führen – das Pferd soll genau in der Mitte der Stangen bleiben, während Sie an der Außenseite mitgehen. Im nächsten Schritt führen Sie die gleiche Übung im Trab aus. Versuchen Sie auch den *Stern, Cavaletti* und die *Mikado-Stangen.*

Tellington-Lösungen

Füße nicht aufheben/nicht stehen lassen/wegziehen

Kommt Ihnen die eine oder andere Situation bekannt vor?

- Ihr Pferd hebt auf Aufforderung den Fuß, stellt ihn aber ebenso schnell mit voller Wucht wieder ab.
- Ihr Pferd hebt widerwillig den Fuß an und lehnt sich dann auf Sie.
- Der Pferdefuß scheint aus Blei und fest mit dem Boden verwurzelt zu sein.
- Das Pferd zieht den Fuß hoch, wenn Sie es gar nicht wollen, zum Beispiel beim Putzen oder wenn Sie es einbandagieren oder Gamaschen anlegen wollen.

Der Schmied hat seine Not mit einem Pferd, das nicht ruhig stehen bleiben kann.

Auch wenn die Technik, sich gegen die Pferdeschulter zu lehnen und mit den Fingern auf die Sehnen unterhalb des Karpalgelenks zu drücken, oft funktioniert, kann ich sie nicht empfehlen, weil sie meiner Meinung nach das Pferd aus dem Gleichgewicht bringt und es dazu verleitet, sich auf Sie zu stützen. Folgende Schritte sind geeignet, einem Pferd beizubringen, willig die Füße anzuheben.

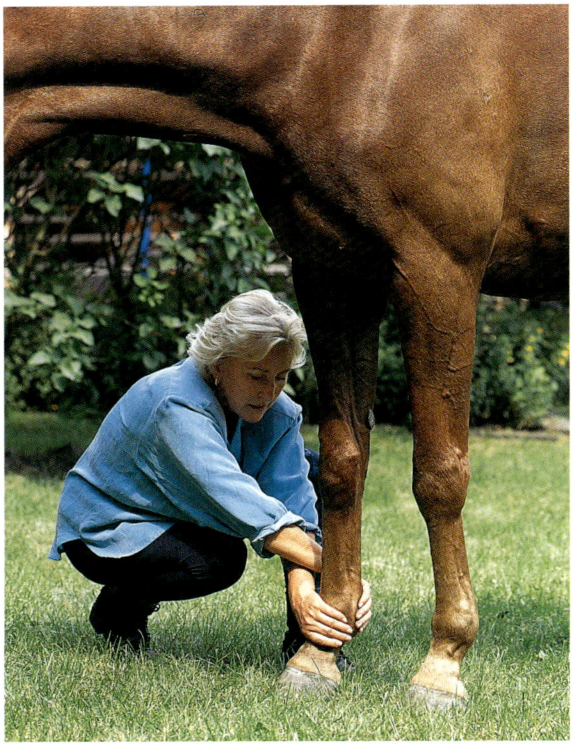

Der Oktopus-TTouch verhilft dem Pferd zu einem ganz neuen und sicheren Beingefühl.

Lösungen

Schritt 1: Lassen Sie das Pferd den *Kopf senken*. *Streichen* Sie *Hals, Brust* und *Beine* mit der *Gerte* ab und *klopfen* Sie dann gegen die *Hufe*. Machen Sie *Aufgerollte-Python-TTouches* und *Oktopus-TTouches* an den Vorderbeinen vom Ellbogen bis zum Huf und auf der Innenseite der Hinterbeine. Es kann mehrere Übungseinheiten erfordern, bis das Pferd sich berühren lässt. Aber erst dann versuchen Sie, die Hinterbeine anzuheben.

Für Pferde, die sich nicht gern am Bauch berühren lassen, an den Flanken kitzlig und auf der Innenseite der Hinterbeine empfindlich sind oder nervös werden, wenn die Schweifrübe angefasst wird, haben sich *Tarantel-TTouches, Bauch anheben* vom Ellbogen bis zur Flanke, leichtes *Lecken der Kuhzunge* und *Schweif-TTouches* zusätzlich zu der Arbeit an den Beinen bewährt.

Schritt 2: Kratzen Sie mit den Fingernägeln leicht auf der Innen- oder Außenseite des Röhrbeins nach oben, ohne sich gegen die Pferdeschulter zu lehnen - das Zeichen für das Pferd, sein Gewicht zu verlagern und den Fuß anzuheben. Hebt das Pferd den Fuß hoch, umfassen Sie Fesselgelenk und Huf mit beiden Händen, machen in jeder Richtung einen schnellen Kreis und setzen den Fuß wieder ab (siehe *Beinkreisen*, Seite 192). Fangen Sie mit dem Fuß an, bei dem das Pferd den geringsten Widerstand leistet – gewöhnlich der linke Vorderfuß –, und nehmen Sie sich dann der Reihe nach alle vier Beine vor.

Hat sich das Pferd an die Beinkreise gewöhnt, machen Sie die Kreise langsamer und spiralförmig immer tiefer, bis Sie die Hufspitze am Boden aufsetzen können. Sobald das Pferd sein Gleichgewicht gefunden und keine Angst mehr vor Berührungen am unteren Teil des Beins hat, können Sie auch jeden Huf auf ein leises Stimm- und Berührungssignal hin aufheben. Von nun an machen Sie jedes Mal *Beinkreisen vorn* und *hinten*, wenn Sie die Füße zum Hufeauskratzen anheben.

Manche Pferde haben nur mit einem bestimmten Bein Probleme beim Hufeheben. Nehmen Sie in diesem Fall die *Brieftaube* dazu und führen Sie von rechts. Klappt es mit dem Aufheben der Hinterbeine noch nicht so recht, gewöhnen Sie das Pferd mit *Fahren vom Boden* mit und ohne Zaumzeug an Aktivitäten rund um seine Hinterhand. Wenn Sie mit einer Hand den Schweif festhalten, während Sie mit der anderen Hand einen Hinterhuf anheben, halten Sie einerseits Verbindung und teilen dem Pferd andererseits mit, wo Sie sich befinden.

Wenn Sie in Zeitnot sind, kann *Den Tiger zähmen* dazu beitragen, dass das Pferd den Huf schneller hergibt. Mit dem *Cha-Cha* lassen sich Gleichgewicht, Koordination und Beweglichkeit der Beine auf ein leichtes Zeichen hin verbessern.

Tellington-Tipp

Ihr Hufschmied wird nicht dafür bezahlt, Ihr Pferd zu erziehen. Machen Sie Ihre Hausaufgaben. Wenn ein Pferd – besonders ein älteres Pferd – Schwierigkeiten hat, einen Hinterfuß längere Zeit hochzuhalten, könnte es ohne Ihr Wissen unter Arthrose leiden oder Schmerzen in der Hüfte haben. Bitten Sie Ihren Schmied in diesem Fall um häufige Pausen, damit Sie den Fuß absetzen können. Machen Sie verbundene Wolken-Leopard-TTouches über die Lenden und die Kruppe, lassen Sie das Pferd den Kopf senken und den Rücken anheben. Bleiben Sie bei Ihrem Pferd, solange es beschlagen wird.

Druck erzeugt Gegendruck, auch an den Beinen. Wichtig ist, dass das Pferd lernt, auf leichte Signale sein Bein zu heben und sein Gleichgewicht zu halten.

Lösungen

Szenario 1: Ihr Pferd scheint mit den Hufen am Boden zu kleben.

Kratzen Sie mit den Fingernägeln auf der Innenseite des Vorderbeins, unterhalb des Karpalgelenks, leicht nach oben. Nehmen Sie den Huf, wenn das Pferd ihn auch nur leicht anhebt, machen Sie in jeder Richtung schnell einen Kreis und setzen Sie den Fuß wieder ab. Wiederholen Sie den Vorgang und geben Sie dem Pferd eine Belohnung.

Anmerkung: Pferde, die den Fuß nicht anheben oder mit Wucht absetzen, fürchten um ihr Gleichgewicht – sie sind nicht einfach nur stur. Mit ein wenig Futter können sie wieder durchatmen und die Angstreaktion überwinden. Auch Clicker-Training kann sehr nützlich sein.

Szenario 2: Das Pferd setzt den Huf mit aller Wucht ab.

Legen Sie ihm einen 4 m langen, weichen Strick hinter das Karpalgelenk, stellen Sie sich ein wenig vor das Bein und ziehen Sie es mit einer Hand nach vorn. Hebt das Pferd das Bein an, nehmen Sie das Fesselgelenk mit der anderen Hand. Legen Sie den Strick zur Seite, nehmen Sie das Bein in beide Hände und machen Sie einen kleinen Kreis. Setzen Sie es schnell wieder ab, damit das Pferd weniger Gelegenheit hat, zu kämpfen oder sich loszureißen (*Beinkreise vorn*).

Szenario 3: Das Pferd macht Anstalten, mit einem Hinterbein auszuschlagen.

Strafen hätte jetzt keinen Zweck, es würde Angst und Selbstverteidigung nur verstärken. Um eine Verbindung zum Pferd herzustellen, greifen Sie zurück auf vertrauensbildende und bewusstseinsfördernde TTouches, und zwar beginnend an Kopf und Ohren, bis das Pferd sich wohlzufühlen beginnt. Dann machen Sie *Muschel-TTouches* vom Kopf bis zum Schweif, *Bauch anheben* und *Tarantel-TTouches* in parallelen Linien vom Gurt bis zur Flanke. Alles dreht sich darum, dass das Pferd sich in seinem Körper wohl und sicher fühlt.

Streichen Sie den Körper mit zwei Gerten ab und arbeiten Sie sich an die Hinterhand heran. Streichen Sie über die Kruppe und die Hinterbeine und sprechen dabei in beruhigendem Ton mit dem Pferd. Es soll den Kopf wenden und sich ein Leckerli aus Ihrer Hand holen. Wenn es Ihnen den Kopf zuwendet und kaut, kann es sehen, was Sie machen. Es kann die aufgespeicherte Spannung loslassen. Und während Sie beruhigend mit dem Pferd sprechen, stellen Sie sich deutlich vor, wie das Pferd das Hinterbein am Boden lässt, bis Sie ihm das Gegenteil sagen,

Erfolgsgeheimnis

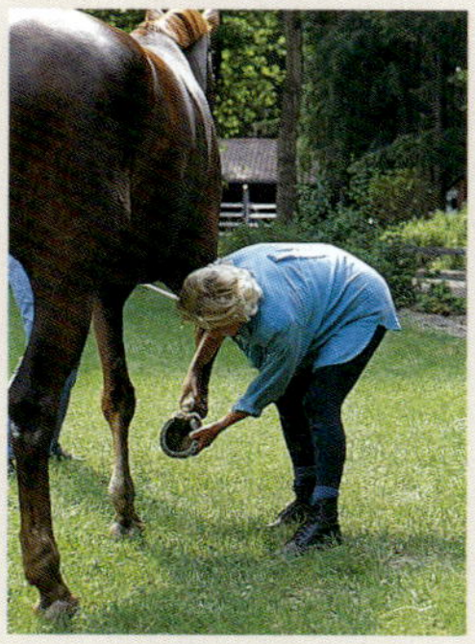

Damit das Pferd sich auch mit einem aufgehobenen Fuß ausbalancieren lernt, müssen Sie mit einer Hand das Fesselgelenk und mit der anderen den Huf von der Seite her stützen. Viele Leute halten das Bein nicht am Fesselgelenk, sondern am Huf fest, sodass das Fesselgelenk tiefer ist als der Huf. Daraufhin lässt das Pferd gern die Schulter fallen und lehnt sich zur Wahrung des Gleichgewichts auf Sie. Das Pferd bleibt leichter im Gleichgewicht, wenn Fesselgelenk und Huf auf einer Linie liegen.

und wie es dann mit Leichtigkeit das Bein anhebt. Fahren Sie mit der Hand an einem Hinterbein hinunter und kratzen Sie mit dem Daumennagel leicht über die Sehne. Sobald das Pferd das Bein anhebt, nehmen Sie es mit der einen Hand von innen und der anderen unter dem Huf, machen schnell ein paar Beinkreise in jeder Richtung und setzen den Huf so wieder ab, dass er mit der Spitze am Boden aufliegt.

Tellington-Lösungen

Gebundene Gänge

Wenn ein Pferd „übertritt", heißt dies, dass es mit dem Hinterfuß über den Abdruck des gleichseitigen Vorderfußes hinaustritt; je mehr es übertritt, desto größer ist das Engagement der Hinterhand. Allerdings hängt dies auch von der jeweiligen Rasse und vom Gebäude ab, ebenso wie vom Tempo und der Gangart. In manchen Gangarten wie dem Pleasure Jog der Westernpferde oder dem verkürzten, lebhaften Schritt eines Saddlebred treten die Pferde überhaupt nicht über. Auch ein normales Quarter Horse wird wohl kaum so weit übertreten wie ein normales Warmblut. Und bei vielen Gangpferderassen ist das Übertreten in den Standardgangarten überhaupt nicht vorgesehen.

Von kurzen oder gebundenen Gängen spricht man dagegen meistens, wenn der Hinterfuß im Arbeitstrab oder Mittelschritt nicht über den Abdruck des Vorderfußes hinaustritt. Das kann folgende Gründe haben:

- Übertriebene Versammlung über längere Zeit mit daraus folgender Muskelverkürzung;
- verspannte Muskulatur im Hals, in den Schultern, den Unterarmen, im Rücken, an den Nieren oder den Unterschenkeln;
- drückender, die Schultern beengender Sattel;
- Sattelgurt zu stramm oder zu schnell angezogen;
- nicht diagnostizierte Lahmheit oder chronische Steifheit;
- Krankheitszustand wie Verschlag, Rehe oder Hufrollenentzündung.

Hat der gebundene Gang medizinische Ursachen, fragen Sie bitte Ihren Tierarzt. TTouch kann in der Erholungsphase helfen (siehe „Gesundheitsprobleme", Seite 157). Liegt es am Sattel oder am Gurt, muss zuerst dieser in Ordnung gebracht werden; der TTouch kann sonst nicht wirken.

In diesem Kapitel liegt die Betonung auf verspannter Muskulatur im Hals, in den Schultern, den Unterarmen, im Rücken, den Nieren oder den Unterschenkeln. Werden diese Verspannungen gelöst, kann das Pferd weiter ausgreifen und mehr Raumgriff entwickeln.

Tellington-Tipp

Ziehen Sie eine ebene Fläche mit dem Rechen glatt und messen Sie zehn Mal, wie weit die Hinterfüße über die Abdrücke der Vorderfüße hinausgetreten sind – im Schritt oder Trab an der Longe oder auf einer Geraden. Achten Sie auf beiden Händen besonders auf den jeweils inneren und äußeren Hinterfuß.

Lösungen

- Machen Sie den *Raupen-TTouch* über dem Mähnenkamm und den Lenden sowie *Liegender-Leopard-TTouches* mit *Aufgerollte-Python-TTouches* an den Unterarmen und Unterschenkeln. Die Wirkung wird verstärkt, wenn Sie diese TTouches durch ein warmes Tuch hindurch machen. Wenn die Schultermuskeln schmerzen, wird ein kaltes Tuch vielleicht als angenehmer empfunden. Beobachten Sie die Reaktion des Pferdes, ob ihm Wärme oder Kälte lieber ist.

Haargleiten an der Mähne beseitigt Stresssymptome, das Pferd senkt seinen Hals und hat einen entspannten Gesichtsausdruck.

- Ist der Mähnenkamm sehr fest, *streichen* Sie zusätzlich die *Mähnenhaare aus* und *schaukeln* den *Hals* hin und her, um ihn zu entspannen und dadurch die Schritte zu verlängern. Mit *Beinkreisen vorn* und *hinten* können Sie die Muskulatur entspannen.
- Führen Sie das Pferd vom Boden aus in *Halben Tritten,* dann lassen Sie es mit Ihnen im Sattel in Halben Tritten gehen, anfangs mit leicht erhobenem Kopf; dann geben Sie nach und lassen das Pferd sich strecken. Messen Sie, wie viel das Pferd vor und nach den *Halben Tritten* übertritt, das heißt, wie weit der Hinterfuß über den Abdruck des Vorderhufs hinaustritt. Am besten sehen Sie dies, wenn Sie das Pferd über eine zuvor mit dem Rechen glatt gezogene ebene Fläche gehen lassen.
- Oft verlängert das Pferd auch schon seine Schritte, wenn es ohne Reiter mit dem *Tellington-Trainingsgebiss* geführt wird. Schlingen Sie dem Pferd die Zügel um den Hals, führen Sie es mit einem Halfter über dem Zaumzeug und achten Sie auf jede Veränderung im Gang. Vielfach macht das Trainingsgebiss allein schon die Gelenke frei, sodass die Schritte länger werden. Dies widerspricht dem verbreiteten Glauben, dass sich der Raumgriff nur über den treibenden Sitz des Reiters verbessern lässt.
- Experimentieren Sie mit dem *Körperseil* und dem *Körperband*, um zu sehen, welches Hilfsmittel das Pferd am besten dazu bringt, den Rücken aufzuwölben, sodass die Hinterbeine weiter untertreten und die Schritte länger werden können. Die beste Wirkung erzielen Sie, wenn Sie vorher *TTouches* plus *Beinkreise vorn* und *hinten* gemacht haben.

Geschichte einer Wandlung

Im Jahr 1983 bereitete Sandy Collier ihr Quarter Horse für die Reining Futurity vor, musste aber einen Monat mit dem Training aussetzen, weil die Stute die Vorderbeine kaum noch nach vorn brachte. Sie war so steif in den Schultern, dass sie nicht einmal mehr wie sonst bei Westernpferden üblich in den Hänger hineinhüpfen konnte. Wir machten ganz viele Muschel-TTouches und Aufgerollte-Python-TTouches an den Schultern und den Unterarmen und ließen sie mit dem Tellington-Trainingsgebiss gehen, und nach wenigen „Sitzungen" konnte sie wieder in den Hänger einsteigen. Sandy arbeitete weiter mit den TTouches und gewann die Women's Futurity.

Tellington-Lösungen

Raupen-TTouch	243
Liegender-Leopard-TTouch	201
Aufgerollte-Python-TTouch mit Tüchern	190
Mähnenhaare ausstreichen	221
Hals schaukeln	223
Schulter lösen	247
Halbe Tritte	295
Beinkreise vorn	192
Beinkreise hinten	195
Lecken der Kuhzunge	197
Schweif-TTouch	208
Körperband und Körperseil	303
Tellington-Trainingsgebiss	305
Reiten ohne Zaumzeug/mit Halsring	297

Dieses Pferd ist außer Balance, Tritte und Körperhaltung sind der Kontrolle seines Reiters entzogen.

Gleichgewicht und Koordination

Siehe auch „Unfallträchtig"

Es überrascht mich immer wieder, wie wenig Beachtung dem Gleichgewicht geschenkt wird. Sehr oft wird es einfach ignoriert, oder das Pferd wird als hoffnungsloser Tollpatsch abgeschrieben. Manchmal wird das Pferd im Bemühen, das fehlende Gleichgewicht zu ersetzen, zwischen treibenden und versammelnden Hilfen zusammengeschraubt. Oder man findet es „zu jung" oder „zu unbeholfen" und schickt es für ein weiteres Jahr auf die Koppel, wo es „ausreifen" soll.

Warm- und Kaltblüter sind besonders spät reife Rassen, und ihre mangelnde Losgelassenheit und Balance wird oft als „langsam im Geiste" missverstanden. Meiner Erfahrung nach dauert es bei den größeren Rassen, besonders wenn sie noch keine fünf oder sechs Jahre alt sind, tatsächlich länger, bis das Signal der Führperson das Pferdegehirn erreicht und eine Reaktion hervorruft.

Gutes Reiten beruht darauf, dass sich Reiter und Pferd im Gleichgewicht befinden. Mein Mentor Moshe Feldenkrais, der den Schwarzen Gürtel in den Kampfsportarten besaß, betonte in seinen Kursen immer wieder die Bedeutung des Gleichgewichts. Er zeigte auf, wie „Bewusstsein durch Bewegung" – das Aktivieren neuer Nervenbahnen zum Gehirn – das Gleichgewicht und damit auch unsere Fähigkeit zu Effizienz und Sicherheit in jeder Lage verbessern kann. In ihrem Klassiker „Reiten aus der Körpermitte" widmet die Autorin Sally Swift dem Gleichgewicht und der freien Körperbewegung ein ganzes Kapitel.

Gleichgewicht bezieht sich nicht nur auf den Körper, sondern auch auf den Geist und das Gefühl. Ohne diese Grundlage kommen Sie körperlich leicht aus der Balance, und jeder kleine Reiz bringt Ihr Pferd aus dem Konzept. Ein nicht ausbalanciertes Pferd kann auf Ihre Hilfen einfach nicht effektiv reagieren.

Für den Reiter bedeutet Gleichgewicht, dass er in der Lage ist, den Sitz jederzeit so zu verlagern, dass dies dem Pferd unmissverständlich signalisiert, die Richtung oder das Tempo zu ändern. Für das Pferd bedeutet Gleichgewicht die Fähigkeit, den Anforderungen des Reiters prompt und flüssig Folge zu leisten, ohne Widerstand oder Probleme.

Schnelles Quiz: Wie ist es um das Gleichgewicht Ihres Pferdes bestellt?

Frage 1: Hält Ihr Pferd geschlossen und an den Hilfen das Gewicht gleichmäßig auf alle vier Beine verteilt, oder stellt es oft ein Vorderbein weiter heraus und ruht mit einem Hinterbein?

Frage 2: Lässt sich Ihr Pferd in diagonaler Schrittfolge (z.B. vorn links, hinten rechts) einen Schritt rückwärts richten oder vorwärts reiten, oder fällt die Reaktion auf Ihre Hilfen eher zufällig aus?

Frage 3: Führt es Wechsel der Gangart prompt oder mit einer gewissen Verzögerung aus? Denken Sie daran, dass ein junges Pferd vielleicht überhaupt nicht auf die Hilfen reagiert oder ins Stolpern gerät.

Frage 4: Geht Ihr Pferd unter dem Sattel oder im Freilaufen im Kreuzgalopp?

Frage 5: Fällt Ihr Pferd „auf die Nase", wenn es bergab geht?

Frage 6: Stolpert oder strauchelt Ihr Pferd häufig?

Wenn Sie eine oder mehrere dieser Fragen mit Ja beantwortet haben, werden dem Pferd die Balance-Übungen in diesem Kapitel gut tun. Ernsthafte Gleichgewichtsstörungen können aber auch auf neurologische Erkrankungen wie beispielsweise Ataxie hinweisen. Fragen Sie Ihren Tierarzt, wenn Sie sich nicht sicher sind oder sich der Zustand des Pferdes verschlimmert.

Das Labyrinth fördert das Gleichgewicht und die Koordination auf besonders effektive Weise.

Lösungen

Vom Boden aus

- *Verbundene Wolken-Leopard-TTouches* bringen ein neues Bewusstsein, weil sie den gesamten Pferdekörper aktivieren. *Beinkreisen* und an die *Hufe klopfen* verbessern das Bewusstsein des Pferdes dafür, wo es seine Füße hinsetzt. *Schweif-TTouches* lassen eine Verbindung durch den ganzen Körper entstehen.
- Training im *Labyrinth*. Beobachten Sie, wie das Pferd sich in den Wendungen bewegt: Folgen die Hinterfüße in der Spur der Vorderfüße und in der Richtung, die die Pferdenase in der Wendung vorgibt? Bleibt das Pferd in den Wendungen wirklich „in der Spur"? Manche Pferde werden in der Wendung eilig oder machen, wenn sie angehalten worden sind, erst zwei Schritte mit demselben Bein, bevor sie mit dem anderen vorgehen. Das Gleichgewicht in Wendungen lässt sich verbessern, wenn Sie dem Pferd das *Körperband* anlegen und es dann am Rücken mit der Gerte abstreichen und antippen, während Sie es um die Wendung führen. Halten Sie auf jeder geraden Strecke an, bevor Sie weitergehen.
- *Dingo/Dem Kamel einen Tipp geben, Cha-Cha* und *Halbe Tritte* stellen verschiedene Stadien von Versammlung und Verstärkung dar, weil sie neue Möglichkeiten der Bewegung aktivieren. Probieren Sie diese Übungen zuerst im *Labyrinth* aus, dann im *Stern* und auf der *Wippe*, schließlich ganz ohne Halfter und Führkette (*Freie Arbeit*). Sie können Ihr Pferd darauf trainieren, auf eine unsichtbare Gerte, eine unsichtbare Führkette zu reagieren!

Tellington-Tipp

Tipps zur Verbesserung des Gleichgewichts:

- Der Sattel muss passen und die Sattelunterlage genügend gepolstert sein, und die Pferdehufe müssen ausbalanciert sein.
- Wenn Sie den Halsring hoch am Pferdehals ansetzen, verbessert sich automatisch Ihr eigenes Gleichgewicht, weil Sie sich anders bewegen, um ihn einsetzen zu können.
- Reiten Sie einhändig, anstatt die Zügel in beide Hände zu nehmen. Das lockert Ihren Schultergürtel. Dazu bietet sich die Western-Reitweise mit ihrer leichten, offenen Hand und geringer Anlehnung an.

Tellington-Lösungen

Verbundene Kreise	191
Beinkreisen	192
Hufe abklopfen	219
Schweif-TTouch	208
Körperband	179
Dingo	253
Dem Kamel einen Tipp geben	255
Cha-Cha	249
Halbe Tritte	295
Labyrinth	277
Freie Arbeit	274
Stern	271
Wippe	291
Balancezügel	293
Halsring	297
Körperband	179
Tellington-Trainingsgebiss	305

Unter dem Reiter

- Statt sich mit ständigem Schenkeldruck das Pferd in die Hand reiten zu wollen, sollten Sie das *Körperband* und den *Balancezügel* einsetzen, um das Pferd ins Gleichgewicht zu bringen. Das funktioniert bei weniger erfahrenen Reitern oft besser als bei fortgeschrittenen, weil Anfänger

noch nicht gelernt haben, das Pferd ständig auszubalancieren. Die zwei einfachen Hilfsmittel wirken direkt auf das Nervensystem des Pferdes ein und helfen ihm, sein eigenes Gleichgewicht und seinen Takt zu finden – seinen Schwerpunkt nach hinten, in Richtung Hinterhand, zu verlagern und sich selbst zu tragen.
- Ohne Zaumzeug, nur mit dem *Halsring* geritten, fällt es dem Pferd leichter, sein Gleichgewicht zu finden, besonders mit dem *Balancezügel* und dem *Körperband*. Sie können aber auch mit dem *Tellington-Trainingsgebiss* reiten, einer Art Geheimwaffe zum schnelleren Ausbalancieren.

Die Fingerspitzen drücken in das Fell und lösen den Reflex aus, der den Rücken zum Heben veranlasst.

Greifen

Von „Greifen" spricht man, wenn das Pferd sich mit dem Hinterhuf in den gleichseitigen Vorderhuf tritt. Das kann gebäudebedingt sein oder die Folge eines Rückenproblems oder Ungleichgewichts der Hufe. Manchmal greifen sich Pferde auch aus Müdigkeit. Das Greifen kann nur ein wenig lästig sein, es kann aber auch dazu führen, dass das Pferd sich das Eisen abtritt oder sich einen Ballentritt zuzieht.

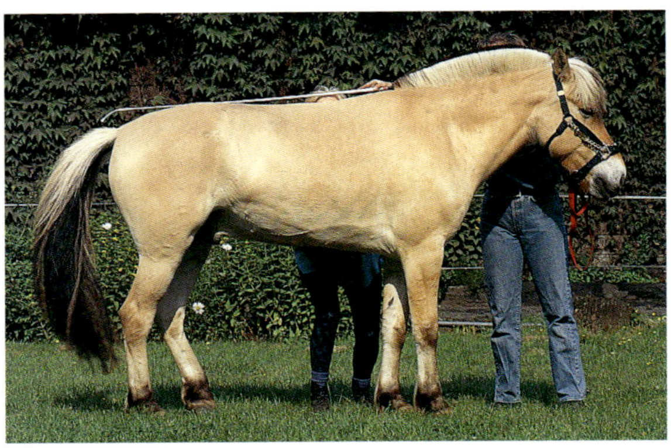

Rückenheben – die aufgelegte Gerte verdeutlicht, dass der Rücken sich hoch aufgewölbt hat.

Lösungen

- Erleichterung bringt oft eine Veränderung des Hufgleichgewichts, indem man die Hufspitze rund raspelt oder das Eisen leicht zurücksetzt.
- Das *Tellington-Trainingsgebiss* trägt zur Elastizität und Beweglichkeit des Rückens bei und genügt manchmal schon, um das Greifen abzustellen, besonders wenn sich das Pferd oft aus Müdigkeit greift.
- *Balancezügel* und *Körperband* verlagern den Schwerpunkt nach hinten und tragen dazu bei, das Pferd gerade zu richten. Das *Lecken der Kuhzunge* und *Rücken anheben* aktivieren den Rücken und verbessern die Flexibilität.

Tellington-Lösungen

Tellington-Trainingsgebiss	305
Balancezügel	293
Körperband	303
Lecken der Kuhzunge	197
Rückenheben	214

Gurtzwang

Siehe auch „Beißen", „Sattelzwang"

Samstagmorgen im Stall. Sie beobachten, wie ein Neuankömmling sein Pferd sattelt. Als er den Gurt noch ein Loch weiter anzieht, sehen Sie, wie sich das Pferd steif macht, die Luft anhält, wie eine Katze die Vorderbeine nach vorn streckt und den Körper absinken lässt.

Es ist ein klassischer Fall von zu strammem oder zu schnellem Angurten. Manche Pferde schnappen in die Luft, versuchen zu beißen oder legen die Ohren an, sobald der Gurt angezogen wird. Oder sie bewegen sich mit kurzen, steifen Schritten, wenn sie vorwärts gehen sollen. In Extremfällen zögern sie kurz und explodieren dann entweder nach vorn

Wer eine Reitstunde so zankend beginnt, wird wenig Freude und Erfolg haben.

oder nach hinten. Vielleicht wurde das Pferd in der Vergangenheit zu schnell oder zu fest angegurtet – ein paar Mal genügen, um einen dauerhaften Eindruck zu hinterlassen –, oder der Sattel hat nicht gepasst. Wenn Sie mit einem Sattel auf das Pferd zugehen, zeigt es vielleicht schon seine Besorgnis, indem es sich verspannt, den Kopf hochreißt, zur Seite ausweicht oder die Ohren anlegt.

Oft ärgern sich die Reiter über ein Pferd mit Gurtzwang; sie ignorieren dessen Unbehagen oder sind sich des Ausmaßes nicht bewusst und schimpfen oder stupfen es mit dem Knie in den Bauch. Die Überzeugung, dass ein Sattel fest angegurtet werden muss, damit er nicht rutscht, ist weit verbreitet. Es gibt sogar so etwas wie Hebelwerkzeuge, mit denen man den Gurt noch weiter anziehen kann, als die eigene Kraft erlaubt. Ich finde diese Einstellung und Vorgehensweise schlicht unmenschlich.

Außerdem kann ein zu fest oder zu schnell angezogener Gurt die Rippen und das Zwerchfell einengen, sodass die Atmung und die freie Vorwärtsbewegung eingeschränkt werden.

Bei einem Pferd mit Normalgewicht, das nicht gerade in Fettpolstern verschwindet, können Sie vielleicht den Gurt im Vergleich zum gewohnten Angurten ein bis zwei Loch nachlassen. Finden Sie heraus, was für Sie und Ihr Pferd wirklich angenehm und dennoch sicher ist. Wenn Sie befürchten, dass der Sattel nach vorn oder hinten rutscht, können Sie eventuell auch mit einem Vordergeschirr oder einem Schweifriemen Abhilfe schaffen.

Meiner Meinung nach ist es viel besser, den Gurt ausreichend, aber nicht zu fest anzuziehen. Führen Sie das Pferd ein paar Schritte und gurten Sie unmittelbar vor dem Aufsteigen oder kurz danach noch einmal nach. Nach fünf oder zehn Minuten im Sattel überzeugen Sie sich noch einmal, dass der Gurt genügend anliegt.

Glücklicherweise lässt sich die Abwehrreaktion eines Pferdes mit Gurtzwang wieder auslöschen, wenn man ihm erlaubt zu atmen und seine angespannten Rücken- und Bauchmuskeln loszulassen. Außerdem verbessern sich nach wenigen Übungseinheiten Raumgriff und Rittigkeit des Pferdes.

Lösungen

Vom Boden aus

- Machen Sie mit der flachen Hand langsame, nachdrückliche *Muschel-TTouches* und *Aufgerollte-Python-TTouches* im ganzen Gurtbereich und am Rumpf, um verspannte Muskeln zu lösen. Das Pferd soll den Kopf senken, atmen und verspannte Muskeln loslassen, wenn es dort berührt wird. Arbeiten Sie sich bis zu den Flanken vor, denn die Überempfindlichkeit reicht oft ziemlich weit nach hinten; der gesamte Bereich muss berücksichtigt werden. Reagiert das Pferd mit extremem Schnappen oder Beißen, geben Sie ihm etwas Heu oder Hafer zu fressen, damit es atmet und den Kopf so weit absenkt, dass der Hals in etwa parallel zum Boden gestreckt bleibt.
- Ist das Pferd im Gurtbereich „kitzlig", ist *Bauch anheben* mit einem großen Tuch oder einem losen Sattelgurt von Nutzen. Das Pferd soll lernen, sich auch dann sicher zu fühlen, wenn es an den empfindlichen Stellen berührt wird.
- Wenn das Pferd die Berührung dort duldet, können Sie ganz leicht das *Lecken der Kuhzunge*

Tellington-Tipp

Reiter, die gewohnheitsmäßig von der linken Seite vom Boden aus aufsteigen, können das Pferd nicht nur aus dem Gleichgewicht bringen, sondern auch den Sattelbaum verziehen. Das lässt sich vermeiden: wenn man von einer Aufsteighilfe aus oder mit dem Gesicht nach vorn aufsteigt (siehe „Aufsitzen, steht nicht still", Seite 50).

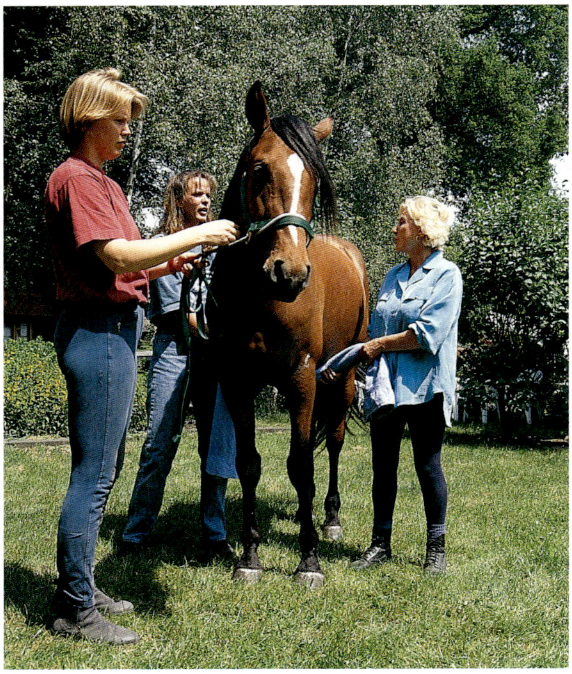

Das Bauchheben mit Handtuch bereitet ein Pferd auf sanfte Art auf das Angurten vor.

anwenden, ohne dass sich das Pferd durch Ohrenanlegen oder Schnappen dagegen wehrt. Dazu können allerdings mehrere Übungseinheiten nötig sein.

- Akzeptiert das Pferd das *Bauch anheben* mittels Tuch oder losem Sattelgurt, legen Sie den Sattel auf, ohne ihn anzugurten. Versuchen Sie es von der rechten Seite – das ist ungewohnt, und der Bereich, mit dem das Pferd hauptsächlich seine Überempfindlichkeit verbindet, bleibt ausgespart. Bleiben Sie auf der rechten Seite, halten Sie den Sattel mit einer Hand fest, während das Pferd auf Brusthöhe frisst, heben Sie den Gurt – der auf der linken Seite eingeschnallt ist – langsam an und machen Sie leichtes *Bauch anheben*.
- Die traditionelle Methode, nach dem Angurten die Vorderbeine nach vorn herauszuziehen, verhindert tatsächlich, dass sich vor dem Gurt Hautfalten bilden, aber noch nützlicher finden wir kleine kreisförmige Bewegungen mit allen vier Beinen. Dadurch werden die Gliedmaßen gelockert, die Atmung wird gefördert, und das Pferd lässt die Rückenmuskulatur leichter los. Heben Sie jedes Bein leicht an und machen Sie vom Karpal- bzw. Sprunggelenk aus kleine Kreise um den ursprünglichen Hufabdruck herum.
- Überprüfen Sie Sitz und Bequemlichkeit Ihres Gurts und probieren Sie vielleicht verschiedene Materialien aus, beispielsweise einen Gurt mit Elastikeinsätzen, einen Schnur- oder einen Mohairgurt. An Ledergurten entstehen manchmal scharfe Kanten, die zu Scheuerstellen führen können. Ihr Sattelgurt muss genauso sauber sein wie das übrige Sattel- und Zaumzeug. Ein Überzug aus Lammfell oder Fleecematerial kann nützlich sein; auf jeden Fall müssen die Schnallen abgedeckt sein. Der Ellbogen des Pferdes darf nicht vom Gurt eingezwängt werden.
- Wenn bei Westernsätteln der Gurt zu weit nach vorn rutscht, wie es bei einer Double Rigging vorkommt, versuchen Sie es mit einer Dreiviertel-Rigging. Lassen Sie sich von Ihrem Sattler oder im Fachgeschäft beraten. Haben sich bei dem Pferd Druckstellen oder Schwellungen hinter dem Ellbogen gebildet, kann ein Schweifriemen hilfreich sein.
- Hat ein Pferd erst einmal die Gewohnheit angenommen, sich beim Angurten zu verspannen, müssen Sie möglicherweise beim Aufsatteln immer vorsichtig sein, Sie können es nie auf die leichte Schulter nehmen. Die richtige Passform des Sattels ist ebenfalls immer ein Thema. Weitere Informationen zum Thema Sattel siehe Seite 23.

Tellington-Lösungen

Den Pferdekopf senken	182
Muschel-TTouch	189
Aufgerollte-Python-TTouch	190
Bauchheben	231
Lecken der Kuhzunge	197
Beinkreisen	192
Rippen lösen	246
Mikado	271

Hart zu sitzen

Ihr Pferd hat einen harten Trab und einen holprigen Galopp. Lässt sich daran überhaupt etwas verbessern? Natürlich kann ein weniger optimales Gebäude einem Pferd Grenzen setzen, aber bei fast jedem Pferd lässt sich der Gang doch um einiges verbessern.

Lösungen

- Fangen Sie damit an, den *Rücken anzuheben* und den *Kopf zu senken*. Steigern Sie die Beweglichkeit und Geschmeidigkeit von Schultern und Rücken durch *Lecken der Kuhzunge*, *Schweif-TTouches*, *Schulter lösen* und *Beinkreise vorn und hinten*.

Auch zur Verbesserung des Gangs unter dem Reiter können Sie viel tun:

- Reiten mit dem elastischen *Körperband* um die Hinterhand bringt das Pferd dazu, mehr über den Rücken zu gehen, was die Bewegungen weicher macht.
- Auch der *Balancezügel* wirkt Wunder. Durch den *Balancezügel* werden die Muskeln, die über der Brust und zwischen den Vorderbeinen verlaufen, aktiviert, was schließlich zu mehr Engagement der Rückenmuskulatur führt. Zusammen mit *Schulter lösen* wird so der Suchreflex an der Brust ausgelöst, der das Pferd dazu bringt, den Hals lang zu machen und die Schultern zu öffnen.
- Ein weiteres ausgezeichnetes Hilfsmittel zur Verbesserung harter Gänge ist das *Tellington-Trainingsgebiss*. Der Rücken wird geschmeidiger und die Bewegung flüssiger.

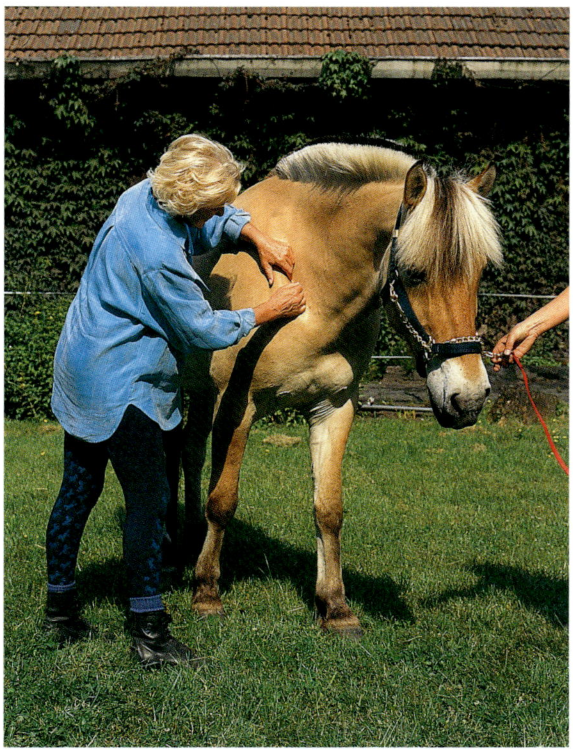

Die Hände greifen in die Schulterfalte und lösen so Verspannungen.

- Auf jeden Fall sollten Sie den Beschlag und die Ausgewogenheit der Hufe überprüfen und eventuell einen Chiropraktiker zu Rate ziehen, bevor Sie wegen der harten Gänge irgendwelche Schlussfolgerungen ziehen

Tellington-Lösungen

Rückenheben	214
Den Pferdekopf senken	182
Lecken der Kuhzunge	197
Schweif-TTouch	208
Schulter lösen	247
Beinekreise vorn	192
Beinkreise hinten	195
Körperband	303
Balancezügel	293
Tellington-Trainingsgebiss	305

Hengstverhalten

Sie haben sich gerade im Camp eingerichtet, Ihre Stute am Anbindeseil angebunden und füllen ihr das Heunetz, als Sie auf das Nachbarpferd aufmerksam werden: ein muskulöser Brauner, der Ihre Stute höchst interessiert beäugt. Er bullert und scharrt, und je genauer Sie sich die Situation betrachten, desto klarer wird Ihnen: Es handelt sich ohne jeden Zweifel um einen Hengst. Was sollen Sie nun tun? Einpacken und sich an einer anderen Stelle einrichten? Mit dem Hengstbesitzer reden ...?

Um was geht es? Kurz gesagt um Testosteron und das damit verbundene, für einen Hengst natürliche Verhalten – Erektionen, Wiehern, mit dem Vorderbein schlagen. Manche Leute ignorieren das Verhalten einfach oder tun so, als sei nichts geschehen. Häufiger allerdings ist zu sehen, dass der Hengsthalter mit der Gerte auf den Penis schlägt, den Hengst in den Bauch tritt oder ihn anbrüllt, weil er ausgefahren hat, wiehert oder mit dem Vorderfuß schlägt. Einige dieser menschlichen Reaktionen grenzen in meinen Augen an Tierquälerei, aber andererseits ist es auch potenziell gefährlich, zumindest aber ein Zeichen schlechter Erziehung, dieses Verhalten in der Nähe anderer Pferde zuzulassen.

Jeder Hengst, der öffentlich auftritt, sei es auf einer Show, einem Turnier oder einem Geländeritt,

Hengstiges Verhalten wie Ausschachten und Wiehern in der Nähe von anderen Pferden ist nicht tolerierbar.

sollte gut erzogen und gehorsam sein. Dies bedeutet: kein Trompeten oder auch nur Bullern unter dem Sattel oder an der Hand, kein ausgefahrener Schlauch oder anderes Hengstverhalten. Der Schlüssel dazu beginnt mit gutem Benehmen an der Hand und sehr viel Umgang mit Menschen – es geht nicht an, den Hengst in einem isolierten Stall, fern von anderen Pferden und jeglichen Aktivitäten, wegzusperren und ihn nur zum Decken herauszuholen.

Lösungen

Schritt 1: Nehmen Sie den Hengst in die Position *Den Tiger zähmen*, die ich ursprünglich für den Umgang mit gefährlichen, aggressiven Hengsten entwickelt habe. Diese Position verleiht Ihnen absolute Kontrolle ohne Kraftaufwand bei vollständiger persönlicher Sicherheit. Dann machen Sie *Liegender-Leopard-TTouches* mit *Aufgerollte-Python-TTouches* am ganzen Körper, um instinktive Reaktionen, ausgelöst durch die Berührung, zu vermindern, Verspanntheiten zu beseitigen und die Fähigkeit des Pferdes, zuzuhören und zu ler-

Geschichte einer Wandlung

Zu einem 7-Tage-Kurs wurde ein Araberhengst gebracht, der beim Putzen biss, schlug und quietschte. Er lebte normalerweise in einer Box am Ende des Stalls und wurde nur zum Decken herausgeholt. Kein Wunder, dass er solche Verhaltensweisen entwickelt hatte! Wir machten Körperarbeit in Den Tiger zähmen, und nach ein paar Tagen begann er, Verbindung mit uns aufzunehmen, und seine Angst sowie die körperliche Überempfindlichkeit verminderten sich.
Als Nächstes brachten wir ihn in der Brieftaube in die Bahn. Anfangs konnte er nicht einmal über eine Stange am Boden steigen, so hoch hielt er den Kopf und so verspannt war er am ganzen Körper. Mit kreativer Hindernisarbeit – wir legten die Stangen v-förmig zusammen, mit einer nur ca. 15 cm breiten Öffnung als Durchgang – konnte er vier Tage später ganz entspannt im Schritt über mehrere Stangen hintereinander gehen und vollständig still stehen bleiben, wenn andere Pferde in seiner Nähe gearbeitet wurden.
Lang anhaltende körperliche Verspanntheit kann schädlich sein für die Gesundheit und die Lebenszeit verkürzen. Meiner Erfahrung nach kann Verspanntheit auch genetisch an die nächste Generation vererbt werden. Die Nachzucht eines Hengstes, der ruhig ist und über Selbstkontrolle verfügt, weist mit einiger Wahrscheinlichkeit die gleichen Eigenschaften auf (das gilt im Übrigen auch für Mutterstuten). Es ist auf jeden Fall nur vernünftig, wenn ein Deckhengst gut erzogen und kontrollierbar ist.

nen, zu verbessern. *Waschbär-TTouches* an einem angespannten Kinn lösen die Spannung und wirken einer Tendenz zur Widersetzlichkeit entgegen. Diese und andere vertrauensbildende TTouches an Kopf, Hals, Schultern, Beinen, Rücken, Gurtbereich, Rumpf und Hinterhand können einen Hengst beruhigen und ihn gehorsam und kooperativ machen.

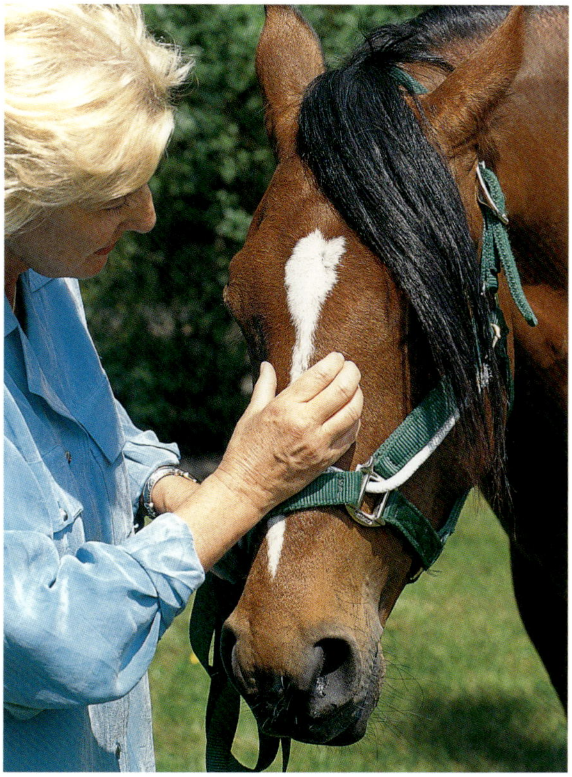

Entspannende Waschbären-TTouches an der Pferdestirn.

Anmerkung: Zu langsame TTouches können einen Hengst zu sehr entspannen, sodass er den Penis ausfährt und eine Erektion bekommt, die ihn aufregt. Machen Sie in diesem Fall die Kreise schneller, mit etwas mehr Druck und mit zügigerem Übergang von einem Kreis zum anderen.

Schritt 2: Für einen jungen Hengst ist es wichtig, dass er als Ein- und Zweijähriger den Sozialisierungsprozess mit anderen jungen Pferden erleben darf, auch wenn er nur ein paar Monate draußen in einer Junggesellenherde verbringt. In unserer modernen Welt ist dies allerdings vielfach nicht mehr möglich. Mit der Arbeit an der Hand im Lernparcours, im Idealfall mit anderen Pferden zusammen, kann man bei einem jungen Hengst den Grundstock dafür legen, dass er sich auch als erwachsener Deckhengst angepasst, manierlich und unaggressiv benimmt. Die Jungpferde lernen, sich zu konzentrieren, obwohl neben ihnen und um sie herum andere Pferde ebenfalls an der Hand gearbeitet werden und sich mit den verschiedenen Hindernissen beschäftigen. *Halbe Tritte* im *Labyrinth* setzen Grenzen und lehren Konzentration, besonders bei einem leicht abzulenkenden Hengst. Die Arbeit über das *Brett*, durch die *Mikado*-Stangen und über und durch *Plastikfolien* wirkt erzieherisch und fördert die Entwicklung einer guten Arbeitsbeziehung.

Schritt 3: Die Brieftaube wirkt bei Pferden, die an der Hand drängeln oder gern die Führkette zwischen die Lippen oder die Zähne nehmen. Wenn der Hengst mit über einem Meter Abstand zwischen zwei Führpersonen geht, vermeiden Sie die potenziell gefährliche Situation, als alleinige Führperson dem Hengst die Ellbogen in die Schulter bohren zu müssen, um ihn auf Abstand zu halten. Nur zu leicht fühlt sich der Hengst dadurch provoziert und reagiert mit Beißen oder Schlagen.

Maul-TTouches zur Vorbereitung auf den ersten öffentlichen Auftritt tragen dazu bei, unangemessenes Verhalten wie Ausschachten mit darauffolgender Überstimulierung und Kontrollproblemen zu vermeiden. Bringen Sie dem Hengst zu Hause bei, den Kopf zu senken, sich auf Sie zu konzentrieren und sich von Ihnen mit dem Finger gegen den Gaumen klopfen zu lassen, während Sie mit einer Hand am Halfter seinen Kopf ruhig halten. Wie durch Zauberei wird der Hengst daraufhin fast immer den Penis einziehen.

Tellington-Lösungen

Den Tiger zähmen	185
Liegender-Leopard-TTouch	201
Aufgerollte-Python-TTouch	190
Maul-TTouch	203
Waschbär-TTouch	235
Brieftaube	261
Labyrinth	277
Halbe Tritte	295
Mikado	271
Training mit Plastikfolien	283

Hirschhals

Von einem Hirschhals spricht man, wenn die Muskeln auf der Halsunterseite überentwickelt sind. Typisch für solche Pferde ist, dass gleichzeitig die Muskulatur am Mähnenkamm und an der Oberlinie zurückgeht. Viele hirschhalsige Pferde entwickeln Probleme: Sie gehen mit hohem Hals, halten den Rücken fest oder haben einen Senkrücken, es fehlt an Koordination, sie fallen auseinander oder sind extrem schreckhaft. Ich bin sicher, dass diese Pferde Probleme im Rücken haben und aufgrund der falsch ausgebildeten Muskulatur nicht im Gleichgewicht sind. Die meisten machen keinen glücklichen Eindruck. Manche haben Schwierigkeiten mit der Atmung, und sie sehen auseinandergefallen aus, als ob sie aus drei verschiedenen Teilen bestünden.

Mit einem Stoßzügel oder Martingal können Sie sich vielleicht die Pferdeohren aus dem Gesicht halten, aber das Problem wird dadurch nicht gelöst, oft sogar verschlimmert. Lange Zeit hatte ich nicht daran geglaubt, dass sich ein Hirschhals jemals verändern ließe. Inzwischen erzielen wir seit Jahren wunderbare Erfolge mit einer Kombination aus Bodenübungen, Umformung des Rückens mit *Rücken anheben* und einer besonderen Ausrüstung.

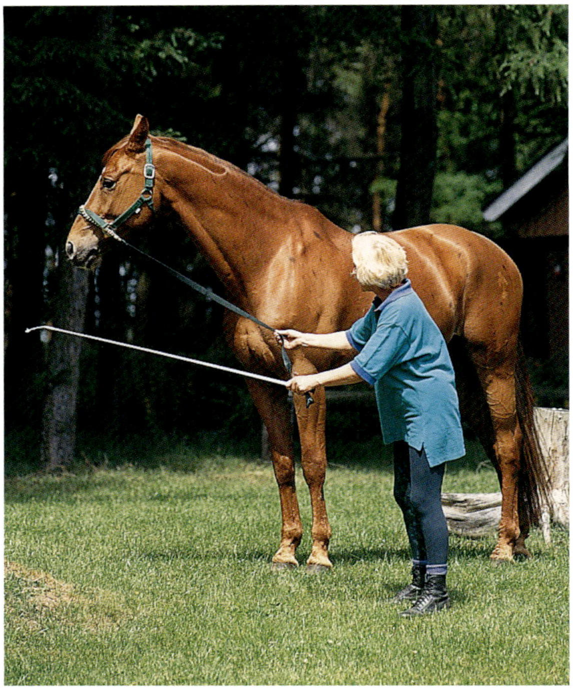

Dieses Pferd zeigt eine hohe Kopfhaltung. Linda möchte die Aufmerksamkeit zurückgewinnen.

Wenn das Pferd seine Haltung ändert, verändert sich zugleich sein Verhalten. Die Umformung eines Hirschhalses scheint deshalb so erfolgreich zu sein, weil das Pferd lernt, sich loszulassen und über den Rücken und aus der Hinterhand zu bewegen.

Lösungen

Vom Boden aus

- Tägliches *Rücken anheben* – besonders vor und nach dem Satteln – trägt dazu bei, dass das Pferd seine Bauchmuskeln anspannt, den Rücken aufwölbt und die Halsmuskeln loslässt. Streichen Sie zusätzlich mit dem *Lecken der Kuhzunge* über den Rumpf, lassen Sie den *Raupen-TTouch* am Mähnenkamm entlangwandern und machen Sie Linien aus *Verbundenen Kreisen* vom Genick bis zur Hinterhand, um ein neues Körperbewusstsein anzuregen. TTouches an der Schweifrübe schaffen eine neue Verbindung vom Schweif bis zu den Ohren.
- Führen Sie das Pferd im *Dingo*, damit es lernt, im Genick nachzugeben, unterzutreten und Gewicht aufzunehmen. Auch *Fahren vom Boden* mit und ohne Zaumzeug, mit *Körperseil*, bringt den Pferderücken nach oben und hebt den Halsansatz, sodass sich die gesamte Oberlinie verändert.

Unter dem Reiter

- Unter dem Sattel kombinieren Sie *Tellington-Trainingsgebiss*, *Balancezügel* und *Körperband*. Probieren Sie aus, was am wirkungsvollsten ist. Mit diesen Hilfsmitteln bringen Sie das Pferd dazu, unterzutreten und den Rücken rund zu

Tellington-Lösungen

Rückenheben	214
Lecken der Kuhzunge	197
Raupen-TTouch	220
Verbundene Kreise	191
Schweif-TTouch	208
Dingo	253
Fahren vom Boden	
mit und ohne Zaumzeug	279
Körperseil	179
Tellington-Trainingsgebiss	305
Balancezügel	293
Körperband	303

machen. Laut Frau Dr. Deb Bennett besteht die Wirkung des Balancezügels darin, dass die Brustmuskeln zwischen den Vorderbeinen aktiviert werden, sodass das Pferd den Rücken aufwölbt. Zugleich wird das Pferd reflexhaft dazu angeregt, den Hals zu dehnen und die Ringmuskeln zu aktivieren. Unserer Erfahrung nach genügt eine Woche unter dem Sattel mit dem *Tellington-Trainingsgebiss* allein, um die Haltung des Pferdes merklich zu verändern und den Hirschhals beim Reiten zum Verschwinden zu bringen. Wenn das Pferd nicht geritten wird, ist er allerdings möglicherweise noch immer sichtbar.

Mit Hilfszügeln wie dem Martingal kann man eine zu hohe Kopfhaltung nicht regulieren. Viel besser ist es, die grundsätzliche Körperhaltung zu verändern.

Hohe Kopfhaltung, „Sterngucker", über dem Zügel

Siehe auch „Rückenprobleme", „Hirschhals", „Scheuen" („Guckigkeit")

„Sterngucker", Pferde, die gern mit hocherhobenem Kopf gehen, sind gleichzeitig auch besonders nervig, und die hohe Kopfhaltung löst den Fluchtreflex aus, um Robyn Hood, meine Schwester und TTEAM-Instructor, zu zitieren. Sie sind oft schreckhaft, verkrampft und haben Schmerzen im Genick und im Rücken. Häufig wird der Schweif eingeklemmt. Angebunden scharren sie; sie geraten leicht unter Stress, und wenn sie ihre Komfortzone verlassen sollen, explodieren sie bisweilen. Sie sind kurz gesagt eine echte Herausforderung.

Aber bevor Sie die Ratschläge Ihrer Mitreiter oder aus dem Internet befolgen, die darauf hinauslaufen, das Pferd „so schnell wie möglich loszuwerden, bevor Sie sich wehtun", versuchen Sie es mit TTEAM. Sie müssen sich allerdings dessen bewusst sein, dass solch ein Pferd über Wochen mit TTEAM und TTouch gearbeitet werden muss. Über Nacht geht hier leider gar nichts. Aber für den Anfang geben wir Ihnen Hinweise auf ein paar der wichtigsten Schritte.

Achtung: Vergewissern Sie sich, bevor Sie anfangen, dass der Sattel nicht auf den Widerrist oder die Schultern drückt, dass er gut gepolstert ist und nicht nur über dem Widerrist genügend Platz bietet, sondern auch die freie Bewegung der Hinterhand nicht behindert. Denken Sie außerdem daran, dass ein zu stramm angezogener Gurt, ein zu eng verschnalltes Zaumzeug ein Pferd ebenfalls daran hindern kann, den Kopf zu senken. Wenn Sie Erfolg haben wollen, müssen Sie über diese Seiten von Sattel und Zaumzeug und ihre Auswirkung auf das Wohlbefinden und die Beweglichkeit des Pferdes nachdenken.

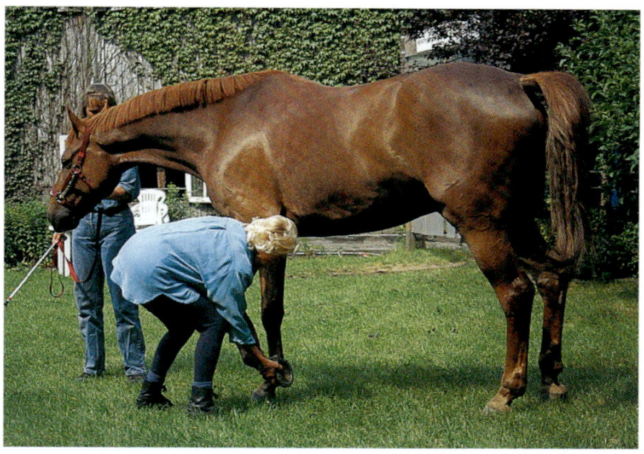

Beinkreisen vorn endet richtig, wenn das Pferd seinen Huf auf der Spitze abstellen lässt.

Lösungen

Vom Boden aus

- Machen Sie für den Anfang ein paarmal *Rücken anheben, Lecken der Kuhzunge, Beinkreise vorn* mit Huf auf die Spitze stellen und Schulter lösen, um gewohnheitsmäßig verkrampfte Muskeln an den Schultern und im Rücken zu entspannen. Ohne diese Übungen ist es Ihrem Pferd vielleicht echt unmöglich, den Kopf zu senken.
- *Schweif-TTouches* sind ein wesentliches Korrekturmittel für einen „Sterngucker", der unweigerlich

auch Angst vor Bewegungen von hinten hat. All dies trägt zu einem neuen Gefühl von Vertrauen bei, und besonders das *Schweifziehen* stärkt die Verbindung vom Genick zum Schweif.

- Das Pferd soll lernen, auf ein Signal an der Führkette hin – besser seitlich eingehakt als über die Nase gelegt – den *Kopf zu senken*; dann sollen Kreise direkt hinter dem Genick das Gleiche bewirken. Wenn es für Sie vom Boden aus den Kopf senkt, können Sie auch vom Sattel aus nach vorn reichen und jedes Mal, wenn es in alte Muster zurückzufallen droht, ein *Kopfsenken* bewirken.
- Sie können das *Kopfsenken* noch intensivieren, wenn das Pferd im Schritt und im Trab mit dem Kopf unterhalb der Widerristhöhe geführt wird. Wenn Sie so weit sind, können Sie das Pferd auch an der Hand über Bodenstangen traben lassen.
- *Fahren vom Boden* aus ist ebenfalls ein ausgezeichnetes Mittel, das Kopfsenken noch zu verstärken. Das Pferd hat Gelegenheit, sich ohne Reitergewicht in die neue Haltung einzufühlen.

Unter dem Reiter

- Jetzt sind Sie bereit aufzusteigen! Sie werden feststellen, dass der *Balancezügel* hilft, den Hals länger zu machen und den Kopf zu senken.
- Die zusätzliche Verwendung des *Körperbands* trägt dazu bei, dass das Pferd den Rücken aufwölbt und durch die hintere Begrenzung mehr Vertrauen entwickelt. Das *Tellington-Trainingsgebiss* wirkt entspannend auf Zunge, Kiefer und Genick, sodass der Reiter mehr Zügelfreiheit geben kann und damit dem Pferd die Möglichkeit bietet, den Kopf tiefer und ruhiger zu halten.

Tellington-Tipp

Auch wenn Ihnen beim Gedanken, das Zaumzeug abzunehmen, Schauer über den Rücken laufen: Ich kenne kein Pferd, das nicht den Hals lang gemacht und den Kopf gesenkt hätte, sobald es das Zaumzeug los war. Es reicht vielleicht aus, wenn Sie die Zügel über den Hals legen und ganz viele Wendungen, Zickzacks und Stopps mit dem Halsring reiten. Wenn Sie sich dann entschließen, das Zaumzeug ganz abzunehmen, lesen Sie „Reiten ohne Zaumzeug", Seite 297.

Tellington-Lösungen

Kleben

Siehe auch „Steigen"

Kleben am Stall ist ein großes Problem, das aber durch Geduld und richtiges Training behoben werden kann.

Kleben am Stall

Das Szenario ist bekannt: Der Reiter/die Reiterin macht sein/ihr Pferd fertig, steigt auf und reitet vom Stall fort. Sobald die beiden um eine Ecke biegen und der Stall außer Sichtweite gerät, manchmal auch schon nach wenigen Metern, bleibt das Pferd plötzlich stehen und erstarrt. Mit hocherhobenem Kopf, bretthartem Halsmuskeln, geweiteten Nüstern und rollenden Augen macht es auf dem Absatz kehrt, Blickrichtung wieder heimwärts.

Als Nächstes sind oft wild schlagende Arme und Beine oder auch Gerten und Sporen zu sehen, wenn der Reiter versucht, das Pferd wieder umzudirigieren. Es macht auch vielleicht ein paar Schritte Richtung Gelände, aber dann stemmt es sich wieder dagegen, erstarrt, macht kehrt, kriecht rückwärts oder droht sogar zu steigen. Solche Pferde haben nicht gelernt, allein im Gelände zu gehen, oder sie waren überhaupt noch nicht weg vom Reitplatz oder dem Round Pen. Das Verhalten kann zur Gewohnheit und auch zur echten Gefahr werden, wenn der Reiter wiederholt kapitulieren muss. Glücklicherweise können Sie mit einer Kombination von Bodenübungen und Arbeit unter dem Reiter Ihr Pferd dazu erziehen, ohne Aufregung allein vom Stall wegzugehen.

Lösungen

Vom Boden aus

- Üben Sie in der Reitbahn mit dem ungesattelten Pferd und *Dingo* im *Labyrinth*, damit es sich, wenn Sie es mit der Gerte auf der Kruppe abstreichen und antippen, ohne Angst vor Strafe daran gewöhnt, vorwärts zu gehen. Das ist wichtig, denn wenn das Pferd anfängt zu kleben und nicht weitergehen will, können Sie es dann ohne Kampf umdirigieren und neu fokussieren, indem Sie es an der Schulter und an der Seite mit der Gerte abstreichen.

Unter dem Reiter

- Verwenden Sie statt der Trense oder Hackamore das *Tellington-Trainingsgebiss*. Erfahrungsgemäß verbessert allein dieses Gebiss bei vielen Pferden schon deutlich den Fokus und die Bereitschaft, auf Sie zu hören. Noch wirkungsvoller ist die Kombination mit dem *Halsring*. Wenn Sie es geschafft haben, das Pferd aus der Sichtweite des Stalls herauszureiten, geben Sie ihm vom Sattel aus eine schmackhafte Belohnung. Vielleicht führen Sie Ihr Pferd auch vom Stall weg und füttern ihm unterwegs kleine Leckerbissen. Sie werden feststellen, dass sich das Pferd umso mehr an Sie anschließt, je mehr TTouches wie Kopf senken, *Ohren-TTouch* oder *Liegender-Leopard-TTouches* Sie am ganzen Körper machen, bis es die „Sicherheit" des Stalls oder anderer Pferde nicht mehr braucht.
- *Visualisieren Sie!* Noch bevor Sie an die Stelle kommen, an der Ihr Pferd nicht mehr weitergehen will, machen Sie sich, ganz ruhig im Sattel sitzend, ein klares Bild von dieser Stelle. Dann spulen Sie den Film von vorn ab und stellen sich vor, wie Sie und Ihr Pferd die ominöse Stelle passieren, Sie singend und lachend, das Pferd mit gespitzten Ohren. Wenn Sie dann auf dem Weg sind, achten Sie auf Ihren ruhigen, gleichmäßigen Atem und behalten Sie das Bild vor Ihrem inneren Auge. Ihre Absicht macht den Unterschied. Pferde lesen unsere Bilder!
- Dreht Ihr Pferd immer noch an einem bestimmten Punkt um, treffen Sie Ihre Vorbereitungen: Legen Sie ihm ein Halfter über der Trense an und nehmen Sie die Führkette und die Gerte mit. Steigen Sie dann ab und führen Sie das Pferd. Vielleicht müssen Sie auch nach Hause gehen und weiter Bodenübungen als Hausaufgaben machen, besonders die Arbeit im *Lernparcours*. In der Zwischenzeit aber führen Sie das Pferd an der Stelle vorbei ein Stück weiter den Weg hinunter und steigen dann wieder auf.

Tellington-Tipp

Ein Erfolgsgeheimnis: Befolgen Sie einen Tipp von Sally Swift aus ihrem Buch „Reiten aus der Körpermitte" und „werfen" Sie Ihren Blick und Ihre Absicht dreißig, vierzig Meter hinter der Stelle, an der Ihr Pferd normalerweise die Bremse zieht, den Weg hinunter. Halten Sie den Kopf hoch und schauen Sie nach vorn, anstatt die Pferdeohren oder den Boden zu fixieren.

Tellington-Lösungen

Dingo 253
Layrinth 277
Den Pferdekopf senken 182
Ohren-TTouch 233
Liegender-Leopard-TTouch 201
Tellington-Trainingsgebiss 305
Halsring 297

Pferde, die nicht allein bleiben können, müssen insgesamt ein besseres Selbstbewusstsein und Sicherheit gewinnen.

Kleben an anderen Pferden

Szenario 1: Sie reiten mit einer Gruppe von Freunden aus und beschließen irgendwann, zum Stall zurückzureiten. An einer Weggabelung wenden Sie ab und wollen wegreiten, aber Ihr Pferd rührt sich nicht von der Stelle – als ob es Wurzeln geschlagen hätte.

Szenario 2: Sie nehmen mit Ihrer jungen Stute an einem Distanzritt teil. Es ist Ihr erster Start, und Sie sind für sich allein in einem gleichmäßigen, aktiven Trab unterwegs. Plötzlich werden Sie von einer Gruppe „heißer Öfen“ überholt und haben nun alle Hände voll zu tun, damit Ihr Pferd nicht hinterherrennt.

Szenario 3: Ihre beiden Pferde, die zusammen leben, fressen, zur Koppel gehen und geritten werden, sind im Hänger unterwegs zu einem Turnier. Es geht ganz ruhig und stressfrei zu, bis eines von beiden geht, weil seine Prüfung an der Reihe ist. Das zurückbleibende Pferd, normalerweise gelassen und tadellos erzogen, fängt an zu schreien wie am Spieß, wie der jämmerlichste kleine Absetzer.

Diese Szenarien stellen verschiedene Arten von Trennungsangst dar und werden im Allgemeinen als Verhaltensstörungen betrachtet, die es zu korrigieren gilt. In jedem Beispiel ist das Pferd wirklich ängstlich und verunsichert und sucht bei einem Gefährten Sicherheit.

Am sichersten lässt sich Trennungsangst überwinden durch eine Kombination von vertrauensbildenden TTouches (Seite 188), bewusstseinsfördernden TTouches (Seite 214) und Training im Lernparcours (Seite 270). Wenn Sie sich die Zeit nehmen, wirklich viele dieser Übungen zu machen, helfen Sie dem Pferd, Selbstvertrauen zu entwickeln, und überwinden den Herdeninstinkt. Die Folge ist, dass Ihr Pferd lernt, Ihnen zu vertrauen und sich an Sie anzuschließen, anstatt sich in puncto Sicherheit lieber auf ein anderes Pferd zu verlassen.

Kleben an anderen Pferden ist mit viel Stress verbunden – für das Pferd wie für den Menschen. Investieren Sie die zur Korrektur nötige Zeit, und Sie werden ein glücklicheres, sichereres Pferd im Stall haben.

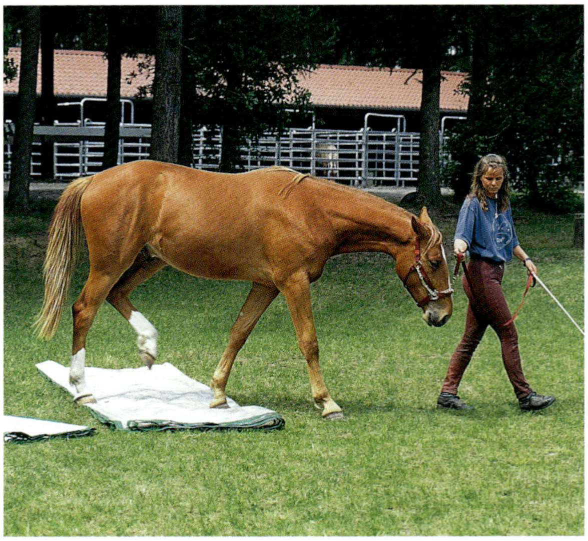

Training mit Plastikfolien am Boden erhöhen das Selbstbewusstsein und das Vertrauen zum Menschen.

Erfolgsgeheimnis

Geben Sie Ihrem Pferd einen Grund dafür, gern mit Ihnen zusammen zu sein. Ihre Gesellschaft muss für das Pferd interessanter werden als die eines anderen Pferdes. Nehmen Sie in einer kleinen Gürteltasche o. Ä. dünne Karottenscheibchen oder schmackhafte Leckerli mit und belohnen Sie kleine Zeichen von Aufmerksamkeit mit einer Futtergabe aus der Tasche – vom Boden und vom Sattel aus. Außerdem können ein paar Bachblüten-Notfalltropfen (siehe Seite 328) bei Ihnen wie bei Ihrem Pferd die Anspannung vermindern.

Lösungen

Vom Boden aus

- Senken Sie den *Pferdekopf* und machen Sie mit der anderen Hand auf dem Mähnenkamm hinter den Ohren Kreise, mit Drücken und Nachgeben, bis das Pferd gelernt hat, auf dieses Zeichen hin den Kopf zu senken. Zehn Minuten am Tag verändern das Verhalten Ihres Pferdes.
- Machen Sie zusätzlich *Verbundene Kreise* über den ganzen Pferdekörper.
- *TTouches an den Ohren* und *Troika-TTouches* fördern das Vertrauen und entspannen das Pferd.
- *TTouches am Pferdemaul* und am *Schweif lösen* emotionale Unsicherheiten auf.
- Treten Sie mit *Tarantel-TTouches, Lecken der Kuhzunge* und *Oktopus-TTouches* mit Ihrem Pferd in Verbindung, sodass es Ihre Gesellschaft genießt.
- Das *Labyrinth* lehrt Fokus und emotionales Gleichgewicht. Die Arbeit mit *Plastikfolien* ist gut gegen alle Arten von Ängsten – ein Pferd, das an anderen Pferden klebt, hat Angst vor dem Alleinsein. Mit dem *Labyrinth* und anderen Übungen aus dem Lernparcours entwickelt das Pferd Selbstvertrauen; sie aktivieren den Geist des Pferdes und überwinden den Herdeninstinkt. Weitere Übungen siehe unter „Bocken", Seite 58.

Unter dem Reiter

- Probieren Sie das *Tellington-Trainingsgebiss* und den *Balancezügel* aus. Diese Kombination hat schon vielen Pferden über dieses Problem hinweggeholfen.
- Üben Sie vom Sattel aus das *Kopfsenken*, wenn das Pferd ruhig ist, bis die Reaktion automatisch erfolgt. Wenn das Pferd sich im Gelände aufzuladen beginnt, haben Sie ein Mittel, es dazu zu bringen, den Kopf zu senken, und damit die Kontrolle über die Situation.
- Drehen Sie sich im Sattel um und machen Sie *Wolken-Leopard-TTouches* über die Kruppe und den Schweifansatz.
- Reiten Sie mit dem *Halsring*, um das Interesse Ihres Pferdes wachzuhalten und sein Gleichgewicht zu verbessern. Wenn Sie zu zweit reiten, arbeiten Sie zusammen und getrennt auf der „Spielwiese", damit sich die Pferde auf das konzentrieren, was Sie tun, und nicht auf den Stallgenossen. Wenn das zweite Pferd zum anderen Ende der Reitbahn geritten wird, füttern Sie Ihrem Pferd ein Leckerli aus der Hand.
- Sie können mit den Pferden durchs *Labyrinth*, über das *Brett* oder die *Wippe* reiten oder die *Tonnen* umrunden, um die Arbeit in der Bahn abwechslungsreicher und noch interessanter zu machen.
- Machen Sie Ihr eigenes Programm! Reiten Sie zwischen den Hindernissen durch oder um sie herum, folgen Sie einem Führpferd, wechseln Sie die Plätze, reiten Sie mit unterschiedlichen Abständen, überholen Sie sich im Trab und umrunden Sie die Kegel und Reifen. Dabei lernt Ihr Pferd, auf Sie zu hören, anstatt sich Sorgen um seinen Stallgenossen zu machen.

Tellington-Tipp

Wenn Sie zwei Pferde haben und eines davon hysterisch wird, wenn das andere weggeht und es allein zurückbleibt, ist ein dritter Gefährte, beispielsweise ein ausgedientes Pony, ein Esel oder eine Ziege, vielleicht eine Lösung.

- Wenn Sie genügend in der Bahn geübt haben, können Sie ins Gelände gehen. Während der Stallgenosse um die Kurve verschwindet, drehen Sie den Pferdekopf zu sich und füttern eine kleine Belohnung. Wichtig für die erfolgreiche Korrektur eines „Klebers" ist, dass die Zeit der Trennung allmählich von wenigen Augenblicken auf immer längere Zeiträume ausgedehnt wird.

Tellington-Lösungen

Den Pferdekopf senken	182
Verbundene Kreise	191
Ohren-TTouch	233
Maul-TTouch	203
Schweif-TTouch	208
Tarantel-TTouch	227
Lecken der Kuhzunge	197
Oktopus-TTouch	224
Labyrinth	277
Training mit Plastikfolien	283
Tellington-Trainingsgebiss	305
Balancezügel	293
Wolken-Leopard-TTouch	218
Halsring	297
Brett	289
Wippe	291
Troika-TTouch	212

Kopf am Menschen reiben

Sie kommen zurück vom intensiven Training, und das Pferd ist heiß und verschwitzt. Sie steigen ab, und bevor Sie noch den Gurt lösen können, bohrt Ihnen das Pferd den Kopf in den Rücken und beginnt sich heftig an Ihnen zu reiben.

Manche Leute fungieren gern als „Kratzpfosten", vielleicht weil sie es als Zeichen der Zuwendung vonseiten des Pferdes empfinden, als Bindung und soziales Band. Solange es ihnen Spaß macht und das Pferd achtsam und höflich mit ihnen umgeht, ist daran auch nichts auszusetzen.

Vielen Menschen missfällt aber auch der Gedanke, von ihren Pferden als „Kratzbaum" benutzt zu werden, besonders wenn das Pferd verschwitzt ist oder sich rüpelhaft benimmt. Mir ist es lieber, das Pferd steht still, und ich reibe oder kratze es.

Das Reiben des Pferdekopfes am Menschen kann lästig sein.

Lösungen

- Halten Sie das Pferd auf Abstand, indem Sie es am Backenstück der Trense oder des Halfters festhalten. Dann nehmen Sie einen feuchten Schwamm oder ein Tuch und reiben das verschwitzte Pferdegesicht ab. Sie können auch mit den Händen juckende Stellen suchen und mit *Troika-TTouches* den Juckreiz stillen.
- Mit der *Statue* und *Delfine schnellen durch die Wellen* lernt das Pferd, Abstand von Ihnen zu halten.
- In Extremfällen setzen Sie *Den Tiger zähmen* ein und machen *Lecken der Kuhzunge* und *Zebra-TTouches* unter der Satteldecke, bevor Sie den Sattel abnehmen. Hat das Pferd begriffen, dass es höflich den Kopf still halten soll, können Sie ihm das Gesicht und die Ohren mit einem feuchten Tuch abreiben. Ein sehr verschwitztes Pferd würde ich – falls das Wetter es erlaubt – abspritzen und sich wälzen lassen.

Tellington-Lösungen

Die Statue	268
Delfine schnellen durch die Wellen	263
Den Tiger zähmen	185
Lecken der Kuhzunge	197
Troika-TTouch	212
Zebra-TTouch	230

Ein kopfscheues Pferd entzieht sich der Berührung und dem Aufhalftern.

Erfolgsgeheimnis

Die Persönlichkeit eines Pferdes kann von seiner Einstellung verändert werden. Die Einstellung hängt ab von Gesundheit, Umwelt, Fütterung und Training. Die daraus resultierende Persönlichkeit und Einstellung wirkt sich auf das Verhalten aus. Und natürlich: **Das Verhalten bestimmt die Leistung.** Die Berührung an den Ohren verbindet sich bei Ihrem Pferd mit der Erwartung von Schmerz und Unannehmlichkeiten. Sie werden feststellen, dass die empfohlenen Übungen für das Pferd sehr angenehm sind, sodass es sich letztendlich darauf freuen wird. Mit einigen wenigen Übungseinheiten können Sie seine Einstellung zur Berührung an den Ohren vollständig verändern.

Kopfscheu

Ein kopfscheues Pferd lässt sich nicht gern an den Ohren anfassen, ob Sie ihm nun die Trense anlegen, die Zügel über den Kopf streifen oder die Ohren sonst wie berühren wollen. Sein Benehmen kann in jeder Hinsicht vorbildlich sein – bis Sie an die Ohren kommen. Dann schlägt es mit dem Kopf, hebt ihn hoch, damit Sie nicht mehr darankommen, und tut einfach alles, um Ihre Hände von seinen Ohren fernzuhalten.

Die Abneigung, sich an den Ohren berühren zu lassen, kann viele Ursachen haben. Im Ohr kann eine Infektion oder Entzündung vorhanden oder vorhanden gewesen sein; vielleicht liegt auch eine Überempfindlichkeit gegen Insekten oder gegen Licht vor. Eine alte Praxis, ein Pferd „auszubremsen", besteht darin, ihm ein Ohr zu verdrehen (wirkt ähnlich wie eine Nasenbremse). So produziert man mit Leichtigkeit kopfscheue Pferde. Es kann sogar eine genetische Disposition vorliegen – ich habe einige Linien von Arabern gekannt, die am rechten Ohr empfindlich waren.

Viele Pferdeleute gehen der Situation aus dem Weg, indem sie vermeiden, das Pferd an den Ohren anzufassen, oder indem sie die Trense jedes Mal auseinanderschnallen, wenn sie reiten wollen. Die geringste Geste kann einen Kampf auslösen, und behandeln oder untersuchen kann man die Ohren nur, wenn man das Pferd mit der Nasenbremse um die Oberlippe ruhigstellt. TTouches können dazu beitragen, dass das Pferd den Kontakt am ganzen Kopf und schließlich auch an den Ohren akzeptieren und genießen lernt.

Lösungen

- Da die meisten kopfscheuen Pferde den Kopf hochnehmen, um die Ohren außer Reichweite zu bringen, überprüfen Sie zuerst mithilfe der *Führkette* oder der *Lama-Leine*, seitlich am Halfter eingehakt anstatt über der Nase, ob das Pferd bereit ist, den *Kopf* zu *senken*. Gehen Sie schrittweise vor und beginnen Sie an einer Stelle, die dem Pferd angenehm ist. Dann ttouchen Sie sich allmählich zu den empfindlichen Bereichen vor. Mit Karottenstückchen oder Pferdeleckerli können Sie das Pferd dazu bringen, den Kopf auf Widerristhöhe zu halten.
- Machen Sie am ganzen Kopf – vorläufig mit Ausnahme der Ohren – *Liegender-Leopard-TTouches*, besonders an der Stirn. Das Pferd fasst schneller Vertrauen, wenn Sie dazu ein kleines Stück Lammfell oder *Lama-TTouches* nehmen.
- *Haargleiten:* Umfassen Sie den Stirnschopf nahe am Ansatz und lassen Sie die Haare langsam an der Stirn entlang durch die Hand gleiten. Mehrmals wiederholen. Pferde scheinen diese besänftigende Bewegung zu mögen; sie trägt dazu bei, dass das Pferd den Kopf senkt, sich entspannt und sich berühren lässt.

Lama-TTouch an den Pferdeohren ist günstig für Pferde, die sich nicht am Kopf berühren lassen wollen.

- *Lama-TTouches* mit dem Handrücken sind eine gute, nicht bedrohliche Vorstufe zum Anfassen der Ohren. Lässt das Pferd Sie immer noch nicht in die Nähe der Ohren kommen, arbeiten Sie zuerst am Maul.
- Nach den o. a. Übungen streichen Sie das Ohr mit langen, fließenden Bewegungen flach gegen den Pferdehals zurück. Vielleicht benützen Sie anfangs besser einen Lammfellhandschuh oder Ihr Handgelenk und den Unterarm, was für das Pferd weniger bedrohlich erscheint. Viele Pferde akzeptieren diese Art von Kontakt, mit dem Ohr flach gegen den Hals gedrückt, bevor sie sich am Ohr anfassen lassen.
- Jetzt ist das Pferd bereit für die *Ohren-TTouches*. Halten Sie den Nasenriemen des Halfters seitlich fest, um das Pferd während Ihrer Arbeit an den Ohren im Gleichgewicht zu halten. Streichen Sie ohne Unterbrechung von der Mitte des Genicks über den Ohransatz und lassen Sie die Finger sanft, aber ohne Zögern bis zur Ohrspitze gleiten. Arbeiten Sie immer nur an einem Ohr und üben Sie einen leichten Druck aus, wenn Sie die Hand um den Ohransatz wölben und dann weitergleiten lassen. Lässt sich das Pferd auf einer Seite weniger gern anfassen, beginnen Sie mit der anderen.
- Manchen Pferden ist ein sanftes Ausstreichen lieber, andere mögen einen festeren Druck. Ihr Ziel besteht darin, dass das Pferd den Kontakt akzeptiert und genießt.

Nach einer oder zwei Übungseinheiten sollte Ihr Pferd „seine Meinung geändert" haben, was das Anfassen an den Ohren anbetrifft. Die meisten Pferde finden Gefallen an diesen neuen und angenehmen Gefühlen. Streichen Sie die Ohren jeden Tag ein paar Minuten aus (mit der Zeit sollten Sie beide gleichzeitig bearbeiten können) und visualisieren Sie den Erfolg.

Tellington-Tipp

Um zu verhindern, dass beim Auftrensen von der linken Seite zu viel Druck auf beide Ohren ausgeübt wird, bringen Sie das rechte Ohr leicht nach vorn und ziehen das Kopfstück zunächst über dieses Ohr. Es hilft, wenn das Pferd dabei etwas zu kauen hat. Dann schieben Sie das Kopfstück auch über das linke Ohr. Ihre Bewegungen sollten langsam, aber entschieden sein, und Sie sollten nicht vergessen, dem Pferd nach jedem erfolgreichen Schritt eine kleine Belohnung zu füttern. Sehen Sie sich das Stirnband der Trense an: Ist es zu eng, kann es Schmerzen verursachen und ist mit Sicherheit unangenehm.

- Ist das Pferd auf einer Seite empfindlicher als auf der anderen, lassen Sie Kopf und Genick von einem Chiropraktiker untersuchen. Womöglich haben sich Wirbel verschoben, oder es liegt am Kiefergelenk.
- Bei Pferden, die überempfindlich auf Insekten in den Ohren reagieren, streichen Sie wie oben beschrieben die Ohren aus und machen kleine *Waschbär-TTouches* über die gesamte Oberfläche. Drücken Sie die Innenseiten längs zusammen, um sie weniger kontaktempfindlich zu machen. Dann setzen Sie dem Pferd eine Fliegenhaube auf.
- Bei extrem kopfscheuen Pferden oder solchen, die Angst vor dem Tierarzt haben, empfiehlt es sich, ihnen während der Übungen ein *Körperband* anzulegen.
- Oder versuchen Sie es mit folgender unüblicher Vorgehensweise: Legen Sie dem Pferd eine elastische Binde über die Stirn. Sie können auch eine Miniatur-Ausgabe des Körperbands versuchen, das um Stirn und Ohren gelegt und befestigt wird.

Practitioner Bettina Weidle-Loris demonstrierte diese glänzende Idee auf einem Tellington-Kurs in Deutschland. Die Stute war extrem empfindlich an den Ohren, und mithilfe des Bands um Stirn und Ohren konnte Bettina innerhalb weniger Minuten in aller Ruhe die Ohren berühren.

Erfolgszeichen: Sie können in aller Ruhe die Zügel über Stirn und Ohren ziehen und das Kopfstück der Trense über beide Ohren schieben.

Tellington-Lösungen

Den Pferdekopf senken	182
Liegender-Leopard-TTouch	201
Haargleiten	221
Lama-TTouch	200
Ohren-TTouch	233
Waschbär-TTouch	235
Körperband	179
Stirnband	99

Kopfschlagen

Pferde, die gewohnheitsmäßig mit dem Kopf schlagen, sind nicht sehr angenehm zu reiten und können sogar gefährlich werden, weil sie oft den Überblick über ihre Füße verlieren. Sie verlieren das Gleichgewicht oder schlagen den Reiter mit dem Kopf halb k. o. Ich habe es erlebt, dass ein Pferd so heftig mit dem Kopf schlug, dass es tatsächlich hinfiel.

Ich hatte aber auch mehrere Wüstenaraberstuten, die aus purer Lebensfreude und aus Übermut den Kopf hochschleuderten, meist beim Freilaufen, aber manchmal auch unter dem Reiter. Bekannt wurde diese Neigung durch den Historiker und Schriftsteller Carl Raswan, der mit dem Titel eines seiner vielen Bücher über seine Reisen durch die arabische Halbinsel den Begriff „Trinker der Lüfte" prägte. Ich aß Anfang der 1960er-Jahre einmal mit ihm zu Abend, und er erzählte stundenlang Geschichten von seinen Abenteuern in der Wüste. Das Kopfschlagen ist charakteristisch für bestimmte Linien von Wüstenarabern.

Da die Gefahr besteht, dass dabei ein Zügel über den Kopf geschleudert wird, beugt man wohl besser vor.

Hier ist jede Kontrolle über das Pferd verloren gegangen.

Wenn Ihr Pferd beim Reiten mit dem Kopf schlägt, überprüfen Sie die folgenden Punkte:

Ist das Pferd empfindlich im Genick oder am Widerrist? Beginnen Sie mit der Erforschung des Körpers. Ich erinnere mich an einen Show Hunter, der Muskelkrämpfe bekam, als ich fünf Sekunden lang zwei gegenüber liegende Stellen am Widerrist mit den Fingern hielt. Nach ein paar Minuten hörten die Krämpfe auf. Danach hob ich den Rücken an und wechselte die Sattelunterlage aus, und das Kopfschlagen hörte auf. 15 Minuten TTouch reichten aus, um seit Langem bestehende Schmerzen im Widerrist zu beheben.

Sind Rücken und Sattel in Ordnung? Ein deutscher Veterinär schickte mir 1978 im Verlauf einer Studie eine Stute, die angeblich ein neurologisches Problem hatte. Sie war ein gutes Freizeitpferd gewesen, aber von einem Tag auf den anderen hatte sie angefangen, derartig mit dem Kopf zu schlagen, dass der Tierarzt befürchtete, sie könnte mit ihrer jungen Reiterin zu Fall kommen. Bei der Untersuchung erwies sich ihr Rücken als extrem empfindlich. Nun begann das Detektivspiel. Ich fragte die Reiterin: „Hast du etwas anders gemacht?" Wie sich herausstellte, hatte sie vor Kurzem mit der Stute, die bisher nur am langen, losen Zügel geritten worden war, mit Dressurstunden begonnen. Bei der Dressurarbeit mit viel Aussitzen im Trab am aufgenommenen Zügel hatte die Stute starke Schmerzen im Rücken und im Genick bekommen. Nach zwei Wochen TTouch und Lernparcours hörte das Kopfschlagen auf, und die Reiterin begriff, dass sie für die verlangte Dressurarbeit die Muskulatur der Stute erst langsam aufbauen musste.

Leidet das Pferd unter Head-Shaking? Immer wieder höre ich davon, dass Pferde mit dem Kopf schlagen, weil sie unter einer Allergie oder einer erhöhten Lichtempfindlichkeit leiden. In diesen Fällen kann es hilfreich sein, dem Pferd einen Kopfschutz anzulegen, der es vor Insekten und Sonnenstrahlung schützt.

Kopfschlagen kann aber auch durch Tumore, Wunden oder Entzündungen im Kopfbereich sowie Nervenschäden ausgelöst werden. Es ist also wichtig, mögliche Krankheitsursachen vom Tierarzt überprüfen zu lassen.

Sind die Zähne in Ordnung? Ein vierjähriger Araberschimmel schlug trotz dreimonatiger Ausbildung ständig mit dem Kopf. Er wurde in England zu einem Tellington-Seminar gebracht, und wir untersuchten als Erstes seine Zähne. Und tatsächlich hatte er einen eingeklemmten Wolfszahn, der gegen das Gebiss drückte. Mit dem *Lindell* hörte er sofort mit dem Kopfschlagen auf. Und natürlich wurden seine Zähne gerichtet – die einfachste Lösung.

Lösungen

Vom Boden aus

- Machen Sie *Muschel-TTouches* und *Aufgerollte-Python-TTouches* am Rücken und im Genick. Lässt sich Ihr Pferd nicht gern berühren, beginnen Sie am Rücken und im Genick mit *Liegender-Leopard-TTouches*. Sobald sich das Pferd den Kontakt entspannt gefallen lässt, machen Sie sanft (Druckstärke 2 oder 3) ein paar Verbundene Bären-TTouches mit Schwamm-TTouches im Genick, gefolgt vom *Lecken der Kuhzunge* vom Bauch bis zum Rücken über den gesamten Rumpf. Auch *Ohren-* und *Schweif-TTouches* sowie *Bauchheben* können zur Entspannung von Rücken- und Halsmuskeln beitragen.
- Pferde, die gewohnheitsmäßig mit dem Kopf schlagen, haben nicht nur verkrampfte Rücken-, sondern auch verkrampfte Bauchmuskeln. Verkrampfte Bauchmuskeln lassen sich mit *Bauchheben* entlang der Mittellinie entspannen.
- Bei einem empfindlichen Pferd, das mit Kopf- und Schweifschlagen, angelegten Ohren oder Auskeilen reagiert, setzen Sie *Muschel-TTouches* entlang der Mittellinie am Bauch ein als Vorbereitung darauf, dass es auf einen Druck mit den Fingerspitzen hin ohne die besagten unwilligen Reaktionen den *Rücken anheben* soll.

Unter dem Reiter

- Reiten Sie mit dem *Balancezügel*, damit das Pferd den Hals frei bewegen und den Rücken leichter anheben kann. Ein elastisches *Körperband* vermittelt dem Pferd ein besseres Gefühl von Verbindung durch den ganzen Körper und trägt ebenfalls dazu bei, den Rücken anzuheben, damit verkrampfte Rückenmuskeln sich entspannen. Auch das *Tellington-Trainingsgebiss*, ein maulgerechtes Stangengebiss oder ein Pelham haben sich als nützlich erwiesen. Viele Pferde hören mit dem Kopfschlagen auf, wenn der Reiter von einem üblichen Gebiss zum gebisslosen *Lindell* (Sidepull) wechselt.

Tellington-Lösungen

Den Pferdekörper erforschen	168
Bären-TTouch	236
Wolken-Leopard-TTouch	218
Muschel-TTouch	189
Aufgerollte-Python-TTouch	190
Liegender-Leopard-TTouch	201
Bären-TTouch mit Schwamm-TTouch	226, 236
Lecken der Kuhzunge	197
Ohren-TTouch	233
Schweif-TTouch	208
Rückenheben	214
Bauchheben	231
Balancezügel	293
Körperband	303
Tellington-Trainingsgebiss	305
Lindell	301

Koppen, Krippensetzen, Freikoppen

Den meisten Pferdeleuten sind der Anblick eines Koppers und die von ihm ausgehenden charakteristischen Geräusche nur zu vertraut. Das Pferd hat offensichtlich nur eines im Sinn: die Vorderzähne auf einer Stange, dem Krippenrand oder einem anderen Gegenstand aufzusetzen. Dann wölbt es den Nacken, spannt Hals- und Rückenmuskeln an, schaukelt nach hinten und schluckt mit einem grunzenden Laut Luft. Wie Studien gezeigt haben, werden Pferde regelrecht süchtig nach dem dabei entstehenden Glücks-Endorphin.

Die Anfangsursache kann Langeweile sein, Stress, zu wenig Bewegung, ein Zahnproblem oder zu wenig Raufutter.

Welche Auswirkungen das Koppen auf die Gesundheit hat, wird noch immer kontrovers diskutiert. Neuere Studien haben gezeigt, dass die Untugend vermehrt zu Verdauungsproblemen und Koliken führen kann. Beunruhigender ist allerdings der Gewichtsverlust, weil das Pferd so viel Zeit mit Koppen verbringt anstatt mit Fressen. Außerdem können sich die Zähne durch das Aufsetzen exzessiv oder ungleich abnutzen, und an der Unterseite des Halses entwickelt sich oft eine überdimensionale Halsmuskulatur (siehe „Hirschhals“, Seite 90).

Um den Kopper von seinem Verhalten abzubringen, legt man ihm oft einen engen Kehlriemen („Kopperriemen“) um, was in manchen Fällen tatsächlich hilft. Notorische Kopper lassen sich davon allerdings nicht abhalten. Empfehlenswert ist der sogenannte Miracle Collar, der die Untugend noch am wirkungsvollsten und zugleich am humansten unter Kontrolle zu halten scheint. Spielzeug und Äste zum Knabbern beschäftigen das Pferd und lenken es vom Koppen ab.

Lösungen

- Bringen Sie das Pferd dazu, den *Kopf zu senken*, und arbeiten Sie an den Ohren, im Genick, an der Kehle und den Kinnbacken mit *Liegender-Leopard-, Aufgerollte-Python- und Raupen-TTouches*. Den *Rücken anheben* und *Das Lecken der Kuhzunge* dienen dazu, die Rückenmuskulatur zu entspannen.

Sie werden die Angewohnheit vielleicht nicht völlig abstellen, aber doch die Häufigkeit verringern können und so verhindern, dass es im Training oder in der Gesundheit des Pferdes zu stressbedingten Problemen kommt. Sorgen Sie dafür, dass das Pferd immer viel Raufutter zur Verfügung – auf dem Boden ausgelegt – und sooft wie möglich Auslauf im Freien hat. Wenn Sie die Wahl haben, ist ein Elektrozaun einem Holzzaun vorzuziehen, weil er dem Pferd weniger Möglichkeiten zum Aufsetzen bietet.

Das Streichen über das Auge ist eine beruhigende und liebevolle Geste.

Tellington-Lösungen

Den Pferdekopf senken	182
Ohren-TTouch	233
Maul-TTouch	203
Rückenheben	214
Lecken der Kuhzunge	197
Liegender-Leopard-TTouch	201
Aufgerollte-Python-TTouch	190
Raupen-TTouch	220

Kreuzgalopp

Wenn Sie angaloppieren wollen, fällt Ihr Pferd in Kreuzgalopp, das heißt, es geht vorn beispielsweise Rechts- und hinten Linksgalopp oder umgekehrt. Sie merken es sofort, denn es fühlt sich sehr unbequem und holperig an. Junge Pferde, die gerade erst unter den Sattel genommen wurden und ihr Gleichgewicht noch nicht gefunden haben, gehen oft Kreuzgalopp. Auch Pferde, die einen Kreuzverschlag mit daraus resultierenden Schäden der Muskulatur hinter sich haben, behelfen sich oft mit

Kreuzgalopp. Pferde gehen aber auch in Freiheit im Kreuzgalopp. Bei dem Pferd, das unter dem Sattel Kreuzgalopp geht, handelt es sich meist um mangelndes Gleichgewicht oder eine Verletzung; das Pferd, das in Freiheit Kreuzgalopp geht, ist einfach unkoordiniert.

Die herkömmliche Weise, auf Kreuzgalopp zu reagieren, besteht darin, das Pferd zum Trab durchzuparieren und neu anzugaloppieren. Oft setzt sich der Reiter tiefer in den Sattel, um noch mehr zu treiben, aber ich habe die Erfahrung gemacht, dass dies häufig fehlschlägt, sofern das Problem auf mangelndes Gleichgewicht zurückgeht. Wirkungsvoller ist es oft, das Reitergewicht aus dem Sattel zu nehmen und damit die Hinterhand zu entlasten. Auch ein dickeres Schaumstoff-Sattelkissen kann Abhilfe schaffen.

Mit der Führposition Tanzende Kobra kann man mit seinem Pferd tanzen.

Lösungen

Vom Boden aus

- Da die meisten Pferde, die zu Kreuzgalopp neigen, schlecht ausbalanciert oder unkoordiniert sind, sollten Sie zunächst den *Körper erforschen*. Möglicherweise finden Sie verspannte, feste oder empfindliche Stellen im Rücken oder im Lendenbereich.
- Um Gleichgewicht und Koordination zu verbessern, müssen Sie zuerst für ein besseres Körperbewusstsein des Pferdes sorgen. „Verbinden Sie die Punkte" mit *Verbundenen Wolken-Leopard-TTouches* am ganzen Körper. Ein steifes Pferd reagiert langsamer auf Ihre Hilfen vom Sattel aus und weicht womöglich nicht zur Seite, wenn Sie es an der Hand zum Seitwärtsgehen auffordern. Wenden Sie in diesem Fall *Verbundene Wolken-Leopard-TTouches* mit der Druckstärke 3 bis 4 (bei empfindlichen Pferden mit Stärke 2 bis 3). Arbeiten Sie einen Tag am Kopf, den nächsten an der Schulter usw. Beenden Sie alles mit dem *Lecken der Kuhzunge*.
- Eine weitere Übung für Gleichgewicht und Koordination ist *Beinkreisen vorn und hinten* in beide Richtungen, einschließlich *Aufgerollte-Python-TTouches* und *Oktopus-TTouches*. Beginnen Sie oben am Bein und arbeiten Sie sich hinunter bis zum Huf.
- Bei Pferden, die in Freiheit Kreuzgalopp gehen, fangen Sie mit Bodenarbeit an, und zwar mit *Halben Tritten*, *Cha-Cha* und *Tanzende Kobra*. Legen Sie dem Pferd für diese Übungen das elastische *Körperband* an.
- Führen Sie das Pferd im *Labyrinth* zwei oder drei Mal an und halten Sie es nach jedem Schritt wieder an, zunächst mit der Kopfhaltung, die dem Pferd am angenehmsten ist. Dann verändern Sie die Kopfhaltung: Halten Sie die Kette 5 cm vom Halfterring entfernt und bringen Sie den Kopf in die Höhe. Dadurch wird der Schwerpunkt mehr nach hinten verlagert. Zum Antreten tippen Sie zwei Mal kreisförmig auf die Kruppe (*Dingo*), zum Anhalten zwei Mal vor die Brust (*Dem Kamel einen Tipp geben*). *Senken* Sie den *Pferdekopf* danach ab, unter Widerristhöhe, und kehren Sie schließlich zur mittleren Kopfhaltung zurück. Sehen Sie es als Aufgabe, dem Pferd drei verschiedene Ebenen aufzuzeigen. Zusammen können diese Übungen Koordination und Gleichgewicht verbessern.

Unter dem Reiter

- Reiten Sie das Pferd mit dem *Körperband*. Ist es sehr auseinander gefallen und reagiert nur zögerlich auf Schenkelhilfen, nehmen Sie das *Körperseil*. Ein *Tellington-Trainingsgebiss* fördert zusätzlich die Aktivität der Hinterhand, hilft, den Schwerpunkt nach hinten zu verlagern, und verbessert die Koordination.

Tellington-Lösungen

Den Pferdekörper erforschen	168
Verbundene Wolken-Leopard-TTouch	191, 218
Lecken der Kuhzunge	197
Halbe Tritte	295
Cha-Cha	249
Tanzende Kobra	252
Beinkreisen vorn und hinten	192, 195
Aufgerollte-Python-TTouch	190
Oktopus-TTouch	224
Den Pferdekopf senken	182
Labyrinth	277
Dingo	253
Dem Kamel einen Tipp geben	255
Körperband und Körperseil	303
Tellington-Trainingsgebiss	305

Longieren

Unter Longieren versteht man, dass das Pferd an einer Leine (Longe) im Kreis um den Longenführer herumläuft; der Zirkel hat gewöhnlich einen Durchmesser von ca. 10 m.

Die Vorbereitung für das Longieren ist das geregelte Führen mit geringem Abstand.

Warum werden Pferde longiert?

- Um sie zum Gehorsam zu erziehen und ihnen die Kommandos für Schritt, Trab und Galopp vom Boden aus beizubringen;
- damit das Pferd überschüssige Energie abbauen oder sich vor dem Reiten ausbuckeln kann;
- um ihm Bewegung zu verschaffen, wenn zum Reiten die Zeit fehlt;
- damit sich das Pferd mit tiefem Kopf, rundem Rücken und aktiver Hinterhand im Gleichgewicht bewegt.

Es gehören viel Geschick und Erfahrung dazu, ein Pferd korrekt und gefahrlos zu longieren. Eine Schwierigkeit besteht darin, dass der Longenführer sehr genau auf seine Position und subtile Körpersignale achten muss. Sind die Signale unklar oder das Pferd beginnt sich zu langweilen, kann dies zu diversen Problemen führen.

- Das Pferd kann nach innen kommen und sich weigern, weiter vorwärts zu gehen.
- Es kann eine bestimmte Richtung verweigern, meistens rechtsherum.
- Es kann den Longenführer bedrohen, ihn angreifen oder steigen.

Falsches Longieren bringt auch das Pferd in Gefahr:

- Das Pferd kann an der Longe durchgehen, bocken, sich verrenken oder sogar stürzen und sich dabei verletzen. Manche Pferde haben anschließend schon Kolik oder Kreuzverschlag bekommen, nur weil der Longenführer sie an der Longe nicht mehr anhalten konnte.
- Häufiges Longieren kann Sehnen und Gelenke belasten und, selbst im langsamen Trab, Muskel- und Skelettprobleme verschärfen.
- Das Longieren mit Ausbindezügeln oder anderen Hilfsmitteln kann Schmerzen verursachen.
- Bei jungen Pferden können durch das Longieren Verletzungen entstehen, und wenn die Ausbindezügel nicht richtig verschnallt sind, können Hirschhals oder Senkrücken die Folge sein.

Aus diesen Gründen empfehle ich, nicht allzu oft ein Pferd zu longieren, es sei denn, Sie sind sehr erfahren oder haben kompetente Unterweisung.

Es hat sich ein Trend entwickelt, weg vom klassischen Longenkonzept hin zu einem „Jagen" des Pferdes an einer kurzen Leine im Trab und Galopp. Auf diesen engen Zirkeln wird aber oft der Kopf nach innen gezogen, während die Hinterhand nach außen schwingt. Die Folge ist, dass das Pferd auf die äußere Schulter fällt. Viele Pferde, die häufig auf diese Art bewegt werden, gehen bald lahm.

Als Alternative zu häufigem Longieren empfehlen wir ein paar Basislektionen, in denen das Pferd lernt, auf einer Zirkellinie (ohne sich dem Longenführer zuzuwenden) Schritt und Trab zu gehen und auf einer geraden Linie anzuhalten und stehen zu bleiben. Wir longieren die Pferde lieber auf einem Oval als auf dem Zirkel und verwenden eine normale Führleine plus einer Gerte. Das bedeutet, dass der Longenführer nicht in der Mitte stehen bleibt, sondern mit dem Pferd mitgeht. Das Pferd findet dadurch leichter sein Gleichgewicht, lernt die Distanz zum Longenführer einzuhalten und auf seine eigenen Füße zu achten.

Tellington-Lösungen

Fröhlicher Delfin	263
Dingo	253
Brieftaube	261
Körperband	303
Tellington-Trainingsgebiss	305

Lösungen

- Mit dem *Fröhlichen Delfin* lernt das Pferd, langsamen oder zügigen Schritt zu gehen, auf gerader Linie langsam zu traben und anzuhalten – alles auf feine und subtile Signale hin.
- Zur Vorbereitung bringen Sie dem Pferd mit *Dingo* bei, auf ein Zeichen hin anzutreten. Einmal hatte ich eine sechsjährige Stute zur Ausbildung bei mir. Sie ließ sich linksherum longieren, aber unter keinen Umständen rechtsherum. Wir führten sie in der *Brieftaube*, arbeiteten sie auf beiden Seiten, und nach nur einer Übungseinheit ließ sie sich anstandslos in beide Richtungen longieren.
- Longieren Sie das Pferd mit einem *Körperband* und dem *Tellington-Trainingsgebiss* (drehen Sie die Zügel unter dem Hals zusammen, damit sie aus dem Weg sind, und befestigen Sie die Longe an einem Halfter, das über das Zaumzeug gezogen wird). Mit diesen beiden Hilfsmitteln können Sie das Gleichgewicht des Pferdes verbessern, ohne es in einen starren Rahmen zu pressen, der es in der Freiheit der Bewegung einengt und Schmerzen verursachen kann, weil Genick, Widerrist und Schultern blockiert werden.
- Mit dem *Tellington-Trainingsgebiss* werden Genick, Unterkiefer und Becken beweglich, und das Pferd wird ohne die Begrenzung durch Ausbindezügel, die es daran hindern, Hals und Kopf nach vorn zu strecken, dazu angeregt, die Oberlinie vom Genick bis zum Widerrist rund zu machen. Das *Körperband* aktiviert die Hinterhand und hebt den Rücken an. Pferde, die an der Longe Schwierigkeiten mit dem Gleichgewicht haben – ins Laufen kommen oder im Galopp davonstürmen –, können sich damit leicht ausbalancieren; sie werden vorn höher und galoppieren in einem geschlossenen Rahmen.

Platzangst, Klaustrophobie

Nicht nur für Pferde mit Klaustrophobie gefährlich – zu enge Durchgänge!

Viele Pferde reagieren ängstlich und nervös, wenn sie eine Engstelle passieren sollen, zum Beispiel durch eine schmale Tür in die Box oder durch ein schmales Koppeltor, in einen Putzstand oder einen Pferdehänger. Andere fürchten sich vor niedrigen Decken oder Balken. Meist handelt es sich um instinktive, automatische Reaktionen, mit denen das Pferd sich davor schützen will, ausweglos in die Enge getrieben zu werden. Andere sind vielleicht schon einmal mit der Hüfte an einer Stalltür oder einem Riegel hängen geblieben oder haben sich an einem niedrigen Durchgang den Kopf gestoßen. Nun weigern sie sich, solche Stellen zu passieren, oder aber sie stürmen kopflos hindurch.

Das Problem kann auch mit einem scharfen Kontrast zwischen hell und dunkel zusammenhängen, wenn das Pferd etwa vom dunklen Stall ins helle Sonnenlicht geführt werden soll oder umgekehrt vom Hellen ins Dunkle. Verstärkt werden kann das Problem dadurch, dass das Pferd zusätzlich einen Schritt hinunter oder über eine Fläche machen soll, die schwierig einzuschätzen oder unvertraut ist. Bei genauer Beobachtung sehen Sie, dass das Pferd ängstlich den Atem anhält, den Rücken versteift, den Kopf hebt oder die Halsmuskeln anspannt.

Platzangst kann sich verschieden äußern:

- als Weigerung, einen schmalen Durchgang zu passieren;
- als Stürmen durch eine Engstelle;
- als Weigerung, unter einem niedrigen Überhang durchzugehen;
- als Angst, auf engem Raum mit anderen Pferden zusammen zu sein.

Wird ein Tier trotz seiner offensichtlichen Beunruhigung dazu gezwungen, eine Engstelle zu passieren, kann sich seine Furcht nur noch weiter verstärken. Für diesmal gibt es vielleicht nach, aber das nächste Mal zeigt es das gleiche Verhalten wieder. Wir müssen diese Angst des Pferdes akzeptieren und dürfen nicht versuchen, ihm unsere Erwartung – dass es sich nicht zu fürchten braucht – aufzuzwingen.

Das Pferd muss lernen, Ihnen zu vertrauen und Ihr Signal abzuwarten. Wenn Sie es auffordern vorwärts zu gehen, soll es dies ruhig und vertrauensvoll tun. Statt der Angstreaktion – Erstarren, Steigen oder Kehrtmachen – können Sie ihm beibringen anzuhalten, sich die Angelegenheit in Ruhe zu betrachten und auf Ihre Anweisungen zu warten.

Anmerkung: Vergessen Sie nicht, schrittweise vorzugehen, wenn Sie Ihrem Pferd beibringen wollen, Ihnen zu vertrauen. Und haben Sie Geduld mit ihm, während es lernt. Arbeiten Sie es wenn möglich fern von der Problemstelle, die es nicht betreten will, sei es die Box, der Stall, der Paddock oder ein Pferdehänger.

Lösungen

Vom Boden aus

- Fordern Sie das Pferd auf, den *Kopf zu senken*, sodass sich seine Nase ein wenig unterhalb der Rückenlinie befindet. Machen Sie *TTouches* an den *Ohren*. Sie können ihm mehr Selbstsicherheit und ein klareres Gefühl für den umgebenden Raum vermitteln, wenn Sie ihm ein *Körperband* anlegen und über Gesicht und Hals *Wolken-Leopard-TTouches* machen.

Das Abstreichen des Körpers mit der Gerte verbessert das Körpergefühl.

- Wenn das Pferd am Eingang zum Stall stehen bleibt und Angst hat, durch die Tür zu gehen, fordern Sie es mit den vier Schritten des *Dingo* zum Vorwärtsgehen auf:

Schritt 1: Machen Sie mit der Führkette ein Signal, um das Pferd aufmerksam zu machen.

Schritt 2: Streichen Sie ihm zur Beruhigung mit der Gerte zwei, drei Mal sanft vom Widerrist bis zur Kruppe über den Rücken.

Schritt 3: Geben Sie ihm mit der Führkette das Signal zum Vorwärtsgehen.

Schritt 4: Tippen Sie es unmittelbar darauf in einer kreisförmigen Bewegung auf der Kruppe an, um die Vorwärtsbewegung zu aktivieren. Praktizieren Sie den *Dingo* zuerst möglichst abseits der Tür, damit sich das Pferd auf die Signale von Führkette und Gerte konzentriert, ohne von seiner Angst wegen der Stalltür abgelenkt und gestresst zu sein.

- Pferde, die einmal mit der Hüfte an einer Schiebetür oder einem Boxenriegel hängen geblieben sind, brauchen sehr viel Platz, wenn sie hinein-

Das Training mit den hochgestellten Gerten bereitet das Pferd auf Durchgänge und Unterführungen vor.

Tellington-Lösungen

oder hinausgeführt werden. Wenn Ihre Zeit knapp und der Boden eben ist, können Sie das Pferd auch rückwärts in die Box befördern. Dauerhaftere Erfolge erzielen Sie allerdings mit dem *Eleganten Elefanten*. Tippen Sie das Pferd zusätzlich leicht an der Brust an, um ihm zu bedeuten, „sich zurückzuhalten".

- Mithilfe von *Labyrinth* und *Halben Tritten* bringen Sie Ihrem Pferd bei, langsamer zu gehen, sich zu konzentrieren und Ihr Signal abzuwarten.

Diese Bodenübungen machen es dem Pferd leicht, auf Ihre Signale mit Führkette und Gerte zu achten.

- Das *Training mit Plastikfolien* und *Fahren vom Boden* gehören zu den wichtigsten vertrauensbildenden Hilfsmitteln, besonders wenn Ihr Pferd sich scheut, unter niedrig hängenden Dingen durchzugehen. Diese Arbeit bietet Ihrem Pferd tatsächlich Gelegenheit, seinen Instinkt zu überwinden und Lernen zu lernen.

Geschichte einer Wandlung

Zu einer Pferdemesse in Wichita, Kansas, wurde mir ein ausgemusterter Vollblüter von der Rennbahn gebracht. Er hatte ein Verladeproblem, und es hatte drei Stunden gedauert, bis er im Hänger stand, und das auch erst, nachdem er ein Beruhigungsmittel bekommen hatte.
Als ich mir das Pferd am Tag vor der Vorführung anschauen wollte, war der Besitzer gerade dabei, es in die Box zurückzubefördern. Der Vollblüter hatte offensichtlich Angst und stand da wie angewurzelt. Den Kopf hielt er in die Höhe, und ganz offensichtlich war er geistig wie körperlich total blockiert. Er ging da nicht hinein! Ich versuchte es zunächst mit der konventionellen Methode, ihn rückwärts in die Box zu rangieren, aber ich brachte ihn nicht einmal mit dem Hinterteil durch die Tür. Ich brachte ihn ein paar Meter weit weg zu einer weniger beengten Stelle in der Stallgasse. Zuerst führte ich die Kette seitlich am Halfter hinauf, brachte ihn dazu, den Kopf zu senken, und arbeitete ein paar Minuten an den Ohren. Dann machte ich Dingo und tippte ihn auf der Kruppe und an der Brust an, damit er abwartete und auf meine Signale hörte. Als ich ihn zu seiner Box zurück brachte, ging der Kopf wieder in die Höhe, und die Augen verrieten wieder Angst. Vier Boxen weiter entdeckte ich eine einladendere Box mit einer Deckenbeleuchtung, und nach kurzem Zögern reagierte er auf das Tapp-Tapp auf der Kruppe, senkte den Kopf und ging anstandslos hinein. Zur Belohnung gab es ein paar Haferkörner, dann nahm ich ihn wieder heraus und wiederholte das Ganze. Schließlich führte ich ihn zurück zu seiner eigentlichen, dunkleren Box, und mit dem mittlerweile entstandenen Vertrauen zu mir ging er tatsächlich bereitwillig hinein. Bei der Verlade-Demo am nächsten Tag marschierte er in aller Ruhe und ohne Zwischenfall in den Hänger.

Putzen

Siehe auch „Auftrensen“, „Einfangen“

Bleibt Ihr Pferd auch unangebunden ruhig stehen – in der Box, in der Stallgasse oder mitten auf dem Platz –, wenn es geputzt wird? Oder schlägt es mit dem Kopf, schnappt nach Ihnen oder in die Luft, schlägt mit dem Schweif, tänzelt herum oder schlägt aus, wenn Sie mit dem Putzzeug kommen?

Viele Reiter wischen dieses Verhalten mit einem „Och, so ist er eben“ beiseite oder denken: „Beim Putzen ist er halt ein alter Miesepeter!“ Aber bevor Sie zum Striegel greifen, denken Sie doch bitte einmal darüber nach, wie der Widerstand gegen das

Abwehrverhalten beim Putzen entsteht oft durch unsensibles Bürsten.

Putzen sich auf die Arbeit unter dem Sattel auswirken kann. Solch ein Pferd ist schon steif und verkrampft, bevor Sie auch nur den Sattel auflegen, und Sie aktivieren die Stresshormone. Viele Pferde werden in Eile, zu rau oder mit einer zu steifen Bürste geputzt. Insbesondere Vollblüter sind oft sehr dünnhäutig und reagieren beim Putzen überempfindlich und kitzlig. Merkt der Reiter oder Pfleger nichts davon, kann das Pferd noch empfindlicher, ängstlich oder reizbar werden.

Manchmal tut Pferden irgendwo etwas weh oder sie fürchten sich aufgrund alter Traumata im Voraus vor möglicherweise auftretenden Schmerzen. Verstärkt wird ihr Unbehagen, ihr Widerstand noch, wenn sie beidseitig angebunden sind oder so, dass sie den Kopf unnatürlich hoch halten müssen, sodass der Rücken absinkt und der ganze Körper sich verkrampft.

Ein Pferd, das sich gern putzen lässt, wird auch dem Reiten gegenüber eine positivere Einstellung haben. Mit TTouch können Sie Stress und Anspannung vermindern, das Pferd entspannen und die Kooperationsbereitschaft fördern. Am besten aber ist, dass sich die Reaktion des Pferdes auf jegliche Anforderung Ihrerseits verbessert, ob vom Boden oder vom Sattel aus.

Außerdem verbessert sich mit TTouch das kinästhetische Gefühl, das dem Pferd Vertrauen zum eigenen Körper vermittelt – und die Fähigkeit, den eigenen Körper zu spüren. Das ist einer der Schlüssel zu Sicherheit in allen Lebenslagen, ob Sie das Pferd nun reiten, führen oder fahren.

Lösungen

- Legen Sie die steifen Bürsten und die Eisenstriegel weg und erlösen Sie Ihr Pferd von der beidseitigen Anbindung! Was Sie brauchen, ist ein Lammfellhandschuh oder eine Wollsocke. Streichen Sie zuerst mit der flachen Hand über den Pferdekörper und achten Sie darauf, wo das Pferd kitzlig ist, sich wehrt oder sich zu entziehen versucht. Diese Stellen nehmen Sie sich dann sehr vorsichtig noch einmal vor, streichen entweder nur mit der warmen Hand oder mit dem Lammfell bzw. der Wollsocke darüber. Atmen Sie gut durch und machen Sie die Bewegungen ganz langsam, damit das Pferd die Angst vor dem Kontakt verliert.
- Beide Hände liegen am Pferd. Die empfindlichen Stellen werden mit *Muschel-TTouches* oder *Python-TTouches* berührt. Bei extrem empfindlichen

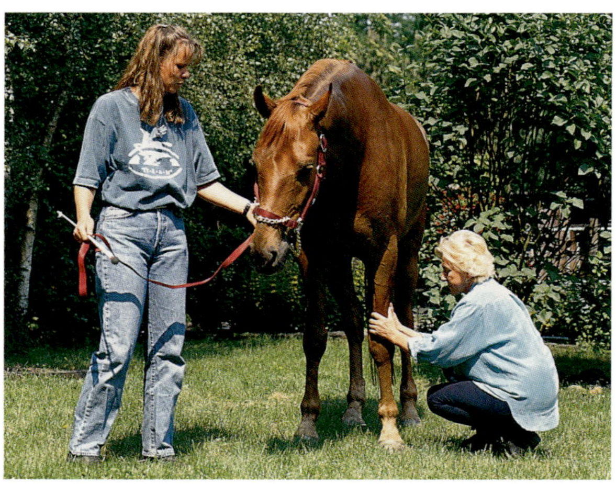

Oktopus-TTouches an den Beinen entspannen und verbessern die Beziehung zum Pferd.

Geschichte einer Wandlung

1978 kam zu einem Training in Deutschland ein zwölfjähriges Dressurpferd, eine Stute, die unter dem Reiter steif ging (man hatte ihr Arthritis attestiert) und das Putzen hasste. Wenn sie auch nur auf zwei Meter an die Putzkiste herankam, legte sie die Ohren an und schnappte in die Luft. Wir entdeckten, dass sie zwei Stunden am Tag mit einem Eisenstriegel „massiert" wurde, was die Blutzirkulation anregen sollte. Wie ihr dabei zumute war, hatte niemand interessiert. Mit TTouch, einschließlich sanfter Kreise mit einem Lammfellhandschuh, lernte sie nicht nur, eine weiche Bürste zu akzeptieren, sie ging auch insgesamt viel losgelassener.

Pferden empfiehlt es sich vielleicht, ihnen schon in der Box das *Körperband* anzulegen. Es soll ruhig stehen bleiben, und wenn es stattdessen zappelt, setzen Sie *Den Tiger zähmen* ein.

- Lassen Sie die Finger von steifen synthetischen Bürsten und verwenden Sie stattdessen weiche Pferdehaarbürsten. Auch wenn es darum geht, getrockneten Schweiß oder Schmutz aus dem Fell zu entfernen, tut ein nasses raues Putztuch bessere Dienste als eine steife Bürste. Ersetzen Sie den Eisenstriegel durch einen weichen Gummistriegel. Probieren Sie herum, bis Sie herausfinden, was Ihr Pferd mag.
- Wie Sie Ihr Pferd vor dem Reiten oder der Bodenarbeit putzen, ist ausschlaggebend für die Atmosphäre, in der die Übungen stattfinden. Das Putzen ist eine Gelegenheit, eine positive Beziehung zu Ihrem Pferd zu entwickeln, und ein wichtiger Teil der „Erneuerung". Wenn Sie Ihr Pferd so putzen, dass es bei ihm angenehme Empfindungen auslöst, haben Sie beide den Vorteil davon.

Tellington-Lösungen

Python-TTouch	190
Muschel-TTouch	189
Verbundene Kreise	191
Körperband	179
Den Tiger zähmen	185

Rangordnung

Siehe auch „Aggressivität anderen Pferden gegenüber", „Platzangst"

Wenn mehrere Pferde beisammen sind, entwickelt sich üblicherweise eine mehr oder weniger gesicherte Rangordnung, die darüber entscheidet, welches Pferd Anspruch auf das beste Futter, auf Zugang zum Wasser, Schatten, Schutz vor den Elementen und blutsaugenden Insekten, auf Freundschaften mit Weidegenossen und andere „Sozialleistungen" hat.

In bis zu 30 Pferden zählenden größeren Herden scheint diese Ordnung im Verlauf des Tages allerdings zu fluktuieren; sie steht nicht unverrückbar fest. Meine Schwester und TTEAM-Instructor-Kollegin Robyn Hood hat in zwanzigjähriger Erfahrung mit ihrer Herde von über 120 Isländern die Beobachtung gemacht, dass Pferd A vielleicht Pferd B vertreibt und Pferd B wiederum Pferd C, dass aber C und A zusammen fressen können. Außerdem ist die Rangordnung nicht unbedingt statisch.

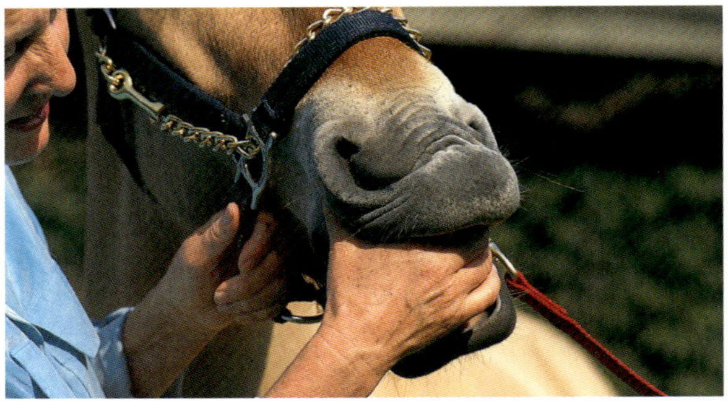

Maul-TTouch am Oberkiefer.

Es stimmt nicht, dass der Status eines Pferdes innerhalb einer stabilen Herde unveränderlich ist. Überraschenderweise lässt sich der Stand eines Pferdes unter seinen Artgenossen in vielen Fällen verbessern, wenn man ihm ein neues Selbstbild und ein neues Körperbewusstsein vermittelt. Ich habe erlebt, wie Pferde um einige Stufen in der Hierarchie aufstiegen, nachdem sie in die Welt hinausgegangen und Leistungspferde geworden waren – als hätten sie „etwas zu erzählen" gehabt, als sie wieder daheim waren.

Mit TTouch können Sie Rang und Selbstvertrauen eines Pferdes, das in der Rangordnung ganz unten steht, verbessern. Außerdem verändern sich Selbstvertrauen und Status oft infolge von Training und Wettbewerben. Eine Distanzreiterin erzählte, dass ihre früher schüchterne Stute stolz und glücklich von Wettbewerben nach Hause kam, in die Koppel hineingaloppierte und den Kopf mit neu erworbenem Selbstvertrauen hochwarf.

Andererseits sind Sie dafür verantwortlich, ein Pferd, das auf der niederen Rangstufe stehen bleibt, zu schützen. Das kann bedeuten, dass Sie das Pferd aus der Herde herausnehmen müssen, damit es nicht verprügelt wird oder abmagert, weil es immer vom Futter oder Wasser vertrieben wird und sich nicht im Schatten unterstellen darf. Gute Pferdehalter scheuen keine Mühe, die Pferdegruppen so zusammenzustellen, dass sie in Alter, Geschlecht und Status zueinanderpassen.

Tellington-Tipp

Manchmal leiden Pferde, die sich von anderen fernhalten und in der Rangordnung tief unten zu stehen scheinen, in Wirklichkeit unter Platzangst. Sie sind angespannt und handscheu, lassen sich nicht gern anfassen und zucken zurück, wenn man ihren Körper erforschen will. Sie haben kein gutes Gefühl für ihren Körper – sie fühlen sich nicht sicher unter anderen Pferden, und sie fühlen sich nicht sicher, wenn sie Körperkontakt haben. Oft lassen sich solche Pferde besonders ungern an der Innenseite der Hinterbeine, an den Flanken, am Sitzbeinhöcker oder am Schweif berühren. Für Lösungsvorschläge siehe „Platzangst (Klaustrophobie)“.

Eine der Phasen des Oktopus-TTouch am Vorderbein.

Lösungen

- *Maul-TTouches, Beinkreise, Aufgerollte-Python-TTouches, Oktopus-TTouches* und *Wolken-Leopard-TTouches* am ganzen Körper tragen zu einem neuen Selbstbild des Pferdes bei und stärken das Selbstvertrauen. Ich habe erlebt, dass TTouches am Schweif nach einer einzigen Anwendung eine Verbesserung des Status bewirkten.
- Schenken Sie Ihrem Pferd eine neue Erfahrung und führen Sie es durch das *Labyrinth*. Lassen Sie das Pferd frei hinter sich her durch die Stangen gehen: Sie werden überrascht sein, wie offensichtlich wohl sich das Pferd dabei zu fühlen beginnt. Denken Sie daran, die Veränderung, die Sie bewirken wollen, zu visualisieren.
- Es kann sein, dass Ihr Pferd eine Periode der Aggressivität anderen Pferden gegenüber durchläuft. Arbeiten Sie weiter an seinem Körper, um sein Temperament auszugleichen, und machen Sie *Tarantel-TTouches*, um ihm ein neues und angenehmes Gefühl zu vermitteln. Ist Ihr Pferd ein Einzelgänger oder hat keine Möglichkeit, in einer Gruppe zu leben, können Sie mit dem TTouch sein Bedürfnis nach Körperkontakt befriedigen.

Tellington-Lösungen

Maul-TTouch	203
Beinkreise	192, 195
Aufgerollte-Python-TTouch	190
Oktopus-TTouch	224
Wolken-Leopard-TTouch	218
Schweif-TTouch	208
Labyrinth	277
Freie Arbeit	274
Tarantel-TTouch	227

Nach ungewohnten Anstrengungen können Rückenschmerzen durch Muskelkater und überanstrengte Muskeln entstehen.

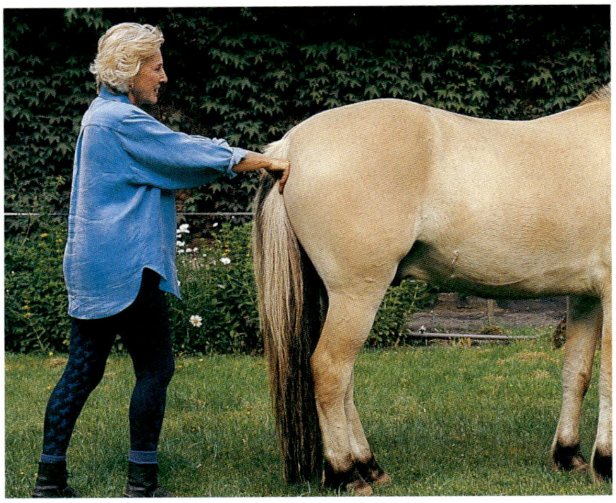

Das Beckenkippen lockert die gesamte Rückenmuskulatur und fördert ein positives Körpergefühl.

Rückenprobleme, Senkrücken, steifer Rücken, Rückenschmerzen

Wie der Rücken eines Pferdes beschaffen ist, spielt eine „tragende" Rolle für seine Fähigkeit, einen Reiter zu tragen und seine Arbeit zu tun, sei es das Treiben von Rindern, Parcoursspringen, Dressurreiten oder Trail. Und eines der wichtigsten Elemente bei der Entwicklung eines starken, geschmeidigen Rückens ist die Fähigkeit der Bauchmuskeln (rectus abdominus), sich effektiv zusammenzuziehen und so für die nötige Stärke zu sorgen, damit das Pferd sich in Selbsthaltung bewegen kann.

Die ersten Erfahrungen eines Pferdes unter dem Sattel können lange Zeit Auswirkungen auf sein Verhalten, seine Rittigkeit und seine Haltung haben. Besondere Vorsicht ist geboten bei jungen, noch nicht voll ausgereiften Pferden. Gewöhnen Sie das Pferd allmählich und mit Bedacht an das Reitergewicht, damit sich die entsprechende Muskulatur richtig entwickeln kann.

Pferde mit Hirschhälsen, mit langem Rücken oder einer Neigung, mit hohem Kopf zu gehen, sind besonders anfällig dafür, sich im Rücken fest und steif zu machen oder einen Senkrücken zu entwickeln – was gewöhnlich gleichbedeutend mit Rückenschmerzen ist. Hauptursachen sind schlecht angepasste Sättel oder schlecht ausbalancierte bzw. steife Reiter. Auch ständiges Angehen gegen einen Stoßzügel kommt als Ursache in Betracht. Lesen Sie noch einmal die Kapitel über passendes Sattelzeug und Reitstil (Seite 23 und 26) nach.

Checkliste für einen gesunden Rücken

- Überprüfen Sie den Sitz des Sattels, die Zähne und Ihren Reitstil, um auf diese Weise mögliche Ursachen für Rückenschmerzen oder weggedrückten Rücken auszuschließen. Lernen Sie, den Sitz des Sattels zu beurteilen, oder bedienen Sie sich moderner Methoden wie der elektronischen Druckmessung, die Druckpunkte im Computerbild sichtbar macht.
- Binden Sie Ihr Pferd nicht höher an, als es seinen Kopf normalerweise in Ruheposition hält. Vorsicht bei allzu gehfreudigen Pferden, denen oft der Kopf herum- oder hochgezogen wird, um sie halten zu können. Hohe Kopfhaltung und weggedrückter Rücken gehen oft Hand in Hand, und ein Element kann das andere noch verstärken.
- Achten Sie auf ausreichende Polsterung des Sattels, die den Muskeln aber freies Spiel erlauben muss. Der Rücken darf sich nicht nach unten durchdrücken, um dem Druck des Sattels zu entgehen. Anmerkung: Durch Gel Pads werden Druckpunkte manchmal noch verstärkt.

Pferde, die in extremer Versammlung und Aufrichtung vorgestellt werden – wie zum Beispiel Warmblüter, Araber, Morgan Horses oder American Saddlebreds – leiden oft unter Rückenschmerzen und profitieren von den folgenden Übungen.

Lösungen

- Jedes Pferd und besonders solche mit Rückenproblemen können von ein paar Minuten *Lecken der Kuhzunge* und *Rücken anheben* vor und nach dem Reiten profitieren. Routinemäßig ausgeführt, können Sie Rückenproblemen vorbeugen oder bestehende Probleme beheben.
- Mit *Bauch anheben* und *Becken kippen* können Sie Pferden mit Senkrücken helfen, bei denen die Hüftgelenke oft den Rücken blockieren.
- Machen Sie eine Reihe verbundener *Liegender-Leopard-TTouches* den Rücken entlang, *Hals entspannen*, *Raupen-TTouch* am Mähnenkamm entlang und *Schweif-TTouches* mit dem Ziel, den *Pferdekopf zu senken*.
- Reiten Sie Ihr Pferd mit dem *Tellington-Trainingsgebiss* und dem elastischen *Körperband*, einer wunderbar wirksamen Kombination, um den Rücken hoch zu bringen und die Durchlässigkeit unter dem Reiter zu verbessern. In vielen Fällen hilft diese Kombination auch gegen Rückenschmerzen.

Tellington-Lösungen

Lecken der Kuhzunge	197
Rückenheben	214
Bauchheben	231
Becken kippen	243
Liegender-Leopard-TTouch	201
Hals lösen	241
Raupen-TTouch	220
Schweif-TTouch	208
Den Pferdekopf senken	182
Tellington-Trainingsgebiss	305
Körperband	303

Rückwärtsrichten

Einem Pferd beizubringen, korrekt rückwärts zu gehen, kann für viele Menschen und Pferde ein echter Stolperstein sein. Selbst Goldstern, das Dressurpferd, das olympisches Gold gewann und mit dem ich in Deutschland gearbeitet habe, hatte Probleme mit dem Rückwärtsrichten. Glücklicherweise kann man einem Pferd diesen wesentlichen Schritt in seiner Ausbildung sehr einfach vom Boden aus beibringen. Auch wenn Ihr Pferd schon seit Jahren unter dem Sattel ist, sich aber nicht so gut rückwärts richten lässt, wie Sie es sich vorstellen, können Sie diese Lektion mit einigen wenigen Übungseinheiten vom Boden aus verbessern und verfeinern.

Ein sehr verspanntes Rückwärtstreten.

Lösungen

Vom Boden aus

- Legen Sie im Abstand von 1,50 m zwei ca. 3 m lange Stangen auf den Boden. Führen Sie Ihr Pferd mit den Vorderbeinen zwischen die Stangen. Halten Sie die Kette ca. 5 cm vom seitlichen Halfterring entfernt, drücken Sie mit dem Daumen sanft gegen das Buggelenk (den Knochen, nicht den Muskel), lassen Sie wieder los *(Nashorn-TTouch)* und fordern Sie das Pferd mit einem lang gezogenen „Zuuuu-rück!“ auf, einen Schritt zurückzutreten. Lassen Sie es mit dem *Dingo* zwei oder drei Schritte vortreten und

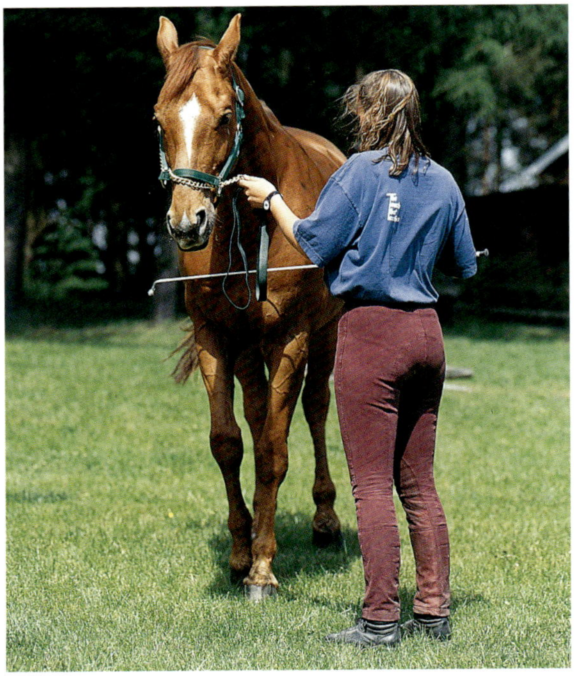

Geregeltes Rückwärtstreten lernen Pferde am besten vom Boden aus.

richten Sie es dann wieder ein paar Schritte rückwärts. Das reicht fürs Erste: Hören Sie auf und geben Sie dem Pferd Gelegenheit, die Sache zu überschlafen.

- Tanzen Sie *Cha-Cha* mit Ihrem Pferd! Fordern Sie es mit Führkette oder *Lama-Leine* und Stimme auf, rückwärts zu gehen, und tippen Sie es mit der Gerte leicht vor die Brust. Wie oben genügen zwei Schritte zurück. Dann lassen Sie es mit dem *Dingo* zwei Schritte vortreten und anhalten. Wiederholen Sie die Sequenz zwei oder drei Mal, bis das Pferd den Rhythmus begreift.

Tellington-Tipp

Will das Pferd um keinen Preis zurücktreten, machen Sie Beinkreisen hinten und überprüfen Sie, ob das Pferd mit beiden Hinterbeinen zurücktreten kann. Auf der Kansas City Expo habe ich einmal ein Pferd erlebt, das festsaß – die Vorderfüße gingen zurück, aber die Hinterbeine bewegten sich nicht von der Stelle. Ich hob die Hinterbeine an und bewegte sie ein paarmal im Kreis, und das Pferd begriff ganz schnell, was es mit dem Zurücktreten auf sich hatte.

- Mit denselben leichten Signalen tippen Sie nun den Vorderfuß an, der am weitesten vorn steht, und fordern damit und mit Ihrer Stimme einen Schritt zurück. Streichen Sie den diagonalen Hinterfuß ab und klopfen Sie leicht dagegen, aber so, dass der Schritt zurück nicht zu weit ausfällt. Tritt das Pferd mit dem Vorderfuß zu weit zurück, kann es das Gleichgewicht verlieren. Erwünscht sind nur einige wenige kurze Schritte vorn und hinten.

Unter dem Reiter

- Vom Sattel aus verlagern Sie Ihr Gewicht leicht nach vorn, tippen das Pferd an der Brust mit der Gerte an und laden es mit leichtem Zupfen am *Balancezügel* zum Rückwärtstreten auf. Nicht ziehen, nur einladen! Vergessen Sie nicht zu atmen und das, was Sie erreichen wollen, zu visualisieren. Wirkungsvoll ist auch, das Pferd mit jeweils nur einem Zügel zu einem Schritt rückwärts aufzufordern und den nächsten Schritt mit Annehmen und Nachgeben des anderen Zügels einzuleiten.

Tellington-Lösungen

Nashorn-TTouch	245
Dingo	253
Cha-Cha	249
Balancezügel	293
Beinkreisen hinten	195

Sattelzwang

Siehe auch „Gurtzwang"

Sie schwingen den Sattel auf den Pferderücken, und das Pferd scheint plötzlich zusammenzusinken. Da es sich anscheinend wieder fängt und ausbalanciert, machen Sie weiter und gurten den Sattel an. Wenn Sie aufsteigen, scheint das Pferd wieder einzusinken, und es tritt steif an, als ob es auf Eiern ginge, aber nach ein paar Minuten haben Sie es „warm geritten".

Manchmal ziehen die Pferde rückwärts, wenn angegurtet wird, und es kommt vor, dass sie tatsächlich hinfallen oder sich hinwerfen, wenn sie das Gewicht des Sattels oder des Reiters im Rücken spüren.

Ich kenne auch Pferde, die den Rücken aufwölben und loszackeln, als ob sie jeden Augenblick buckeln wollten.

Wie auch immer es sich zeigt: Pferde mit Sattelzwang haben oft einen verspannten oder steifen Rücken, ohne dass jemand dies bemerkt hätte. In den meisten Fällen hat sich herausgestellt, dass der Rücken nicht richtig vorbereitet wurde, bevor sie als junge Pferde erstmals gesattelt und eingeritten wurden. Mit ein paar Übungseinheiten TTouch am Rücken und im Gurtbereich, bevor das Pferd erstmals gesattelt und geritten wird, lässt sich dies leicht vermeiden – und zwar für den Rest seines Lebens.

„Sattelzwang" und seine Symptome wurden bisher allgemein als normale anfängliche Reaktion des Pferdes auf den Sattel betrachtet. Die übliche Einstellung dazu war: „Das spielt sich alles im Kopf ab. Er wird schon darüber wegkommen." Es wurde einfach hingenommen.

Vor 35 Jahren ist mir klar geworden, wie oft Pferde Rückenschmerzen haben und wie selten sie erkannt werden. Dank der Disziplinen Distanzreiten und Vielseitigkeit wissen wir heute, dass „Sattelzwang" oder, wie wir sagen, „a cold back", ein „kalter Rücken", oft eher körperliche als seelische Ursachen hat. Schuld kann die Passform des Sattels sein, selbst wenn er professionell angepasst wurde. Das kommt daher, dass er selten angepasst wird, wenn der Reiter im Sattel sitzt.

Lösungen

Vom Boden aus

- *Liegender-Leopard-TTouches* mit *Aufgerollte-Python-TTouches* über den ganzen Rücken, den Rumpf, Gurtbereich und Bauch, gefolgt vom *Lecken der Kuhzunge*, tragen zur Entspannung bei und lösen Verspannungen im Rücken und im Gurtbereich.
- *Rücken anheben* hilft, die Rückenlinie anzuheben und die kleinen Hohlstellen hinter dem Widerrist aufzufüllen, sodass das Pferd den Sattel und den Reiter mit einem runden anstatt mit einem durchgedrückten Rücken tragen kann.
- *Heben* Sie den *Bauch* mit einem Tuch an und machen Sie im Gurtbereich *Muschel-TTouches* und *Aufgerollte-Python-TTouches*. Füttern Sie das Pferd während des Sattelns auf Widerristhöhe. Legen Sie Satteldecke und Sattel vorsichtig auf und benutzen Sie eine Aufsteighilfe zum Aufsteigen.

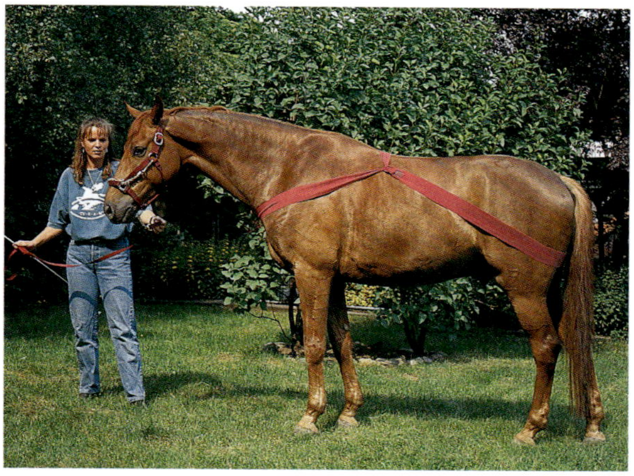

Die Körperbandage verbessert das Körpergefühl und die Selbstsicherheit.

Unter dem Reiter

- Mit dem *Balancezügel* und dem *Körperseil* machen Sie den Rücken rund und heben ihn an. Bitten Sie jemanden, Sie zu beobachten oder auf Video aufzunehmen, ob der Rücken auch in den verschiedenen Gangarten oben bleibt. Verwenden Sie nötigenfalls Schaumstoffstücke, um den Sattel für das Pferd bequemer zu machen, bis das Pferd Balance und Symmetrie unter dem Sattel wiedergewonnen hat. Sie können auch verschiedene Satteldecken und -pads ausprobieren.
- Denken Sie daran, dass ein Sattel, der früher einmal gepasst hat, vielleicht nicht mehr passt, wenn das Pferd sich verändert und zum Beispiel mehr Kondition entwickelt. Ob und wie der Sattel passt, ist ein dynamischer Prozess.

Tellington-Lösungen

Liegender-Leopard-TTouch	201
Aufgerollte-Python-TTouch	190
Lecken der Kuhzunge	197
Rückenheben	214
Bauchheben	231
Muschel-TTouch	189
Balancezügel	293
Körperseil	303

Der Gesichtsausdruck sagt alles: Ein sauer gewordenes Pferd hat keinen Spaß am Mitmachen.

Sauer, demotiviert, erschöpft

Ihr Reitlehrer kommandiert „Teeerab!", aber Ihr Pferd weigert sich, bis ans andere Ende der Bahn zu gehen. Sie geben treibende Hilfen – das Pferd steht wie angewurzelt. Sie arbeiten mit Schenkeln, Absätzen und Gerte, aber es nützt alles nichts. Ihr Pferd schlägt mit einem Hinterbein aus, legt die Ohren an und bleibt eisern stehen.

Warum weigert sich dieses Pferd vorwärts zu gehen? Ich kenne drei Szenarien, von denen im Allgemeinen eines zutrifft: Das Pferd kann entweder „übertrainiert", d. h. geistig oder körperlich erschöpft sein vom Training oder von Turnieren, es ist nicht allzu überzeugt von Ihren reiterlichen Fähigkeiten, oder in der Grundausbildung ist etwas vernachlässigt worden.

Was sollen Sie machen? Auf Strafen wird das Pferd nur noch widersetzlicher reagieren, und den Kampf, den Sie damit auslösen, werden Sie wahrscheinlich verlieren. Außerdem bleibt das Grundproblem dabei unberücksichtigt und ungelöst. Dies ist der Zeitpunkt, an dem Sie tief Luft holen und überlegen sollten, bevor Sie handeln.

Wer Ihnen sagt, Sie müssten „diesen Kampf gewinnen", lässt außer acht, dass es wir Menschen sind, die in diesem Spiel die Regeln aufstellen, und wir brauchen nicht zu kämpfen.

Lösungen

- Eine sehr wirkungsvolle und absolut ungefährliche Methode besteht darin, abzusteigen und das Pferd vom Boden aus zu arbeiten, und zwar gleichgültig, ob es übertrainiert oder ungenügend geschult ist oder Ihre Fähigkeit, bei diesem „Tanz" zu führen, bezweifelt. Sie werden staunen, wie sehr es sich lohnt, einige Zeit außerhalb des Sattels zu investieren.
- Beginnen Sie mit vertrauensbildenden TTouches, gefolgt von Übungen aus der Bodenarbeit und im Lernparcours, und Sie werden sehen, wie der „Sauerkocher" sich besänftigt und Sie wieder auf einen positiven Weg gebracht werden.
- Steigen Sie ab, nehmen Sie dem Pferd Sattel und Zaumzeug ab und bringen Sie das Trio von Tellington-Hilfsmitteln – Halfter, Führkette und Gerte – in die Bahn.
- Machen Sie zu Anfang ein paar *Ohren-TTouches* von der Stirnmitte über den Ohransatz bis zu den Ohrenspitzen. Das macht Sie beide ruhiger und erdet Sie. Atmen Sie weiter tief durch.
- Dann machen Sie auf beiden Seiten langsam drei Reihen *Lecken der Kuhzunge* über den gesamten Rumpf, vom Gurtbereich bis zu den Flanken. Lösen Sie sich während dieser Arbeit von Gefühlen wie Feindseligkeit, Ärger oder Frustration, die sich womöglich eingestellt haben.
- Nun machen Sie ein paar Minuten *Dingo*, damit das Pferd lernt, auf ein Antippen an der Kruppe mit der Gerte einen oder zwei Schritte vorwärts zu gehen und dann absolut still stehen zu bleiben. Viele Pferde haben nie gelernt, auf ein spezielles Signal hin anzutreten. Ziel der Übung ist, dass das Pferd sich auf ein klares Signal von Gerte und Führkette hin in Bewegung setzt.

Neue Aufgaben und mehr Freiheit verbessern die Motivation, sodass eine ganz neue Beziehung entstehen kann.

- Macht das Pferd mit, satteln und zäumen Sie es wieder auf und lassen sich wenn möglich von einem Helfer/einer Helferin um die Bahn zu Futterstellen in den Ecken führen. Zu diesem Zweck streifen Sie dem Pferd ein Halfter über die Trense, sodass Sie immer noch die Kontrolle haben. Durch Training im *Labyrinth* an der Hand und unter dem Reiter wird der positive Effekt noch verstärkt.
- Ob Ihr Pferd sich nun vor etwas am anderen Ende der Bahn fürchtet oder einfach keine Lust mehr hat zu arbeiten: Belohnen Sie es, wenn es hingeht, wo es lieber nicht hingegangen wäre. Errichten Sie „Futterstationen" in den Ecken.
- Manchmal ändert sich die ganze Einstellung eines Pferdes, wenn es mit dem *Halsring* und lose auf dem Hals liegenden Zügeln geritten wird. Wenn Sie bei einem erfahrenen Turnierpferd, das aufgrund von zu viel Arbeit sauer geworden ist, das Zaumzeug vollständig abnehmen (anfangs mit einem Helfer zu Fuß, der mit einer Longe als Sicherheitsnetz bereit steht – Näheres siehe Seite 297) und es nur mit dem *Halsring* reiten, kann dies dem Pferd ein ganz neues Lebensgefühl vermitteln. Reiten ohne Zaumzeug löst und verlängert den Hals, die Schultern, den Rücken und die Hinterhand – für das Pferd so angenehm wie für den Reiter.

Tellington-Tipp

Für ein Pferd, das sich nicht an den Ohren anfassen lässt oder am Rumpf oder an den Flanken kitzlig reagiert, empfehle ich, das Training unter dem Reiter so lange zu unterbrechen, bis das Pferd willig auf ein leises Signal hin den Kopf senkt und eine Auswahl von TTouches und Bodenübungen offensichtlich genießt. Das klingt vielleicht nach viel Arbeit, aber bedenken Sie das Ergebnis: Aus einer feindseligen und dominanten Beziehung wird eine echte Partnerschaft – sicher, erfolgreich, freudig und für beide Teile ein Vergnügen.

Fangen Sie mit dem an, was möglich ist. Das können Aufgerollte-Python-TTouches und Kreise an den Vorderbeinen vom Ellbogen bis zu den Hufen sein, um den Reflex des Erstarrens und Kämpfens zu überwinden und das Pferd neu zu erden. Auch Raupen-TTouches entlang dem Mähnenkamm, Ohren-TTouches und Lecken der Kuhzunge wirken entspannend und können Ihre Beziehung neu beleben.

Tellington-Lösungen

Ohren-TTouch	233
Lecken der Kuhzunge	197
Dingo	253
Labyrinth	277
Halsring	297
Aufgerollte-Python-TTouch	190
Raupen-TTouch	220

Scharren

Dauerhaftes Scharren schadet den Hufen und Gelenken.

Das Scharren mit einem Vorderfuß ist ein Zeichen von Ungeduld. Es kann auch Ausdruck einer überemotionalen Reaktion auf eine Stresssituation sein. Deshalb sollten Sie zuerst herausfinden, wann das Pferd scharrt.

Viele Leute ignorieren das Verhalten einfach oder schimpfen die Pferde mit einem „Nein!" oder „Lass das!" aus, was aber wenig bis gar keine Wirkung zeigt.

Manche Ausbilder empfehlen, das Pferd einige Stunden angebunden stehen zu lassen; mit der Zeit würde es dann schon „kapieren" und es sein lassen. Und Pferde, die zur Fütterungszeit mit einem Vorderhuf gegen die Boxentür schlagen, werden oft absichtlich als Letzte gefüttert. Diese Methoden funktionieren so gut wie nie. Ich neige dazu, diesen Pferdetyp als Ersten zu füttern, weil 1. andernfalls die anderen Pferde von ihm das Scharren oder Klopfen lernen, 2. das Pferd vielleicht wirklich mehr Hunger hat als die anderen und 3. Sie das Verhalten nur noch verstärken, wenn Sie das Pferd warten lassen.

Pferde, die scharren, sind möglicherweise auch auf anderen Gebieten undiszipliniert und unkooperativ. Manche Pferde halten abwechselnd beim Scharren einen Vorderfuß hoch, was dazu führt, dass sich die Muskeln in der gleichseitigen Schulter, dem Unterarm und der Halsseite versteifen. Das kann die Leistung des Pferdes beeinträchtigen, weil es an Raumgriff verliert und sich im Rücken fest macht.

Mit dem Scharren haben wir ein ideales Beispiel dafür, wie sich das Verhalten eines Pferdes verändern lässt. Mit der Wirkung der TTouches und Bodenübungen auf das Nervensystem können wir eine Möglichkeit für neue Verhaltensmuster schaffen.

Lösungen

- Binden Sie das Pferd in der *Den-Tiger-zähmen-Position* an. Halten Sie beide Leinenenden ein wenig unter Spannung, damit das Pferd ein paar Sekunden festgehalten wird und sich auf Sie konzentriert. Tippen Sie ihm zuerst mit der Gerte auf das Karpalgelenk des scharrenden Vorderfußes. Dann streichen Sie mit zwei Gerten gleichzeitig Vorder- und Hinterseite beider Vorderbeine ab. Vor Ihrem inneren Auge sollten Sie dabei ein klares Bild der beiden fest auf dem Boden stehenden Vorderfüße haben. Was Sie erwarten, kann großen Einfluss auf das Ergebnis haben!
- Wenn der Grund für das Scharren Trennungsangst oder Furcht ist, sendet das Gehirn dem Körper eine Botschaft, sich auf Flucht vorzubereiten. Die Pferde spüren dann ihre Beine nicht mehr – sie sind nicht mehr geerdet, was ihre Furchtsamkeit noch erhöht. Streicht man die Beine mit der Gerte ab, kann man das Körperbewusstsein wiederherstellen, das Pferd erden und seine Furcht verringern.
- Machen Sie ein paar Minuten Beinkreisen vorn und *Muschel-TTouches*, wenn das Pferd entspannt ist und nicht scharrt. Regt es sich zur Futterzeit auf, geben Sie ihm ein bisschen Futter, während Sie es in der *Den-Tiger-zähmen-Position* mit leichtem Druck auf beiden Leinen festhalten.
- Kombinieren Sie *Labyrinth* und *Cha-Cha*, um mehr Bewusstsein in die Beine zu bringen und eine Verbindung mit dem Boden zu schaffen. Streichen Sie die Beine mit der Gerte ab und verlangen Sie, dass das Pferd absolut still steht, und sei es nur für 10 Sekunden. Dann geben Sie ihm das Zeichen zum Weitergehen.
- Fängt Ihr Pferd mit einem Fuß an zu scharren, streichen oder klopfen Sie mit der Gerte das andere Bein ab oder streichen die Vorderseite beider Vorderbeine ab. Mit zusätzlichen *Oktopus-TTouches* verankern Sie das Pferd am Boden.
- Bei manchen Pferden muss vielleicht die allgemeine Verspanntheit zuerst mit Vertrauen bildenden TTouches abgebaut werden. Dazu gehören *Ohren ausstreichen*, *Maul-TTouches* und *Verbundene Kreise* mit *Aufgerollte-Python-TTouches*.

Tellington-Lösungen

Den Tiger zähmen	185
Beinkreise vorn	192
Muschel-TTouch	189
Labyrinth	277
Cha-Cha	249
Oktopus-TTouch	224
Ohren-TTouch	233
Maul-TTouch	203
Verbundene Kreise mit Aufgerollte-Python-TTouch	190, 191

Schenkelgehorsam

Ihr Pferd geht auf einen Schenkeldruck hin nicht vorwärts oder wird schneller, sondern es verkriecht sich eher und zieht sich zusammen, es „klemmt“. Auch auf verstärkten Schenkeldruck oder Klopfen mit dem Absatz wird es entweder nicht schneller oder sogar noch langsamer. Ein Klaps mit der Gerte wird mit einem Bocksprung oder Ausschlagen beantwortet. Hören Sie trotzdem nicht auf zu treiben, bleibt das Pferd in Extremfällen entweder einfach stehen und geht überhaupt nicht mehr weiter, oder es steigt sogar.

Pferde, die gegen den Schenkel gehen, werden oft als stätig (siehe „Stätigkeit“, Seite 129), faul (siehe „Faulheit“, Seite 73) oder Schlimmeres bezeich-

Das Reiten mit Körperbandage um die Hinterhand verbessert die Balance und die Lastaufnahme der Hinterhand.

net. Verstärkter Einsatz der treibenden Hilfen – Gerte, Sporen, Absätze – ist leider oft absolut kontraproduktiv. Diese Pferde halten häufig die Luft an und verspannen sich im ganzen Körper. Wenn Ihr Pferd nicht auf den Schenkel reagiert und Sie versuchen, einfach immer noch mehr Druck zu machen, ist dies für den Reiter ermüdend und stumpft das Pferd noch mehr gegen den Schenkel ab.

Es gibt verschiedene Gründe, warum ein Pferd nicht willig auf die Hilfen reagiert: Die Fütterung stimmt vielleicht nicht, es ist sauer, weil es von den Zügeln gebremst und von den Schenkeln angetrieben wird, oder hat einfach nie gelernt, wie und wann es vorwärts zu gehen hat. Möglicherweise ist eine Untersuchung durch einen Chiropraktiker angesagt.

Wenn gesundheitliche Probleme ausscheiden, dürfen Sie Mut fassen, denn Sie können dieses Verhalten durch Umerziehung vom Boden aus ändern.

Lösungen

Vom Boden aus

- Streichen Sie im *Dingo* mit der Gerte den Rücken ab und tippen Sie dem Pferd auf die Kruppe. Mit der Vorwärtsbewegung lernt es, auf Ihre Signale zu reagieren: Es verlangsamt seinen Schritt und wird zwischen beiden Händen kürzer im Rahmen, es erweitert seinen Rahmen im Schritt und dann im Trab. Damit verfügt das Pferd über mehr „Gänge" und Übergänge und lernt, leichtere Signale williger zu befolgen.
- Ergänzen Sie die Führübungen mit einigen Übungseinheiten TTouch am ganzen Körper, besonders aber am Rumpf, wo Ihre Schenkel anliegen würden. Machen Sie zum Beispiel in der Schenkellage *Tiger-TTouches* von jeweils einer Sekunde Dauer, bis das Pferd sensibler reagiert. Auch *das Lecken der Kuhzunge* ist zu empfehlen.
- Andererseits ist ein Pferd, das sich auf Schenkeldruck hin verkriecht, möglicherweise überempfindlich auf den Schenkel. In diesem Fall sind sanftere *Muschel-TTouches* mit *Aufgerollte-Python-TTouches* angesagt, um mehr Bewusstsein in diesen Körperbereich zu bringen und die Atmung anzuregen.

Unter dem Reiter

- Ich habe viele Erfolge erzielt mit der Kombination von *Körperseil* und *Tellington-Trainingsgebiss*. Sie müssen allerdings die Zügel locker lassen und es statt mit Schenkeldruck oder sogar Klopfen mit dem Absatz mit einem leichten „Flattern" von Wade und Absatz versuchen. Bringt dies keine merkliche Besserung, würde ich das Pferd einige Zeit mit dem *Halsring*, ohne jedes

Tellington-Tipp

Machen Sie sich im Sattel etwas leichter, anstatt mehr und tiefer einzusitzen. Wenn Sie bei leise anklopfendem Schenkel das Becken ein wenig nach vorn kippen, werden Sie im Sattel leichter, und das Pferd kann mit mehr Energie untertreten. Wenn Sie tief einsitzen und vermehrt treiben, wird das Pferd nur noch widerspenstiger. Denken Sie daran, die Zügelhand offen zu halten, sodass das Pferd dafür belohnt wird, wenn es frei vorwärts geht.
Besonderen Spaß macht es, diesen leichteren Sitz mit dem Halsring anstelle der Trense zu kombinieren. Wenn Sie für eine Wendung den Halsring am Pferdehals nach oben schieben, wird Ihr Sitz automatisch leichter – das Pferd wird mit einem neuen Gefühl der Freiheit belohnt und erhält einen Vorwärtsimpuls.

Zaumzeug, reiten. Das Gefühl von Freiheit, das damit verbunden ist, kann die ganze Einstellung eines sauer gerittenen, unsensiblen oder widerspenstigen Pferdes verändern
- Bei einem Pferd, das keinerlei Schenkeldruck verträgt oder überhaupt nicht darauf reagiert, tippen Sie mit der Gerte unmittelbar hinter dem Sattel auf die Nierenpartie. Damit aktivieren Sie die Hinterhand – ein Ergebnis, das grundlegend verschieden ist von einem Schlag mit der Reitgerte. Da Sie das Pferd mit *Dingo* darauf vorbereitet haben, auf ein leises Signal hin vorwärts zu gehen, funktioniert dies auch vom Sattel aus.

Viele Pferde haben Angst vor dem lauten Geräusch der Schermaschine.

Tellington-Lösungen

Dingo	253
Tiger-TTouch	229
Lecken der Kuhzunge	197
Muschel-TTouch	189
Aufgerollte-Python-TTouch	190
Körperseil	303
Tellington-Trainingsgebiss	305
Halsring	297

Scheren

Siehe auch „Putzen"

Viele Pferde mit einer Abneigung gegen das Scheren sind auch empfindlich beim Putzen; sie werfen den Kopf hoch und halten die Luft an, wenn ihnen etwas unangenehm ist. Viele lassen sich auch nicht gern vom Tierarzt behandeln. Leider wird bei vielen Pferden mit einer Phobie gegen das Scheren einfach die Nasenbremse oder ein Beruhigungsmittel eingesetzt. Das ist zwar allemal besser, als einen Kampf und Verletzungen zu riskieren, aber wir haben die Erfahrung gemacht, dass sich selbst empfindliche Pferde an das Scheren gewöhnen lassen.

Manche Pferde halten still, bis man bestimmte Körperpartien wie die Ohren, das Genick oder den Bauch erreicht. Ich kenne viele Pferde, die plötzlich empfindlich wurden, wenn der Scherapparat in die Nähe des Kopfes kam.

Sehr oft werden die Pferde zum Scheren rechts und links angebunden, was aber selbst bei gut erzogenen Pferden zu Verletzungen führen kann, wenn sie sich erschrecken oder im Elektrokabel verfangen. Außerdem fördert diese Art des Anbindens die Neigung des Pferdes, Kopf und Hals hochzustrecken und sich im Rücken festzumachen.

Um das Scheren für das Pferd einfach und angenehm zu machen, sind Begrenzungen manchmal hilfreich. In einem geschlossenen Wasch- oder Putzstand lässt sich das Pferd leichter scheren als mitten auf der Stallgasse, wo es rückwärts gehen kann. Nützlich kann es auch sein, Ihr Pferd zusehen (und zuhören) zu lassen, wie ein anderes Pferd geschoren wird, damit es sich überzeugen kann, dass kein

Tarantel-TTouches am Rumpf fördern das Körperbewusstsein.

Grund zur Aufregung besteht. Oder stellen Sie das Lieblingspferd zur Beruhigung und moralischen Unterstützung in die Nähe, wenn Sie Ihr Pferd scheren wollen. Das problemloseste Pferd im Stall sollte immer als Erstes beschlagen, geschoren oder verarztet werden.

Lösungen

Schritt 1: Wenn Ihr Pferd herumtänzelt, bringen Sie *Den Tiger zähmen* zum Einsatz. Diese Position wirkt Wunder bei allen Pferden mit Phobien oder Ängsten am Boden oder solchen, die beim Schmied, beim Tierarzt oder sogar zum Satteln nicht stillstehen.

Schritt 2: Bevor Sie ein Pferd gefahrlos scheren können, müssen Sie ihm beibringen, auf ein Signal der Führkette hin den Kopf zu senken. Bleibt das Pferd nicht stehen oder versucht Sie umzurennen, legen Sie die Führkette über die Nase (Seite 175) und streichen Sie mit der Gerte die Halsunterseite und Brust und Vorderbeine von oben nach unten ab, um es zu beruhigen. Mit *Ohren-TTouch* und *Den Pferdekopf senken* können Sie es besänftigen, und mit dem *Raupen-TTouch* entspannen Sie den Mähnenkamm.

Schritt 3: Setzen Sie *Liegender-Leopard-* und *Wolken-Leopard-TTouches*, *Lecken der Kuhzunge* und *Tarantel-TTouches* an allen empfindlichen oder kitzligen Stellen ein. Die *Tarantel-TTouches* sind besonders wirkungsvoll, um das Pferd an das Gefühl des Schergeräts zu gewöhnen, und das *Lecken der Kuhzunge* hat sich besonders bei den kitzligen Bauchhaaren bewährt.

Kopfsenken mit gestrecktem Hals, die Führkette ist dabei an der Seite des Halfters befestigt.

Tellington-Tipp

- Hängen Sie dem Pferd einen Futtersack um, damit es während des Scherens fressen kann, oder legen Sie ihm auf Brusthöhe etwas Heu vor, damit es sich nicht zu weit danach strecken muss.
- Schützen Sie die Pferdeohren, wenn das Pferd sehr geräuschempfindlich ist.
- Probieren Sie ruhigere, leichtere, kabellose Schergeräte aus, die ebenfalls angeboten werden.

Schritt 4: Machen Sie ein paar Kreise mit dem Schergerät, bevor Sie es einschalten, und füttern Sie dem Pferd ein wenig Hafer, lassen Sie es den Kopf wenden, um ein Leckerli aus Ihrer Hand in Empfang zu nehmen. Schalten Sie das Gerät in einiger Entfernung ein paarmal ein und aus, sodass das Geräusch nur gedämpft zu hören ist, bis das Pferd auch bei laufendem Schergerät den Kopf wendet und Futter aus einer flachen Schüssel frisst.

Achtung: Schergeräte können sehr heiß werden. Machen Sie immer wieder Pausen, damit das Gerät abkühlen kann. Steht das Pferd nicht ruhig, lassen Sie einen Helfer das Pferd mit der seitlich verschnallten Kette (Seite 176) halten und Rumpf und Beine mit der Gerte abstreichen. Macht das Pferd Anstalten,

Tellington-Tipp

Machen Sie während der ersten Lebensmonate Ihres Fohlens Kreise über den gesamten Körper – nicht mit dem Ziel der Unterordnung oder auch nur der Desensibilisierung, sondern mit dem Ziel, Vertrauen aufzubauen und eine bewusstere Wahrnehmung zu entwickeln. Die Art, wie TTEAM die Entwicklung von Fohlen zu vertrauens- und respektvollen, selbstsicheren und zugänglichen Persönlichkeiten fördert, hat nichts mit Unterordnung zu tun!

rückwärts zu gehen, tippen Sie ihm mit der Gerte im *Dingo* auf die Kruppe, um die Vorwärtstendenz zu erhalten.

Tellington-Lösungen

Den Tiger zähmen	185
Liegender-Leopard-TTouch	201
Den Pferdekopf senken	182
Ohren-TTouch	233
Raupen-TTouch	220
Wolken-Leopard-TTouch	218
Lecken der Kuhzunge	197
Tarantel-TTouch	227

Scheuen („Guckigkeit")

An der Spitze einer Gruppe traben Sie gemütlich einen vertrauten Pfad entlang. Sie fühlen sich eins mit Ihrem Pferd, mit der Natur und der ganzen Welt, bis plötzlich – peng! – Ihr Pferd ohne jede Vorwarnung einen Riesensatz zur Seite macht. Sie wissen nicht recht, ob Sie Ihr Pferd schimpfen oder beruhigen sollen, also traben Sie erst einmal einfach weiter. Aber Sie fassen die Zügel etwas kürzer und bleiben mit den Schenkeln dichter am Pferdeleib.

Viele Pferde scheuen immer vor bestimmten Dingen – bellenden Hunden, Briefkästen, Fahrrädern, wehenden Plastikfolien, dem unsichtbaren Tiger in der Ecke der Reitbahn. Manchmal scheuen sie auch aus heiterem Himmel, wenn dem Pferd zum Beispiel an einem windigen Tag eine Plastiktüte vor die Füße weht, wenn ein Karnickel aus dem Gebüsch hüpft oder ein Heißluftballon über das Pferd hinwegschwebt. Manche Pferde scheuen vor Gegenständen, an denen andere anstandslos vorbeigehen. Andere wiederum scheuen nur vor ganz bestimmten Dingen – einer Pflanze mit breiten, glänzenden Blättern, einem frisch gefällten Baum.

Ein Pferd kann aus Angst oder Verspanntheit scheuen, aber auch spielerisch oder gewohnheitsmäßig. In manchen Araber-Linien kann es sogar genetisch bedingt sein. Lady Wentworth, die bekannte Araber-Züchterin, schrieb einmal: „Wenn sie sich nicht vor einem Schmetterling erschrecken, sollte man sie besser erschießen." Über Generationen hinweg mussten Wüstenaraber extrem aufmerksam

Es gehört zur Natur des Pferdes, dass es vor unheimlichen Dingen flieht. Ein Reitpferd kann lernen, nicht Hals über Kopf wegzurennen.

sein, denn das Leben ihres Reiters hing davon ab, die Bewegung eines feindlichen Reiters am Horizont rechtzeitig zu erspähen.

Da hauptsächlich Wachsamkeit und Schnelligkeit das Überleben des Pferdes garantierten, entwickelte sich der Fluchtreflex über Jahrtausende hinweg so fein, dass er beim ersten Anzeichen von Gefahr ausgelöst wurde. Pferde, die gern scheuen, verfügen oft einfach über einen besonders gut erhaltenen Fluchtreflex. Unsere Aufgabe ist es, unserem vierbeinigen Partner zu zeigen, wie er diesen instinktiven Impuls überwinden kann: indem er auf seinen Reiter hört oder einfach stehen bleibt anstatt wegzurennen, wenn er sich nicht ganz sicher ist.

Was auch der Grund für das Scheuen sein mag – „guckige" Pferde haben oft eine oder mehrere der folgenden Eigenschaften gemeinsam:

- Chronisch schreckhafte Pferde sind oft an einer Stelle unterhalb des Widerrists, hinter der Schulter, empfindlich. Dies ist ein Akupressurpunkt für das Zwerchfell, der sich auf die Atmung auswirkt. An dieser Stelle kneifen zu enge Sättel oft. Die Pferde können auch ca. 15 bis 20 cm am Hals hinter dem Ohr verspannt sein, einem Akupressurpunkt für die Durchblutung zum Kopf.

- Guckige Pferde regen sich besonders gern über Dinge um ihre Füße herum auf. Je mehr sie am Boden verankert, „geerdet" sind, desto mehr wächst ihr Selbstvertrauen.

Erfolgsgeheimnis: Visualisieren!

Wenn Sie mit Ihrem Pferd arbeiten, müssen Sie das Bild in Ihrem Kopf verändern – stellen Sie sich das vor, was Ihr Pferd tun soll. Scheut das Pferd immer an einer bestimmten Stelle, stellen Sie sich in aller Deutlichkeit vor, wie Ihr Pferd ganz gelassen daran vorbeigeht oder -trabt.

Lösungen

Vom Boden aus

- Guckige Pferde sind oft verspannt im Hals und im Rücken, deshalb fangen Sie am besten damit an, den *Pferdekopf* zu *senken*, und machen vertrauensbildende TTouches: *Ohren-TTouches*, *Troika-TTouches*, *Lecken der Kuhzunge* und *Beinkreise*. Um das Pferd zu erden und das Selbstvertrauen zu entwickeln, *streichen* Sie die Vorderbeine mit der *Gerte ab* und machen *Aufgerollte-Python-TTouches*, *Oktopus-TTouches* und *Beinkreise vorn und hinten*. Zum Abschluss *klopfen* Sie die *Hufe ab*.
- Übungen im *Lernparcours*, besonders das *Training mit Plastikfolien, Reifen, Mikado* und *Brett*, verringern die Anspannung und stärken das Vertrauen – Ihr Pferd wird sicherer und selbstbewusster.
- Schaffen Sie – in kontrollierter Umgebung – bewusst Situationen, in denen es sich mit unterschiedlichen Oberflächen wie etwa Plastik, Sperrholz oder Pappe konfrontiert sieht und beim Überqueren Vertrauen und Gehorsam lernen kann (nicht nur die Dinge irgendwie zu ertragen).
- Lauern in einer Ecke der Reithalle „Gespenster", stellen Sie dort in Brusthöhe eine flache Gummiwanne mit Hafer auf. Mit dem Fressen ist die Angst leichter zu überwinden. Hilfreich kann es auch sein, das *Labyrinth* genau in den „gruseligen" Ecken aufzubauen.

Das Mikado verbessert die Mitarbeit und Koordination des Pferdes.

Geschichte einer Wandlung

Rex, ein fünf Jahre alter Haflinger, wurde 1978 zu einem meiner zweiwöchigen Lehrgänge in Deutschland gebracht. Angeblich war es lebensgefährlich, mit ihm im Wald zu reiten, weil er vor allem, was sich bewegte, scheute und dann durchging. Wir arbeiteten mit ihm sämtliche Hindernisse des Lernparcours durch, wobei das Training mit Plastikfolien für ihn die größte Herausforderung darstellte. Nach zwei Wochen hatte er so viel Selbstvertrauen gewonnen, dass wir ihn ohne Weiteres mit einer Plastikfolie über der Kruppe reiten konnten. Jahre später schrieb mir die Besitzerin, Rex sei nun 24, es gehe ihm gut und er sei immer noch eine Lebensversicherung im Gelände.

Unter dem Reiter

Wenn Sie zu den Reitern gehören, die Probleme lieber vom Sattel aus lösen oder Spaß daran haben, ein schreckhaftes Pferd zu reiten und sich darauf zu behaupten, oder wenn Ihr Pferd mehr aus spielerischem Übermut scheut, werden Sie die folgenden Tipps sehr wirkungsvoll finden.

- Machen Sie das Pferd in kontrollierter Umgebung mit diversen „gruseligen" Gegenständen bekannt. Führen Sie es zuerst durch verschiedene Hindernisse des Lernparcours, und Sie werden feststellen, dass die Schreckhaftigkeit nachlässt und das Selbstbewusstsein steigt. Dann reiten Sie durch den Lernparcours.

Tellington-Tipp

Es nützt nichts, ein Pferd direkt mit dem Gegenstand zu konfrontieren, vor dem es scheut. Garantiert wird es jedes Mal wieder vor demselben Felsen oder vor dem Richtertisch scheuen. Dagegen lässt sich das Scheuen oft vermeiden, wenn man das Pferd seitwärts daran vorbeimanövriert und seinen Kopf leicht davon abwendet. Visualisieren Sie, Sie hätten den Gegenstand bereits gefahrlos passiert, indem Sie nach vorn und weit darüber hinausschauen.
Singen Sie! Das Singen hindert Sie daran, sich die zu erwartende „Katastrophe" auszumalen, und zwingt Sie zum Atmen.
Wenn Sie spüren, dass das Pferd sich unter Ihnen verspannt, singen und visualisieren Sie, wie Ihr Pferd ruhig an dem Schreckobjekt vorbeigeht.

Tellington-Lösungen

- Reiten Sie mit dem *Balancezügel* als zweitem Zügel. „Guckige" Pferde werden oft nur noch schreckhafter, wenn der Reiter versucht, das Scheuen zu verhindern oder zu kontrollieren, indem er die Zügel vermehrt annimmt. Mit dem *Balancezügel* können Sie das Pferdemaul in Ruhe lassen. Mit dem *Tellington-Trainingsgebiss* können Sie das Pferd (und sich selbst) unter Kontrolle halten, den Pferderücken nach oben und den Kopf nach unten bringen.

Das Schreiten über Reifen macht scheusicherer.

- Setzen Sie das elastische *Körperband* ein, das am Gurtring oder Latigo des Westernsattels oder beim englischen Sattel am hinteren Teil eines Schnurgurts angebunden wird. Das Band wird unterhalb des Sitzbeinhöckers unter dem Schweif durchgezogen und mit so viel Spannung befestigt, dass es nicht nach oben oder unten verrutschen kann. Zu fest sollte es nicht anliegen. Bevor Sie das Pferd mit dem *Körperband* reiten, führen Sie es an der Hand im Schritt und im Trab, um sicherzugehen, dass es sich damit wohl fühlt. Das *Körperband* stellt eine Verbindung zwischen vorderem und hinterem Ende des Pferdes her, aktiviert die Hinterhand und ist sehr nützlich bei Pferden, die nervös auf Bewegungen von hinten reagieren. Kann sein, dass Sie ein paar erstaunte Blicke ernten, aber der Unterschied, den es für das Selbstvertrauen des Pferdes ausmacht, ist erheblich.
- Ob Sie es glauben oder nicht: Die Arbeit mit dem *Halsring* – anfangs zur Sicherheit mit den Trensenzügeln auf dem Hals – in einer abgesicherten Umgebung kann Wunder wirken, allerdings nur, wenn Sie vom Boden aus gründliche Vorarbeit geleistet haben. Während meiner Kurse habe ich viele Pferde geritten, die auf Trense extrem guckig waren. Kaum hatten sie den Kopf frei, waren sie die Ruhe selbst.

Das sanfte Bewegen der Schweifwirbel, wie die Glieder einer Perlenkette, fördert die Beweglichkeit des Schweifes und erzeugt neue Bewusstheit.

Schiefer Schweif

Diese Eigenheit des Gebäudes kommt sehr oft bei Araberpferden vor. Manchmal soll ein schief getragener Schweif auch auf eine einseitig verspannte Rückenmuskulatur zurückzuführen sein. Die Ursache ist unbekannt, hat möglicherweise aber eine genetische Komponente, die erst im fortgeschrittenen Alter zum Ausdruck kommt. Ich persönlich finde einen schiefen Schweif, ob bei Arabern oder anderen Rassen, nicht weiter gesundheitsschädlich, obwohl er von manchen als Gebäudemangel betrachtet wird.

Tellington-Lösungen

Schweif-TTouch	208
Den Pferdekopf senken	182
Hals lösen	241
Rückenheben	214

Lösungen

- Wir haben mit sämtlichen *Schweif-TTouches* Erfolg – mit der Perlenschnur, dem Bogen, Schweif kreisen, Schweif ziehen und Schweifhaare ausstreichen.
- *Den Kopf senken, Hals lösen* und *Rücken anheben* zusammen mit verschiedenen TTouches können dazu beitragen, Verspannungen im Körper zu lösen. Es ist zwar einfacher, das Nervensystem eines Fohlens „umzuprogrammieren“, aber wir hatten auch mit ausgewachsenen Pferden genügend Erfolge, um Sie zu einem Versuch zu ermutigen.

Geschichte einer Wandlung

Ich wurde gebeten, mich mit einem drei Tage alten Warmblutfohlen zu beschäftigen, das von Geburt an den Schweif ausgeprägt nach links hielt. Die Besitzerin fand, das Fohlen habe zu wenig Energie. Es war zwar nicht gerade lethargisch, benahm sich aber auch noch nicht wie ein typisches Fohlen, das herumrennt, springt und spielt. Sie fragte sich, ob der schiefe Schweif vielleicht etwas mit dem Mangel an Enthusiasmus und Energie zu tun hatte.
Ich begann mit sanften Waschbär-TTouches (2er-Druck) um den Schweifansatz herum, gefolgt von ein paar Minuten Schweifhaare ausstreichen; dann bog ich die Schweifrübe hoch und beschrieb Kreise damit. Beendet wurde diese erste Sitzung, die ca. fünf Minuten dauerte, mit der Perlenschnur und leichtem Schweifziehen.
Danach durfte sich der Kleine ein paar Minuten frei in der Box bewegen, um die Erfahrungen zu verinnerlichen. Nach kurzer Pause machte ich wieder etwa fünf Minuten Schweif-TTouches, diesmal mit Betonung auf dem Schweifhaareausstreichen. Zum Abschluss umfasste ich das Ende der Schweifrübe mit beiden Händen und schob es vorsichtig in Richtung Rückgrat, gefolgt von einem ebenso sanften Ziehen in meine Richtung. Damit erhielt das Nervensystem neue Informationen und Optionen. Als ich zurücktrat und den Kleinen freiließ, schoss er zur allgemeinen Überraschung wie eine Rakete aus der Box hinaus in den Paddock, die Mutterstute aufgeregt hinterher, und raste draußen ausgelassen herum, den Schweif kerzengerade ausgestreckt.

Schleppender Schritt

Siehe auch „Faulheit", „Stolpern"

Ihr Pferd bewegt sich unter dem Reiter träge und trödelt in Gesellschaft anderer Pferde immer hinterher. Dauernd müssen Sie antraben, um wieder Anschluss zu finden. Um „faule" Pferde fleißiger zu machen, verstärkt der Reiter üblicherweise die Hilfen oder greift zu Gerte und Sporen. Manche Pferde gehen aber gerade deshalb so langsam, weil man so lange mit Absätzen und Schenkeln auf ihnen herumgeklopft hat, bis sie völlig abgestumpft waren. Das beste Beispiel dafür sind Schulpferde.

Pferde, die unter dem Reiter nicht vorwärts gehen, haben meist überhaupt nicht gelernt, auf Schenkelhilfen zu reagieren, oder durften von Anfang an herumtrödeln. Vielleicht sind sie auch vor dem Anreiten nicht richtig vom Boden aus vorbereitet worden. Bewegt sich ein normalerweise locker vorwärts gehendes Pferd allerdings plötzlich träge und stuckerig, braucht es möglicherweise die Hilfe eines Chiropraktikers. Grundsätzlich müssen Sie immer in Erwägung ziehen, dass das Verhalten körperliche Ursachen haben könnte – zu wenig Futter für das, was das Pferd leisten soll, oder ein unausgewogener Vitamin-Mineralien-Haushalt. Beim leisesten Verdacht in dieser Richtung lassen Sie besser eine Blutuntersuchung vornehmen.

Lösungen

- Fangen Sie vom Boden aus im *Dingo* an und bringen Sie dem Pferd bei, auf kreisförmiges Antippen auf der Kruppe hin vorwärts zu gehen, anfangs mit *Halben Tritten,* dann im Mittelschritt und schließlich auf das leise kreisförmige Antippen hin wirklich energisch anzutreten. Wird die Kruppe mit einer Bewegung aus dem Handgelenk heraus angetippt, wird die Vorwärtsbewegung angeregt, während ein Antippen von oben nach unten dazu führt, dass das Pferd sich verspannt und noch kürzere Schritte macht.
- Sobald das Pferd gelernt hat, auf Ihr Signal vom Boden aus mit mehr Energie und Schub aus der Hinterhand anzutreten, können Sie sich wieder in den Sattel setzen. Tippen Sie auf die Lendenpartie kurz hinter dem Sattel, anstatt die Gerte hinter dem Schenkel anzulegen. Um die Vorwärtsbewegung weiter anzuregen, können Sie auch Schulter und Hüfte abwechselnd im Rhythmus der Schrittfolge mit der Gerte antippen oder das *Körperseil* anlegen
- Kombinieren Sie das Antippen mit der Gerte mit einem leichten „Flattern" der Absätze, bis das Pferd gelernt hat, auf den bloßen Schenkeldruck hin vorwärts zu gehen. Wenn Sie viel Druck mit dem Absatz ausüben oder nur drücken, ohne wieder nachzulassen, hält das Pferd die Luft an

Cavaletti steigern die Aufmerksamkeit, das Pferd lernt die Beine zu heben.

Tellington-Tipp

Wenn Ihr Pferd die Zehen nachzieht oder viel stolpert, kann es sich um eine Subluxation handeln, eine neurologische Erkrankung, die vom Tierarzt diagnostiziert werden sollte, um gefährlichere Erkrankungen, wie etwa das Wobbler-Syndrom, ausschließen zu können. Mit den TTouches können Sie die medizinische Behandlung unterstützen. So verbessern Verbundene Kreise über Rücken und Kruppe und die Beine hinunter das Körperbewusstsein. Körperband und Beinkreise aktivieren neue Nervenpfade, die das Pferd in die Lage versetzen, sich ganz anders zu bewegen. Weitere Informationen erhalten Sie im Tellington-Trainings-Büro in Santa Fe; fragen Sie außerdem nach der Broschüre „TTEAM as a Complement in the Rehabilitation of Horses with Neurological Deficits" (TTEAM als Ergänzung bei der Rehabilitation von Pferden mit neurologischen Defiziten, siehe Seite 328).

Erfolgsgeheimnis

Hier ist ein Tipp, wie man den Raumgriff verbessern und ein träges Pferd flott machen kann; er hat bei wenigstens 50 % aller Pferde auf Anhieb gewirkt: Befestigen Sie das Körperseil ca. 20 cm oberhalb der Sprunggelenke um die Hinterhand. Wir machen oft noch einen Knoten hinein, damit es mehr Gewicht hat und bei jedem Schritt von einer Seite zur anderen schwingt.

Vorsicht: Hier ist die Leine beim Rückwärtstreten unter dem Schweif eingeklemmt.

und geht erst recht gegen den Schenkel bzw. ignoriert ihn. Die Bewegungen von Absatz und Unterschenkel sollten leicht, aber schneller und energischer ausfallen, damit sie den energischeren Bewegungen der Gerte entsprechen

Tellington-Lösungen

Dingo	253
Körperseil	179
Cha-Cha	249
Halbe Tritte	295
Verbundene Kreise	191
Körperband	303
Beinkreise	192, 195

Schweif einklemmen

Siehe auch „Angst vor Bewegung und Gegenständen im Hintergrund"

Viele Pferde haben Angst vor Bewegungen um ihre Hinterhand herum oder vor Kontakt an der Hinterhand. Als Reaktion klemmen sie den Schweif ein und verkrampfen sich. Tritt nun eine unerwartete Situation ein – dass sich beispielsweise eine Leine oder Longe unter dem Schweif verfängt –, kann dies dazu führen, dass das Pferd bockt oder durchgeht.

Sie können Ihr Pferd dazu erziehen, nicht den Schweif einzuklemmen, wenn sich etwas darin oder darunter verfängt. Es lernt in kurzer Zeit, sich an der ganzen Schweifrübe, auch an der Unterseite, berühren zu lassen. Ziel der Übung ist, dass das Pferd auf einen entsprechenden Reiz hin ruhig den Schweif hebt, anstatt ihn einzuklemmen. Damit ist es in der Lage, die Tendenz zu fliehen oder zu erstarren zu überwinden, stehen zu bleiben und zu denken, anstatt nur zu reagieren.

Das Pferd auf Berührungen am Schweif vorzubereiten ist in folgenden Situationen nützlich:

- wenn die Temperatur gemessen werden soll;
- wenn der Schweif vor dem Verladen, Decken oder Abfohlen eingebunden werden soll;
- wenn es darum geht, den natürlichen Deckakt, künstliche Befruchtung oder eine rektale Untersuchung zu akzeptieren;
- wenn ein Schweifriemen notwendig ist;
- damit das Pferd nicht erschrickt und durchgeht, wenn sich ein Zweig im Schweif verfängt;
- damit es den Schweif nicht über einem Strick einklemmt, wenn es vom Boden aus gefahren oder longiert wird oder mit einem Handpferd unterwegs ist.

Viele Leute ignorieren einen eingeklemmten Schweif einfach oder heben ihn mit Gewalt an, um den Schweifriemen durchzuziehen. Bei einem Distanzritt oder einer Leistungsprüfung kann ein Pferd jedoch disqualifiziert werden, wenn es sich vom Tierarzt nicht die Temperatur messen lässt. Und bei einer rektalen Untersuchung kann ein eingeklemmter Schweif unangenehm sein für den Tierarzt wie für die Stute, die in dieser Situation sowieso sehr verspannt und oft unberechenbar ist.

Im Verlauf der Jahre habe ich festgestellt, dass Pferde, die gewohnheitsmäßig den Schweif einklemmen, gewöhnlich wenig Selbstvertrauen haben und in der Rangordnung oft weit unten stehen. Es sind in vielen Fällen nur wenige Übungseinheiten nötig, um diesen Pferden ein neues Körperbewusstsein zu vermitteln, das die Hinterhand und den Schweif mit dem übrigen Körper buchstäblich neu zu verbinden scheint.

Im Verlauf dieses Prozesses fällt es dem Pferd nicht nur zunehmend leichter, Situationen wie oben geschildert zu ertragen, sondern seine ganze Einstellung verändert sich zum Positiven. So können Sie zum Beispiel damit rechnen, dass sich das Selbstbewusstsein des Pferdes – und seine Stellung in der Rangordnung – deutlich erhöht. Und Sie werden sich wesentlich sicherer fühlen, wenn Sie wissen, dass im Gelände unerwartet auftauchende „kitzlige" Situationen Ihr Pferd nicht aus der Ruhe bringen.

Mit Schweifdrehen wird die Bewegungsmöglichkeit des Schweifes verbessert.

Lösungen

- Lässt Ihr Pferd Sie nicht gern an die Hinterhand heran, sollten Sie Zeit für vertrauensbildende und bewusstseinsfördernde TTouches (Seite 188 und 214) aufwenden, damit es sich am ganzen Körper berühren und ttouchen lässt, bevor Sie mit den *Schweif-TTouches* beginnen. Machen Sie *Verbundene Wolken-Leopard-TTouches* über den gesamten Bereich der Sitzbeinhöcker, bevor Sie direkt am Schweif arbeiten.
- Da Pferde, die den Schweif einklemmen, oft verspannt und nervös sind, profitieren sie besonders von *Ohren-TTouches, Verbundenen Wolken-Leopard-Kreisen, Lecken der Kuhzunge, Zebra-TTouches* und *Tarantel-TTouches*.
- Lassen Sie langsam und ruhig die Schweifhaare durch die Finger gleiten, um ein nervöses Pferd zu entspannen. Nehmen Sie zuerst ein paar Strähnen von der Schweifoberseite in die Hand und lassen Sie diese sanft bis zum Ende durch die Finger gleiten. Später spielt die Reihenfolge keine Rolle mehr. Gehen Sie so sanft vor, als handelte es sich um Ihre eigenen Haare. Gemäß der üblichen Meinung besitzen die Mähnen- und Schweifhaare keine Nervenenden. Mir hat jedoch während einem meiner Lehrgänge ein Neurologe einmal erklärt, dass die Pferdehaare eine Art Verlängerung des Nervensystems darstellen. Wenn wir die Schweifhaare durch die Finger gleiten lassen, hat dies also Auswirkungen auf das ganze Pferd. Achten Sie sicherheitshalber darauf, seitlich vom Pferd zu stehen, bis es sich zu entspannen beginnt und den Vorgang genießt. Wenn Sie im Geringsten das Gefühl haben, das Pferd könnte ausschlagen, machen Sie vertrauensfördernde TTouches, bis das Pferd Ihnen vertraut und Sie sich sicher fühlen.
- Machen Sie mit den Fingerspitzen etwa eine Minute lang winzige kreisförmige *Waschbär-TTouches* seitlich an der Schweifrübe und über den Sitzbeinhöckern, bis sich das Pferd entspannt und den Schweif anhebt, anstatt ihn einzuklemmen. Die meisten Pferde heben den Schweif schon nach ein paar Minuten, andere brauchen vielleicht ein paar Übungseinheiten.
- Zurück am Schweifansatz ergreifen Sie ein dünnes Haarbüschel, ziehen den Schweif damit nach oben und kreisen mit dem Haarbüschel als „Griff" die Schweifrübe in beide Richtungen.
- Hat das Pferd die oben beschriebene Übung akzeptiert und hebt von selbst den Schweif an, schieben Sie die Schweifrübe mit beiden Händen bogenförmig nach oben und beschreiben, mit der Schweifrübe zwischen den Händen, sanfte, langsame Kreise in beiden Richtungen.
- Da der Schweif nun einmal angehoben ist, machen Sie an der Unterseite ein paar *Wolken-Leopard-TTouches*, um in diesem Bereich ein neues Körperbewusstsein zu wecken. Passen Sie aber auf, dass das Pferd Ihnen nicht die Hand unter dem Schweif einklemmt!
- Sie können dem Pferd auch ein *Körperband* aus elastischen Bandagen anlegen und dann zu einem *Körperseil* übergehen, sodass das Pferd sich daran gewöhnt, eine Berührung an der Hinterhand zu spüren.

Tellington-Tipp

Stellen Sie sich bei einem Pferd, das zum Ausschlagen neigt, oder einem jungen Pferd, das noch nicht viel Umgang mit Menschen hatte oder dessen Vorgeschichte Sie nicht kennen, auf keinen Fall direkt dahinter! Stellen Sie sich so, dass Sie nicht geschlagen werden können, und arbeiten Sie das Pferd von der Seite aus. Hält es den Schweif fest eingeklemmt, umfassen Sie die Schweifrübe ca. 30 cm unterhalb des Ansatzes und ziehen sie zwischen den Hinterbacken hervor zur Seite. Dann können Sie gefahrlos die Schweifhaare durch die Finger gleiten lassen.

Schweifriemen-Training

Nach den *Schweif-TTouches* und den kleinen Kreisen auf der Unterseite der Schweifrübe sollte das Pferd bereitwillig den Schweif anheben. Der Schweifriemen wird zunächst noch nicht eingeschnallt, sondern nur locker unter den unteren Teil der Schweifrübe gelegt und allmählich höher geschoben, während ein Helfer dem Pferd ein wenig Futter anbietet. Sind Sie allein, bekommt es die Belohnung von Ihnen und muss dafür den Kopf zu Ihnen wenden, um ans Futter zu gelangen.

Eingeschnallt wird der Schweifriemen das erste Mal noch sehr lose. Machen Sie ein paar *Wolken-Leopard-TTouches* auf der Kruppe und führen Sie das Pferd zuerst im Schritt und im Trab, möglichst auch hügelauf und hügelab, damit es den Druck spürt. Wenn Sie anfangen, mit dem Schweifriemen zu reiten, empfiehlt es sich, sich im Stand im Sattel umzuwenden und mit einer Hand auf der Kruppe *Tiger-TTouches* zu machen, um etwaige Verspannungen zu lösen.

Vorbereitung für den Fall, dass sich ein Strick unter dem Schweif verfängt

Mit diesem Training wird das Pferd darauf vorbereitet, mit einem Handpferd zu gehen oder vom Boden gefahren zu werden – beides Gelegenheiten, wo es ruhig bleiben muss, wenn sich ein Führstrick oder eine Leine unter dem Schweif verfängt.

Sobald sich das Pferd an das elastische *Körperband* gewöhnt hat, schlingen Sie ihm wie auf Seite 179 beschrieben einen Strick in Achterform um Brust und Hinterhand. Ein Helfer am Pferdekopf tut gute Dienste, wenn Sie das Pferd mit dem Strick kurz oberhalb der Sprunggelenke anführen. Allmählich bringen Sie den Strick stufenweise höher. Nach jeder Stufe erhält das Pferd eine kleine Belohnung. Der Helfer kann währenddessen Brust und Vorderbeine mit der Gerte abstreichen.

Laden Sie das Pferd ein, sich Ihnen zuzuwenden und Ihnen etwas Futter aus der Hand zu nehmen, während der Strick unter dem Schweif nach oben rutscht. Das Pferd soll den Schweif anheben und die Rückenmuskeln entspannen, anstatt den Schweif einzuklemmen, sich im Rücken zu verspannen und auf Flucht zu schalten.

Tellington-Lösungen

Schweif-TTouch	208
Wolken-Leopard-TTouch	218
Ohren-TTouch	233
Lecken der Kuhzunge	197
Verbundene Kreise	191
Zickzack-TTouch	230
Tarantel-TTouch	227
Schweifhaare ausstreichen	126
Waschbär-TTouch	235
Körperband und Körperseil	179

Schweif schlagen/drehen

Das Dressurpferd schlägt bei jedem fliegenden Wechsel mit dem Schweif, was einen Abzug in der Wertnote bedeutet.

Der Schweif des Springpferdes dreht sich über dem Hindernis wie ein Propeller, was von unwissenden Zuschauern als witzig empfunden wird.

Vielleicht haben Sie selbst schon das eine oder andere dieser Szenarien gesehen und sich nach der Ursache gefragt. Rückenschmerzen aufgrund eines schlecht angepassten Sattels, ein zu strammer Gurt, „sauer" oder erschöpft von zu viel Drill, ehrgeiziger oder unbeabsichtigter Einsatz von Absatz oder Sporen, Überempfindlichkeit gegen Schenkelhilfen – all diese Faktoren können Auslöser dafür sein, dass das Pferd mit dem Schweif dreht oder schlägt. Nur zu oft wird es für das „Fehlverhalten" bestraft, indem man es noch mehr arbeiten lässt, ihm den Schweif am Steigbügel anbindet oder sogar die Bänder

Das Reiten mit Lindell kann die gesamte Körperhaltung des Pferdes verändern.

Geschichte einer Wandlung

Ich erinnere mich an einen zwölf Jahre alten Warmblutwallach, mit dem ich 1981 bei einem Seminar in Toronto zu tun hatte. Er trug den Kopf sehr hoch und fürchtete sich buchstäblich vor dem eigenen Schweif! Er hatte einen Ruf als das schwierigste Pferd im Stall, war extrem aggressiv, ließ sich von Fremden nicht putzen oder anfassen, und nur die Besitzerin konnte mit ihm umgehen. Ich wurde gebeten, an ihm den TTouch zu demonstrieren. Nachdem ich ihn eine Weile beobachtet hatte, war ich überzeugt, dass seine Aggressivität in Angst begründet lag, eine Meinung, die nicht von allen im Stall geteilt wurde. Eine Stunde vertrauensbildende TTouches (Seite 188) und Training im Labyrinth hatten jedoch eine bemerkenswerte und unerwartete Verwandlung zur Folge.

am Schweif durchtrennt. Bei solchen „Lösungen" bleibt die Wurzel des Übels unberücksichtigt.

Lösungen

- Mit dem Schweif zu schlagen ist vielleicht das einzige Mittel des Pferdes, um Unbehagen, Frust oder Schmerz zum Ausdruck zu bringen. Die folgenden Vorschläge können Erleichterung bringen, wenn das Pferd sauer ist, Schmerzen hat oder überempfindlich auf jegliche Schenkelhilfen reagiert.

„Saure" Einstellung: Bringen Sie Abwechslung in Ihr tägliches Training und reiten Sie weniger lange Einheiten. Reiten Sie ab und zu mit dem *Lindell* und machen Sie sich und dem Pferd den Spaß, einmal ganz ohne Zaumzeug, nur mit dem *Halsring* zu reiten.

Rückenschmerzen: 10 Minuten am Tag eine Kombination aus *Bauch anheben, Rücken anheben, Lecken der Kuhzunge, Aufgerollte-Python-TTouches* und *Liegender-Leopard-TTouches* am Rücken mit *Schweif-TTouches* und *Becken kippen* sind gut gegen Rückenschmerzen. Lassen Sie beim Reiten immer wieder die Zügel aus der Hand kauen und geben Sie dem Pferd Gelegenheit, sich zu strecken und Hals und Rücken zu entspannen. Überprüfen Sie die Lage des Sattels und den Gurt, denn sie sind oft für diese Art von Problemen verantwortlich.

Überempfindlichkeit gegen Schenkelhilfen: Muschel-TTouches mit *Aufgerollte-Python-TTouches* über den ganzen Bauch und Rumpf, bei besonders empfindlichen Pferden anfangs mithilfe eines Lammfellhandschuhs. Und achten Sie beim Putzen auf die Reaktion des Pferdes – übereifriges, übertriebenes Putzen kann dazu beitragen, dass das Pferd auch auf Schenkeldruck mit Schweifschlagen reagiert. *Bauch anheben, Tarantel-TTouches* und *Schweif-TTouches* sind ebenfalls nützlich.

Tellington-Lösungen

Lindell	301
Halsring	297
Rückenheben	214
Lecken der Kuhzunge	197
Aufgerollte-Python-TTouch	190
Liegender-Leopard-TTouch	201
Schweif-TTouch	208
Becken kippen	243
Tarantel-TTouch	227
Muschel-TTouch	189
Bauchheben	231

Mit der Gerte strafend auf ein ängstliches Pferd einzuwirken, steigert die Angst.

Stätigkeit, „Klemmen", Wasserscheu

Siehe auch „Schleppender Schritt"

Ihr Pferd weigert sich in bestimmten Situationen, vorwärts zu gehen oder scheint, an der Hand oder unter dem Sattel, „stecken zu bleiben".

Die übliche Meinung ist, dass das Pferd „sich anstellt", und die konventionelle Lösung dafür heißt: Vermehrt einsitzen, die Hilfen verstärken und notfalls dem Pferd mit Gerte und Sporen „einheizen". Das mag bei manchen Pferden wirken, aber vielfach führt es nur dazu, dass das Pferd sich dagegenstemmt, die Halsmuskeln anspannt und rückwärts kriecht, wobei es oft auch noch ausschlägt. Wird weiter Druck gemacht, reagiert das Pferd möglicherweise mit Steigen oder Umdrehen, was den Durchschnittsreiter in eine prekäre, wenn nicht gar gefährliche Situation bringt. Bei einem jungen Pferd kann so die Widersetzlichkeit zur Gewohnheit werden. Es verliert die Lust an der Leistung und das Vertrauen. Ist das Pferd schon älter, hört man oft den Kommentar: „Er weiß doch genau, was er soll!"

Mit der Tellington-Methode wird das Pferd vom Boden aus korrigiert. Es lernt, auf ein leichtes Signal auf der Kruppe hin vorwärts zu gehen und Ihnen die Führung zu überlassen.

Lösungen

- Anstatt tief einzusitzen und das Pferd mit Kreuz und Schenkeln vorwärts zu treiben, bleiben Sie einige Augenblicke ruhig sitzen, atmen tief aus der Körpermitte und machen sich im Sattel etwas leichter. Strecken Sie den Arm aus und machen Sie ein paar *Wolken-Leopard-TTouches* hinter den Ohren, damit das Pferd den *Kopf senkt*.
- Streichen Sie, immer noch vom Sattel aus, dem Pferd mit der Gerte über die Kruppe und tippen Sie es dann leicht an. Tippen Sie abwechselnd auf die Schulter und auf die Kruppe. Diese Technik hat drei Vorteile: Sie gibt dem Pferd einen Rhythmus vor, der es zum Vorwärtsgehen anregt. Die Bewegung bricht die Erstarrung auf, und das Pferd regt sich nicht auf und verspannt sich nicht im Rücken, weil es nur ganz leicht angetippt wird. Geht es trotzdem nicht vorwärts, steigen Sie ab und führen das Pferd, wobei Sie zum Losgehen die Kruppe mit der Gerte im *Dingo* antippen.
- Damit sich die Einstellung des Pferdes noch tief greifender verändert, sollten Sie es durch mehrere Elemente des Lernparcours führen, besonders über *Plastikfolien* und *Brett*. Das Pferd entwickelt dadurch schnell Selbstvertrauen in jeder Situation. In Kombination mit der *Dingo*-Führposition mit Ihren höchst präzisen Signalen zum Antreten, Anhalten und Rückwartstreten können Sie die Aufmerksamkeit des Pferdes schnell auf sich konzentrieren, sodass es gehorsam die leisesten Zeichen befolgt.
- Sehen Sie sich das Kinn Ihres Pferdes an. Ist es fest und angespannt, können Sie mit ein paar Minuten *TTouches am Pferdemaul* auf seine emotionalen Blockaden einwirken und seine Lernfähigkeit wieder wecken. *TTouches an den Ohren* und *Haargleiten* am Schopf führen auf eine neue Ebene des Vertrauens und der Kooperation.
- Reiten Sie Ihr Pferd mit *Halsring*, *Balancezügel* und *Körperseil*.

Tellington-Lösungen

Julie Suhrs Geschichte

Julie Suhr, die legendäre Distanzreiterin und Autorin des Buches „Ten Feet Tall, Still“ beschreibt ihre Erfahrungen mit einem stätigen Pferd auf dem Trail:

„... Am Rand einer Jeep-Fahrspur tropfte Wasser vielleicht 15 cm tief herunter auf Ahornblätter, die sich in ein paar Steinen verfangen hatten. Die Wassertropfen machten ein seltsames Geräusch, und zum ersten Mal in ihrem Leben stemmte Carolana alle viere in den Boden und sagte: „Nein, da gehe ich nicht hin!“ Es lief ganz offensichtlich auf einen Test hinaus, wer von uns stärker war. Was nun folgte – das Abdrehen auf der Hinterhand, Steigen und rückwärts den Abhang Hinunterrutschen –, hätte mich, falls mich jemand gesehen hätte, in den Augen all derer Lügen gestraft, denen ich erzählt hatte, mein junges Pferd ginge einfach überallhin. Ich war tatsächlich überhaupt nicht gefasst auf dieses Verhalten, und ohne groß nachzudenken, reagierte ich mit Kraftanwendung. Als wir uns total festgefahren hatten, wurde mir klar, dass ich es für immer zu bereuen hätte, wenn ich diesen Kampf nicht gewinnen konnte.

Ich entschloss mich abzusteigen und sie zu führen. Eigentlich glaubte ich nicht, dass es funktionieren würde, aber es funktionierte. Nachdem ich sie ein paarmal vor und zurück an der Stelle vorbeigeführt hatte, stieg ich wieder auf, und sie ging ohne Weiteres daran vorbei. In Anbetracht ihrer sonstigen Bereitwilligkeit hätte ich wissen müssen, dass dieses Geräusch, das sie nicht erkannte und nicht einordnen konnte, sie ernstlich beunruhigt hatte. Ihr erschien es gefährlich und mir völlig unbedeutend. Ich hatte etwas gelernt. Wenn Sie wissen, dass Ihr Pferd grundsätzlich ehrlich ist, es sich aber plötzlich vollständig ungewohnt verhält, dann überdenken Sie zuerst die Situation, bevor Sie Maßnahmen ergreifen. Carolana war von der Situation überfordert gewesen, und ich hätte verständnisvoll ihr Vertrauen stärken sollen, statt mit den Strafen zu reagieren, die für ein widersetzliches, stätiges Pferd angebracht gewesen wären. Da sie mir vertraute, folgte sie mir willig an der „gefährlichen“ Stelle vorbei. Der ganze unangenehme Streit wäre so einfach zu vermeiden gewesen.

Pfützen waren etwas, das sie auch nicht mochte. Es ist schwer nachzuvollziehen, warum ein Pferd, das gerade einen Winter im Santa-Cruz-Gebirge überstanden hat, in dem die Hufe monatelang nicht trocken geworden waren, nun plötzlich das Gefühl hat, im Gelände nicht ins Wasser treten zu dürfen.

Aber genau so war es. Kleinere Pfützen sprang sie, um größere ging sie herum, und ein paarmal jagte sie mir einen gehörigen Schrecken ein, weil sie in einem Canyon auf schmalstem Rand zwischen einer Pfütze und einem Steilhang entlang balancierte. Am Ende der Ausritte hatte sie meistens genug von dem Spielchen und ging ohne Weiteres mitten durch jede Pfütze.

Als wir jedoch einmal an eine Pfütze kamen, die sich quer über den ganzen Weg erstreckte, kündigte sie mir zum zweiten Mal den Gehorsam auf. Sie weigerte sich hineinzutreten. Ich versuchte es wieder mit Führen, und als ich, vorausgehend, das Wasser aufgerührt und getrübt hatte, folgte sie mir wieder willig. Ich kann mir nur vorstellen, dass die Reflexionen von Himmel und Bäumen im Wasser sie verunsichert hatten. Seither hatten wir nie wieder Probleme in dieser Hinsicht ...“

Steigen ist höchst gefährlich für Pferd und Reiter.

Steigen

Die meisten Menschen bei uns in den USA denken bei einem steigenden Pferd an Roy Rogers auf seinem Superstar Trigger, wie er sich auf Kommando majestätisch auf den Hinterbeinen erhebt. Die Pferde, die zu unseren Tellington-Trainings-Lehrgängen gebracht werden, steigen jedoch nicht auf Kommando. Sie steigen, weil sie sich auf diese Weise wehren wollen. Manche Pferde steigen, weil sie nicht allein aus dem Stall und ins Gelände gehen wollen, oder am Eingang zum Turnierplatz, ob sie nun für ein Barrel Race oder eine Spring- oder Dressurprüfung antreten sollen. Hengste und junge Pferde versuchen sich manchmal beim Führen mit dieser Taktik der Kontrolle zu entziehen. Steigen kann viele Gründe haben, unter anderem:

- Widersetzlichkeit aus Angst;
- unklare Reiterhilfen;
- fehlende Grunderziehung;
- Verspannungen im Hals, im Rücken und in den Schultern des Pferdes;
- schlecht angepasster Sattel;
- Schmerzen im Maul aufgrund von Zahnproblemen oder aufgrund des Gebisses.

Das Steigen wird üblicherweise als „dominante Haltung“ betrachtet. Die „Heilmittel“ dagegen reichen von mit Wasser gefüllten Ballons, die man über dem Kopf des steigenden Pferdes zum Platzen bringt, bis zum rückwärts Umwerfen. Das Problem besteht darin, dass diese Methoden sehr viel Geschick und perfektes Timing verlangen. Und selbst dann besteht immer noch die Gefahr ernsthafter Verletzungen von Ross und Reiter. Außerdem können wir seit der Entwicklung der Tellington-Methode dem Pferd eine Grundlage anbieten, die ihm die Angst nimmt und es kooperationswillig macht. Anders ausgedrückt: zu einem zuverlässigen, willigen Partner.

Haben Pferde erst einmal entdeckt, dass sie mit dem Steigen ihren Reiter einschüchtern können oder an der Hand damit durchkommen, lernen sie schnell, diese Untugend zu ihren Gunsten einzusetzen. Und Prügel können bei Pferden, die sich das Steigen angewöhnt haben, das Verhalten nur noch weiter verstärken.

Die Neigung zu steigen tritt besonders bei Pferden auf, die allein gearbeitet werden, entweder im Round Pen oder auf einem beengten Platz, oder die nicht genügend durch Bodenarbeit vorbereitet wurden. Wir haben die Erfahrung gemacht, dass sich Selbstvertrauen und Konzentrationsfähigkeit besser entwickeln, wenn Pferde mindestens zu zweit gearbeitet werden.

Nach allgemeiner Meinung muss ein steigendes Pferd vom Sattel aus bestraft werden, wenn es nützen soll. Selbst wenn Sie reiterlich stark genug sind, das Pferd davon zu überzeugen, dass es besser seine vier Füße am Boden behält, wird es Sie – wenn es unter Druck gehorcht hat – vielleicht in einem Augenblick wieder testen, wenn Ihnen wenig Alternativen bleiben, etwa auf einem schmalen Pfad im Gelände, mit Stacheldraht auf der einen und einem tiefen Graben auf der anderen Seite.

Also zurück zum Anfang: Trainieren Sie das Pferd von Neuem darauf, Ihre Anforderungen zu erfüllen, ohne auf Widerstand zu schalten. Das Steigen ist eine gefährliche Sache, und deshalb ist bei der Korrektur eines Steigers Sicherheit für Beide das oberste Gebot.

Machen Sie so lange Bodenübungen im Lernpacours, bis Sie völlig sicher sind, dass das Pferd nicht steigt, wenn Sie im Sattel sitzen. Weigert sich das Pferd im Gelände vorwärts zu gehen, gehen Sie kein Risiko ein: Steigen Sie ab und gehen Sie zurück zu den grundlegenden Bodenübungen auf dem Platz oder in der Halle.

Machen Sie sich nichts daraus, wenn jemand das feige findet – es steht nicht dafür, sich wehzutun oder „den Kampf zu verlieren“ und einen Präzedenzfall zu schaffen. Sie stellen beim Reiten die Regeln auf, und ob das Pferd nun mit Ihnen im Sattel oder zu Fuß vorwärts geht – es geht jedenfalls vorwärts. Sind Sie unerfahren oder trauen sich nicht so richtig, besonders bei dem betreffenden Pferd, empfehle ich, einen Profi um Hilfe zu bitten.

Lösungen

Schritt 1: Steigen ist die Extremform von „hoher Kopfhaltung“ und bringt Ross und Reiter ernsthaft in Gefahr. Der erste Schritt besteht deshalb darin, dass das Pferd lernt, auf ein leichtes Signal an der Leine – die *Lama-Leine*, seitlich eingehakt – den *Kopf zu senken*. Ist das Pferd am ganzen Körper, besonders aber am Hals und an den Schultern oder am Rücken und am Widerrist verspannt, sind auch TTouches am ganzen Körper angebracht. Besonders zu empfehlen: *Ohren-TTouches*, *Lecken der Kuhzunge*, *Beinkreise* und *Schweif-TTouches*.

Schritt 2: Pferde, die an der Hand steigen, haben oft nicht gelernt, auf ein Signal am Kopf hin vorwärts zu gehen. Arbeiten Sie das Pferd vom Boden aus im *Dingo*, streichen Sie den Rücken mit der Gerte ab, klopfen Sie auf die Kruppe und fordern Sie das Pferd gleichzeitig mit einem leichten Signal an der Führkette zum Vorwärtsgehen auf. Üben Sie dies sooft wie nötig, damit das Pferd bereitwillig vorwärts geht und anhält.

Schritt 3: Führen Sie das Pferd durch das *Labyrinth*. Mit dieser Übung wird die Fähigkeit des Pferdes geweckt, zu denken und auf neue Art zu reagieren, und wenn es Ihnen und Ihren Signalen durch die Stangen folgt, nimmt das Pferd automatisch den Kopf herunter. Streichen Sie den Rücken des Pferdes mit der Gerte ab, während es durch die Stangen geht.

Schritt 4: Wenn Sie nach der Bodenarbeit erstmals wieder aufsitzen, lassen Sie das Pferd von einem Helfer im *Eleganten Elefanten* führen, mit einer Gerte und der Führkette (oder der *Lama-Leine*) an einem Halfter befestigt, das über das Zaumzeug gezogen wird. Begeben Sie sich bewusst in die Situation, die früher das Steigen auslöste, reiten Sie zum Beispiel ohne Begleitpferd vom Stall weg. Zerlegen Sie den Vorgang in einzelne Schritte, bis Sie das (reale oder mentale) Hindernis passiert haben, das früher das Pferd zum Steigen brachte.

Für Pferde, die an der Hand steigen, lässt sich mit der *Brieftaube* oft eine beidseitige Kontrolle erreichen. Junge Pferde führen wir häufig mit der seitlich eingehakten Kette auf der einen und der *Lama-*

Geschichte einer Wandlung

In einem Zwei-Tage-Kurs in Atlanta arbeitete ich mit einer Stute, die angeblich bis zu einer halben Stunde kämpfte und stieg, wenn sie allein oder an der Spitze einer Gruppe ins Gelände gehen sollte. Die makellos gebaute Quarter-Horse-Stute war im Schritt, Trab und Galopp im Round Pen ausgebildet worden, aber eine Gruppe ins Gelände anzuführen war nicht im Trainingsprogramm enthalten gewesen. Als ich sie am ersten Tag im Dingo arbeitete, ging sie keinen Schritt vorwärts. Sie hatte nicht die leiseste Vorstellung davon, dass ein Antippen bedeutete, dass sie vorwärts gehen sollte. Am Ende der ersten Übungseinheit hatte sie begriffen, dass ein Antippen auf der Kruppe nach einem leichten Signal an der Führkette für sie das Zeichen war, unverzüglich anzutreten. Wir waren fasziniert davon, wie wenig diese Stute im Gleichgewicht war. Ohne Reiter konnte sie keine gerade Linie einhalten, vom Tragen des Reitergewichts ganz zu schweigen. Als Nächstes führten wir sie in Halben Tritten durch das Labyrinth, damit sie auf die Signale von Gerte und Führkette (oder Lama-Leine) achten lernte. Am zweiten Tag arbeitete ich sie wieder vom Boden aus und ttouchte ihren gesamten Körper, bevor ich mich in den Sattel setzte. Die Stute war sehr kooperativ und ging selbst dann noch vorwärts, als ihr Stallgefährte über den Platz und am anderen Ende hinausgeführt wurde. Vorher wäre sie zu diesem Zeitpunkt mit Sicherheit explodiert und gestiegen. Gegen Ende der Übung nahm ich das Zaumzeug ab und ritt sie mit dem Halsring zwischen anderen Pferden, an ihnen vorbei und von ihnen weg. Dann ritt die Besitzerin die Stute in beiden Richtungen von der Gruppe weg, ohne dass sie den geringsten Widerstand leistete oder auch nur einen Ansatz machte zu steigen.

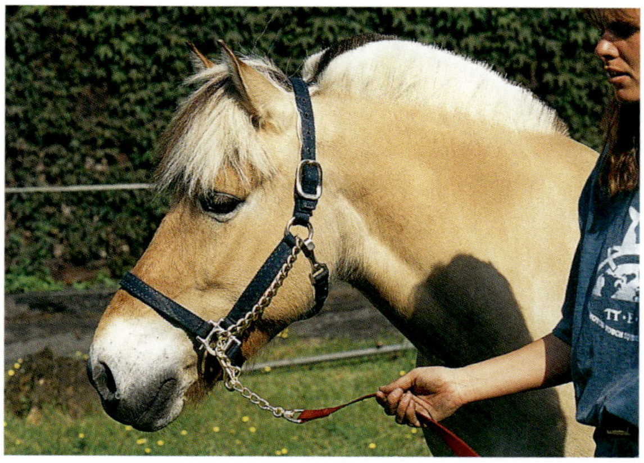

Um den Pferdekopf zu senken empfiehlt es sich oft, die Führkette seitlich zu befestigen.

Leine, ebenfalls seitlich eingehakt anstatt über die Nase geführt, auf der anderen Seite.

Achtung: Die *Brieftaube* kann bei manchen Pferden das Steigen verhindern oder abstellen, sie kann bei anderen aber auch zum Steigen führen, wenn sie sich zu sehr unter Druck fühlen.

- Denken Sie aber auch daran, dass mit Mitteln wie Steigen, Buckeln, „Klemmen" und ähnlichen Verhaltensweisen ein Pferd seinen Reiter oft einfach darauf „trainiert", die Reitstunde abzubrechen oder ihr eine andere Richtung zu geben. Möglicherweise spiegelt sich hier mangelndes Selbstvertrauen des Reiters wider. Oder das Pferd ist einfach „zu viel" für seinen Reiter. In diesem Fall sollten Sie gründlich darüber nachdenken, ob es klug ist, die Partnerschaft mit diesem Pferd fortzusetzen.

Tellington-Lösungen

Den Pferdekopf senken	182
Ohren-TTouch	233
Lecken der Kuhzunge	197
Beinkreise	192, 195
Schweif-TTouch	208
Dingo	253
Labyrinth	277
Eleganter Elefant	256
Delfine schnellen durch die Wellen	263
Training mit Plastikfolien	283
Mikado	271
Brieftaube	261

Stolpern

Ihr Pferd trabt auf ebenem Boden flott vor sich hin, plötzlich aber stolpert es ohne jede Vorwarnung und fällt beinahe auf die Knie. Zum Glück fängt es sich noch und trabt weiter. Meine eigenen Araber waren in steinigem Gelände absolut trittsicher, aber in der Ebene schauten sie gern ins Blaue und gerieten manchmal ins Stolpern.

Junge Pferde, die noch nicht im Gleichgewicht sind, stolpern häufig; auch zu lange oder nicht ausbalancierte Hufe, können ein Grund dafür sein, ebenso wie eine leichte Osteoarthritis bei Leistungspferden. Manche Pferde stolpern, weil sie einfach nicht aufpassen, wo sie hintreten, andere neigen aufgrund ihres Gebäudes oder ihrer Körperhaltung dazu. So kann ein langer Rücken, ein Senkrücken oder ein Hirschhals dazu beitragen, dass das Pferd öfter stolpert.

Pferde, die noch nicht die Kraft haben, den Reiter in Selbsthaltung zu tragen, neigen ebenfalls zum Stolpern, besonders über wechselnden Bodenverhältnissen. Zu den „Stolperern" gehören auch Pferde mit hoher Kopfhaltung, nervöse und guckige Pferde.

Zu allererst müssen Sie ausschließen, dass der Beschlag oder ein medizinisches Problem daran schuld sein könnte. Hufschmied und Tierarzt können gemeinsam dafür sorgen, dass die Hufe in Längs- und Querrichtung ausbalanciert sind. Außerdem verringert sich mit einem Kürzen der Zehen der Druck auf das Hufbein und der Aufprall wird besser abgefedert. Ursache für das Stolpern kann auch ein kneifender oder zu weit vorn liegender Sattel sein.

Pferde, die chronisch stolpern oder Schwierigkeiten haben, auf kleinem Raum zu wenden, können unter einer neurologischen Störung wie dem Wobbler-Syndrom leiden. Wenn Sie den Verdacht haben, dass die Koordinationsstörungen Ihres Pferdes einen medizinischen Grund haben könnten, sollten Sie unbedingt den Tierarzt konsultieren.

Pferde mit steiler oder fester Schulter, mit langem Rücken oder muskelbepackten Unterarmen neigen vermehrt zum Stolpern. Ich kenne außergewöhnlich stark bemuskelte, hart arbeitende ältere Quarter Horses mit verspannten Muskeln an den Unterarmen und Unterschenkeln, die besonders oft stolpern. Aufgrund ihrer festen, schweren Muskulatur können sie einfach die Füße nicht richtig heben.

Lösungen

Vom Boden aus

- Das *Abklopfen der Hufe* erhöht das Bewusstsein des Pferdes für seine Füße und die Röhrbeine.
- *Aufgerollte-Python-TTouches* und *Oktopus-TTouches* verbessern die Blutzirkulation in den unteren Extremitäten und damit Koordination und Balance.
- Den *Kopf senken* zu lernen kann einem Pferd, das den Kopf gern hocherhoben trägt, helfen, auf den Boden vor seinen Füßen zu achten, und seine Eigenwahrnehmung verbessern.
- Der *Stern* verbessert die zeitlichen und räumlichen Fähigkeiten des Pferdes und trägt dazu bei, dass es den Kopf senkt und die Füße sorgfältig hebt.
- Im *Mikado* lernt das Pferd, darauf zu achten, wohin es seine Füße setzt. Es wird sich in unebenem Terrain besser zurechtfinden, wenn es gelernt hat, jeden Fuß präzise aufzusetzen.

Das Training im Lernparcours ist wichtig für Pferde, die zum Stolpern neigen.

Unter dem Reiter

- Wenn Ihr Pferd ins Stolpern kommt, müssen Sie unbedingt sofort die Zügel annehmen und das Gewicht nach hinten verlagern. Diese Stütze am Zügel kann einen katastrophalen Überschlag verhindern, bei dem Ross und Reiter ernsthaft zu Schaden kommen könnten.
- *Tellington-Trainingsgebiss* und *Balancezügel* können dazu beitragen, den Schwerpunkt des Pferdes nach hinten zu verlagern, damit es nicht auf der Vorhand geht, was das Stolpern begünstigt.
- Das *Körperband* aktiviert die Hinterhand und hilft dem Pferd, sich in unebenem Gelände auszubalancieren.
- *Mikado* hilft ihm, alles auf einen Nenner zu bringen, während es über die durcheinandergewürfelten Stangen geht.

Tellington-Lösungen

Tellington-Trainingsgebiss	305
Balancezügel	293
Körperband	297
Mikado	271
Hufe abklopfen	219
Aufgerollte-Python-TTouch	190
Oktopus-TTouch	224
Den Pferdekopf senken	182
Stern	271

Störrisch, widerspenstig

Definition: Eigensinnig, widerspenstig, schwierig im Umgang oder bei der Arbeit, widersetzlich, stur.

Als „störrisch" kann man ein Pferd bezeichnen, wenn es sauer oder stätig ist, sich nur mühsam einfangen oder verladen lässt, nicht die Beine zum Auskratzen hebt – sich eben immer und überall weigert zu tun, was von ihm verlangt wird. Dafür gibt es zahlreiche Ursachen: mangelhafte Ausbildung, Überarbeitung, Schmerzen, unklare Hilfengebung und mangelnde reiterliche Fähigkeiten, um nur einige zu nennen.

Anstatt „es ihm auszutreiben", versuchen Sie einmal, die Dinge aus der Perspektive des Pferdes zu sehen. Meiner Erfahrung nach sind die Hauptgründe für Widersetzlichkeit und Eigensinn:

- Der Reiter gibt keine klaren Signale.
- Das Pferd hat gelernt, dass es mit bestimmten Verhaltensweisen ein erwünschtes Ergebnis erzielt, z. B. in den Stall zurückzukehren. Das kann mit Unerfahrenheit oder mangelndem Selbstvertrauen des Reiters oder des Pferdes zusammenhängen.
- Das Pferd hat irgendwo im Körper Schmerzen, fühlt sich nicht wohl.

Es führt nur zu weiteren Widersetzlichkeiten, wenn man dem Eigensinn des Pferdes mit ebensolcher

Ziehen ist keine Lösung, denn Pferde reagieren mit Gegenwehr und Gegenzug.

Sturheit begegnet. Sie haben die Wahl: Entweder Sie lassen es auf einen Kampf ankommen in der Hoffnung, Sieger zu bleiben, oder Sie entschließen sich, statt Ihrer begrenzten Muskelkraft Ihr Gehirn einzusetzen und herauszufinden, wie Sie die innere Einstellung Ihres Pferdes beeinflussen können.

Sie haben die Wahl: versuchen, das Pferd zu besiegen, oder Mittel und Wege finden, eine Beziehung aufzubauen, in der das Pferd mit Ihnen arbeiten möchte, Ihnen vertraut und Ihre Führerrolle anerkennt. Dies ist die Essenz der Tellington-Methode.

Die Arbeit mit einem störrischen Pferd konfrontiert uns oft mit unserer eigenen Unbeweglichkeit. Sind Sie willens, neue Lösungen auszuprobieren, einen Schritt zurückzugehen und nachzudenken? An dem Punkt angekommen, an dem das Pferd sich widersetzt – sind Sie willens, anstatt es unter Druck zu setzen, innezuhalten und sich zu fragen: „Wie kann ich das für das Pferd und für mich leichter machen?"

Lernen, flexibel zu sein und nach neuen und ungefährlichen Lösungen zu suchen, ist eine der Kernbotschaften der Tellington-Methode, die auch für andere Bereiche Ihres Lebens Gültigkeit hat.

Lösungen

- *Maul-TTouches*, das Zahnfleisch vor und zurück reiben, können Widersetzlichkeit günstig beeinflussen und Emotionen besänftigen. *Den Pferdekopf senken*, *Ohren-TTouches* und *Verbundene Aufgerollte-Python-TTouches* am ganzen Körper schaffen eine Verbindung mit Ihnen, aus der Vertrauen und Arbeitswille entstehen.
- Gehen Sie mit dem Pferd in den *Lernparcours* (Seite 270) mit seiner Vielzahl an Intelligenz anregenden Bodenübungen, die dem Pferd mehrere Möglichkeiten des Verhaltens bieten, sodass es willig Ihrer Führung folgt, anstatt sein eigenes Programm abzuspulen. Einfach nur nach Gerte und Sporen zu greifen kann einen größeren Kampf bedeuten, und den könnten Sie verlieren. Köpfchen statt Bizeps ist in vielen Fällen das sicherere und wirkungsvollere Konzept und hinterlässt außerdem bei Ihnen wie bei Ihrem Pferd am Ende ein gutes Gefühl.

Geschichte einer Wandlung

Tritt im Verhalten eines Pferdes schlagartig eine Änderung ein, sollten Sie die Möglichkeit anderer Problemstellen in Erwägung ziehen, zum Beispiel Rückenschmerzen bei einem Springpferd oder Steingallen im Huf eines Distanzpferdes.
Ein typisches Beispiel war ein sehr hübscher Isländer, den eine meiner Schülerinnen in Deutschland vor Kurzem gekauft hatte und den ich mir ansehen sollte. Der Wallach hatte sehr gute Gänge, stieg aber und ging durch, sobald man eine Wendung nach rechts reiten wollte. Die frustrierte Besitzerin fand ihn einfach „störrisch".

Ich erforschte seinen Körper mit den Fingerspitzen, konnte aber keine schmerzhaften Stellen finden, die das Verhalten hätten auslösen können, weder im Rücken noch im Hals oder sonst wo am Körper. Ich schaute ihm ins Maul und entdeckte Zahnhaken. Der daraufhin gerufene Pferdezahnarzt fand offene Wunden auf der Innenseite der Backen, die beim Kauen durch die rasiermesserscharfen Kanten der Backenzähne entstanden waren. Kaum waren seine Zähne geraspelt, als er auch schon das kooperative, brillante Reitpferd wurde, das meine Schülerin ursprünglich gekauft zu haben glaubte.

Um andere Gründe für Widersetzlichkeit ausschließen zu können, siehe Seite 23: „Ursachen für unerwünschtes Verhalten und negative Einstellung".

Das Gleiten am Zahnfleisch beeinflusst das emotionale Befinden des Pferdes auf positive Weise.

- Die Bodenübungen zeigen dem Pferd, wie man lernt und kooperiert. Wenn Sie das Pferd in kontrollierter Umgebung mit einer Situation konfrontieren, die Sie beide erfolgreich meistern können, können Sie auf beiden Seiten die Erwartungshaltung verändern. Je mehr Sie das Pferd dazu bringen können, in einer kontrollierten Situation mit Ihnen zusammenzuarbeiten, desto eher wird es sich in jeder Situation kooperativ verhalten.
- Mit Übungen wie dem *Training* mit *Plastikfolien* und dem *Brett* können Sie Situationen schaffen, die Sie vom Boden aus unter Kontrolle haben, und Sie können den Lernvorgang in Teilschritte aufteilen.
- Mit der Arbeit im *Labyrinth*, über die *Wippe*, über *Mikado-Stangen* und *Cavaletti* in verschiedenen Führpositionen wie *Delfine schnellen durch die Wellen* können Sie, in Kombination mit vertrauensbildenden und bewusstseinsfördernden TTouches (Seite 188 und 214), in nur 10 Minuten am Tag eine Verhaltensänderung bewirken. Achten Sie auf klare Signalgebung und klare Ziele und visualisieren Sie Ihren Erfolg.

Tellington-Lösungen

Den Pferdekopf senken	182
Ohren-TTouch	233
Verbundene Aufgerollte-Python-TTouch	190
Maul-TTouch	203
Training mit Plastikfolien	283
Brett	289
Labyrinth	277
Wippe	291
Mikado	271
Cavaletti	271
Delfine schnellen durch die Wellen	263

Tierarzt-Phobie

Tierärzte machen vieles mit dem Pferd, auf das wir es im täglichen Umgang nicht entsprechend vorbereiten: Sie messen die Temperatur, führen Schläuche ein, geben intramuskuläre und intravenöse Spritzen, führen rektale Untersuchungen durch und begutachten und behandeln Wunden. Viele dieser Behandlungen und Untersuchungen fallen unter „vorbeugende Maßnahmen", aber sie können auch notwendig werden, wenn das Pferd unter Stress steht, wenn es krank oder verletzt ist. Beim Anblick des Tierarztes rennen viele Pferde rückwärts, bis sie an die Wand oder einen Zaun stoßen. Oft ist der Kopf hoch erhoben, und die Halsmuskeln sind so verhärtet, dass sich manchmal die Injektionsnadel verbiegt und nicht eindringen kann. Bei einer derartig angespannten Halsmuskulatur

Ungewohnte Handgriffe des Tierarztes verunsichern das Pferd.

kann das Medikament, der Impfstoff oder das Vitaminpräparat oft nicht richtig absorbiert werden, sodass es zu beträchtlichen Schwellungen kommt.

Kennen Sie Pferde, die genau wussten, was Sie vorhatten, sobald Sie mit einer Nadel oder Spritze hinter dem Rücken in die Box kamen? Ich glaube, sie können unsere mentalen Bilder der Situation „lesen". Sie müssen das Pferd dazu bringen, dass es mit dem Tierarzt kooperiert und ihm vertraut.

In manchen Fällen hilft es, ein paar lose Hautfalten zwischen Hals und Schulter zu umfassen oder einen Vorderfuß hochzuhalten. Das geht in Ordnung, wenn die Behandlung einfach notwendig ist und durchgeführt werden muss; auf lange Sicht haben Sie und das Pferd jedoch mehr davon, wenn Sie in ein paar Übungseinheiten investieren, damit das Pferd sich tierärztliche Maßnahmen willig gefallen lässt.

Sie können dafür sorgen, dass das Pferd den Kopf senkt und für den Tierarzt ruhig stehen bleibt.

Tellington-Tipp

Wann immer Sie daran arbeiten, das Verhalten Ihres Pferdes zu ändern, vergessen Sie nicht, ruhig und tief zu atmen. Das Pferd erhält und behält ein klares Bild davon, was Sie sich von ihm wünschen – nicht davon, was Sie von ihm befürchten.

Für die meisten Routinebehandlungen sind Zwangsmaßnahmen überflüssig, wenn Sie sich die Zeit nehmen, Ihr Pferd darauf vorzubereiten. Wenn aber eine ernsthafte Verletzung gründlich gesäubert und genäht werden muss, kann es trotzdem notwendig sein, das Pferd mit der Nasenbremse oder einem Sedativum ruhigzustellen. Im Gegensatz zur verbreiteten Meinung vieler Pferdebesitzer verursacht die Nasenbremse keine Schmerzen und sorgt dafür, dass weder dem Pferd noch dem Tierarzt etwas passiert.

Lösungen

- Alle Pferde, die Probleme mit dem Tierarzt oder dem Hufschmied haben, profitieren von ein paar Sitzungen in der Position *Den Tiger zähmen*. Sie hilft bei allen Pferden, die in Situationen am Boden an irgendwelchen Ängsten oder Phobien leiden. Die besten Ergebnisse erzielen Sie, wenn Sie früh genug üben, bevor Sie den Tierarzt wirklich brauchen. Behalten Sie das Pferd in dieser Position, wenn der Tierarzt kommt, und streichen Sie Hals, Brust und Vorderbeine langsam und nachdrücklich mit der Gerte ab. Versucht es, nach hinten auszuweichen, tippen Sie ihm im *Dingo* auf die Kruppe.
- Bringen Sie Ihrem Pferd bei, auf ein Signal an der Führkette hin den *Kopf zu senken*. Bei einem sensiblen, kranken oder ängstlichen Pferd haken Sie die Kette seitlich oben am Halfter ein, anstatt sie um die Nase zu legen. Will es nicht stehen bleiben oder versucht gar, Sie umzurennen, führen Sie die Kette über die Nase und streichen mit der Gerte die Halsunterseite ab, die Brust und die Vorderbeine hinunter, um das Pferd zu beruhigen und am Boden zu verankern.
- In einer Studie zu ihrer Doktorarbeit konnte Cecelia Wendler von der University of Wisconsin-Eau Claire mit dem Tellington-TTouch bei Soldaten, die sich impfen lassen mussten, den Angstpegel beträchtlich senken. Manche Pferde haben die gleiche Nadel-Phobie wie Menschen. Machen Sie vor einer intramuskulären Injektion sechs oder sieben *Wolken-Leopard-TTouches* um die Einstichstelle, um das Gefühl der Injektion vorwegzunehmen und die Muskeln zu entspannen.

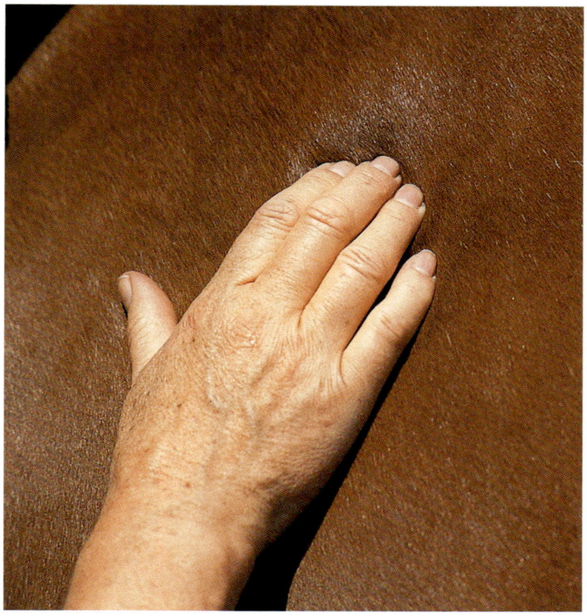

Die Handhaltung beim Liegender-Leopard-TTouch.

Tellington-Tipp

Richtet sich die Phobie des Pferdes gegen einen bestimmten Tierarzt, machen Sie Ohren-TTouch und senken den Kopf ab, während diese Person in der Nähe ist. Schließen Sie Liegender-Leopard-TTouch im Gesicht, auf der Stirn und in der Kehlrinne mit ein. Wenn möglich sollte die betreffende Person das Pferd mit Ihnen zusammen ttouchen.

Ungefähr eine Minute *Waschbär-TTouches* nach der Injektion verbessert die Aufnahmefähigkeit des Gewebes und verhindert Schwellungen.

- Machen Sie bei gesenktem Pferdekopf weiter *Wolken-Leopard-TTouches* und *streichen* Sie die *Ohren aus*, solange der Tierarzt im empfindlichen Bereich arbeitet.
- Bei einem Pferd, das Angst vor intramuskulären (IM-)Injektionen in den Hals hat, haken Sie die Kette oder *Lama-Leine* seitlich oben am Halfter ein, lassen es den *Kopf senken* und bereiten es mit *Raupen-TTouch* und *Haargleiten* am Schopf, mit *Ohren ausstreichen* und *Wolken-Leopard-* und *Bären-TTouches* mit *Schwamm-TTouch* auf die Injektion vor.
- Muss sich der Tierarzt mit einem besonders sensiblen Bereich befassen, beispielsweise unter dem Augenlid, machen Sie zuerst ein paar leichte Kreise hinter den Ohren, um den Kopf auf Widerristhöhe abzusenken. Dann arbeiten Sie mit *Ohren-* und *Waschbär-TTouches* rund um den empfindlichen Augenbereich.

Tellington-Lösungen

Übereifer

Siehe auch „Buckeln"

Ein übereifriges, ehrgeiziges Pferd ist, besonders zu Beginn einer Prüfung, nur schwer zu halten. Am häufigsten begegnet man diesem Problem beim Distanzreiten, in der Vielseitigkeit, beim Hindernis- und beim Flachrennen. Weil der Reiter mit dem Pferd kämpfen muss, vergeuden beide, Pferd wie Reiter, wertvolle Energie, anstatt sich auf ihre eigentliche Aufgabe zu konzentrieren. Kreuzverschlag, völlige Erschöpfung oder Kolik können die Folge sein, oder Maul, Hals und Rücken haben unter dem ständigen Zurückhalten zu leiden. Natürlich leidet auch der Reiter; auch ihm tun Genick, Rücken und Schultern weh.

Das Pferd will hinter dem anderen Pferd her, der Reiter versucht das zu verhindern.

Sicher gibt es auch erfahrene Pferde, die zwar ehrgeizig, aber dennoch regulierbar sind. Das übereifrige Pferd wird dann zum Problem, wenn es seine Kraftreserven lang vor dem Ziel aufbraucht. Schuld mag in vielen Fällen der Adrenalinstoß sein, der den Fluchtreflex auslöst und das Pferd taub macht für die Reiterhilfen.

Oft sollen die verschiedensten Hilfszügel, Hackamores und Gebisse helfen, das Pferd abzubremsen, aber diese Hilfsmittel können sekundäre Probleme auslösen. Aufgrund der Überproduktion von Milchsäure kann es zu Muskelkater in Hals und Rücken kommen.

Außerdem gehen sie das Kernproblem – Übereifer aufgrund der Adrenalinstimulierung – überhaupt nicht an, ganz zu schweigen von der Gefahr, in die sich jeder begibt, der das Pech hat, gerade im Weg zu stehen.

Auf Dauer gesehen nützen Ihnen Strategien, wie Sie das Gleichgewicht des Pferdes erhalten bzw. verbessern können, während Sie daran arbeiten, es besser regulieren zu können, mehr als die neuesten Errungenschaften der Reitartikelindustrie. Meiner Erfahrung nach kann die Kombination einiger einfacher Hilfsmittel dem Pferd ein neues Körpergefühl vermitteln und es „zu sich bringen".

Geschichte einer Wandlung

Die Distanzreiterin MJ Jackson aus Salt Lake City hatte ein wunderbares Pferd, das sich für das Champions-Rennen in Montana qualifiziert hatte. Die ersten fünfzig Kilometer war das Pferd fast nicht zu halten. Es war extrem ehrgeizig und wollte sich von anderen Pferden nicht überholen lassen. Infolgedessen verbrauchte es eine Menge Energie, war kaum zu regulieren und kam schließlich mit dem Kopf in den Sternen und durchhängendem Rücken an. Schmerzen im Genick und Rücken waren fast unausweichlich die Folge.
Zwei Tage vor dem Rennen brachte sie das Pferd zu einem Kurzlehrgang zu mir. Ich empfahl eine Kombination aus Tellington-Trainingsgebiss, Balancezügel und Sattel-Pad. Dann ritt ich ihr das Pferd kurz vor, um ihr zu zeigen, wie man mit dem Trainingsgebiss den Kopf senken und es mit dem Balancezügel besser halten und regulieren konnte. Tatsächlich konnte MJ das Pferd vom Start an wirkungsvoll regulieren, und am Ende war sein Rücken in Ordnung und das Pferd beendete das Rennen in ausgezeichneter Verfassung.

Lösungen

- Setzen Sie das *Tellington-Trainingsgebiss* und den *Balancezügel* ein. Allein damit können Sie das Pferd schon deutlich besser regulieren, im Training wie auch während einer Prüfung. Das *Tellington-Trainingsgebiss* sorgt dafür, dass das Pferd nicht über dem Zügel geht, dass es im Genick nachgibt und den Rücken hergibt.
- Der *Balancezügel* macht die Vorhand leichter und ermöglicht es Ihnen, das Pferd insgesamt – und besonders bergab – besser zusammenzuhalten, ohne im Maul zu ziehen. Sie können damit auch verhindern, dass es vom Trab in den Galopp fällt oder dass aus dem Galopp ein Durchgehen wird. Durch leichtes Annehmen und Nachgeben am Balancezügel nehmen Sie außerdem den Druck von Ihren eigenen Schultern und Armen.
- Einem besonders erregbaren, nervigen Tier, das vielleicht zudem gern mit hocherhobenem Kopf geht, legt man vor einem Turnier ein *Körperband* aus einem Paar zusammengeknoteter elastischer Bandagen an. Dadurch entspannt es sich leichter und bleibt dabei trotzdem rund. Legen Sie dem Pferd bei kühler Witterung außerdem eine leichte Decke über, damit die langen Rückenmuskeln locker und warm bleiben.
- Am Abend und am Morgen vor einer Prüfung bereiten Sie das Pferd vom Boden aus auf den Sattel vor, indem Sie es mit *Ohren ausstreichen, Aufgerollte-Python-TTouches, Beinkreise vorn und hinten, Lecken der Kuhzunge, Rücken anheben* und *Schweif-TTouches* aufwärmen. Viele übereifrige Pferde machen sich im Rücken fest, noch bevor der Sattel aufgelegt wird, was zu ihren nervösen, fluchtbereiten Reaktionen beiträgt.
- Atmen Sie vor dem Aufsitzen tief und aus der Mitte heraus. Steigen Sie von einer Aufsitzhilfe aus auf und ziehen Sie den Gurt erst vom Sattel aus endgültig fest. Halten Sie die Rückenmuskeln mit einer Decke warm, und treffen Sie für den Fall eines Distanz- oder Vielseitigkeitsrittes Vorbereitungen, diese Decke beim ersten Vet-Check wieder aufzulegen.
- Üben Sie all diese Techniken vor der Prüfung.

Tellington-Lösungen

Tellington-Trainingsgebiss	305
Balancezügel	293
Ohren-TTouch	233
Aufgerollte-Python-TTouch	190
Beinkreise vorn	192
Beinkreise hinten	195
Rückenheben	214
Lecken der Kuhzunge	197
Schweif-TTouch	208
Körperband	179

Angst kann überwunden werden, wenn das Pferd auf der Brücke Futter erhält.

Unfallträchtig

Siehe auch „Gleichgewicht und Koordination"

Weist Ihr Pferd, wenn es von der Weide herein kommt, oft kleine Risse und Abschürfungen auf? Bleibt es mit der Hüfte am Türrahmen hängen, schlägt sich den Kopf am Zaunpfosten an und scheint überhaupt wenig Gefühl dafür zu haben, wo sich seine Körperteile befinden (Eigenwahrnehmung)?

Überprüfen Sie die Umgebung Ihres Pferdes auf Sicherheit, bevor Sie anfangen. Gibt es irgendwo in seiner Box, im Paddock, auf der Koppel oder dem Hänger scharfe, vorstehende Kanten? Liegen im Stall oder auf der Koppel Maschinenteile, Werkzeug, Rechen oder Mistgabeln herum? Sie können das Risiko schon dadurch verringern, dass Sie dem Pferd ersparen, in seinem Alltag um alle möglichen Unfallverursacher herumnavigieren zu müssen. Außerdem sollten medizinische Ursachen, die die Stabilität und motorische Kontrolle beeinträchtigen (wie zum Beispiel Ataxie) mit Sicherheit ausgeschlossen werden (siehe „Neurologische Probleme", Seite 157).

Manchen „unfallträchtigen" Pferden fehlt es an Koordination; auch scheinen sie nicht zu wissen, wo ihr Körper beginnt und aufhört. Andere wiederum sind absolut koordiniert und sportlich, aber vielleicht allzu draufgängerisch. Mit der Tellington-Methode können Sie Ihrem Pferd ein neues Gefühl für die Grenzen seines Körpers vermitteln und ihm subtilere Reaktionen auf Ihre Signale beibringen.

Betrachten Sie es als preiswerte Versicherungspolice: Mit einem besseren Körperbewusstsein ist Ihr Pferd besser für die „wirkliche Welt" gerüstet und kann sicherer auf Sie und sich selbst aufpassen, zu Hause und unterwegs.

Lösungen

- Beginnen Sie mit *Kopf senken*. Streichen Sie mit der Gerte (Beschreibung der Gerte siehe Seite 175) mit einer wischenden Bewegung an allen vier Beinen hinunter, an der Halsunterseite und dem Bauch entlang und über die Rückenlinie. Zum Abschluss *klopfen* Sie auf die *Hufe*.
- Damit das Pferd Vertrauen zum eigenen Körper entwickelt, machen Sie *Verbundene Kreise* mit *Liegender-Leopard-TTouches* am ganzen Körper. Ein andermal machen Sie *Aufgerollte-Python-TTouches* mit *Muschel-TTouches* an allen Stellen, an denen das Pferd sich nicht gern berühren lässt. Ist es dem Pferd sehr unangenehm, benutzen Sie die ersten paar Male einen Lammfellhandschuh, wenn Sie die kreisenden Berührungen machen.
- Wenn Ihr Pferd mit dem Gleichgewicht zu kämpfen hat, machen Sie eine Reihe von *Tarantel-TTouches* über den Körper und *Oktopus-TTouches* an allen vier Beinen.

Tellington-Lösungen

- Legen Sie dem Pferd das *Körperband* um, führen Sie es durch das *Labyrinth*, über *Mikado-Stangen* und *Reifen*. Mit der Zeit nehmen Sie andere Übungen aus dem Lernparcours dazu, zum Beispiel *Fahren vom Boden* mit und ohne Zaumzeug.
- Wenn das Pferd unter dem Reiter mit dem *Balancezügel* und dem *Körperband* geht, kann dies seine Eigenwahrnehmung im Raum verbessern. Arbeiten Sie zuerst vom Boden aus und reiten Sie das Pferd dann über Hindernisse des Lernparcours wie das *Brett* oder *Plastikplanen*.

Untugenden wie Weben, Koppen u. Ä.

Dieses Pferd ist verspannt und kreist ziellos in der Box herum.

Pferde sind Herdentiere und dies seit Jahrtausenden. Diese Art sozialer Struktur war in der freien Natur der Garant für Stabilität und Sicherheit. In unserer modernen Stallhaltung werden Pferde aber aus diversen Gründen meist voneinander getrennt gehalten – weil sie so wertvoll sind, weil es an Platz mangelt und manchmal auch, weil die Halter sich einfach gar nicht bewusst sind, wie wichtig Sozialkontakt und Interaktion für Pferde sind.

In Ställen, die so gebaut sind, dass die Pferde in Herden oder Gruppen leben oder sich wenigstens sehen und Schnupperkontakt aufnehmen können, sind die Pferde glücklicher – und gesünder. Wenn Pferde gruppenweise ins Freie kommen, können sie einander putzen, sich an Bäumen reiben und kratzen und sich im Sand oder Lehm wälzen. Nehmen wir ihnen diese Möglichkeiten, unterbinden wir auch ihr natürliches Verhalten und bereiten den Boden für Probleme wie Weben, Koppen, Zwicken oder Sichfestlegen, die gewöhnlich unter dem Oberbegriff „Stalluntugenden“ zusammengefasst werden.

Lösungen

- Mit den TTouches können Sie Verspannungen im Pferdekörper lösen. Damit können Sie dem Pferd bis zu einem gewissen Grad helfen, Sie müssen aber um einer humanen Tierhaltung willen auch in Betracht ziehen, die Haltungsbedingungen überhaupt zu ändern. Im Idealfall sollte Ihr Pferd mehrere Stunden am Tag mit anderen zusammen im Freien verbringen. Ist dies nicht möglich, bieten Sie ihm wenigstens einen Paddock, der an den eines Nachbarpferdes angrenzt.
- Hengste, die oft isoliert gehalten werden, müssen so aufgestallt werden, dass sie zumindest Sichtkontakt zu Artgenossen haben. Sie können ihn mit einem doppelten Zaun von den anderen Pferden trennen. Wichtige Anreize erhält ein Pferd, wenn es durch ein Fenster beobachten kann, was draußen oder in der Reitbahn vorgeht. Ein Gitter auf halber Höhe der Stalltür etwa gibt dem Pferd die Möglichkeit, am täglichen Leben im Stall teilzuhaben.
- Viele Pferde kommen nicht genug ins Freie, und oft werden sie durch hohe Wände und solide Boxentüren noch weiter isoliert. Ihnen fehlt jeder Sicht- oder Berührungskontakt mit den entsprechenden Reizen. Denken Sie an Bereicherung. Wenn Sie sich einen eigenen Stall bauen, sorgen Sie dafür, dass die Pferde sich durch die Trennwände hindurch sehen und beschnuppern können. Boxen von wenigstens 4 x 4 m sind für Pferde unendlich viel angenehmer. Achten Sie auf den Bodenbelag, der für die Gesundheit der Pferdebeine eine wichtige Rolle spielt, und für die richtige Einstreu. Stallmatten sind ihr Geld wert, besonders an der Vorderseite der Box, wo das

Tellington-Tipp

Wenn Sie in der glücklichen Lage sind, über eine sichere Koppel oder einen Paddock mit Unterstand und Wasser zu verfügen, bleiben Pferde sehr gern die ganze Zeit draußen. Und gesünder bleiben sie meist auch!

Pferd die meiste Zeit verbringt. Bei einem Mattenbelag entstehen auch keine Laufrinnen, wenn ein Pferd in der Box chronisch im Kreis läuft.

- Sorgen Sie für genügend Licht und dafür, dass das Pferd jenseits der Stallgasse andere Pferde sehen kann. Für Weber und Kopper gibt es Boxengitter mit einem Ausschnitt, der dem Pferd erlaubt, den Kopf nach draußen zu strecken, nicht aber, hin und her zu schaukeln. Sie sind besser als die normalen Boxengitter, weil sie das Weben verhindern.
- Lassen Sie beruhigende Musik laufen. Studien haben gezeigt, dass klassische Musik Puls und Atemfrequenz senkt. Als ich in der Box eines chronisch im Kreis gehenden Hengstes einen winzigen Kassettenrekorder aufstellte und Barockmusik abspielte, blieb der Hengst stehen – man konnte ihm die Veränderung an den Augen

Jede Abwechslung tut gut: Die Wippe steigert das körperliche und emotionale Gleichgewicht.

ablesen. Mit Musik können Sie ein Pferd je nach Bedarf beruhigen oder anregen, und Musik unterstützt das Immunsystem.

- Auch Bachblütenessenzen haben nachgewiesenermaßen eine ausgleichende Wirkung auf die Emotionen von Mensch und Tier. Ein Produkt, Essence of Nature (siehe im Serviceteil Seite 328) wurde speziell für Tiere entwickelt, die in einer unnatürlichen Umgebung gehalten werden. Es bringt „die Essenz der Natur" nach drinnen.
- Reiten oder fahren Sie Ihr Pferd mehr, machen Sie mit ihm Bodenübungen zur geistigen Anregung, zum Beispiel *Labyrinth*, *Freie Arbeit*, *Mikado*, *Wippe* und *Brett*. „Tanzen" Sie mit Ihrem Pferd und üben Sie *Die Statue* und den *Flug des Adlers*.
- Denken Sie daran: Jeder TTouch, den Sie an Ihrem Pferd ausführen, ersetzt ein bisschen das Putzen durch einen Artgenossen.
- Experimentieren Sie mit innovativem neuem Spielzeug wie Würfel oder Kugeln, gefüllt mit Leckerli, oder anderen Ideen, die für Abwechslung sorgen können.

Tellington-Tipp

Forschungsergebnisse der „Animal Behaviour, Cognition and Welfare Group" an der englischen Lincolnshire School of Agriculture lassen webende Pferde in neuem Licht erscheinen. Jedes Pferd, dem die Forscher einen Acrylspiegel in die Box stellten, hörte auf zu weben! Manche hatten seit bis zu sechs Jahren chronisch gewebt. Sie verbrachten ungefähr ein Viertel der Gesamtzeit in der Box vor dem Spiegel.
Seit Jahren plädiere ich dafür, Stallwände mit Bildern von grünen Wiesen und Bäumen auszuschmücken. Wenn Sie einen Weber im Stall haben, ist der Spiegel einen Versuch wert, aber er muss aus unzerbrechlichem Acrylglas bestehen. Wir sind sehr interessiert an Ihren diesbezüglichen Erfahrungen!

Tellington-Lösungen

Vertrauensbildende TTouches	188
Muschel-TTouch	189
Aufgerollte-Python-TTouch	190
Oktopus-TTouch	224
Labyrinth	277
Freie Arbeit	274
Mikado	271
Wippe	291
Brett	289
Die Statue	268
Flug des Adlers	266

Ein Pferd, das sich auf dem Zügel abstützt, belastet seine Vorhand zu stark.

Vorderlastig, auf der Vorhand

Oft spricht man auch davon, dass das Pferd „sich auf den Zügel legt" oder „kopflastig" geht. Das kann gebäudebedingt sein (das Pferd ist überbaut), aber meistens hat das Pferd einfach nicht gelernt, sich selbst im Gleichgewicht zu tragen (Selbsthaltung).

Dem Reiter wird dann gesagt, das Pferd mit Gerte und Schenkel an das Gebiss heran zu treiben. Manchmal wirkt das, aber das Pferd entwickelt dadurch nicht die Fähigkeit, sich selbst zu tragen. Es muss ständig angetrieben werden, damit es nicht wieder auf die Vorhand fällt. Natürlich gibt es Pferde, die aufgrund ihres Gebäudes immer Schwierigkeiten damit haben, leicht am Zügel zu stehen, aber zum Glück gibt es viele Möglichkeiten, mit denen sich jedes Pferd verbessern lässt.

Ihr Pferd kann nur leichter in der Vorhand werden, wenn es lernt, Hals und Kopf aus dem Widerrist und dem Halsansatz heraus anzuheben und die Hinterhand zu aktivieren. Die Hinterbeine müssen weiter unter den Körper treten. Es ist erstaunlich einfach, ein Pferd dazu zu bringen, seinen Schwerpunkt weiter nach hinten zu verlagern, sodass es aus der Hinterhand heraus arbeitet und nicht vom Reiter mit Körpereinsatz in eine bestimmte Haltung gebracht und darin gehalten werden muss.

Lösungen

- Um den Schwerpunkt nach hinten zu verlagern, versuchen Sie *Körperband* und *Balancezügel* zusammen. Diese Kombination hilft dem Pferd oft, den Rücken aufzuwölben und die Hinterhand einzusetzen. Dadurch wird es in der Vorhand leichter, und Sie brauchen nicht so stark zu treiben.
- Reiten Sie das Pferd abwechselnd mit dem gewohnten Gebiss und dem *Tellington-Trainingsgebiss*. Die Kupferrolle trägt dazu bei, dass das Pferd nachgibt und am lockeren Zügel steht, und die sanft gebogenen Anzüge sorgen dafür, dass es sich an einem leichten Zügelkontakt ausbalanciert. Das Pferd wird insgesamt elastischer, richtet sich mehr auf, wird kürzer im Rahmen und schwingt über den Rücken. Die Kombination dieser Hilfsmittel bringt den Rücken hoch und aktiviert das Becken, sodass das Pferd im Genick nachgibt, ohne dass es in die Reiterhand „hinein getrieben" werden muss. Die Technik ist sowohl bei Westernpferden, die am losen Zügel geritten werden, wie bei traditionell „am Zügel" gerittenen Pferden anwendbar.

Das Reiten mit Halsring verbessert das körperliche Wohlbefinden und die Vertrauensbasis.

- Eine Veränderung wird meist schon nach einer Übungseinheit sichtbar, aber Sie müssen das Pferd längere Zeit mit diesen Hilfsmitteln reiten, damit es sich an die neue Art zu gehen gewöhnt. Unser Vorschlag lautet, mit den Zäumungen abzuwechseln. Wenn Sie normalerweise mit einer Westernkandare reiten, schnallen Sie gegen Ende der Trainingsstunde ein paar Minuten lang den oberen Zügel aus dem *Tellington-Trainingsgebiss* aus. Bei klassisch dressurmäßig gerittenen Pferden schnallen Sie den unteren Zügel aus, sodass Sie einen Trenseneffekt erzielen. Mit der Zeit können Sie ganz zu der Zäumung Ihrer Wahl übergehen und das Tellington-Gebiss nur noch wenn nötig zur Auffrischung einsetzen.

Um das Pferd noch leichter in der Vorhand zu machen, können Sie die folgenden TTouches und Bodenübungen versuchen.

- Heben Sie während des Putzens und Sattelns ein paarmal *den Rücken an*, damit sich die Bauchmuskeln zusammenziehen und der Rücken sich aufwölbt.
- Das *Lecken der Kuhzunge* bringt bewusste Wahrnehmung in die Rumpfgegend, vom Bauch bis zum Rücken, und verbindet die Vorhand mit dem Rücken.
- *Tanzende Kobra* und *Halbe Tritte* bringen den Kopf hoch, verkürzen den Rahmen und verlagern den Schwerpunkt nach hinten.
- Reiten Sie das Pferd mit dem *Halsring* und lassen Sie es Wendungen gehen mit dem *Halsring* weit oben am Hals. Dadurch wird das Pferd insgesamt geschmeidiger und kann sich besser im Gleichgewicht tragen.

Tellington-Lösungen

Körperband	179
Balancezügel	293
Tellington-Trainingsgebiss	305
Rückenheben	214
Lecken der Kuhzunge	197
Tanzende Kobra	252
Halbe Tritte	295
Halsring	297

Wundversorgung

Ihr Pferd hat sich am Bein, am Körper oder am Kopf verletzt, und die Wunde blutet oder ist verunreinigt; vielleicht steckt sogar ein Fremdkörper darin. Sie können jedoch das Ausmaß der Verletzung nur dann genau feststellen oder dem Pferd helfen, wenn es Sie nahe genug an sich heranlässt.

Meist wird ein verletztes Pferd mit Medikamenten oder der Nasenbremse ruhiggestellt, um die Wunde untersuchen und versorgen zu können. Manchmal ist aber kein Tierarzt erreichbar oder das Pferd blutet sehr stark, und es ist keine Zeit zu verlieren.

- *Rufen Sie sofort den Tierarzt!* Damit es in der Wartezeit nicht verrückt spielt oder kämpft, besteht Ihr erstes Ziel darin, es ruhig zu halten und gleichzeitig die Blutung zu stillen, einem Schockzustand vorzubeugen und die Verletzung möglichst näher untersuchen zu können. Geraten Sie, auch wenn das Pferd stark blutet, nicht in Panik. Lassen Sie es den *Kopf senken* und machen Sie *Ohren-TTouches*, um es zu beruhigen, Puls und Blutdruck zu stabilisieren. Wenn das Pferd Ihnen vertraut und weiß, dass Sie ihm helfen wollen, kann dies den entscheidenden Unterschied ausmachen.
- Lässt Sie das Pferd nicht in die Nähe der Verletzung oder droht ein Schockzustand, lassen Sie es zuerst den *Kopf senken* und *streichen* Sie ganz langsam und ruhig die *Ohren aus*, um mit dem Pferd in Verbindung zu treten, den Schmerz zu lindern, Puls und Blutdruck zu stabilisieren und einem Schock entgegenzuwirken. Sie können auch ein paarmal den *Bauch anheben*, während Sie auf den Tierarzt warten. Verabreichen Sie dem Pferd – und sich selbst – ein paar Bachblüten-Notfalltropfen.
- Stellen Sie das Pferd in der Position *Den Tiger zähmen* ruhig. Hält eine zweite Person das Pferd in dieser Stellung fest, können Sie vielleicht

Geschichte einer Wandlung

Ein Pferd kam nach längerer Fahrt auf drei Beinen stocklahm aus dem Transporter. Es hatte eine Stichverletzung am linken Hinterbein. Ich arbeitete am anderen Hinterbein mit kleinen, leichten Kreisen und Python-TTouches, damit der Körper des Pferdes Zutrauen zu meinen Händen fasste. Dann ging ich ruhig auf die andere Seite hinüber und begann mit langsamen Kreisen und Hebern auf der Kruppe.

Ich arbeitete mich allmählich das ganze Hinterbein hinunter und schließlich auch über die Verletzung selbst, wo ich, mit der Hand über die Wunde gewölbt, mit leichtem Druck Waschbär-TTouches machte, um dem Pferd die Angst wie auch den Schmerz zu nehmen. Nach 45 Minuten belastete das Pferd das Bein und wurde zum Tierarzt geführt, kaum noch lahm und ohne Schock.

selbst die Erstversorgung vornehmen. Möglicherweise gelingt es Ihnen sogar allein. Wehrt sich das Pferd gegen eine Berührung am verletzten Bein, streichen Sie zuerst das andere Bein mit der Gerte ab.

Tellington-Lösungen

Ohren-TTouch	233
Bauchheben	231
Den Tiger zähmen	185
Waschbär-TTouch	235

Zackeln

Siehe auch „Übereifer", „Hirschhals"

Kein richtiger Trab und kein richtiger Schritt, das ist Zackeln.

Ein Pferd, das zackelt, ist wie ein aufgezogenes Spielzeug: Es kann einfach keine Ruhe geben. Es geht keinen entspannten Schritt, sondern bewegt sich unter dem Reiter immer in kleinen, tänzelnden Trabtritten vorwärts. Die meisten Pferde zackeln, wenn sie mit anderen Pferden zusammen im Gelände geritten werden oder wenn es in Richtung Heimat geht.

Es macht keinen Spaß, auf einem Pferd zu sitzen, das sich entweder – Kinn auf der Brust – aufrollt oder mit dem Kopf schlägt. Zackeln hat immer mit Verspannung zu tun. Ein zackelndes Pferd wird zurückgehalten, seine Nackenmuskeln sind verkrampft, und die Durchblutung ist gestört. Infolgedessen kann das Pferd nicht so klar denken oder schnell auf Ihre Wünsche reagieren. Kandaren mit langen Anzügen oder Hackamores werden eingesetzt, um Zackler im Zaum zu halten, aber davon rollen sie sich nur noch mehr auf und verspannen sich im Genick, im Hals und im Rücken. Chronisch zackelnde Pferde weisen oft einen Hirschhals auf und drücken den Rücken weg.

Mit unseren Bodenübungen und TTouches löst sich die Verspannung; das gewohnheitsmäßige Muster, das eine Korrektur so oft erschwert, lässt sich verändern.

Lösungen

Vom Boden aus

- Kontrollieren Sie zuerst, ob der Sattel und das Gebiss passen, sowie die Zähne in Ordnung sind.
- Bauen Sie die Spannung im Genick, im Rücken und in der Hinterhand ab mit *Ohren-TTouch*, *Hals lösen* und *Hals schaukeln*, *Beinkreise vorn und hinten*, *Muschel-TTouches* mit *Aufgerollte-Python-TTouches* am Hals, am Rücken und an den Beinen. *Raupen-* und *Bären-TTouches mit Schwamm-TTouch* verbessern die Durchblutung in Hals und Genick.
- Da zackelnde Pferde fast immer gleichzeitig den Kopf beim Reiten hoch tragen, können *Kopf senken* vom Boden wie vom Sattel aus und *Rücken anheben* dazu beitragen, verspannte Bauchmuskeln zu lösen.

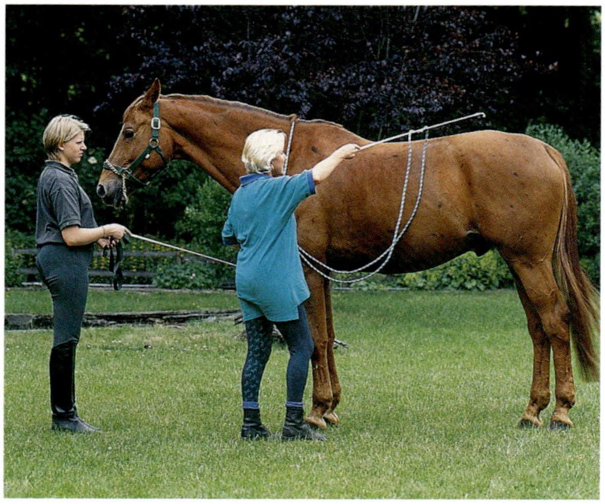

Die Vorbereitung zum Fahren vom Boden: So wird das Pferd an die Leinen an der Hinterhand gewöhnt.

- Chronisch zackelnde Pferde profitieren ungeheuer davon, in Anwesenheit anderer Pferde *am Boden gefahren* zu werden. Sie haben dadurch eine Begrenzung und können ihre Angst vor Bewegungen und anderen Pferden hinter ihnen überwinden. Diese Arbeit ist hervorragend geeignet, dem Pferd zu zeigen, wie es Kopf und Hals langmachen und die Schritte ebenfalls verlängern kann.
- Als Vorspiel zum Reiten bringen Sie dem Pferd vom Boden aus (später auch unter dem Sattel) *Halbe Tritte* bei, damit es mit einem neuen Bewusstsein die Schritte verkürzen, verkrampfte Muskeln entspannen und dann die Schritte verlängern kann.

Unter dem Reiter

- Reiten Sie einige Male mit dem *Lindell* kombiniert mit dem *Balancezügel*. Üben Sie in der Reitbahn oder irgendwo in der Nähe des Stalls, bevor Sie sich mit Freunden ins Gelände trauen, und sehen Sie sich noch einmal die Informationen zum Thema „Kleben" auf Seite 92 an. Denken Sie darüber nach, mit dem vollständigen *Körperband* zu reiten.
- *Schweif-TTouches* können dem Pferd ein Gefühl für den Zusammenhang im Körper vermitteln, und das Reiten mit dem *Körperband* trägt dazu bei, etwaige Ängste des Pferdes vor Bewegungen im Hintergrund zu überwinden.
- Zackelt Ihr Pferd nur, wenn Sie mit anderen zusammen ausreiten, können ein paar Übungen in der Reitbahn (siehe Seite 145) Wunder wirken. Bitten Sie Ihre Reitgefährten mitzumachen und reiten Sie abwechselnd aneinander vorbei, überholen Sie oder schließen Sie sich hinten an. Mit einem Helfer zusammen können Sie Ihr Pferd mit dem *Körperband* auch in der *Brieftaube* führen, während die anderen Pferde darum herum arbeiten.

Tellington-Lösungen

Ohren-TTouch	233
Hals lösen	241
Hals schaukeln	223
Beinkreise vorn und hinten	192, 195
Muschel-TTouch	189
Aufgerollte-Python-TTouch	190
Raupen-TTouch	220
Bären-TTouch mit Schwamm-TTouch	236, 226
Den Pferdekopf senken	182
Rückenheben	214
Fahren vom Boden mit und ohne Zaumzeug	279
Halbe Tritte	295
Lindell	301
Körperband	303
Schweif-TTouch	208
Brieftaube	261

„Zickige" Stuten

Manche Stuten werden in der Rosse überempfindlich: Sie quietschen, blitzen, spritzen, schlagen aus und legen die Ohren an, wenn andere Pferde in die Nähe kommen. Oft gehen sie unter dem Sattel dann auch gegen den Schenkel, worauf sie als „launisch" oder „zickig" beschimpft werden. Die Stimmungsumschwünge von Stuten können sich negativ auf ihre Leistung auswirken, besonders wenn Präzision gefragt ist.

Eine verbreitete Methode, um bei solchen Stuten die Rosse zu unterdrücken, besteht in einer oralen Progesterongabe – wie auch Athletinnen die „Pille" nehmen, um nicht während eines Wettbewerbs zu menstruieren.

Eine tierärztliche Untersuchung empfiehlt sich, wenn die Stimmungsumschwünge extreme Ausmaße annehmen und die Leistungsfähigkeit eingeschränkt ist. Sie müssen sicher sein, dass Sie es nicht mit einer Zyste oder einem Tumor an den Eierstöcken, einem nicht abgestoßenen Gelbkörper oder einem anderen Krankheitszustand zu tun haben. Ihr Tierarzt kann den Progesteron- und Östrogenspiegel und den anderer für die Fortpflanzung wichtiger Hormone testen lassen.

Sie können viel dazu beitragen, die Intensität der physischen und emotionalen Reaktionen der Stute auf die Rosse zu verringern. Für Stuten, die fast das ganze Jahr jeden Monat ca. fünf Tage rossig sind, können TTouches eine große Hilfe sein, weil sie insgesamt entspannend wirken und ein Wohlgefühl vermitteln.

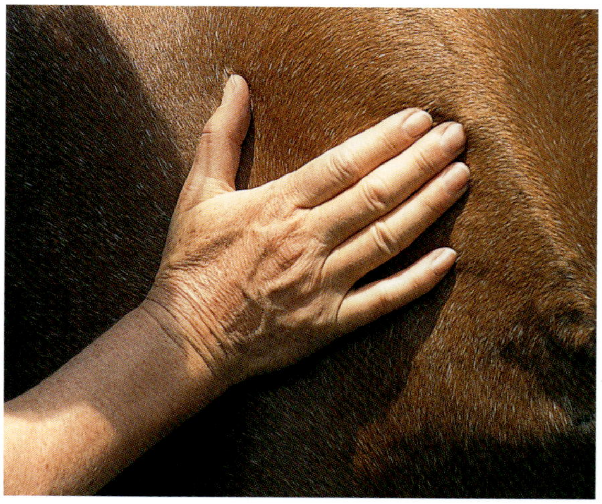

Wolken-Leopard-TTouches können Schmerzen von rossigen Stuten vermindern.

Lösungen

- Beginnen Sie damit, von der Mitte des Genicks langsam und nachdrücklich zum Ohransatz zu streichen. *Streichen* Sie das *Ohr* aus bis zur Spitze und spüren Sie dabei jedem Zentimeter nach. Wenn das Pferd es zulässt, falten Sie das Ohr zusammen, sodass die Innenseiten sich berühren, und streichen Sie jedes Mal mit besonderem Nachdruck auf einer leicht veränderten Linie. Arbeiten Sie zuerst an einem Ohr und halten Sie mit der anderen Hand am Nasenriemen des Halfters mit leichtem Druck dagegen. Das *Ohrenausstreichen* wirkt entspannend und vermindert Unbehagen und Schmerzen, die manche Stuten während der Rosse empfinden. Dieser TTouch aktiviert am gesamten Ohr Akupressurpunkte, die mit bestimmten Körperteilen in Verbindung stehen.
- *Waschbär-TTouches* am Ohransatz können den Dreifachen Erwärmer beeinflussen, einen Akupunktur-Meridian, der die Energie aktivieren und die Temperatur in den Atmungs-, Verdauungs- und Fortpflanzungsorganen ausgleichen soll. Übermäßige Warme oder Feuchtigkeit innerhalb dieser Organe kann entlang des Meridians ein Ungleichgewicht verursachen und das Verhalten negativ beeinflussen.
- Wenn Ihre Stute rossig wird, machen Sie *Wolken-Leopard-TTouches mit Verbundenen Kreisen* über jeden Zentimeter ihres Körpers. Manche Stuten haben während des Eisprungs Schmerzen in der Flankengegend, die Sie mit sanften *Muschel-TTouches* durch ein warmes Tuch hindurch lindern können. Ein stützendes *Körperband* kann der Stute während dieser Phase des Zyklus Erleichterung bringen.
- Füttern Sie zusätzlich Kräuter. Es gibt Kräutermischungen, die Stuten mit unregelmäßiger Rosse, bei Reizbarkeit und Launenhaftigkeit zu helfen scheinen. Ein Produkt enthält u. a. Mönchspfeffer (Vitex agnus castus), Himbeerblätter und Eisenkraut (Verbena officinalis). (Serviceteil Seite 328).
- Geben Sie der Stute schließlich während der besonders intensiven Rossigkeitsphase ein wenig frei. Sind Sie eine Frau, können Sie sicher die für die Menstruationszyklen typischen Stimmungsumschwünge nachempfinden. Lässt sich das Reiten nicht vermeiden, verlangen Sie nicht zu viel und halten Sie Abstand von anderen Pferden. Flechten Sie der Stute ein rotes Schleifchen in den Schweif, um andere Reiter zu warnen. Sie mit der Gerte zu strafen nützt nichts, denn das Verhalten wird von physiologischen Faktoren ausgelöst. Zusätzliche Schmerzen bringen die Stute nur noch mehr auf.

Tellington-Lösungen

Ohren ausstreichen	233
Waschbär-TTouch	235
Wolken-Leopard-TTouch	218
Verbundene Kreise	191
Muschel-TTouch	189
Körperband	179

Zügel aus der Hand reißen

Am häufigsten kommt es beim Reiten auf Trense vor, dass das Pferd mit dem Kopf abrupt nach unten stößt und dem Reiter die Zügel aus der Hand reißt. Meist liegt es an einer ungeschickten oder harten Zügelführung oder daran, dass das Pferd ständig mit strenger Hand zusammengeschraubt wird. Ponys gewöhnen sich diese Untugend manchmal an, um junge oder unerfahrene Reiter auszuhebeln.

Lösungen

- Dieses Problem lässt sich vom Sattel aus lösen. Erwachsene brauchen dazu oft nur den *Balancezügel*, weil sie damit ohne viel Kontakt und Druck dem Pferd signalisieren können, langsamer zu werden oder anzuhalten.

- Ist die Untugend schon seit Jahren fest verwurzelt, lässt sich die Angewohnheit mit dem ***Tellington-Trainingsgebiss*** und vier Zügeln oft über Nacht abstellen, solange der Reiter dem Pferd bewusst mehr Zügelfreiheit zugesteht als mit der Trense. Dieses Gebiss bietet dem Pferd mehr Freiheit, den Hals länger zu machen, während der Reiter auch ohne ständigen Zügelkontakt mehr Kontrolle über den Pferdekopf hat.

Tellington-Lösungen

Balancezügel	293
Tellington-Trainingsgebiss	305

Unkontrolliertes Zungestrecken kann ein Zeichen von emotionalem Stress sein.

Zunge strecken u. Ä.

Das Spielen mit der Zunge ist eine unangenehme Angewohnheit und oft ein Zeichen für physischen oder emotionalen Stress. Es kann ebenso in der Box vorkommen wie auf der Koppel oder während der Arbeit unter dem Reiter und die verschiedensten Formen annehmen: Das Pferd kann die Zunge seitlich heraushängen, sie aber auch ganz zurückziehen. Manche Pferde scheinen auf ihrer Zunge herumzubeißen oder an ihr zu saugen, oder sie lassen sie von einer Seite zur anderen herumrollen. Wieder andere scharren gleichzeitig mit einem Vorderhuf.

Möglicherweise sind diese Angewohnheiten darauf zurückzuführen, dass das Pferd zu lange eingesperrt ist (kein oder zu wenig Koppelgang) oder sich langweilt, weil es keine Möglichkeit hat, mit anderen Pferden Kontakt aufzunehmen.

Stress kann auch entstehen, wenn das Pferd immer in Versammlung geritten wird, am verhaltenden Zügel und mit eng zugezogenem Nasenriemen, sodass es unter dem Reiter nie Hals und Kopf ausstrecken und den Rücken entspannen kann. Anstatt das Pferd zu strafen oder ihm die Zunge anzubinden, sollte man lieber nach der Ursache des Verhaltens suchen und diese beseitigen, ob es nun der zu enge Nasenriemen ist oder ein kneifendes Gebiss.

Wenn ein Pferd auf irgendeine Art mit der Zunge spielt, kann dies auch ein Zeichen für Zahnprobleme sein, besonders bei jungen Pferden, die die Milchzähne noch nicht abgestoßen oder aufgrund von Zahnhaken Entzündungen im Maulinnern haben. Ich zog einmal ein Vollblutfohlen auf, das im Alter von sechs Monaten anfing, die Zunge herauszustrecken, was sonst keinem anderen meiner Pferde eingefallen war. Die Mutterstute hatte sehr schlechte Zähne, und bei ihrem Stutfohlen waren die Zähne so scharfkantig wie bei einem Hai.

Lösungen

Vom Boden aus

- *Maul-TTouches* mit der Betonung auf dem Antippen der Zunge. Einmal wurde ich gebeten, mit einer Stute zu arbeiten, die extrem die Zunge heraushängen ließ. Bei genauer Beobachtung entdeckten wir ein kaum sichtbares Nerven- und Muskelflattern seitlich an der Zunge, das sich seitlich am Gesicht bis zum Ohr fortsetzte. Die Stute war mit harter Hand und eng verschnalltem Nasenriemen in höheren Dressurklassen geritten worden. Die Besitzerin wollte ihr die Zunge abschneiden lassen, um sie wieder auf Turnieren vorstellen zu können, aber der Tierarzt hatte sich geweigert, diese barbarische Behandlung durchzuführen, und hatte mich zugezogen. Ich arbeitete in mehreren Sitzungen mit der Stute, vorwiegend *Liegender-Leopard-TTouches* mit *Aufgerollte-Python-TTouches* über das Gesicht, kombiniert mit *Ohren ausstreichen* und *Raupen-TTouches* am Mähnenkamm, um die lang andauernde Verspannung im Kopf, im Kiefer, im Mähnenkamm und im Hals zu lösen. Auch mit

Solche tippenden Berührungen auf der Zunge können das Bewusstsein verändern.

Hals lösen lässt sich Verspannung abbauen. Meines Erachtens war das Problem verursacht worden von einer sehr harten Hand, einer sehr straffen Zügelführung und stundenlangem Reiten in extremer Versammlung.

Unter dem Reiter

- Manchmal hilft es, das Pferd zur Abwechslung mit dem *Lindell* oder dem *Tellington-Trainingsgebiss* und dem *Balancezügel* zu reiten. Lassen Sie die unteren Zügel locker, reiten Sie mit weicher Hand und benutzen Sie sooft wie möglich nur den *Balancezügel*.
- Wenn Ihr Pferd unter dem Sattel die Zunge herausstreckt, tippen Sie diese oder das seitliche Ende des Mundstücks mit der Gerte an, damit es die Zunge wieder einzieht. Das soll keine Bestrafung sein, sondern – zusammen mit einer deutlichen Visualisierung – das Pferd daran erinnern, dieses Verhalten zu lassen. Vor Ihrem inneren Auge müssen Sie das Bild eines ruhigen Pferdemauls sehen, anstatt sich gewohnheitsmäßig das Pferd mit heraushängender Zunge vorzustellen.

Tellington-Lösungen

Maul-TTouch	203
Liegender-Leopard-TTouch	201
Aufgerollte-Python-TTouch	190
Ohren-TTouch	293
Hals lösen	241
Raupen-TTouch	220
Lindell	301
Tellington-Trainingsgebiss	305
Balancezügel	293

Gesundheitsprobleme von A – Z

Auf den ersten Blick scheint die Gesundheit des Pferdes vielleicht nichts mit seinem Verhalten zu tun zu haben. Aber oft liegen „unerklärlichen" Verhaltensänderungen körperliche Ursachen zugrunde. Eine plötzlich „psychotische" Stute hat vielleicht eine Eierstockzyste oder einen Tumor; ein Pferd, das aus heiterem Himmel zu bocken beginnt, kann Schmerzen im Hals oder Rücken haben; ein normalerweise sanftes Pferd, das sich selbst dem einfühlsamsten, rücksichtsvollsten Umgang widersetzt, leidet möglicherweise unter einer Unterfunktion der Schilddrüse oder einer Muskelzerrung.

Selbst wenn ein gesundes Pferd nur neuen Bedingungen ausgesetzt wird – einer Futterumstellung, einem Stallwechsel, einem neuen Ausbilder oder einem neuen Sattel –, kann es nervös werden, sodass es nicht mehr „geerdet", sondern fluchtbereit ist. Damit zeigt es Ihnen, dass es unter Stress steht. Stress kann das Risiko von Koliken, Hufrehe, Magengeschwüren, Kreuzverschlag und sogar Schock erhöhen.

Beziehen Sie die Tellington-Methode in Ihre tägliche Routine mit ein, und Sie haben ein mental und emotional ausgeglichenes Pferd, das mit Stressfaktoren wie Verladen, Training oder Wettbewerben spielend fertig wird. Pferdehalter, Trainer, Züchter und Tierärzte in der ganzen Welt finden die Tellington-Methode in folgenden, mit Gesundheitsproblemen zusammenhängenden Situationen hilfreich:

- als humane Art, ein Pferd für die Behandlung unter Kontrolle zu halten – sicherer für Pferd und Mensch;
- als Teil der Notfallbehandlung und bei chronischen Krankheiten;
- zur Reduzierung von Stress und zur Vorbeugung gegen Verletzungen bei Leistungs- und Freizeitpferden.

Die Tellington-Methode ist nicht dafür gedacht, die tierärztliche Behandlung zu ersetzen; sie kann aber in der Zeit, bis der Tierarzt eintrifft, eine ungeheure Hilfe sein. Hunderte von Fallberichten, die uns im Verlauf der letzten 35 Jahre von dankbaren Pferdebesitzern erreichten, haben bestätigt, dass durch den TTouch sogar das Leben von Pferden gerettet wurde, wenn der Tierarzt nicht erreichbar war.

Es folgen Empfehlungen für sieben akute und chronische Gesundheitsprobleme:

Erschöpfung, Kolik, Kreuzverschlag, Magengeschwüre, neurologische Störungen, Schlundverstopfung, Schock.

Wer sein Pferd täglich beobachtet, kann Gesundheitsstörungen rechtzeitig erkennen.

Erschöpfung/Erholung nach extremer Leistung

Siehe auch unter „Kolik", „Schock", „Kreuzverschlag"

Erschöpfung kann unter den verschiedensten Umständen auftreten, von Hochleistungssport bis zu anstrengenden Ausritten in unwegsamem Gelände. Zum Beispiel:

- Ein Vielseitigkeitspferd kommt an einem heißen Tag mit großer Luftfeuchtigkeit mit erhöhter Atemfrequenz und erhöhtem Puls aus der Geländephase. Trotz aller Anstrengungen des Begleitpersonals mit Eiswasser, Sprühnebel und Schatten hat sich das Pferd 30 Minuten später noch nicht erholt.
- Ein Distanzpferd kommt an einem Zwischenstopp mit trüben, eingesunkenen Augen an. Es trinkt nicht und kaut auch nur lustlos auf seinem Futter herum. Der Puls geht anfangs auf die erforderlichen 64 Schläge pro Minute herunter, aber 20 Minuten später, nach einer Minute Trab

an der Hand, geht er wieder auf über 72 Schläge hoch und bleibt auf diesem Niveau.
- Ein Freizeitreiter verirrt sich an einem heißen Sommertag im Gelände. Nach drei Stunden ohne Wasser und Schatten wird die Hinterhand des Pferdes bretthart, und das Pferd kann sich nicht mehr bewegen – es ist total erschöpft und zeigt Anzeichen von Kreuzverschlag.

In den ersten beiden Fällen wurden die Pferde aus der Prüfung zurückgezogen und u. a. mit intravenösen Infusionen und Elektrolyten medizinisch betreut. Im dritten Fall rief der Reiter per Handy um Hilfe und hielt den Pferdekörper bedeckt, bis die Hilfe eintraf.

Anzeichen für Erschöpfung sind:
- Energieverlust;
- Weigerung, zu trinken und zu fressen;
- erhöhte Werte für Puls, Atmung und Temperatur;
- Dehydrierung (Austrocknung);
- Krämpfe, Muskelzittern oder Kreuzverschlag.

Zeigt Ihr Pferd diese Symptome, rufen Sie sofort den Tierarzt. Es ist zu hoffen, dass Ihnen solch ein Notfall erspart bleibt, aber Sie sollten auf jeden Fall darauf vorbereitet sein, Ihrem Pferd beizustehen, bis der Tierarzt eintrifft. Folgende TTouches haben sich in solchen Fällen als Überlebenshilfe bewährt.

Die beidhändige Bewegung, die Quallen-TTouch genannt wird, lockert verspannte Muskeln auf der Kruppe.

So sehen normale Werte aus

Messen Sie die folgenden Werte bei Ihrem Pferd, wenn es gesund und ausgeruht ist.
Herzschlag: Normal (zuhause, in Ruhe) 28 bis 44 Schläge pro Minute; er sollte sich innerhalb von zehn Minuten nach einer Anstrengung auf um die 70 Schläge beruhigt haben. Lange Erholungszeiten können ein Zeichen von Krankheit sein, von Verletzungen oder mangelnder Kondition für die noch vor dem Pferd liegende Aufgabe.
Atmung: Normal (zu Hause, in Ruhe) 12 bis 20 Atemzüge pro Minute. Pferde hecheln aber auch, um die Körperhitze möglichst schnell loszuwerden.
Temperatur: von ca. 37,5 bis 38,5 Grad Celsius.
Austrocknung: Kneifen Sie in die Haut am Hals. Bei einem gut hydrierten Pferd wird die Haut innerhalb von weniger als einer Sekunde wieder glatt. Bleibt die Falte länger als zwei, drei Sekunden sichtbar, ist das Pferd dehydriert (ausgetrocknet).
Schleimhäute: Überprüfen Sie Farbe und Zustand des Zahnfleischs. Normalerweise ist es feucht und rosa, tieferes Rot und trockene Schleimhäute können ein Alarmsignal sein.
Füllgeschwindigkeit der Kapillargefäße: Drücken Sie kurz auf das Zahnfleisch, bis es weiß wird, und zählen Sie die Sekunden, bis es wieder die vorherige Farbe angenommen hat. Normal ist weniger als eine Sekunde.
Darmgeräusche: Machen Sie sich zu Hause mit den vielfältigen Geräuschen vertraut, die am Rumpf und an den Flanken eines gesunden Pferdes zu hören sind. Spärliche oder gar keine Darmgeräusche signalisieren Erschöpfung.
Urin: Heller oder strohgelber Urin ist normal, dunkler Urin kann ein Zeichen für Überanstrengung sein.
Mist: Die Pferdeäpfel sollten feucht, aber wohl gerundet sein. Kleine, trockene Kügelchen weisen auf Dehydrierung hin.

Das Ohrenausstreichen: Zuerst wird der Pferdekopf gesenkt. Die linke Hand beginnt an der Ohrbasis und gleitet über das Ohr.

Das Ohr wird bis zur Spitze ausgestrichen und mit der Hand seitlich und waagerecht positioniert.

Lösungen

- Stellen Sie sich unmittelbar vor das Pferd, gleiten Sie schnell und energisch an den Ohren entlang – vom Ansatz bis zu den Spitzen – pro Sekunde einmal, um Puls und Atmung zu senken und dem Pferd neue Energie zuzuführen. Bringen Sie das Pferd in den Schatten und fächeln Sie ihm Luft zu, wenn es keine Ventilation gibt.
- Mit *Maul-TTouches* können Sie das Pferd zum Trinken bringen. Fühlt sich das Zahnfleisch – wie meist bei Dehydrierung – trocken an, feuchten Sie es zuerst mit einem nassen Tuch an.
- *Bauchheben* reaktiviert die Darmgeräusche und regt den Appetit an. Bieten Sie dem Pferd eingeweichte Rübenschnitzel oder nasses Heu an, denn bei dehydrierten Pferden besteht das Risiko einer Schlundverstopfung.
- Sorgen Sie für Abkühlung: Lassen Sie mit einem Schwamm möglichst kaltes Wasser an der Innenseite der Vorderbeine und am Unterhals (Jugularvenen) entlang sowie über den Kopf laufen. Bei großer Hitze und Luftfeuchtigkeit drücken Sie das Wasser gleich wieder aus dem Fell, damit es sich nicht wie eine Isolierschicht über den Körper legt und die Hitze festhält. Bei kühlem Wetter dürfen sich die großen Muskeln an der Schulter und an der Kruppe nicht abkühlen. Halten Sie sie mit einer Woll- oder Fleecedecke warm.
- Die Veterinärmedizin hat große Fortschritte bei der Behandlung von erschöpften Pferden gemacht, aber die Vorhersage, bei welchem Pferd der Stoffwechsel zusammenbricht oder bei welchem es zu einer Kolik oder einem Kreuzverschlag kommt, bleibt schwierig. Das Gefühl der Hilflosigkeit kann furchtbar sein, wenn man zusehen muss, wie ein Pferd trotz aller tierärztlichen Anstrengungen in einen Schockzustand verfällt. Immer wieder haben Tellington-Practitioners in solchen Fällen eingegriffen und nachweislich Pferden das Leben gerettet, die dem Exitus schon sehr nahe waren.

Erholung nach einer Anstrengung

Ob auf den letzten Kilometern eines Distanzrittes, im vierten Chukka eines Polo-Turniers oder am Schlusstag einer Großen Vielseitigkeit – Sie wollen sicher sein, dass Ihr Pferd körperlich und geistig gerüstet ist für die Herausforderung.

Nach einem langen Ausritt oder einem anstrengenden Turniertag können 30 Minuten mit diesen TTouches Ihr Pferd wieder erfrischen, sodass es frisst und trinkt, tief schläft und am nächsten Tag wieder voll einsatzfähig ist.

Lösungen

- Drei Minunten langsame *Ohren-TTouches.*
- *Lecken der Kuhzunge* vom Gurt bis zu den Flanken, auf jeder Seite drei Mal.
- *Muschel-TTouches* mit *Aufgerollte-Python-TTouches* innen und außen an den Hinterbeinen.
- Vorsichtiges *Schweif ziehen* mit langsamem Nachlassen löst verkrampfte Rücken- und Halsmuskeln.
- *Quallen-TTouches* mit *Liegender-Leopard-TTouches* gegen den Uhrzeigersinn können die Bildung von Milchsäure verlangsamen.

Geschichte einer Wandlung

1984 gab ich vor dem französischen Olympiade-Komitee einen Zwei-Tage-Kurs zum Thema: Wie kann die Tellington-Methode zur schnelleren Erholung von Leistungspferden beitragen. Man bat mich, meine Arbeit an einem Pferd zu demonstrieren, das am Vortag eine Große Vielseitigkeitsprüfung beendet hatte und dehydriert war. Als ich zu dem Wallach in die Box ging, stand er mit gesenktem Kopf in einer Ecke und wollte weder fressen noch trinken. Seine Augen waren trüb, die Kapillaren füllten sich nur langsam – sein Stoffwechsel war, kurz gesagt, am Ende. Im Verlauf von 60 Minuten TTouch an jedem Quadratzentimeter seines Körpers begann der Wallach zu fressen und große Mengen Wasser aufzunehmen. Er wurde munter und interessierte sich für seine Umgebung. Die Veränderung war dramatisch. Das Pferd sah aus, als hätte es 50 Pfund zugenommen, und die Anstrengungen des harten Wochenendes machten ihm nichts mehr aus.

- Fünf Minuten lang beruhigende *Troika-TTouches.*
- Zum Abschluss eine Reihe belebender *Schläge mit der Bärenpranke.*

Tellington-Lösungen

Kolik

Siehe auch „Schock“

Eine Kolik, ein Oberbegriff für Schmerzen im Bauchbereich, kann eintreten, wenn Sie es am wenigsten erwarten. Unweigerlich passiert es nach Dienstschluss oder an einem Wochenende und wird so zu einem wirklichen medizinischen Notfall. Medizinische Ratschläge finden Sie in vielen anderen Quellen, aber während Sie auf den Tierarzt warten, können Sie mit TTouches bereits aktiv eingreifen.

Vor über 40 Jahren hatte ich mit dem *Ohren ausstreichen* meinem Distanzpferd Bint Gulida das Leben retten können, nachdem der Tierarzt erklärt hatte, sie würde die Kolik nicht überleben. Seitdem haben wir immer wieder festgestellt, dass *Ohren ausstreichen* und *Bauchheben* in vielen Fällen effektiver sind als das Führen an der Hand. Wir wissen von buchstäblich Hunderten von Fällen, in denen Leute von der Tellington-Methode im Falle von Koliken gehört oder gelesen hatten und sie mit erstaunlichem Erfolg angewandt haben. *Anmerkung:* Natürlich sollen Sie zuerst den Tierarzt rufen und berichten, wie es um Puls, Atmung, Temperatur und Farbe der Schleimhäute steht.

Lösungen

- *Bei schwachen oder fehlenden Darmgeräuschen: Bauch anheben* und *Ohren-TTouches.* Unterhalb der Schweifwurzel, direkt über dem After, gibt es einen Akupressurpunkt, der im Falle einer Gaskolik dazu beitragen kann, dass die Blähungen abgehen. Machen Sie an diesem Punkt langsame, nachdrückliche Kreise von ca. 3 cm Durchmesser, abwechselnd drückend und wieder loslassend. Handelt es sich um eine Darmverschlingung, ist eine Operation unvermeidlich, aber möglicherweise können Sie mit *Ohren-TTouches* die Schmerzen so lange unter Kontrolle halten, bis dem Pferd geholfen werden kann.
- *Im Falle einer Sandkolik:* Sie können die Schmerzen erträglich machen, aber eine Ansammlung von Sand kann so massiv sein, dass das Pferd gereizt reagiert. Vor Kurzem erhielten wir einen Bericht aus Finnland von einem Pferd, das beim Reiten immer gereizter reagierte und nicht mehr vorwärts gehen wollte. Der Reiter dachte zuerst, das Pferd wäre einfach sauer, aber während eines Tellington-Trainings-Kurses wurde der Verdacht geäußert, es könne eine körperliche Ursache

vorliegen. Bei der tierärztlichen Untersuchung wurde eine erhebliche Ansammlung von Sand entdeckt, die chirurgisch entfernt werden musste. Die „Einstellung" des Pferdes änderte sich schlagartig; es war wieder so kooperativ wie zuvor.

- *Wenn ein Pferd einen kranken Eindruck macht:* Messen Sie Temperatur, Puls- und Atemfrequenz und hören Sie den Bauch nach Darmgeräuschen ab. Die normale Temperatur liegt beim Pferd bei 37,5 bis 38,5 Grad Celsius. Der Ruhepuls liegt im Schnitt bei 28 bis 44 Schlägen, die Atemfrequenz bei 12 bis 20 pro Minute, wobei sich diese allerdings durch Luftfeuchtigkeit und fremde Umgebung auf über 20 steigern kann. Mit der Überprüfung von Temperatur, Puls und Atmung (TPA) kann man Koliken oft im Frühstadium entdecken, wenn das Pferd nicht frisst und sich nicht wohlzufühlen scheint, sich aber noch nicht wälzt oder nach seinen Flanken umsieht. Vielfach sind die Darmgeräusche spärlich, sie können aber auch abnorm aktiv sein. Es lohnt sich zu wissen, wie sich die Darmgeräusche auf beiden Seiten beim gesunden Pferd anhören und wie hoch die Puls- und Atemfrequenz im Ruhezustand ist. In Hunderten von Fällen hat TTouch Pferden über eine Kolik hinweg geholfen oder sie vor einem Schockzustand bewahrt, wenn kein Tierarzt erreichbar war oder wenn, wie in einigen Fällen, dem Besitzer gesagt wurde, dass keine Hoffnung mehr bestehe. Wir haben die interessante Entdeckung gemacht, dass sich selbst kopfscheue Pferde an den Ohren ttouchen lassen, wenn sie Schmerzen haben. Machen Sie die *Ohren-TTouches* so lange, bis Puls und Atmung sich normalisiert haben und es dem Pferd wieder gut geht.

Nach vielen Jahren und vielen Pferden habe ich festgestellt, dass bei Pferden, die sich nicht wohlzufühlen schienen und bei denen Kolikverdacht bestand, gewöhnlich die Atemfrequenz auf über 20 stieg und auch der Puls oft erhöht war. Dann ist es Zeit, den Tierarzt anzurufen und schon einmal mit *Ohrenausstreichen* und *Bauchheben* zu beginnen, bis er oder sie eintrifft. Das *Ohren ausstreichen* scheint schmerzlindernd zu wirken, und das *Bauchheben* regt die Peristaltik im Darm an. Ich habe aber auch schon erlebt, dass Pferde nicht mehr fressen wollten und einen kranken Eindruck machten, obwohl Puls und Atmung nicht ungewöhnlich erhöht waren. Es kann sich um ein Anfangsstadium handeln, und meiner Meinung nach ruft man dann besser den Tierarzt.

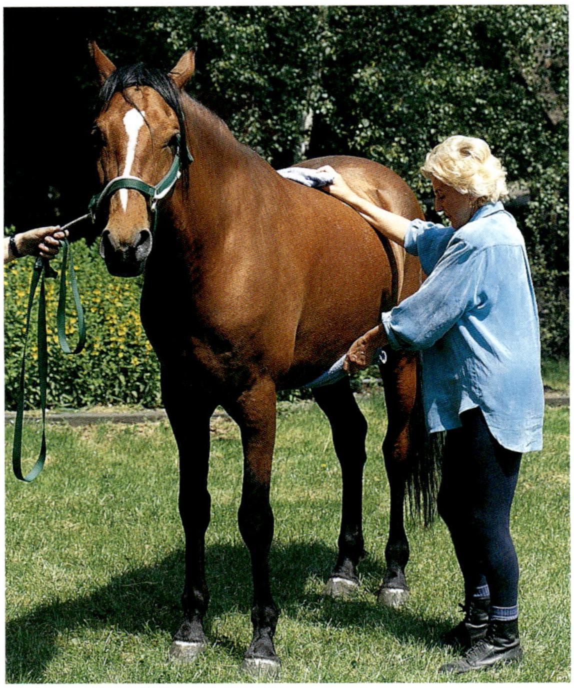

Das Bauchheben mit Handtuch folgt dem gesamten Rumpf entlang bis zur Nierengegend.

Tellington-Lösungen

Ohren-TTouch	233
Bauchheben	231

Kreuzverschlag

Kreuz- oder Nierenverschlag, auch Tying-up-Syndrom oder Montagskrankheit genannt, ist eine Erkrankung, die besonders bei stark beanspruchten Leistungspferden auftritt, aber auch von emotionalen Notlagen, mangelnder Kondition, kohlehydratreichem Futter oder einer Kombination dieser Faktoren verursacht werden kann. In der schwersten Form bleibt das Pferd plötzlich stocksteif stehen und kann sich nicht mehr bewegen. Ein Kreuzverschlag kann das Pferd draußen im Gelände treffen, wo kein Tierarzt zur Verfügung steht und es mit einem Transporter oder Hänger manchmal kaum zu erreichen ist.

Im Verlauf der Jahre habe ich viele Fälle von Kreuzverschlag gesehen, meist auf Distanz- oder Trailritten, an denen jemand auf einem aufgeregten, ungenügend vorbereiteten Pferd teilnahm. Sie fühlen sich dann vollständig hilflos, falls Ihnen nicht ein paar Hilfsmittel zur Verfügung stehen. Und dann kann der Ausgang buchstäblich in Ihrer Hand liegen!

Tellington-Lösungen

Ohren-TTouch	233
Verbundene Liegender-Leopard-TTouches	191, 201
Muschel-TTouch	189
Tiger-TTouch	229

Lösungen

- Beginnen Sie mit *Ohren-TTouch*, wenn das Pferd schwitzt oder unter Schock steht. Wechseln Sie zwischen *Verbundenen Liegender-Leopard-* und *Muschel-TTouches* ab, um verkrampfte Muskeln im Rücken, in der Nierengegend und der Hinterhand mit der Wärme Ihrer Hände zu lösen. Wenn Sie spüren, dass die Muskeln weicher werden, gehen Sie über zu langsamen *Tiger-TTouches* der Druckstärke 5.
- Wenn Ihnen warmes Wasser zur Verfügung steht, machen Sie die TTouches über Rücken und Nierenpartie durch ein angewärmtes Tuch hindurch. Einen leichteren Anfall kann ein Pferd ohne weitere Folgen überstehen, wenn Sie es nur wieder „in Gang" bringen, aber im Extremfall kann ein Kreuzverschlag tödlich sein.

Geschichte einer Wandlung

Bei der Weltmeisterschaft der Distanzreiter 2001 in Frankreich bekam eine holländische Stute, ein starkknochiges Warmblut, nach 30 km einen Kreuzverschlag. Sie war im Schock vor Erschöpfung, lag neben dem Trail, an einer abgelegenen Stelle, wo sie für adäquate Hilfe unerreichbar war, und kam nicht mehr auf die Beine. Man bemühte sich über eine Stunde lang ohne Erfolg, sie wieder auf die Füße zu bringen, und der Tierarzt wollte sie schon einschläfern. Ich betreute die US-Distanzreiter, und unser Chef d'Equipe gab mir frei, damit ich der anderen Mannschaft helfen konnte.

Als ich ankam, standen eine Menge Leute völlig hilflos herum und wussten nicht, was sie tun sollten. Die Stute lag immer noch am Boden und hatte sich aufgegeben. Ich begann, ihre Ohren auszustreichen, und zeigte dem Reiter, wie er Liegender-Leopard-TTouches über den Nieren machen sollte. Nach einer Stunde TTouch wollte die Stute immer noch nicht aufstehen, sah aber etwas wacher aus und wirkte nicht mehr so am Boden zerstört. Ich schlug vor, mit dem Ohrenausstreichen und der Arbeit in der Nierengegend weiterzumachen und abzuwarten, ob sie sich doch noch aufrappeln würde. Alle machten sehr engagiert weiter, und nach fünf Stunden kämpfte sich die Stute schließlich auf die Beine und konnte ein paar hundert Meter bis zu einer Straße geführt werden, wo ein Transporter auf sie wartete.

Am nächsten Tag kam der Mannschaftsarzt der Holländer zu mir und berichtete, dass die Stute sich zur allseitigen Überraschung erholt und den Blutwerten zufolge keine Nierenschäden davongetragen habe.

Magengeschwüre

Siehe auch „Kolik"

Magengeschwüre galten früher hauptsächlich als eine Fohlenkrankheit, aber heute weiß man, dass 90 Prozent der Rennpferde und 60 Prozent der Turnierpferde darunter leiden. Zu den Risikofaktoren gehören ausschließliche Boxenhaltung, proteinhaltiges Futter, ungenügende Ballaststoffe, unregelmäßige Fütterung, anstrengende Arbeit, Verabreichung von entzündungshemmenden und schmerzlindernden Mitteln wie Phenylbutozon und Stress aufgrund häufig wechselnder Weidegefährten. Bis heute wurde für Pferde keine infektiöse Ursache für Magengeschwüre gefunden, im Gegensatz zu den Magengeschwüren bei Menschen.

Der Verdauungsapparat des Pferdes ist dafür ausgelegt, praktisch „rund um die Uhr" Gras und Heu zu verarbeiten. Deshalb können die normalen Vorkommen von Verdauungsenzymen den Magen in einen Säurebottich verwandeln, wenn er nicht den ganzen Tag beschäftigt ist. Die überschüssige Säure frisst allmählich Löcher in den Säureschutzmantel des Magens, sodass Geschwüre entstehen, besonders wenn auch noch weitere Risikofaktoren eine Rolle spielen.

Die Symptome für ein Magengeschwür sind oft wenig auffällig: Appetit- und Gewichtsverlust, Lustlosigkeit, Bauchschmerzen (Kolik), Arbeitsunwillen, stumpfes Fell und Zähneknirschen. Es gibt Fälle, in denen Pferde ohne Symptome an Magengeschwüren leiden.

Magengeschwüre lassen sich mit einem Endoskop diagnostizieren, mit dessen Hilfe der Tierarzt die Magenschleimhaut auf Zeichen von Erosion, dünne Stellen oder Blutungen untersuchen kann. Medikamente, die die Säurebildung drosseln, können bei den klinischen Symptomen Erleichterung bringen aber die Tierärzte sind sich einig, dass die Haltung der Hauptfaktor für das Auftreten oder Wiederauftreten von Magengeschwüren ist.

Lösungen

Die Gefahr von Magengeschwüren lässt sich am besten dadurch verringern, dass man dem Pferd natürliche Lebensbedingungen verschafft:

- Heu und Gras zur freien Verfügung halten den Magen beschäftigt;
- so viel Koppelgang mit verträglichen Weidegefährten wie möglich;

Das vorsichtige Ziehen am Schweif lockert die gesamte Rumpfmuskulatur.

- viel „Auszeit" mit weniger anspruchsvollem Training;
- häufiges Füttern, um die Magensäure abzupuffern;
- viel Ballaststoffe und wenig Hafer;
- weniger Stress.

Ein Pferd mit Magengeschwüren ist oft überempfindlich in der Flankengegend und versucht vielleicht zu beißen oder zu schlagen, wenn Sie es in diesem Bereich berühren wollen. Nehmen Sie solch ein Pferd in *Den Tiger zähmen*, sodass es Sie weder beißen noch schlagen kann, und machen Sie mit einem Lammfellhandschuh langsame (drei Sekunden) *Muschel-TTouches* der Druckstärke 1. Wenn Sie erreichen, dass das Pferd seine Furcht vor Berührung ablegt, kann dies dazu beitragen, die natürliche Heilfähigkeit der Zellen zu aktivieren. In Verbindung mit tierärztlicher Behandlung und anderen Schritten zum Abbau von Stress kann dies von Nutzen sein, weil es die Furcht im Körper des Pferdes vermindert, die oft auch nach einer Behandlung noch bestehen bleibt.

- *Bauchheben*, *Schweif-TTouches* und *Fahren vom Boden* ohne Zaumzeug sind eine zusätzliche Hilfe für Pferde, die sich in der Flankengegend nicht gern berühren lassen.

- Einem Pferd, das im Umgang ängstlich ist und zum Scheuen und einer hohen Kopfhaltung neigt, kann man mit *Den Kopf senken* mit *Ohren-TTouches* und entspannenden *Liegender-Leopard-TTouches* am ganzen Körper Freude am Körperkontakt vermitteln.

Tellington-Lösungen

Den Tiger zähmen	185
Muschel-TTouch	189
Bauchheben	231
Schweif-TTouch	208
Fahren vom Boden ohne Zaumzeug	279
Den Pferdekopf senken	182
Ohren-TTouch	233
Liegender-Leopard-TTouch	201

Einem zögerlichen Pferd kann es helfen, wenn sein Bein von Menschenhand geführt wird.

Neurologische Störungen

Wenn Ihr Pferd sich anders verhält oder anders bewegt, kann dies ein Zeichen für eine neurologische Störung wie eine Herpesinfektion, Borreliose oder Wobbler-Syndrom sein. Typische Symptome sind häufiges Stolpern, Lahmheit, Schwierigkeiten in Wendungen und Unkoordiniertheit. In Zusammenarbeit mit Dr. Mark Mendelson, einem Tierarzt in Albuquerque, Neu-Mexiko, haben wir ein Behandlungsprotokoll für Pferde mit neurologischen Störungen entwickelt.

Lösungen

- Auf die tierärztliche Behandlung sollten die TTouches und Bodenübungen – möglichst mit *Körperband* – folgen, die dazu beitragen können, Koordination und Funktion wieder herzustellen. Neurologisch gestörte Pferde haben oft kein Gefühl für ihre Gliedmaßen. *Verbundene Kreise* in langen Linien über den Pferdekörper vermitteln dem Pferd kinästhetische Informationen bezüglich seiner Körpergrenzen. Pferde mit Wobbler-Syndrom und anderen neurologischen Störungen konnten mithilfe unseres Protokolls ihre Unkoordiniertheit so weit überwinden, dass sie wieder gefahrlos geritten werden konnten.

Tellington-Lösungen

Den Pferdekopf senken	182
Ohren-TTouch	233
Verbundene Wolken-Leopard-TTouches vom Kopf bis zum Schweif und die Hinterbeine hinunter	191, 218
Liegender-Leopard-TTouch im Gesicht	201
Hals biegen	240
Raupen-TTouch am Hals	220
Oktopus-TTouch	224
Regenbogen-TTouch	243
Beinkreise vorn und hinten	192, 195
Schweif-TTouch	208
Becken kippen	243
Cha-Cha	249
Labyrinth	277
Hufe abklopfen	219
Lecken der Kuhzunge über Hals, Schultern, Bauch und Rumpf	197
Zebra-TTouch	230
Brieftaube über Stangen	261
Stern	271
Brett	289
Körperband	179

Achtung: Wir empfehlen, in Zusammenarbeit mit Ihrem Tierarzt eine Diagnose und im Anschluss daran einen Behandlungsplan zu erstellen.

Lesen Sie dazu auch die Broschüre „The Tellington Method as Complementary Therapy in the Rehabilitation of Horses with Neurological Deficits", erhältlich beim Tellington-TTouch-Training-Büro in Sante Fe, siehe Seite 328.

Schlundverstopfung

Ihr Pferd verspeist in aller Ruhe sein Futter, als Sie plötzlich ein röchelndes Geräusch vernehmen. Das Pferd hält mit steifem Hals den Kopf vorgereckt und ringt keuchend nach Luft. Manchmal sprühen Futterteilchen aus den Nüstern.

Diese Situation kann wirklich Furcht erregend sein, besonders wenn Sie noch nie erlebt haben, dass ein Pferd sich verschluckt und zu ersticken droht.

Ihr erster Impuls ist vielleicht Panik und der Schrei nach dem Tierarzt. In manchen Fällen können Sie aber mit dem Problem allein fertig werden und dem Pferd helfen, das Hindernis wieder aus der Speiseröhre hinaus zu befördern, zumindest aber ihm Erleichterung verschaffen, bis der Tierarzt eintrifft.

Lösungen

- Was Sie tun müssen, ist: den Tierarzt rufen, das Pferd entspannen und die Speiseröhre aktivieren. *Streichen* Sie zuerst die *Ohren aus*, damit das Pferd den Kopf senkt und die Halsunterseite entspannt, was dazu beiträgt, Angst und Schmerz zu vermindern.
- Dann machen Sie am unteren Rand der Luft-/Speiseröhre *Aufgerollte-Python-TTouches* und Schaukelbewegungen bis hinunter zur Brust. Dadurch wird die Peristaltik angeregt und das Pferd zum Schlucken gebracht.
- Vielleicht hören Sie gurgelnde Geräusche, wenn die Futtermasse in Bewegung gerät. Bieten Sie dem Pferd dann aus einem flachen Eimer Wasser an.
- Um einer Schlundverstopfung vorzubeugen sollten Sie Pellets vor dem Füttern ausreichend lang in Wasser einweichen, damit sie aufquellen können.

Tellington-Lösungen

Ohren-TTouch	233
Aufgerollte-Python-TTouch	190
Hals schaukeln	223

Tellington-Tipp

Jede Operation oder aufwändige medizinische Behandlung ist mit Stress und Schmerzen für das Pferd verbunden. Wenn Sie die Gelegenheit haben, sollten Sie Ihr Pferd vor dem Eingriff mit Verbundenen Kreisen am ganzen Körper und Ohren-TTouches vorbereiten.

Zur Stressreduzierung vor dem Eingriff senken Sie den Pferdekopf, machen das Ohrenausstreichen und Verbundene Kreise am Körper und an den Beinen.

Um nach der Aufwachphase das Körpergefühl zu verbessern, empfehle ich Tarantel-TTouches am Hals, an den Schultern, am Rumpf und an den Hinterbeinen.

Rhythmisches Ohrenausstreichen kann dem Pferd helfen, ohne Orientierungsschwierigkeiten wieder aus der Narkose zu erwachen. Viele Tierärzte haben uns von ihren positiven Erfahrungen mit Ohren-TTouches berichtet.

Schock

Ein Pferd hat sich verletzt und verliert viel Blut, es hat sich etwas gebrochen, ist unterkühlt, hat einen Kolikanfall oder befindet sich in einer extremen Notsituation. Vordringlich ist, keine Zeit zu verlieren und den Tierarzt zu rufen. Dies ist ein Notfall! Während Sie auf ihn warten, können Sie jedoch eine Menge tun, um dem Pferd jetzt schon zu helfen. Sie können ihm unter Umständen sogar das Leben retten. In den meisten Kapiteln dieses Buches wird ein schrittweises Vorgehen empfohlen, aber in diesem Fall müssen Sie soviel wie möglich auf einmal tun!

Lösungen

- *Ohren-TTouches* können einen Schockzustand verhindern oder beenden. Während Sie auf den Tierarzt warten, streichen Sie nachdrücklich, aber fließend von der Stirnmitte zum Ohransatz, drücken hier etwas fester und streichen weiter bis zur Ohrenspitze, die Sie zum Abschluss leicht zwischen den Fingern zusammendrücken. Arbeiten Sie an beiden Ohren gleichzeitig und wechseln später ab. Bei einem Pferd mit niedriger Körpertemperatur, erkennbar an eiskalten Ohrenspitzen, bearbeiten Sie die Ohren mit kräftigen Strichen. Setzen Sie ihm gegebenenfalls eine Haube auf, um die Wärme zu konservieren, und arbeiten Sie mit den Händen darunter. Oder legen Sie ihm eine Decke um den Hals – mit der Erwärmung der Jugularvenen wärmt sich der ganze Körper schneller auf.
- Bei einem Schock ziehen sich die Bauchmuskeln zusammen, und es sind oft keine Darmgeräusche mehr zu hören. Mit dem *Bauchheben* können Sie die Peristaltik reaktivieren, die Bauchmuskeln entspannen und dafür sorgen, dass die Darmbewegung wieder einsetzt. Empfehlenswert ist außerdem zu visualisieren, wie die Muskeln sich entspannen und die Peristaltik gurgelnd wieder in Gang kommt.
- Machen Sie *Aufgerollte-Python-TTouches* von den Unterarmen abwärts, um die Blutzufuhr in die Hufe zu aktivieren. Wechseln Sie ab mit *Oktopus-TTouches*.
- Halten Sie außerdem das Pferd mit Decken oder angewärmten Tüchern warm; auch Wärme-Pads oder eine Heizdecke tun gute Dienste.
- Verabreichen Sie Bachblüten-Notfalltropfen direkt auf die Zunge oder versprühen Sie sie dicht vor der Pferdenase. Liegt das Pferd am Boden, *streichen* Sie weiter die *Ohren aus*, bis medizinische Hilfe eintrifft. Eine Person kann an den Ohren ttouchen, während Sie *Muschel-TTouches* mit *Aufgerollte-Python-TTouch* machen. Bei einem Schockzustand sind die Nervenverbindungen auf der Zellebene blockiert oder verlangsamt. Ziel ist, das Pferd zu beruhigen und zu unterstützen.

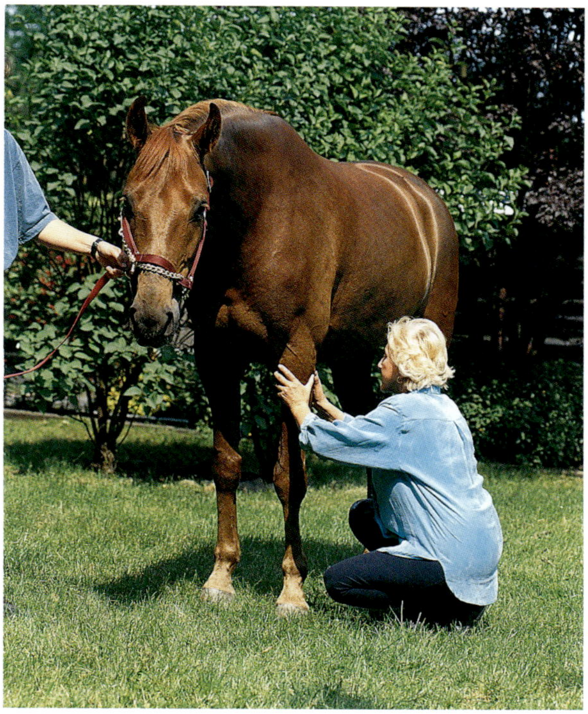

Oktopus-TTouches regulieren im Schockzustand die gestörte Blutzirkulation in den Beinen.

Tellington-Lösungen

Ohren-TTouch	233
Bauchheben	231
Aufgerollte-Python-TTouch	190
Oktopus-TTouch	224
Muschel-TTouch	189

TELLINGTON TRAINING FÜR PFERDE: TELLINGTON TTOUCH, BODENARBEIT, REITEN

Die drei Säulen des Tellington TTouch Trainings

Das Tellington Training ist ein System zur Ausbildung von Pferden, das aus drei Teilen besteht: den **Tellington TTouches** (wobei das erste „T" für englisch: *trust* = Vertrauen steht), der **Bodenarbeit** und dem **Reiten**. Insgesamt umfassen diese sieben Kategorien: vier bei den TTouches: *Vertrauensbildende TTouches, Bewusstseinsfördernde TTouches, TTouches für Gesundheit* und *Leistungsplus in 10 Minuten am Tag*; zwei bei den Bodenübungen: *Mit dem Pferd tanzen* und *Lernparcours*, und eine, *Freude im Sattel*, in der Abteilung Reiten. Alle TTouches und Übungen werden in alphabetischer Reihenfolge beschrieben.

Die Tellington TTouches

Vertrauensbildende TTouches: Sind eine Sammlung von 12 Kreisen, hebenden und gleitenden Bewegungen mit den Händen und Fingerkuppen über verschiedene Körperteile des Pferdes. Sie dienen dazu, das Vertrauen zu stärken, Spannungen zu lösen, gewohnheitsmäßige Muster, die zu Widersetzlichkeiten führen, zu durchbrechen und dem Pferd neue Möglichkeiten zu eröffnen, wie es lernen und kooperieren kann.
Bewusstseinsfördernde TTouches: 14 zusätzliche TTouches, die Spannungen lösen, die Geschmeidigkeit erhöhen und Ihnen mehr Freude mit Ihrem vierbeinigen Partner schenken.
TTouches für Gesundheit: Drei spezielle TTouches, die sich bei bestimmten gesundheitlichen Problemen einschließlich Kolik, Schock und Kreuzverschlag als äußerst wertvoll erwiesen haben.
Leistungsplus in 10 Minuten am Tag: Eine Gruppe von 9 TTouches, die sich für Leistungs-, Arbeits- und Sportpferde als besonders nützlich erwiesen haben.

Bodenarbeit

Mit dem Pferd tanzen: 10 präzise Boden- und Führübungen zur Verbesserung der Koordination und der Kooperation zwischen Pferd und Mensch.
Lernparcours: Der Lernparcours umfasst 11 spezielle Übungen mit Bodenarbeitselementen wie Plastikfolien, Bretter, Stangen und Tonnen. Ziel ist, Pferde scheufrei zu machen und ihr Gleichgewicht, ihre Koordination, ihren Leistungswillen und ihre Lernfähigkeit zu verbessern. Die Übungen können erst an der Hand und dann unter dem Reiter ausgeführt werden.

Reiten

Freude im Sattel: Hier finden sich sechs Übungen im Sattel zur Verbesserung von Gleichgewicht, Koordination und Vertrauen bei Pferd und Reiter, zur Erhöhung der Sicherheit und zur Förderung des Bewusstseins.

Die Tellington TTouches

Im Verlauf der letzten 40 Jahre haben sich 20 verschiedene TTouches entwickelt, deren Tiernamen sich darauf beziehen, wie Sie Ihre Hände auf dem Körper des Pferdes platzieren. Anfangs klingen sie wohl ein wenig unkonventionell, aber sie bringen ein zusätzliches Element von Spaß und Leichtigkeit ein, das dem Lernen zugute kommt.

Die Tiernamen für die TTouches haben einen weiteren positiven Effekt, und zwar – neben dem Pferd – auch auf die Person, die die TTouches ausführt. Von Reitern, die TTouch regelmäßig nutzen, hören wir oft, dass sie sich kreativer und geistig beweglicher fühlen. Ich halte dies für das Ergebnis der Aktivierung beider Gehirnpartien, der intuitiven wie der logischen. Sobald Sie visualisieren – wenn Sie zum Beispiel an den gefleckten Leoparden denken, an dem wir im Zoo von Los Angeles arbeiteten und der dem TTouch den Namen gab (*Wolken-Leopard*) -, aktivieren Sie den intuitiven oder kreativen Teil Ihres Gehirns. Das gilt auch, wenn Sie sich das Zifferblatt einer Uhr vorstellen.

Wenn Sie dagegen an Zahlen denken – auf dem Zifferblatt einer Uhr, notwendig für das Erlernen der kreisförmigen TTouches –, ist der logische Teil des Gehirns an der Reihe. Sie nutzen also jedes Mal, wenn Sie TTouches ausführen, den gesamten Gehirnbereich, was in den Studien nachgewiesen wurde, die wir Ende der 1980er-Jahre mit Anna Wise erstellten, der Begründerin des Biofeedback Institute in Boulder, Colorado.

TTouch ist leicht erlernbar, weil es auf einem System von „Druckstärken" und „Tempo" beruht, kombiniert mit unterschiedlicher Haltung der Hände. Wir verwenden eine Druckskala von 1 bis 10 und ein Tempo (die Zeit, die benötigt wird, um die Haut im Kreis zu bewegen) von 1 bis 3 Sekunden. Dazu kommen noch Heber (Anheben der Haut), Ausstreichen und Pausen, die die Blutzirkulation anregen, die Kreise verbinden und dem Körper Zeit geben, die Information zu verarbeiten.

Tellington-Lösungen

Kreisförmige TTouches

Hebende und streichende TTouches

Körper-TTouches

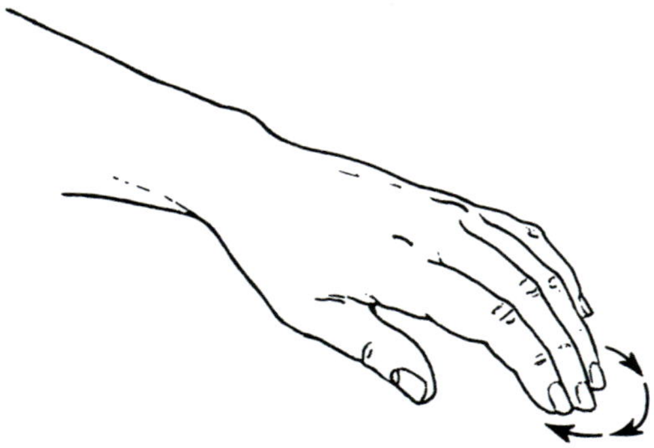

Die kreisende Handbewegung im Uhrzeigersinn.

Der fundamentale Kreis

Die TTouches haben das Ziel, die Zellfunktion zu aktivieren und die Zellintelligenz zu wecken – ich nenne das gern „im Körper das Licht anknipsen". TTouch bewirkt eine Stimulierung des Potenzials für Selbstheilung und Lernen im Körper.

TTouch ist überall am Körper anwendbar, und jeder kreisförmige TTouch ist in sich geschlossen. Sie brauchen deshalb auch nicht jedes Mal den ganzen Körper zu bearbeiten, wie es bei manchen anderen Arten von Körperarbeit notwendig ist.

Sie können sich einen Tag dem Kopf und Hals Ihres Pferdes widmen, an einem anderen den Beinen und dem Schweif und an wieder einem anderen Tag dem Rumpf.

Der „Eineinviertel-Kreis" ist das Markenzeichen und der Grundstein von TTouch. Wenn Ihnen gerade kein Pferd zur Verfügung steht, können Sie auch an jedem beliebigen menschlichen Partner üben.

Stellen Sie sich das Zifferblatt einer Uhr vor, beginnen Sie den Kreis unten bei 6 Uhr und schieben Sie die Haut (nicht nur mit den Fingern über die Oberfläche reiben!) ein und ein Viertel Mal im Kreis.

Achten Sie darauf, die Kreise wirklich rund zu machen und einen bestimmten Rhythmus einzuhalten, während Sie die Haut in den Eineinviertel-Kreisen verschieben.

So wird's gemacht

- Legen Sie die Hand – die Finger leicht gekrümmt – auf den Körper des Pferdes. Der Daumen hält, ca. 5 cm von den Fingern entfernt, sanften Kontakt zum Körper und dient als Anker für die

Beide Hände liegen im Abstand auf dem Pferderücken auf.

Bewegungen der Finger. Sie sollten die Verbindung des Daumens zu den anderen vier Fingern spüren, wenn Sie Kontakt zum Pferd aufnehmen. Die dunklen Flächen an den Fingern – zu sehen auf allen Zeichnungen zu den einzelnen TTouches – bezeichnen die Kontaktstellen. Halten Sie das Handgelenk nach oben, sodass die Handwurzel den Pferdekörper nicht berührt; auf diese Weise können Sie Hand und Finger ungehindert und flüssig bewegen.

Der Pferdehals wird mit den Händen rechts und links „umarmt".

- Legen Sie, sofern möglich, immer auch die andere Hand leicht auf den Pferdekörper, um einen Kontakt zwischen beiden Händen herzustellen. Dadurch entsteht eine Verbindung zwischen Ihren Händen und dem Pferd, als wenn ein Kreislauf vollendet würde. Probieren Sie verschiedene Abstände aus, bis Sie ein ausgeglichenes, angenehmes Gefühl haben (abhängig von der Körpergröße; Kinderhände sind näher beieinander, die von Erwachsenen weiter voneinander entfernt). Wenn ich an der Schulter arbeite, lege ich die andere Hand meist auf die Brust. Am Hals könnte eine Hand auf der einen Seite arbeiten, während die andere auf der anderen Seite liegt.
- Stellen Sie sich nun das Zifferblatt einer Uhr vor. Halten Sie die Finger leicht zusammen und beginnen Sie, unter Führung des Mittelfingers um 6 Uhr (der Punkt, der dem Boden am nächsten ist), die Haut im Uhrzeigersinn in einem einzelnen Eineinviertelkreis zu verschieben, bis Sie – an der 6 vorbei – wieder bei 9 Uhr angekommen sind.

Würden wir von 12 Uhr nach unten gehen, würden wir die Haut eher spannen als lockern. Der Druck soll gleichmäßig und fließend sein, und die Zeit

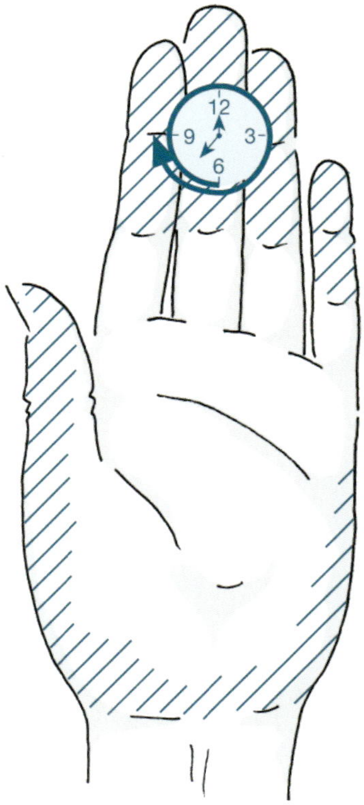

Die gedankliche Vorstellung des Zifferblatts hilft bei der Kreisbewegung.

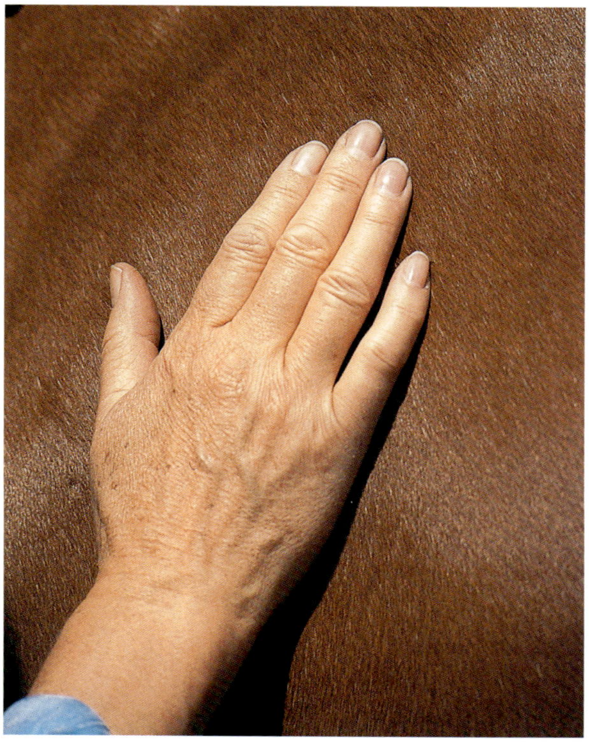

Die Hand liegt sanft auf dem Fell auf, sodass kein Druck durch das Gewicht der Hand entsteht.

für einen Kreis sollte 1 bis 3 Sekunden betragen (siehe bei „Druckstärke", „Richtung" und „Tempo").

- Am Ende jedes Kreises gleiten Sie ein kurzes Stück zur Seite bis zum nächsten Kreis (Näheres siehe „Verbundene Kreise", Seite 191). Stellen Sie es sich als ein „Verbinden von Punkten" vor.
- Machen Sie an derselben Stelle nicht mehr als einen Eineinviertel-Kreis, ausgenommen bei akuten Verletzungen oder Schmerzen, wenn zwei aufeinander folgende Kreise für kurze Zeit angebracht sein können. Praktisch jeder, der den TTouch lernt, neigt natürlicherweise dazu, drei und mehr Kreise an derselben Stelle zu machen, aber wenn Sie mehr als zwei Kreise machen, bevor Sie zu der nächsten Stelle gleiten, erfüllen sie nicht mehr ihren Zweck und können sogar irritierend auf das Pferd wirken.

Druckstärke

Eine häufig gestellte Frage lautet: „Werden Sie denn nicht müde, wenn Sie ein Pferd ttouchen?" Da unser Ziel die Entwicklung von Körperbewusstsein ist und wir eher auf der Zellebene arbeiten als die Muskulatur zu beeinflussen, brauchen wir leichten Druck. Beim TTouch verwenden wir eine Druckskala von 1 bis 10. Viele Jahre lang haben wir die Druckstärke mit der Berührung an einem Augenlid verdeutlicht. Für Kontaktlinsenträger ist dies aber kein gutes Beispiel, und schließlich kamen wir zu dem Schluss, dass es für viele Menschen leichter war, sich an einer Berührung des dünnen Gewebes unterhalb des Auges zu orientieren. Und meine Schwester Robyn, die bei der Entwicklung und Verbreitung von TTouch eine ganz wesentliche Rolle gespielt hat, entdeckte, dass sich die Skala der Druckstärken noch erheblich erweitern ließ, wenn man die Wangenknochen als Richtschnur einsetzt.

Um ein Gefühl für die Stärke jedes Drucks zu entwickeln, beginnen wir mit dem leichtesten, einem Druck der Stärke 1 als Richtschnur. Heben Sie die rechte Hand ans Gesicht und stützen Sie den abgebogenen Ellbogen mit der linken Hand (bei Linkshändern natürlich umgekehrt).

- Zur besseren Stabilisierung legen Sie den Daumen an die Wange und schieben mit dem Mittelfinger die Haut kurz unterhalb des Auges mit dem leichtesten Kontakt, der Ihnen möglich ist, im Kreis. Sie dürfen nur das Gewebe unter dem

Druckskala der TTouches

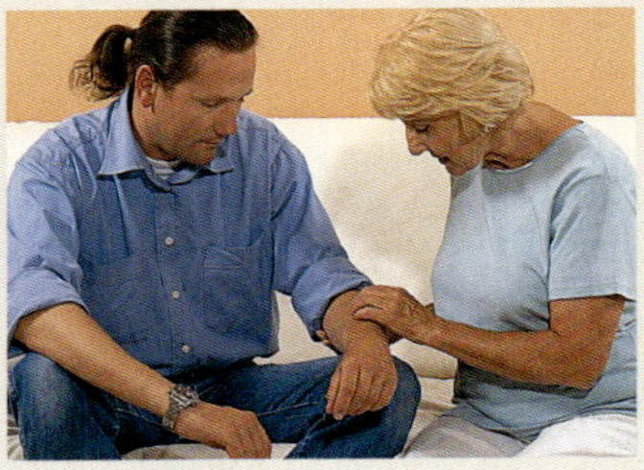

So fühlt sich Druckstärke 3 am Unterarm an.

Vertrauensbildende TTouches	
Muschel-TTouch	1 bis 3
Aufgerollte-Python-TTouch	1 bis 3
Verbundene Kreise	1 bis 3
Ohren-TTouch	1 bis 5
Das Lecken der Kuhzunge	1 bis 3
Lama-TTouch	1 bis 2
Liegender-Leopard-TTouch	2 bis 3
Maul-TTouches	2 bis 3
Nüstern-TTouches	1 bis 3
Troika-TTouch	2 bis 4
Bewusstseinsfördernde TTouches	
Rückenheben	2 bis 5
Schimpansen-TTouch	2 bis 5
Wolken-Leopard-TTouch	1 bis 4
Hufe abklopfen	1 bis 4
Raupen-TTouch	2 bis 3
Quallen-TTouch	3 bis 4
Mähne, Schopf ausstreichen	1 bis 3
Hals schaukeln	2 bis 4
Noahs Marsch	1 bis 3
Oktopus-TTouch	2 bis 3
Schwamm-TTouch	2 bis 3
Tarantel-TTouch	2 bis 4
Tiger-TTouch	1 bis 6
Zebra-TTouch	2 bis 3
TTouches für die Gesundheit	
Bauchheben	2 bis 5
Ohren-TTouch	1 bis 5
Waschbär-TTouch	1 bis 3
Leistungsplus in 10 Minuten am Tag	
Bären-TTouch	1 bis 8
Schlag der Bärenpranke	1 bis 4
Regenbogen-TTouch	3 bis 4
Nashorn-TTouch	2 bis 10
Rippen lösen	3 bis 4

Finger spüren, keinen Knochen; der Kontakt muss aber stark genug sein, dass Sie nicht nur über die Haut gleiten.

- Als Nächstes legen Sie die leicht gekrümmten Finger auf die Oberseite des Unterarms, zwischen Handgelenk und Ellbogen, und den Daumen auf die Unterseite; Sie halten also den Arm zwischen Daumen und Finger. Dann beschreiben Sie mit demselben minimalen Kontakt wie am Auge wieder einen Kreis. Achten Sie darauf, wie wenig die Haut dabei eingedrückt wird – dies ist die Druckstärke 1.
- Merken Sie sich, wie sich diese „Druckstärke 1" anfühlt. Falls Sie sich wundern, wie so wenig Druck überhaupt Wirkung zeigen kann, denken Sie daran, dass Sie das Nervensystem und die Zellen beeinflussen wollen. Mit diesem Druck arbeiten wir gewöhnlich rund um frisch genähte Wunden oder auf empfindlichen Bereichen, um die Heilung zu beschleunigen.
- Zur Definition einer „Druckstärke 3" wiederholen Sie den Vorgang, beschreiben den Kreis unterhalb des Auges aber mit gerade so viel Druck (nicht mehr!), dass Sie deutlich den oberen Rand des Wangenknochens spüren können. Merken Sie sich wieder das Gefühl, das diese Druckstärke verursacht, und wiederholen Sie den Kreis am Unterarm. Vergleichen Sie diesen leicht verstärkten Druck mit dem 1er-Druck.
- Bei einem 6er-Druck wird die Haut doppelt so stark eingedrückt wie bei einem 3er-Druck. Wird mit den Fingerspitzen ein Druck ausgeübt, der Stärke 6 übersteigt, kann dies für beide Seiten – für den, der ttoucht, und den, der gettoucht wird – gleichermaßen unangenehm sein, sodass Sie die Luft anhalten. Wenn Sie das Gefühl haben, tiefer als mit Druckstärke 6 in den Muskel eindringen zu müssen, versuchen Sie es mit dem *Bären-TTouch*. Beim *Bären-TTouch* werden die Finger gekrümmt, bis die Fingernägel senkrecht zum Pferdekörper stehen, die Kreise werden mit den Fingernägeln gemacht. Damit können Sie in den Muskel eindringen, ohne dass es Ihnen oder dem Pferd unangenehm wird.
- Um bei einem sehr stark bemuskelten Pferd verkrampfte Muskeln zu lösen und die Blutzirkulation anzuregen, machen Sie einen Kreis der Druckstärke 3 und in die Mitte, wie wenn Sie einen Schwamm ausdrücken wollten, einen tiefen *Bären-TTouch*.

Richtung der kreisenden TTouches

Die meisten Tiere und Menschen reagieren am besten auf Kreise im Uhrzeigersinn. Wie sich in Akupunkturtechniken erwiesen hat, wirken Bewegungen im Uhrzeigersinn stärkend und anregend auf den Organismus, während solche entgegen dem Uhrzeigersinn entspannend wirken. Die Richtung der Kreise bleibt für Rechts- wie Linkshänder dieselbe, nur manchmal, wenn ein Pferd sich gegen den TTouch wehrt, verletzt ist oder Schmerzen hat, kann es empfehlenswert sein, die Kreise entgegen dem Uhrzeigersinn zu machen. Vielfach entspannt sich das Pferd in dem Moment, in dem Sie die Richtung wechseln.

Vertrauen Sie auf sich, wenn dies passiert, und machen Sie einfach weiter – Ihre Intuition ist gewöhnlich richtig. Auch wenn wir jetzt seit über zwei Jahrzehnten mit den TTouches und ihrer Richtung arbeiten, kann ich die Frage, wann sie im Uhrzeigersinn und wann andersherum gemacht werden sollten, noch immer nicht definitiv beantworten. Es gibt immer zu viele Ausnahmen von der Regel.

Verfeinerung der Fingerbewegung

Der menschliche Finger (mit Ausnahme des Daumens) ist in drei Glieder oder Phalangen unterteilt. Wir haben ihnen die Kurznamen DIP, MIP und PIP gegeben haben, weil es das Bewusstsein für ihre Bewegung stärkt, wenn sie Namen haben; außerdem sind sie so leichter zu lernen und zu behalten. Die Kurznamen setzen sich aus der Anatomie der Fingerglieder zusammen. Das Glied von der Fingerspitze zum ersten Gelenk heißt im Englischen *distal intermedial phalange* (DIP), der Abschnitt vom ersten zum mittleren Gelenk *medial intermedial phalange* (MIP) und der Abschnitt vom mittleren Gelenk zum Knöchel heißt *proximal intermedial phalange* (PIP).

Bei den ersten Versuchen halten die meisten Menschen DIP, MIP und PIP steif ausgestreckt und berühren mit der Handwurzel den Pferdekörper, während sie die Haut im Kreis zu verschieben versuchen. Bei dieser steifen Finger- und Handhaltung mit leichtem Druck können Sie wahrscheinlich spüren, wie sich Ihr Zwerchfell ein wenig anspannt und Ihnen das Atmen erschwert. Machen Sie nun einen Kreis mit den DIP-, MIP- und PIP-Gelenken leicht gebogen und flexibel, und Sie werden sehen, wie viel sanfter und einfacher Sie die Haut verschieben können, wenn alle drei Gelenke an der Bewegung beteiligt sind.

Wie groß Sie die Kreise machen, hängt von der Beschaffenheit der Haut – lose oder straff – ab. Bei straffer Haut müssen die Kreise sehr klein ausfallen, damit sie rund bleiben. Bei loser Haut können die Kreise größer gemacht werden.

Wenn Sie anfangen, den TTouch einzusetzen, hilft es, jede Ziffer auf Ihrem imaginären Zifferblatt zu visualisieren. Wenn Sie bei 6 beginnen und sich auf die 7 zubewegen, wird das DIP-Gelenk leicht abgebogen, und wenn Sie bei der 12 ankommen, sind die Finger länger und flacher geworden. Auf die 3 zu werden die Finger wieder leicht gebogen, und wenn Sie sich an der 6 vorbei auf die 8 oder 9 am Ende der Bewegung zubewegen, strecken sich die Finger wieder, und die Gelenke öffnen sich.

Bei 9 machen Sie eine Pause und lassen los. Das klingt komplizierter, als es ist – Sie werden es schon sehen! Genießen Sie das Ergebnis!

Das richtige Tempo

Ihre Finger sollten bei den Kreisbewegungen immer dasselbe Tempo und denselben Rhythmus einhalten. Viele haben die Tendenz, von 6 zu 9 eine gerade Linie zu ziehen und dann immer schneller zu werden. Bis der Kreis vollendet ist, ist der Rhythmus total verloren gegangen. Achten Sie sorgfältig darauf, den Kreis von Anfang an rund sowie Druck und Tempo gleichmäßig zu halten.

Wenn Sie TTouch einige Wochen an Ihrem Pferd geübt haben, wäre es vielleicht ganz nützlich, die verschiedenen Tempi – eine Sekunde, zwei Sekunden, drei Sekunden – mit einem Freund oder einer Freundin zu üben, am besten unter Zuhilfenahme eines Sekundenzeigers. Sie können aber auch für sich „einundzwanzig, zweiundzwanzig, dreiundzwanzig" zählen, ohne dabei den Rhythmus und die Flüssigkeit der TTouchkreise außer acht zu lassen.

- Ein 1-Sekunden-Kreis mit einer gleitenden Verbindung von 1 Sekunde zum nächsten ist nützlich bei einem nervösen Pferd, zum Aufbau eines Kontakts und zur Verminderung akuter Schmerzen.
- Ein 2-Sekunden-Kreis, gefolgt von einer Pause vor einem 2-Sekunden-Übergang zum nächsten

Kreis bewirkt ein tieferes Körperbewusstsein, weil das Nervensystem Zeit hat, die Verbindung zu registrieren.

- 3-Sekunden-Kreise sind selten; man macht sie höchstens bei Muschel-TTouches im Gesicht des Pferdes, um eine harmonische Beziehung zu entwickeln und das gegenseitige Vertrauen zu stärken und zu vertiefen.

Rückmeldungen

Achten Sie auf die Reaktionen Ihres Pferdes, während Sie an ihm arbeiten. Vielleicht senkt es den Kopf ein wenig, der Blick wird weich, oder Sie hören einen tiefen Seufzer. Wallache lassen oft den Schlauch fallen. Ist dem Pferd der TTouch merklich unangenehm, versuchen Sie es mit einem anderen TTouch oder variieren Sie Druckstärke und Tempo. Möglicherweise sind Ihre Finger steif und für das Pferd unangenehm – versuchen Sie es mit dem Handrücken (*Lama-TTouch*, Seite 200) oder der flachen Hand (*Muschel-TTouch*, Seite 189), die mehr Wärme abgibt. Manchmal erzielt man auch eine positive Reaktion, wenn man nicht mit dem Uhrzeigersinn, sondern gegen ihn arbeitet.

Lassen Sie es ein bisschen Heu knabbern, während Sie ttouchen, und vergessen Sie nicht, Pausen einzulegen, damit das Pferd die Informationen verdauen kann. Sie sind vielleicht selbst angespannt, atmen Sie also ein paarmal lang und tief durch, um sich selbst zu entspannen.

Bewusstes Atmen

Der Atem ist ein Mittel der Kommunikation, und das Pferd merkt daran, ob Sie angespannt oder entspannt sind. Wenn Sie nicht schon Übung in bewusstem Atmen haben, werden Sie feststellen, dass Sie oft den Atem anhalten, wenn Sie sich auf den TTouch konzentrieren. Dies bewirkt jedoch, dass Ihre Hände steif werden und Ihr Körper sich verspannt. Vergleichen Sie einmal das Gefühl, wenn Sie mit angehaltenem Atem einen Kreis beschreiben und wenn Sie dabei frei und regelmäßig atmen. Merken Sie den Unterschied?

Viele Menschen atmen flach, in den oberen Brustbereich, und halten die Luft dort. Atmen Sie stattdessen tief ein, zuerst in den Oberkörper, aber dann weiter bis hinunter in den Bauch, als wollten Sie einen Ballon oder einen Blasebalg aufblasen. Um mich selbst zu „erden", stelle ich mir oft vor, dass mein Atem meine Beine hinunter bis in die Erde fließt und sich dort mit dem Rhythmus und dem Atem der Erde vermischt.

Experimentieren Sie mit Ihrem Atem, entwickeln Sie Ihr Bewusstsein dafür, während Sie die Kreise ausführen. Sie sollen leicht, gleichmäßig und rhythmisch atmen. Bewusstes Atmen hilft Ihnen, ruhig zu werden und sich zu konzentrieren. Ihr Nacken- und Schulterbereich entspannt sich, Ihre Hände werden weich und geschmeidig. Ihre Finger nehmen wie von selbst mühelos Verbindung mit dem Pferd auf.

Die Art, wie Sie während Ihrer Arbeit am Pferd stehen, hat Auswirkungen auf Ihre Atmung und auf die Verbindung, die Sie mit dem Pferd eingehen. Wenn Sie die Füße hüftbreit auseinander stellen, die Knie nicht ganz durchdrücken und das Gewicht über den Fußballen ausbalancieren, tun Sie etwas für Ihre Gesundheit, sind im Gleichgewicht und können sich schnell in jede Richtung bewegen, sollte Ihr Pferd plötzlich scheuen.

Den Pferdekörper erforschen

Wenn Sie schon etwas Übung mit dem TTouch haben, profitieren Sie möglicherweise davon, *den Pferdekörper zu erforschen*, um Stellen herauszufinden, wo das Pferd empfindlich, verspannt oder wund ist oder den TTouch als unangenehm empfindet.

Wir zeigen Ihnen zwei Wege, den Pferdekörper zu erforschen:

- mit der flachen Hand für eine Untersuchung des gesamten Körpers;
- mit den Fingerspitzen, um „Schmerzpunkte", Verkrampfungen oder Empfindlichkeiten festzustellen.

Meines Erachtens lassen Sie das Pferd besser von jemand anderes halten, anstatt es anzubinden, während Sie seinen Körper erforschen. Sie können seine Reaktionen so besser erkennen.

Untersuchung mit der flachen Hand

Mit der *flachen Hand* suchen Sie den ganzen Pferdkörper nach warmen oder kalten Stellen ab, nach Schwellungen, Knoten, Vertiefungen, Veränderungen im Muskeltonus, Unterschieden im Fell oder nach Berührungsängsten. Möglicherweise ver-

Bea, eine 16-jährige Warmblutstute, reagiert auf einen 4er-Druck in der Nähe des dritten Halswirbels mit heftigem Kopfschlagen, ein Zeichen für Verspannung und Empfindlichkeit. Ich stehe leicht seitlich und drücke mit beiden Händen beidseitig auf den Hals. Ein einseitiger Druck gibt nicht so eindeutig Auskunft über Verspanntheit oder Schmerzen. Ein Pferd, das entspannt und locker im Hals ist, senkt auf diesen Druck hin normalerweise den Kopf.

sucht das Pferd, der Berührung auszuweichen, oder droht zu schlagen. Bereiche, an denen viele Pferde sich nicht gern berühren lassen, sind Ohren, Beine, Flanken, Schlauch bzw. Euter und Schweifrübe, aber mit dem TTouch lassen sich solche Widerstände meist auf sanfte Art beseitigen. Die Untersuchung mit der flachen Hand ist auch nützlich, wenn Sie sich mit einem neuen Pferd bekannt machen wollen. Fahren Sie mit der flachen Hand systematisch über den ganzen Körper und vermerken Sie etwaige Anomalien auf einer Zeichnung.

Untersuchung mit den Fingerspitzen

Eine Untersuchung *mit den Fingerspitzen* im *Bären-TTouch* (Seite 236) kann wirkungsvoll wunde Punkte aufzeigen und ein nützlicher Indikator sein für den Grad der Empfindlichkeit. Zum Beispiel wird ein nervöses Pferd schon auf leichten Druck (3 oder weniger) höchst empfindlich reagieren. Sie werden entdecken, dass solche Pferde sich merklich besänftigen, wenn sie erst gelernt haben, sich mit TTouch zu entspannen. Andererseits wird ein Pferd, das tieferen Druck akzeptiert, eher zu den beständigen, unerschütterlichen Typen gehören.

Sie brauchen ein wenig Übung, bis Sie wissen, wie viel Druck Sie ausüben müssen, um zu beurteilen, ob ein Pferd wund ist oder ob es sich bei diesem Pferd um eine normale Reaktion handelt. Üben Sie an so vielen Pferden wie möglich, um über grundsätzliche Vergleichsmöglichkeiten zu verfügen.

Der Muskeltonus, also der durch die Nerven ständig aufrechterhaltene Spannungszustand der Muskeln, hängt sehr stark von Rasse, Alter, Fitness und der Disziplin ab, in der das Pferd eingesetzt wird. Machen Sie es sich zur Gewohnheit, systematisch immer dieselben Bereiche am Pferd zu untersuchen, wie sie in den Fotos markiert sind.

Anmerkung: Zum erfolgreichen Abtasten brauchen Sie eine gewisse Länge der Fingernägel. Sonst erhalten Sie keine aussagekräftige Reaktion!

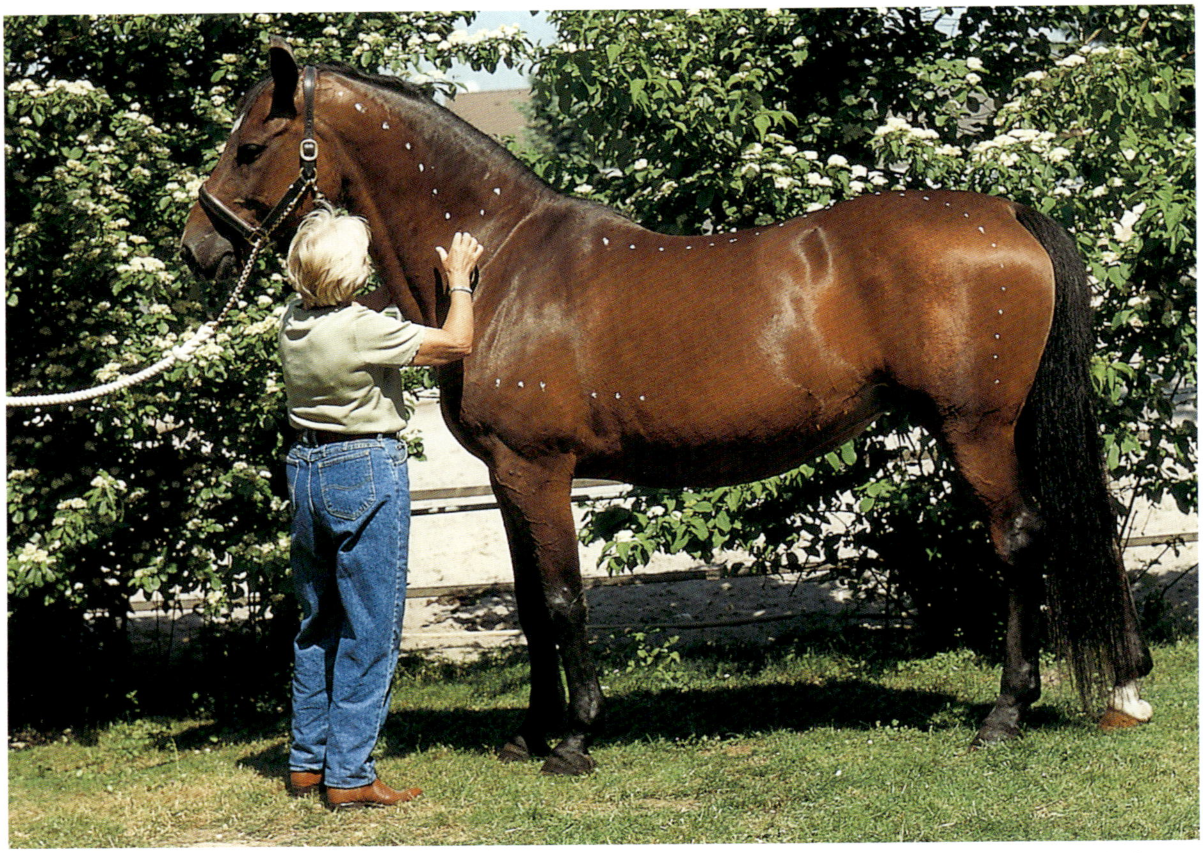

Weiter den Hals entlang. Bea reagiert nicht empfindlich auf einen 4er-Druck. Weiter unten allerdings spannt Bea auf den gleichen Druck die Muskeln an und signalisiert mit Augen und Ohren eine gewisse Skepsis. Sie neigt den Kopf zur Seite, als ob sie sagen wollte: „Bitte nicht so viel Druck."

Wie reagiert das Pferd?

Finden wollen Sie Stellen, die wund, empfindlich oder verspannt sind. Halten Sie die Finger geschlossen, die Fingernägel senkrecht zum Pferdekörper. Fangen Sie oben im Genick an, in der Mitte des breiten, hinter den Ohren ansetzenden Muskelbandes. Um das Pferd nicht zu erschrecken, streichen Sie erst nachdrücklich mit der flachen Hand darüber, bevor Sie mit den Fingerspitzen hineindrücken und sofort wieder loslassen.

Bei den meisten Pferden beginnen Sie am besten mit Druckstärke 3 (bei nervösen oder schreckhaften Pferden vorsichtshalber mit 1) im Genick. Die meisten nervösen oder leicht erregbaren Pferde reagieren in diesem Bereich empfindlich. Seien Sie darauf gefasst, dass sie heftig mit dem Kopf schlagen, und sorgen Sie dafür, dass das Pferd nicht kurz angebunden oder gehalten wird.

Erhöhen und vermindern Sie den Druck, um herauszufinden, welche Stärke Ihnen die meisten Informationen bezüglich Empfindlichkeit oder Stabilität vermittelt. Sensible Pferde reagieren vielleicht schon auf Druckstärke 2, während sehr entspannte erst bei 5 eine Reaktion zeigen.

Manchmal erschrickt ein Pferd, wenn Sie schnell drücken und loslassen, und wirft das erste Mal den Kopf hoch. Wiederholen Sie deshalb immer den Druck, um sicherzugehen, dass die Reaktion kein Überraschungseffekt war. Wenn an der Stelle nichts wehtut, bleibt der Kopf in der Regel beim zweiten Mal Drücken und Loslassen weiterhin unten.

Ein Pferd, das wirklich Schmerzen hat, duldet vielleicht nicht einmal, dass Sie nur die Hände hinter den Ohren am Genick anlegen. In diesem Fall ist das Drücken und Loslassen gar nicht erst nötig. Beginnen Sie einfach mit langsamen, beruhigenden *Liegender-Leopard-TTouches (Seite 201)* in langen Linien den Hals entlang (oder am Rücken, wenn das Pferd schon bei einem 4er-Druck oder noch weniger den Rücken durchdrückt).

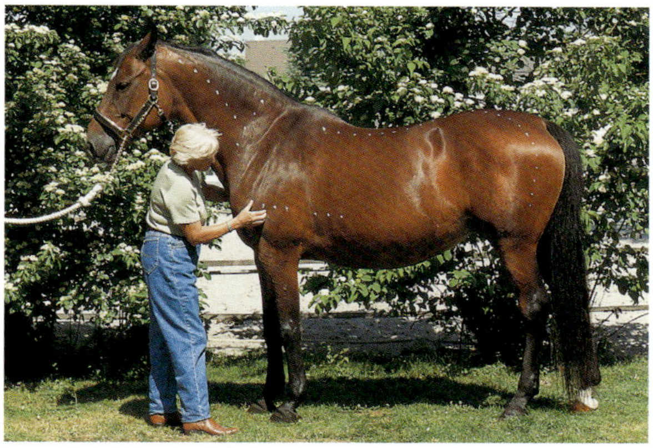

Ich untersuche den großen Muskel über dem Unterarm mit einem 3er-Druck. Bea fühlt sich immer noch nicht ganz wohl. Achten Sie auf den besorgten Augenausdruck und die Ohrenstellung.

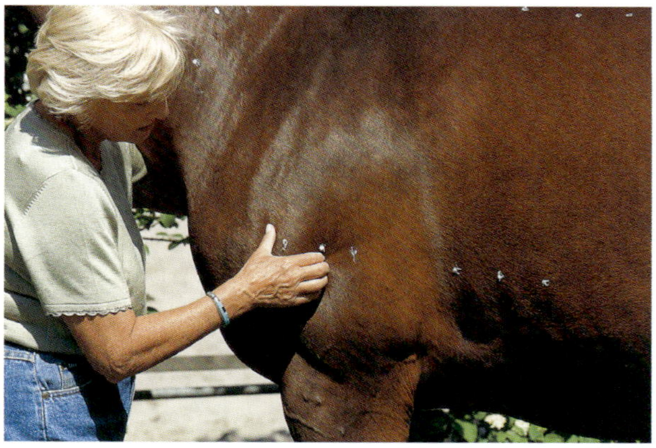

So sieht der forschende TTouch in der Schultermitte aus der Nähe aus. Ich untersuche alle drei hier abgebildeten Punkte, indem ich von beiden Seiten gleichzeitig Druck ausübe. Ein Pferd, das Schmerzen in der Schulter hat, reagiert mit Muskelkrämpfen, wenn Sie diese Druckpunkte halten. Manchmal tritt es auch zurück oder schlägt mit dem Kopf.

Viele Pferde sind an den Rippen hinter dem Gurtbereich kitzelig. Bea schaut immer noch skeptisch, aber sie zieht weder die Muskeln zusammen, noch legt sie die Ohren an, schnappt in die Luft oder versucht, dem Druck auszuweichen. Eine Reaktion auf Druck in diesem Bereich ist nicht unbedingt unerwünscht – sie zeigt, dass das Pferd auch auf Schenkelhilfen reagieren wird. Legt Ihr Pferd auf einen 3er-Druck oder weniger an dieser Stelle die Ohren an oder schnappt in die Luft, reagiert es möglicherweise auch auf treibende Hilfen mit dem Schenkel oder dem hochgezogenen Absatz mit „Klemmen", d. h. Nicht-Vorwärtsgehen, Buckeln oder Ausschlagen. Ist ein Pferd in diesem Bereich vollständig „tot", ist es wahrscheinlich auch abgestumpft gegen Schenkelhilfen.

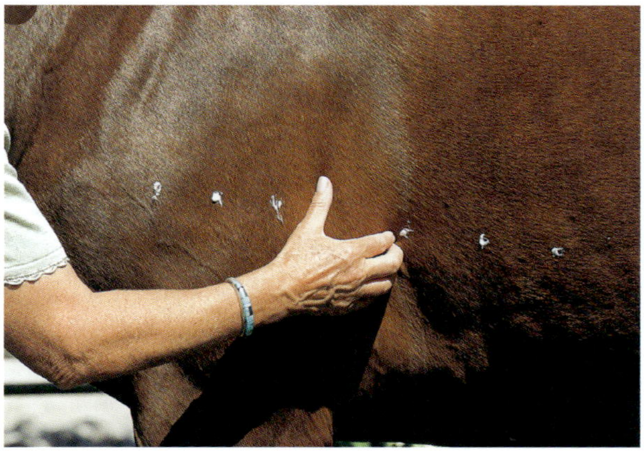

Nahaufnahme eines 3er-Drucks auf den Rippen. Wenn ein Pferd auf direkte Bären-TTouches in diesem Bereich kitzlig reagiert oder sich verkrampft, kann dies verschiedene Ursachen haben. Falls das Pferd noch gar nicht geritten worden ist, kann es so geboren sein. Ich habe erlebt, dass Fohlen so reagierten. Es ist besonders wichtig, diesen Bereich zu entspannen und gut vorzubereiten, wenn das Pferd erstmals Bekanntschaft mit einem Gurt macht. Andernfalls ist es gut möglich, dass es losbuckelt, wenn es zum ersten Mal gesattelt oder geritten wird. Bei einem erwachsenen Pferd kann diese Reaktion auf einen zu stramm angezogenen Gurt hinweisen (siehe „Gurtzwang", Seite 84).

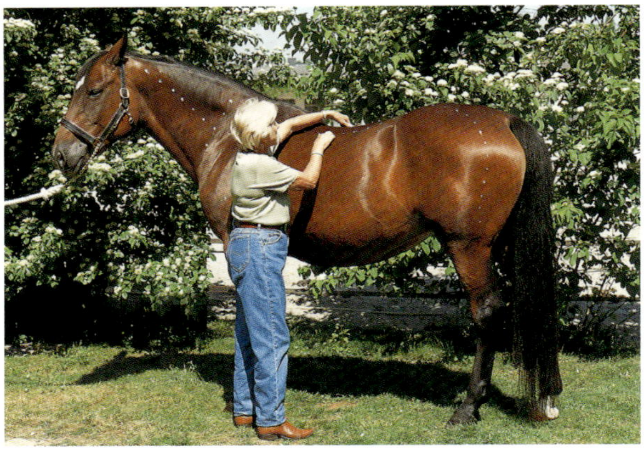

Nun erforsche ich Beas Rücken ca. 10 cm unterhalb der Wirbelsäule, indem ich vom Widerrist bis zu den Nieren ungefähr alle 10 cm drücke und loslasse. Hat das Pferd Schmerzen, drückt es den Rücken durch, schlägt auch oft mit dem Kopf, geht zur Seite, schlägt mit dem Schweif oder verkrampft sich schon auf einen leichten Druck der Stärke 1 bis 3. Ein 5er-Druck ist am Rücken schon viel, ruft bei einem Pferd mit starkem Rücken jedoch höchstens eine leichte Reaktion, aber keinen Widerstand hervor.

Zu untersuchende Punkte am Widerrist: Ein Pferd, das hier Schmerzen hat, zuckt auf einen 4er-Druck beidseitig am Widerrist zusammen, drückt den Rücken weg oder verkrampft sich. Empfindlichkeit in diesem Bereich, zusammen mit zum Beispiel Kopfschlagen oder gebundenen Gängen, ist oft auf einen nicht passenden Sattel zurückzuführen. Weise Sprüche wie „Stell ihn eine Weile auf die Koppel" sind auf die Dauer selten eine Lösung. TTouch kann die Schmerzen lindern.

Fahren Sie den Hals entlang, zu den Schultern, dann zu den Seiten und achten Sie sorgfältig auf jede Reaktion. Wenn ein Pferd den Kopf hochwirft und zurück tritt, ist dies seine Art, mit Ihnen zu „reden". Hören Sie also zu und passen Sie gut auf. Ein gesundes, ruhiges Pferd ohne wunde Stellen wird bei Druckstärke 5 eine leichte Reaktion, aber weder Angst noch Verkrampfung zeigen.

Fühlen sich Hals oder Rücken „hölzern" an, und das Pferd zeigt selbst auf einen 6er-Druck keine Reaktion, ist es möglicherweise blockiert. Oder Sie setzen Ihre Fingernägel nicht im rechten Winkel ein, sodass Sie die Reaktion oder das Fehlen einer Reaktion nicht beurteilen können.

Zeigt das Pferd wenig bis gar keine Reaktion auf Ihre forschenden Hände, gehört es entweder zum ruhigen, ausgeglichenen Typ, oder Sie pressen mehr mit den Fingerkuppen als mit den Spitzen. Am besten lernen Sie Muskeltonus und Empfindlichkeit natürlich zu beurteilen, wenn Sie möglichst viele Pferde untersuchen und ihre Reaktionen mit Ihrem Druck vergleichen.

Untersuchungsbereiche

Hals: Fühlt sich der Mähnenkamm brettsteif an, stehen damit gebundene Gänge und Widerstand gegen die Versammlung in Beziehung. Eine heftige Reaktion auf einen 2er-Druck – Ansatz zum Steigen, wildes Kopfschlagen oder Zurücktreten – kann ein Zeichen sein für eine Erkrankung der Schilddrüse. Extremer Widerstand oder Angst vor einem leichten Abtasten kann auf einen verschobenen Wirbel oder eine Unterfunktion der Schilddrüse hindeuten.

Erfolgt auf einen 6er-Druck am Hals oder Rücken allerdings überhaupt keine Reaktion und der Bereich ist hart wie ein Brett, drücken Sie entweder die Fingerspitzen nicht senkrecht ein oder das Pferd ist zu steif, um zu reagieren. In solchen Fällen hat sich oft eine körperliche Ursache herausgestellt, die eine tierärztliche Behandlung nötig machte.

Widerrist: Eine Empfindlichkeit in diesem Bereich deutet fast immer auf einen kneifenden oder nicht richtig angepassten Sattel hin.

Rücken und Nierenpartie: Mit dem TTouch erforschen wir den Rücken auf etwas andere Art als üblich. Anstatt mit den Fingern beidseits der Wirbelsäule entlangzufahren, setzen wir ca. 10 cm unterhalb der Wirbelsäule mit einzelnen *Bären-TTouches* (Seite 236) alle 10 cm an, und zwar von unterhalb des Widerrists bis zu den Lenden. Drückt das Pferd bei einem 2er-Druck mit den Fingernägeln abrupt den Rücken durch, achten Sie besonders auf ein winziges Muskelflattern. Dies kommt besonders bei Dressurpferden der höheren Klasse häufig vor.

Unterarm- und Unterschenkelmuskulatur: Auch diese Muskeln können bretthart sein. Bei ihrer Erforschung zeigen die Pferde kaum eine Reaktion. Untersuchen Sie aber speziell diesen Bereich, falls

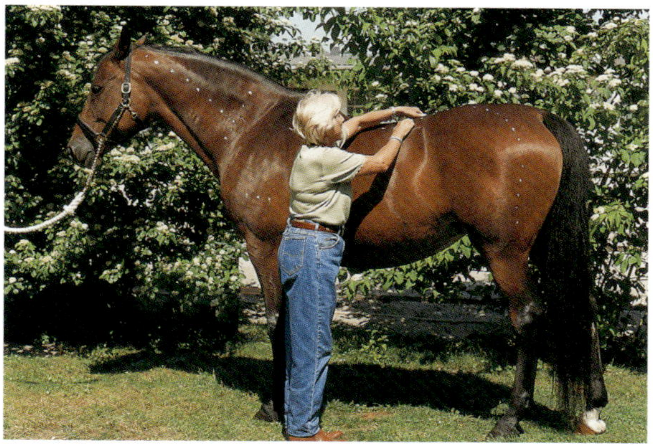

Erforschung der Nierenpartie: Drückt das Pferd auf einen 5er-Druck oder weniger den Rücken weg, kann dies viele Ursachen haben, vom nicht passenden Sattel über den Reitstil bis zum Gebäude des Pferdes. Bea schaut hier etwas entspannter und zeigt, dass ihr ein 4er-Druck nichts ausmacht.

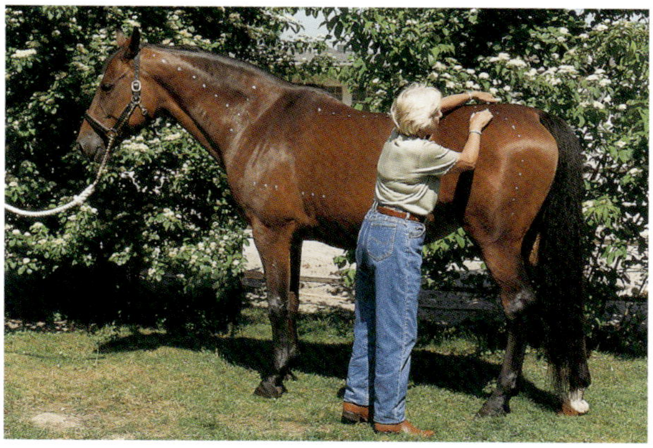

Über die Kruppe hinweg: Bea entspannt sich weiter und hat keine Probleme am Hüfthöcker. Wenn ein Pferd hierauf in der Hinterhand einknickt, wissen Sie, dass Sie einen größeren Problempunkt aufgespürt haben.

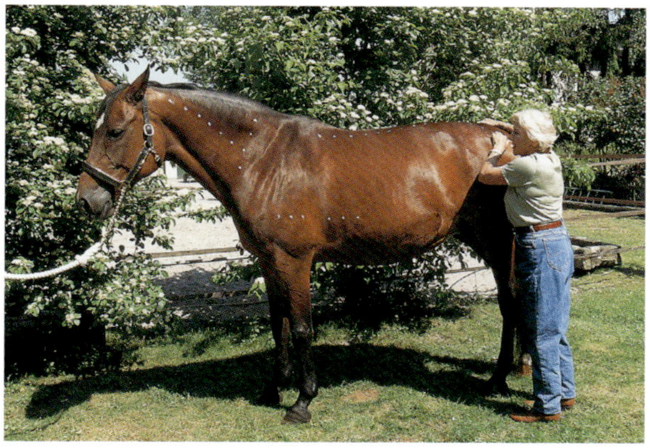

Jetzt gehen wir einen Punkt zurück. Achten Sie auf Beas Ohrenstellung und den gesenkten Kopf, die weitere Entspannung anzeigen. Sie scheint die Arbeit an ihrem Körper zu akzeptieren.

Von oben gesehen: Beidseitiger Druck. Beachten Sie den 90-Grad-Winkel meiner Finger zum Pferdekörper.

001 Der Film zeigt, wie Spannungen im Körper festgestellt werden.

Ihr Pferd gebundene Gänge zeigt oder Schwierigkeiten hat, über eine ganz niedrige Stange zu steigen oder in einen Hänger hineinzusteigen. Angewärmte Tücher und TTouches können dazu beitragen, die verspannte Muskulatur zu lösen. Vergessen Sie aber nicht, dass Quarter Horses kräftiger bemuskelt sind als andere Rassen, sodass es nicht einfach zu beurteilen ist, was normal und was zu hart ist.

Kruppe: Ein weiterer klassischer Bereich für Untersuchungen. Pferde, die die Oberschenkelmuskulatur zusammenziehen und als Reaktion auf ein schnelles Drücken und Loslassen am Sitzbeinhöcker die Hinterhand leicht absinken lassen, sind oft schreckhaft und haben Angst vor Bewegungen von hinten. Mit *Liegender-Leopard-* und *Schweif-TTouches* (Seiten 201 und 208) können Sie ihnen die Schreckhaftigkeit nehmen.

Bauchmuskeln: Verspannte, schmerzende Bauchmuskeln gehen Hand in Hand mit einem schmerzenden Rücken. *Bauch anheben* (Seite 231) ist in diesem Fall sehr hilfreich.

Erfolgt auf einen Druck der Stärke 5 *keine Reaktion*, gehört das Pferd meist dem ruhigeren, weniger empfindlichen Typ an. Erzielen Sie mit Ihren ersten Bemühungen keinen Erfolg, vergewissern Sie sich nochmals, dass Sie Ihre Fingernägel einsetzen, und zwar mit genügend Druck, um eine Reaktion hervorzurufen.

Sehen Sie sich die Abbildungen auf diesen Seiten genau an, damit Sie den Wert des „Werkzeugs" TTouch in vollem Ausmaß erfassen können.

Die Temperament-Skala

Die Erforschung des Pferdekörpers sowohl mit der flachen Hand wie mit den Fingerspitzen kann vielfach dazu beitragen, das Temperament eines Pferdes, z. B. bei einer Ankaufsuntersuchung, zu beurteilen.

Temperament wird als eine Verhaltensweise definiert – die physischen und mentalen Eigenschaften, die ein Individuum ausmachen. Was natürlich auch heißt, dass diese Eigenschaften veränderlich sind. Wenn ein Pferd beispielsweise aufgrund eines unpassenden Sattels, des Reitstils oder infolge von übertriebenem Training Schmerzen hat, wenn es „heiß" und überempfindlich ist, weil es zu wenig Bewegung, eine Futterallergie oder eine Herpesinfektion hat, wird sich sein Temperament verändern, sobald die Ursachen behoben sind.

Am einen Ende der Temperament-Skala sind die heißblütigen, sensiblen und meist schreckhaften Pferde angesiedelt, die abrupt – manchmal sehr heftig – den Kopf hoch reißen, rückwärts ziehen oder manchmal schon die Vorderfüße in einem Ansatz zum Steigen heben. Sie reagieren unterhalb des Mähnenkamms manchmal schon auf überraschend leichten Druck (2 oder 3) auf den 2. oder 3. Halswirbel.

Auf einen Druck hinter dem Widerrist hin drücken sie oft den Rücken durch, springen weg, reißen den Kopf hoch oder schnappen in die Luft, wenn man mit den Fingerspitzen hinter dem Ellbogen im Gurtbereich Druck ausübt. Gelegentlich springen auch die Muskeln vor dem Ellbogen an der Schulter.

Beim Erforschen des Pferdekörpers zeigt meist die Reaktion am Hals, mit welchem Temperament man es zu tun hat. Dieser junge Percheron, der in der Ausbildung zum Fahrpferd steht und dazu neigt, sich gegen das Geschirr zu wehren, reagiert heftig auf den leichtesten Druck. Er hebt den Kopf und spannt die Halsmuskulatur an. Seine Skepsis und Besorgnis Menschen gegenüber spiegelt sich in seinen Augen.
Solches Verhalten kann in überraschend kurzer Zeit verändert werden. Nach nur 10 Minuten Kopfsenken in Halben Tritten, Ohren-TTouches, Schweif-TTouches, Aufgerollte-Python-TTouches, Beinkreise, Hals biegen, Das Lecken der Kuhzunge und Maul-TTouches senkte der Wallach seinen Kopf, seine Tritte wurden länger und sein Augenausdruck weich.

Pferde, die als unreitbar oder unberechenbar gelten, lassen sich oft nicht gern an den Beinen, am Euter, an der Innenseite der Hinterbeine oder an der Schweifrübe anfassen.

Gerade Stuten haben häufig unter hormonellen Schwankungen zu leiden. Während der Rosse kann ihr Benehmen unkooperativ oder unberechenbar sein, sie können quietschen und „blitzen“ oder bei der leisesten Berührung an irgendeiner Stelle des Körpers die Zähne blecken (siehe „Zickige Stuten“, Seite 146).

Übersensible Pferde können eine richtige Herausforderung darstellen, aber mit entsprechender Sorgfalt bei der Fütterung, regelmäßiger Kontrolle des Hormonhaushalts und chiropraktischer Unterstützung sowie regelmäßigen TTouch-Übungen können sie überdurchschnittliche Leistungen erbringen. Und denken Sie immer daran: Der passende Sattel, die Zähne und der Beschlag haben zusammen mit anderen Faktoren Auswirkungen auf das Temperament und erfordern sorgfältige Kontrolle (siehe Seite 23, „Ursachen für unerwünschtes Verhalten und negative Einstellung, aus der Nähe betrachtet“).

Temperamentsausbrüche und Überreaktionen lassen nach, sobald der Schmerz verschwindet und das Pferd keine Angst vor Druck in den betreffenden Bereichen mehr zu haben braucht.

Am anderen Ende der Temperament-Skala findet sich das ruhige, ausgeglichene Pferd mit einer gewöhnlich deutlich höheren Toleranzschwelle für Schmerzen als bei übersensiblen Pferden. Im Gegensatz zu ihnen genießen solche Pferde eine Erforschung mit Druckstärke 4 und senken den Kopf, wenn Sie das Temperament im Genick „messen“. Ein ruhigeres Pferd zeigt auch Schmerzen im Rücken- oder Kruppenbereich nicht so deutlich an und ist im Gurtbereich nicht kitzelig.

Sie sind normalerweise gefahrloser zu reiten, können aber ebenfalls eine Aufgabe sein, weil sie weniger schenkelempfindlich sind. Oft gelten sie als faul, und manche Reiter finden sie äußerst frustrierend. Die gute Nachricht ist, dass man mit TTouch und Übungen wie *Cha-Cha* und *Dingo* (Seite 249 und 253) ein Pferd sensibilisieren kann, ohne zu Gerte und Sporen greifen zu müssen.

Mit TTouch bringen Sie die „Temperatur“ Ihres Pferdes in den mittleren Bereich, ganz gleich, wo auf der Temperament-Skala es zuvor angesiedelt war!

Tellington-Handwerkszeug

Halfter, Lama-Leine, Gerte

Halfter, Lama-Leine und Gerte sind die Hauptwerkzeuge, die Sie benötigen, wenn Sie mit dem Tellington Training beginnen. Die drei sind dazu gedacht, Ihnen eine gewaltlose Kontrolle zu ermöglichen und Sie in die Lage zu versetzen, Ihrem Pferd klare Signale zu geben.

Das Tellington Trainings-Equipment

- *Ein gut passendes Leder- oder Nylonhalfter:* Ein Halfter mit glatten Seitenringen, in denen sich die Kette nicht verhaken kann. Mit einem dünnen Nylonhalfter oder Strickhalfter ist es sehr viel schwieriger, dem Pferd klare Signale zu geben.
- *Die Lama-Leine:* Ein 0,5 cm starker, weicher Strick, verbunden mit einer 1,80 m langen Nylon-Führleine; kann bei sensiblen oder jungen Pferden anstelle der Führkette eingesetzt werden. Eine Führkette kann ein brutales Werkzeug sein, wenn sie falsch gehandhabt wird. Sie ist ein wunderbares Hilfsmittel, wenn sie mit Bedacht und in Verbindung mit der weißen Gerte gebraucht wird. Sie können Ihrem Pferd mit der Lama-Leine beibringen, auf klare, leichte Signale am Halfter zu reagieren, anzutreten, mühelos anzuhalten und still stehen zu bleiben.
  Um Ihr Pferd zum frischen Schritt im *Dingo* (Seite 253) zu animieren, streichen Sie zum Beispiel zuerst zwei bis drei Mal mit der Gerte über den Rücken und tippen dann, kombiniert mit einem ruhigen Stimmkommando wie „Scheee-ritt“ und einem Vorwärtssignal an Lama-Leine, kreisförmig auf die Kruppe. Um anzuhalten, tippen Sie dem Pferd drei Mal leicht vor die Brust (*Dem Kamel einen Tipp geben*, Seite 255), zusammen mit einem lang gezogenen „Haaaalt“ oder „Hooo“ und einem leichten Zupfen an der Leine.
- *Eine ca. 2 m lange flache Nylonleine mit einer 75 cm langen Kette:* Überprüfen Sie die Länge der Kette, denn in Reitsportläden erhält man oft zu kurze Ketten, die nur für Kleinpferde oder Ponys taugen.
- *Die Tellington-Gerte:* Eine 1,30 m lange, steife, weiße Dressurgerte mit einem Plastikknauf. Diese Gerte ist optimal, was Wirkung und

Oben: Führkette über der Nase: Es sollten noch 10 bis 12 cm Kette auf der Führseite hinunterhängen. Bei diesen Anweisungen gehen wir davon aus, dass Sie dabei links vom Pferd stehen. Achten Sie aber darauf, ab und zu die Führseite zu wechseln, damit das Pferd lernt, beidseitig auf Ihre Signale zu reagieren! Unten: Die Lama-Leine

Balance betrifft. Wir nennen sie im Englischen aus zwei Gründen *wand* (= Zauberstab): Unter dem Aspekt von *whip* (Gerte, Peitsche) haben viele Menschen Hemmungen, das Pferd damit abzustreichen, und benutzen sie weniger und zaghafter, als sie sollten. Und zweitens weil ihre beruhigende und kommunikative Wirkung wirklich an Zauberei grenzt. Im Deutschen hat sich das Wort „Gerte" eingebürgert, und dabei soll es nun auch bleiben.

Stellen Sie sich diese weiße Gerte als Verlängerung Ihrer Hand vor, nicht als Peitsche. Sie ist nur ein weiteres Mittel, dem Pferd Ihre Wünsche zu verdeutlichen. Man kann das Pferd damit auch beruhigen und besänftigen und fast augenblicklich dazu bringen, sich zu konzentrieren. Sie können die Gerte dazu verwenden, ein nervöses Pferd zu beruhigen oder es den Kopf senken zu lassen, aber auch dazu, ein träges Pferd in der *Dingo*-Führposition zum energischen Vorwärtsgehen zu animieren.

Anlegen der Führkette oder Lama-Leine

Das Halfter wird so verschnallt, dass der Nasenriemen etwa drei Fingerbreit unterhalb vom Jochbein liegt. Ist das Halfter zu groß oder zu lose, erfolgt die Reaktion des Pferdes auf Ihr Signal mit Verzögerung. Ein zu enger Nasenriemen hindert das Pferd am Kauen oder Gähnen (beides Zeichen für Entspannung) oder daran, den Kiefer zu bewegen.

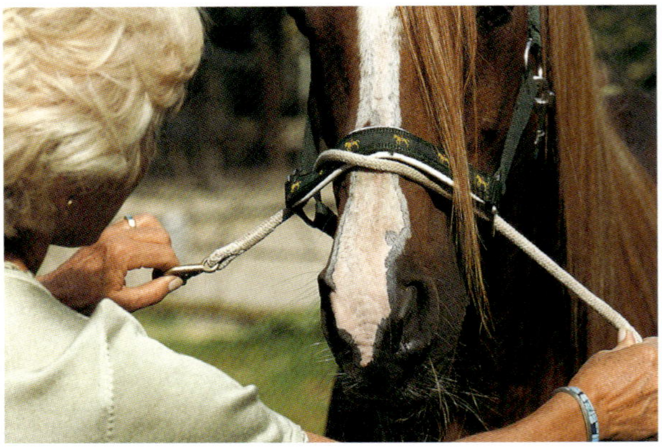

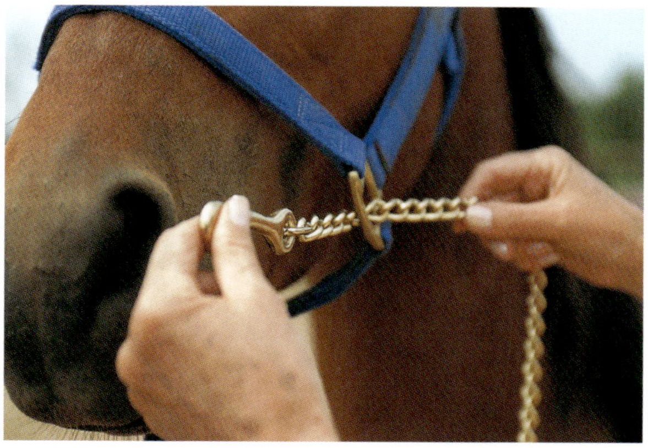

Ziehen Sie die Kette mit dem Karabinerhaken von oben nach unten durch den linken unteren Ring des Halfters.

Heben Sie die Kette an, sodass sie den Nasenriemen kreuzt, und führen Sie sie von innen nach außen durch den rechten unteren Halfterring. Richtig angelegt liegt die Kette wie hier zu sehen über dem Nasenriemen, nicht direkt auf der Pferdenase.

Haken Sie den Karabiner in den oberen rechten Halfterring ein. Achten Sie darauf, dass der Verschluss nach außen zeigt und nicht etwa in die Haut kneift.

Für Pferde mit kleinem Kopf ist die Kette zu lang. Dann ziehen Sie sie durch den oberen rechten Ring wieder nach unten und haken sie in passender Länge in ein Kettenglied ein. Auch für Übungen wie den Cha-Cha (Seite 249) oder das Rückwärtsrichten ist eine etwas kürzere Kette nützlich.

Führkette seitlich eingehakt: Trägt das Pferd von Natur aus den Kopf hoch und wehrt sich dagegen, ihn zu senken, können Sie die Führkette auch nur auf einer Seite befestigen. Die Pferde sind dann oft eher bereit, den Kopf zu senken, als mit der Kette über der Nase. Diese Führung empfiehlt sich auch bei der Korrektur von Pferden, die sich losreißen (siehe „Anbinden", Seite 42). Vergessen Sie die Handschuhe nicht, wenn Sie mit einem Pferd arbeiten, das sich gern gegen den Strick stemmt und sich loszureißen versucht.

Foto links: Senkt Ihr Pferd auf den seitlichen Druck am Halfter hin den Kopf, können Sie die Kette verkürzen. Ziehen Sie den Karabiner durch den oberen Halfterring nach unten.

Foto unten links: Schieben Sie den Karabiner von außen nach innen durch den unteren Halfterring.

Foto unten rechts: Haken Sie den Karabiner so nah wie möglich am Halfterring ein. Die Kette verrutscht dann nicht so leicht.

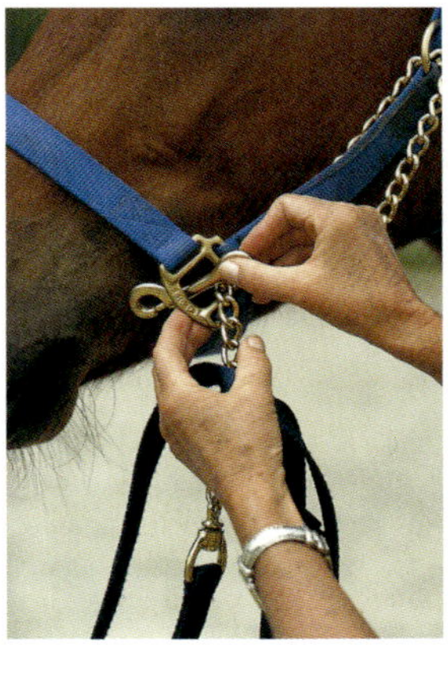

Körperseil und Körperband

Körperseil und Körperband verbessern das Bewusstsein des Pferdes für den eigenen Körper und seine Fähigkeit, sich flüssig und koordiniert zu bewegen, die Zwillingsmerkmale der Eigenwahrnehmung (siehe Seite 182 „Insider-Informationen"). Informationen werden von den Gliedmaßen in verschiedene Hirnregionen übermittelt, die wiederum Signale an die Muskeln zurücksenden, damit das Pferd die entsprechenden Anpassungen vornehmen kann, um eine spezielle Bewegung auszuführen. Dieser Zwei-Wege-Nerven-Input löst auch die Ausschüttung von Serotonin aus, einem Neurotransmitter, der ein Gefühl der Sicherheit und Zufriedenheit vermittelt. Bodenübungen – besonders die in *Mit dem Pferd tanzen* (Seite 248) und im *Lernparcours* (Seite 270) beschriebenen – verbessern das Potenzial des Pferdes für integrierte Bewegungen.

Wenn ein Pferd beim Treten über eine Bodenstange ständig mit den Hinterbeinen auf die Stange tritt, können *Körperseil oder Körperband* den Fluss der die Eigenwahrnehmung betreffenden Daten zum Nervensystem und damit das Bewusstsein des Pferdes für seine Bewegungen verbessern. Damit wird das „interne Körperbild" des Pferdes verstärkt; es erhält ein besseres Gefühl für seine äußeren Grenzen. Diese Fähigkeit ist sehr wichtig, wenn ein Pferd durch einen Engpass oder über Hindernisse gehen soll oder im Hänger transportiert wird.

Ängstliche Pferde

Ein *Körperseil oder Körperband* kann auf ein nervöses Pferd beruhigend wirken, weil es dem Nervensystem eine besondere Empfindung vermittelt: die Druckberührung. Auf diese Druckberührung – ganz leicht auf der Haut – reagiert das Pferd mit Entspannung und Beruhigung, was besonders in Situationen von Bedeutung sein kann, die normalerweise aufregend für das Pferd wären, z. B. ein Besuch des Tierarztes, des Schmieds oder eines Chiropraktikers.

Fohlen

Das *Körperband* ist eine einfache, effektive und sichere Methode, Fohlen beizubringen mitzukommen, bevor sie aufgehalftert werden. Das Fohlen bleibt im Gleichgewicht, und Sie können seinen Körper dirigieren, ohne am Kopf zu zerren. Sie können mit der Mutterstute „bei Fuß" üben und die Lektionen kurz halten. Halten Sie das Band wie einen Koffergriff an der verknoteten Stelle über dem Widerrist und geben Sie Ihre Signale, indem Sie es vorwärts oder rückwärts bewegen. Mit der Mutterstute zur Seite können Sie dies mit dem Fohlen schon in Kurzlektionen üben.

Anwendung

- Eine Begrenzung schaffen, damit das Pferd still steht für den Schmied oder Tierarzt.
- Beruhigend für Pferde, die verspannt sind, zum Scheuen neigen oder sich vor Geräuschen und Gegenständen hinter ihnen fürchten.
- Hilfe für Pferde, die unter Platzangst (Klaustrophobie) leiden, damit sie mit beengten Verhältnissen (z. B. Einstieg in den Hänger, enge Durchgänge) besser fertig werden.
- Einem Fohlen beibringen, sich ohne Halfter führen zu lassen und unangebunden still zu stehen.
- Fördert ein Gefühl der Sicherheit in jeder Situation.

Körperseil

Das *Körperseil* besteht aus einem ca. 7 m langen Nylonseil (wie wir es auch für das Fahren vom Boden (Seite 279) verwenden), das in Form einer Acht um die Schultern und die Hinterhand geschlungen wird. Das *Körperband* wird genauso verwendet, besteht aber aus ca. 10 cm breiten, elastischen Bandagen, am besten solchen, wie sie um die Pferdebeine gewickelt werden – wegen ihrer attraktiven Farben. Je nach Größe des Pferdes brauchen Sie zwei oder drei, die aneinandergeknotet werden.

Körperband

Das *Körperband* kann auch in Achterform über den Sattel gespannt werden, um schreckhafte Pferde zu beruhigen. Bei einem englischen Sattel sollte der Mittelpunkt der Acht über dem Sattel liegen und von dort unterhalb der Steigbügelriemen seitlich befestigt werden. Die Neigung zum Scheuen wird vermindert, weil das Band dem Pferd ein Gefühl der Verbindung zwischen Vor- und Hinterhand vermittelt. Sie können das Band auch einfach vom Sattel aus um die Hinterhand führen.

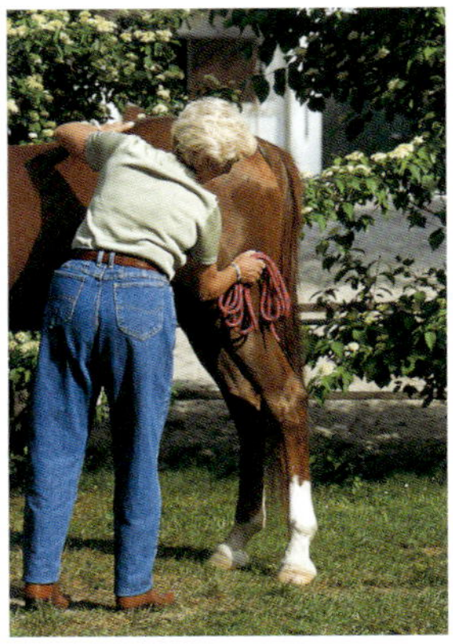

Foto links: Das Körperseil anlegen: Legen Sie dem Pferd das Seil um den Hals und geben Sie ein wenig Spannung darauf, eine Vorsichtsmaßnahme, falls ein Pferd aufgrund schlechter Erfahrungen nervös reagieren sollte.

Foto rechts: Wenn dem Pferd die Berührung des Seils in der Bewegung unangenehm ist, treffen Sie einige Vorbereitungen, bevor Sie ihm das Körperseil anlegen. Legen Sie es sich in der Hand zusammen und streichen Sie das Pferd an der Hinterhand damit ab.

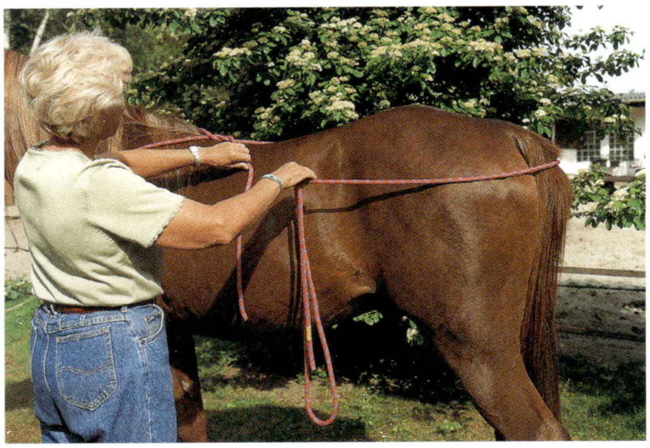

Verdrehen Sie das Seil am Widerrist zwei Mal und legen Sie es vorsichtig über dem Schweif um die Hinterhand, ohne es zu befestigen.

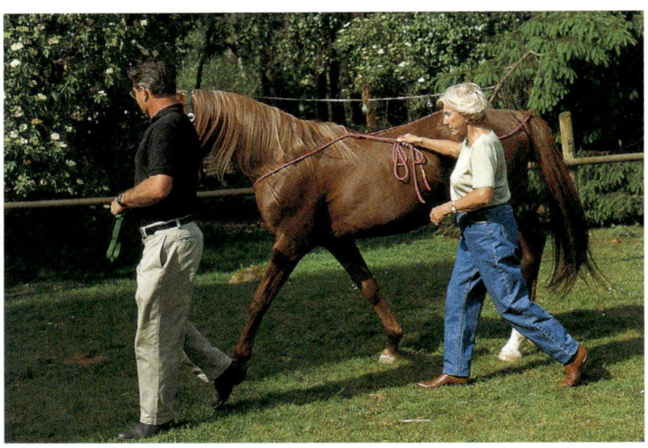

Gehen Sie ein paar Schritte, wobei ein Helfer das Pferd führt. Das Pferd soll sich mit dem Seil um seine Hinterhand vertraut machen.

Hat sich das Pferd an das Gefühl gewöhnt, befestigen Sie das Seil mit einem Sicherheitsknoten und lassen es etwa bis zur Mitte des Unterschenkels hinunterrutschen. Lässt sich das Pferd dies entspannt gefallen, legen Sie das Seil noch tiefer, etwa 20 cm oberhalb des Sprunggelenks, und ziehen den Schweif darunter hervor.

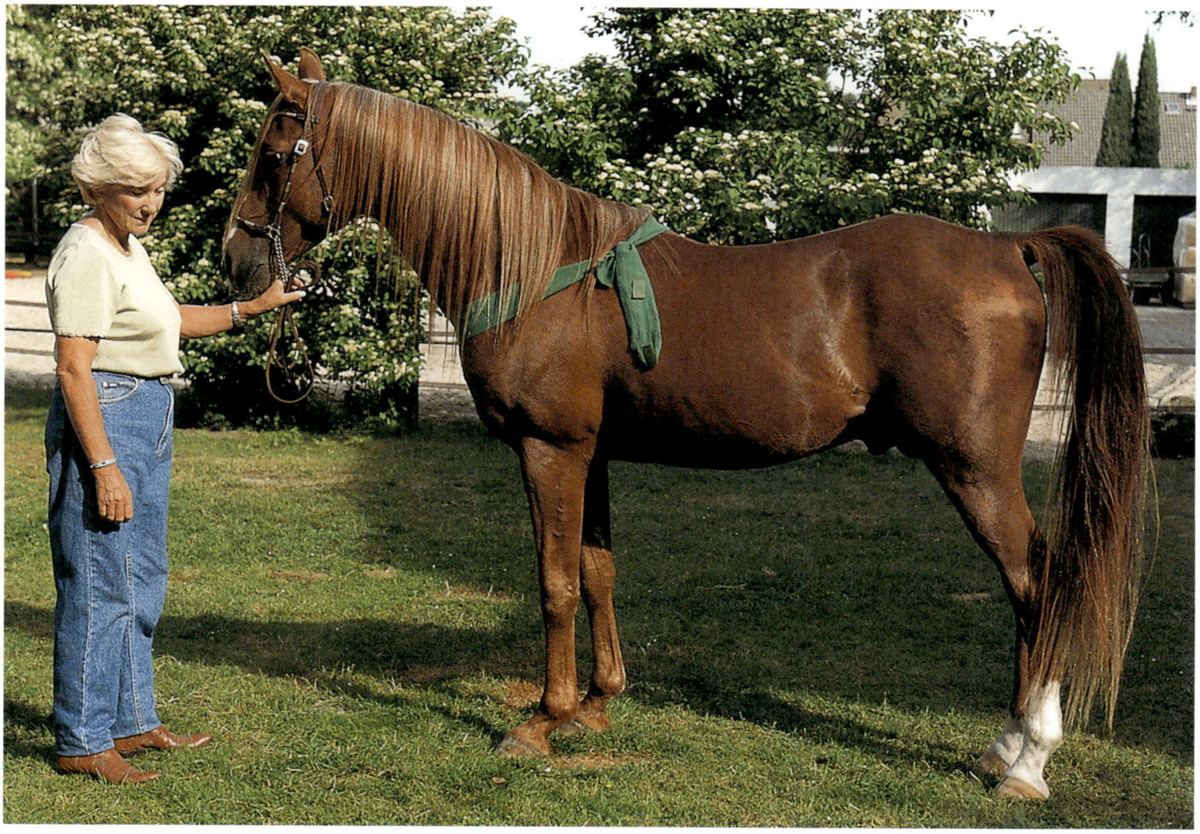

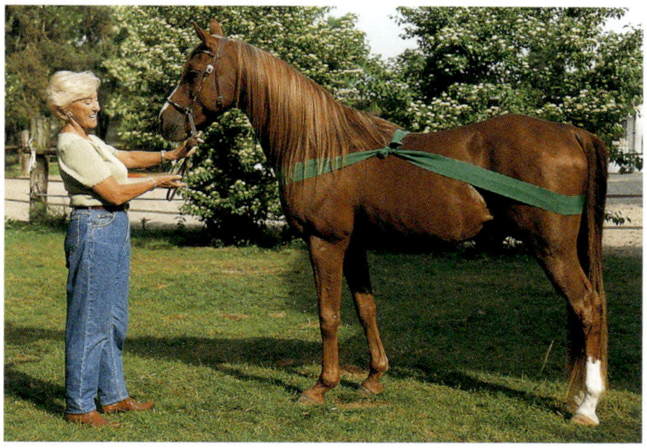

Foto oben: Zuerst wird eine elastische Bandage um den Pferdehals geschlungen und verknotet.

Foto links: Die zweite Bandage wird mit einem Ende an diesem Knoten befestigt und vorsichtig (immer die Reaktion des Pferdes beachten!) unter dem Schweif um die Hinterhand herum geführt. Das andere Ende wird ca. 40 cm vom ersten Knoten entfernt verknotet, sodass eine Art Brücke entsteht, die hinter dem Widerrist über dem Pferderücken verläuft. Die hintere Bandage soll kurz unterhalb des Sitzbeinhöckers um die Hinterhand verlaufen und so stramm anliegen, dass sie weder hinunter noch nach oben unter den Schweif rutscht, wenn das Pferd sich bewegt.

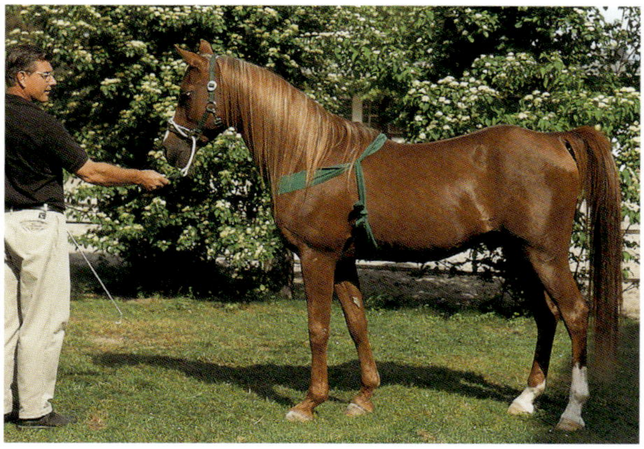

Foto links: Eine Variante: Die zweite Bandage verläuft um den Rumpf. Diese Methode ist besonders für junge Pferde geeignet, die sich an das Gefühl eines Gurts gewöhnen sollen.

Foto rechts: Dies ist eine Vorsichtsmaßnahme für schreckhafte Pferde: Die Bandage wird über den Schweif platziert, sodass sie leicht zu entfernen ist, sollte das Pferd in Panik geraten.

002 Der Film zeigt das Anlegen der elastischen Körperbandage.

Ob sich das Seil oder das Band besser eignet, müssen Sie ausprobieren. Bei einem Pferd, das nervös wird, wenn es um seine Hinterhand geht, nehme ich im Allgemeinen lieber die elastischen Bandagen, aber ich vermute, dass das Seil die klareren Grenzen setzt, wenn es darum geht, ein Pferd für den Schmied oder den Tierarzt ruhig zu halten.

Insider-Informationen

Zusätzlich zu den bekannten fünf Sinnen – Sehen, Hören, Riechen, Schmecken, Fühlen – besitzen Sie und Ihr Pferd noch zwei weitere sensorische Systeme, die mehr für die Verarbeitung von „internen" als von „externen" Informationen zuständig sind. Das vestibuläre System reagiert vermittels von Rezeptoren im Innenohr auf Veränderungen der Kopfhaltung und ist sehr wichtig für Gleichgewicht und Sicherheit der Haltung. Wer je eine Infektion des Innenohrs hatte oder unter Schwindelgefühl litt, weiß, was passiert, wenn dieses System nicht funktioniert. Das propriozeptive System ist das interne Bewusstsein, wo im Raum sich unsere Körperteile befinden, und ist wichtig für das Raumgefühl und für koordinierte Bewegung. Die Rezeptoren für die Propriozeption (Eigenwahrnehmung) befinden sich in den Muskeln und Gelenken und sprechen auf eine Kompression der Gelenke oder auf Bewegung an. Menschen oder Tiere, die einen Schlaganfall oder eine Kopfverletzung erlitten haben, verlieren oft die Eigenwahrnehmung und können sich nur noch eingeschränkt bewegen.

Grundlagen des Vertrauens

Zwei weitere wichtige Übungen gehören zur „Einführung in den TTouch", und zwar *Den Pferdekopf senken* und *Den Tiger zähmen*, weil sie Vertrauen aufbauen und dafür sorgen, dass sich das Pferd ein Leben lang gut benimmt. Sie gehören in die Ausbildung jedes Pferdes und sind deshalb so wichtig, weil beide das Pferd dazu erziehen, zu denken und dem Menschen zu vertrauen, anstatt in kniffligen Situationen, wenn z. B. hinter Ihnen plötzlich ein Geländemotorrad aufröhrt oder im Baum über Ihnen sich eine verwehte Plastiktüte aufplustert, zu scheuen und loszustürmen. Die beiden Übungen sind für jedes Pferd nützlich.

Den Pferdekopf senken

Die wichtigste Einzelmaßnahme, die dem Pferd hilft, seinen Fluchtreflex unter Kontrolle zu halten und dem Menschen zu vertrauen, besteht darin, dass es lernt, auf ein Signal am Halfter oder von Ihrer Hand am Genick den Kopf zu senken. *Den Pferdekopf senken* nimmt schreckhaften, unberechenbaren, an anderen Pferden klebenden oder potenziell gefährlichen Pferden die Angst. Sie werden zu zuverlässigeren, vertrauensvolleren und selbstbewussteren Partnern, im Gelände wie beim Reiten überhaupt. Denken Sie es sich als „Entspannungsreaktion" für Pferde.

Ein Pferd kann lernen, den Kopf auf unterschiedliche Höhe zu senken, unserer Meinung nach sollte die Pferdenase jedoch nicht tiefer kommen als bis zum Karpalgelenk. Die Pferdenase ganz am Boden mag ein interessanter Trick sein, aber Pferde machen oft „zu", wenn sie den Kopf allzu tief halten. Wenn das Genick etwa 15 cm unterhalb des Widerrists liegt, bleibt das Pferd aufmerksam, und die Muskeln an Hals und Rücken sind trotzdem entspannt.

Foto Seite 182: Kopfsenken: Dieser zwölfjährige Warmblutwallach mit seinem Hirschhals galt als stur und war weder vom Boden noch vom Sattel aus dazu zu bringen, den Hals fallen zu lassen. Verspannte Pferde oder solche, die von Natur aus den Kopf hoch tragen, haben damit oft Schwierigkeiten. Wir wollten, dass er vorwärts ging und den Kopf senkte. In solchen Fällen ist es besser, die Führkette wie in der Abbildung seitlich am Halfter zu befestigen, anstatt sie über die Pferdenase zu führen.

Foto oben links: Streichen Sie Hals, Brust und die Beine bis hinunter zum Boden ab und fordern Sie das Pferd gleichzeitig mit einem Zupfen an der Führkette dazu auf, den Kopf zu senken. Hat das Pferd erst einmal verstanden, was Sie von ihm wollen, wird es die Halsmuskeln entspannen und den Kopf sinken lassen; Ihr Signal nach unten sollte deshalb kurz sein. Wenn Sie gleichzeitig Brust und Hals abstreichen, trägt dies weiter zur Entspannung bei und verhindert, dass das Pferd vortritt.

Foto oben rechts: Manchmal hilft es, sich vorzubeugen und sich hinzukauern, zu Ihrer Sicherheit leicht seitlich vom Pferd, nicht direkt vor ihm. Üben Sie einen leicht pulsierenden Druck auf den Führstrick aus – als ob Sie „melken" würden. Sobald das Pferd den Kopf gesenkt hat, richten Sie sich langsam auf. Der Pferdekopf soll unten bleiben.

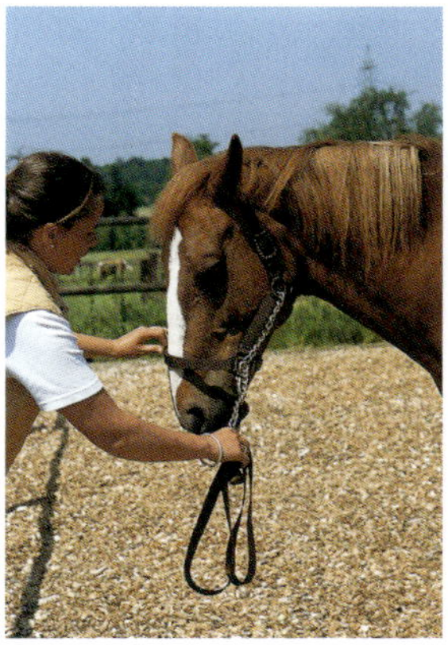

Foto links: Als Nächstes stellen Sie sich vor das Pferd und legen eine Hand leicht über den Nasenriemen. Mit der anderen halten Sie die Führkette, aber mit leicht gebogenen, offenen Fingern für den Fall, dass das Pferd mit dem Kopf schlägt. Wenn das Pferd ohne Schwierigkeiten den Kopf senkt, können Sie beide Hände an den Nasenriemen legen.

Foto rechts: Der ultimative Vertrauensbeweis: Legen Sie eine Hand auf den Nasenriemen und die andere auf den Mähnenkamm ungefähr im Genick des Pferdes. Fordern Sie es mit leichtem Druck auf den Nasenriemen und kleinen, kreisförmigen Wolken-Leopard-TTouches (Seite 218) am Mähnenkamm auf, den Kopf zu senken. Bei manchen Pferden hilft es, beim ersten Mal Kopf und Hals vorsichtig hin und her zu schaukeln.

Macht ein Pferd sehr viele Schwierigkeiten, erreichen Sie das Kopfsenken vielleicht leichter, wenn Sie das Pferd mit der Kette seitlich am Halfter durchs Labyrinth (Seite 277) führen.

Versuchen Sie es bei Pferden, die sich nicht gern am Kopf anfassen lassen, mit beruhigendem Ausstreichen des Schopfes. Lassen Sie die Haare sanft vom Ansatz bis zur Spitze durch die Finger gleiten. Die meisten Pferde lernen diese meditative Bewegung schnell genießen und senken daraufhin willig den Kopf.

Ein Durchbruch in der Pferdeausbildung

Temperamentvolle oder schreckhafte Pferde, die von Natur aus den Kopf im Gehen und Stehen hoch tragen, machen anfangs oft Schwierigkeiten, wenn sie den Kopf senken sollen. Gelingt es Ihnen nicht in ein oder zwei Übungseinheiten, versuchen Sie es mit den folgenden Hilfsmaßnahmen:

- Ein TTouch mit geradezu magischer Wirkung ist, den Rücken anzuheben (Seite 214). Wenn sich der Rücken hebt, senken in fast 90 % der Fälle die Pferde den Kopf. Heben Sie weiter jeden Tag ein paarmal den Rücken an, damit sich das Pferd an die neue Kopfhaltung gewöhnt.
- Bei Pferden mit gebundenen Gängen und steifem Hals trägt Schulter lösen (Seite 247) dazu bei, die eingefleischte Haltung zu verändern.
- Stellt sich noch immer kein Erfolg ein, kauern Sie sich mit etwas Hafer in der Hand vor dem Pferd hin und geben mit der Führkette das Signal zum Kopfsenken. Die Betonung liegt auf dem Signal – der Hafer dient als Belohnung, nicht als Bestechung.

Hat das Pferd erst einmal gelernt, auf Ihre Hand am Mähnenkamm hinter den Ohren den Kopf zu senken, können Sie diese Reaktion vom Sattel aus verstärken, indem Sie sich vorbeugen und das Pferd dort ttouchen.

Den Tiger zähmen: Befestigen Sie für den Anfang die Führkette (oder Lama-Leine) links oben am Halfter. Stellen Sie das Pferd parallel zu einer Wand oder einem Zaun auf. Im Foto sehen Sie einen festen „Ring" aus einem Strick und einem großen Karabinerhaken. Ziehen Sie nun den langen Strick durch den Halfterring unterm Kinn des Pferdes, anschließend durch den Ring am Zaun und zurück zum Halfter, wo er auf der rechten Seite des Halfters im unteren Ring eingehakt wird. Wenn ich mit einem Pferd arbeite, das zum Nachvornspringen neigt, würde ich die Kette über die Pferdenase führen.

Den Tiger zähmen

In der Position *Den Tiger zähmen* ist das Pferd praktisch „halb" angebunden. Das Pferd lernt damit äußerst wirkungsvoll Geduld und Selbstkontrolle und wird ohne Risiko darauf vorbereitet, sich beidseitig anbinden zu lassen. Druck im Genick oder unter dem Unterkiefer löst bei manchen Pferden den Reflex aus, gegen den Strick zu kämpfen. Dieser Reflex lässt sich schnell überwinden, wenn die Pferde merken, dass sie in dieser Position gehalten werden, aber nicht gefesselt sind. Aus Sicherheitsgründen stellen wir die Pferde immer so auf, dass sich hinter ihnen eine Begrenzung befindet, zum Beispiel in einer Box. Das Pferd sollte nicht mehr als ca. 1 m rückwärts gehen können.

Anwendung

- Für Pferde, die nicht ruhig stehen, z. B. beim Tierarzt oder Schmied.
- Für Pferde, die sich nicht anbinden lassen und schon Halfter oder Anbindestricke zerrissen haben.
- Für Pferde, die scharren, wenn sie angebunden stehen sollen.
- Für Pferde, die schlagen oder beißen, wenn man mit ihnen arbeiten will.
- Zur Behandlung eines verletzten Pferdes, das nicht still hält.
- Um ein Pferd daran zu gewöhnen, sich anbinden zu lassen.

Halten Sie Strick und Führleine, durch den Zeigefinger getrennt, in einer Hand. So haben Sie die andere Hand frei, um das Pferd wieder an seinen Platz zu schieben oder es mit der Gerte abzustreichen. Die Gerte ist sehr wichtig, um das Pferd wieder in Position zu bringen, wenn es sich bewegt hat.

Wird das Pferd unruhig, hilft es vielleicht, den Strick in beide Hände zu nehmen. Halten Sie mit beiden Stricken oder Leinen Kontakt und lösen Sie ihn, wenn das Pferd wieder ruhig steht, nur allmählich, bis der Kopf wieder frei ist. Wollen Sie den Pferdekopf nach einer Seite abbiegen, verlängern Sie die eine und verkürzen die andere Leine. Die Leine oder der Strick müssen deshalb frei durch den „Ring" oder die Schlaufe gleiten können.

Foto oben: Zieht das Pferd nach hinten, geben Sie mit dem Strick leicht nach und tippen es an der Hinterhand an, damit es wieder ruhig nach vorn kommt. Bietet das Halfter keinen Widerstand, hören die meisten Pferde auf mit dem Gegenstemmen. Zur Sicherheit sollte sich hinter dem Pferd ein Zaun oder eine Wand befinden.

Foto unten: Um eine Stange geschlungener Strick, der als Schlaufe für die lange Leine dienen kann, wenn keine Anbindevorrichtung vorhanden ist.

Was Sie brauchen

- Einen sicheren Platz, an dem Sie mit dem Pferd arbeiten können, z. B. eine Ecke, die eine Seitenwand und eine rückwärtige Begrenzung hat.
- Eine Führkette oder Lama-Leine.
- Einen 5 bis 6 m langen Strick oder eine leichte Leine (wie zum Fahren).
- Eine Tellington-Gerte.

Was tun, wenn ...

... sich das Pferd nicht anbinden lässt? Bevor Sie überhaupt anfangen, gehen Sie zurück zu den Grundlagen: zu *Den Pferdekopf senken* (Seite 182), kombiniert mit *Dingo* (Seite 253) und der *Tanzenden Kobra* (Seite 252). Wenn das Pferd gelernt hat, auf ein leises Signal an der Führkette hin den Kopf zu senken und vorwärts zu gehen, können Sie es noch einmal mit *Den Tiger zähmen* versuchen.

... Ihnen keine glatten Zaunstangen zur Verfügung stehen, um die Sie den Strick schlingen können? Der lange Strick muss sich bewegen und frei gleiten können; befestigen Sie ihn also an einem Metallring am Zaun, an einem Pfosten oder einer Wand. Auch die Box oder die Stallgasse können geeignete Plätze sein.

Vertrauensbildende TTouches

Vertrauensbildende TTouches sind das Kernstück der Beziehung zu Ihrem Pferd, wenn Sie auf gegenseitigem Vertrauen beruhen soll.

Wie Menschen auch, brauchen Pferde ein Gefühl der Sicherheit. Sie müssen darauf vertrauen können, dass Sie nichts Unvernünftiges von ihnen verlangen. Ihr Pferd muss wissen, dass Sie ihm zuhören und es respektieren. Aus diesem tief verwurzelten Vertrauen heraus ist das Pferd dann auch willig zur Kooperation bereit.

Mit *vertrauensbildenden TTouches* gehen Pferde, die sauer geworden sind und „zugemacht" haben, wieder aus sich heraus; Pferde, die jede Lust verloren haben, fangen wieder an zu vertrauen. Das Interesse Ihres Pferdes wird wieder geweckt, es wird neugierig, sucht die Verbindung und sieht Sie als „interessantes" Gegenüber. Wundern Sie sich nicht, wenn es Ihnen neuerdings auch ohne Halfter überallhin folgt!

Diese Art von Vertrauen geht sogar über eine reine Bindung hinaus: Pferde, die *vertrauensbildende TTouches* kennengelernt haben, betrachten Menschen ganz anders. Sie freuen sich mehr, Sie zu sehen, lassen sich leichter fangen, sind einfacher im Umgang – sie sind gern mit Ihnen zusammen und zeigen eine Bereitwilligkeit zur Kooperation, die über eine konditionierte Reaktion oder mechanisches Lernen hinausgeht. Mit vertrauensbildenden TTouches beginnt ein Prozess, der Ihnen und Ihrem Pferd mehr Wahlmöglichkeiten eröffnet – eine Situation, in der Sie beide zu Siegern werden. Aus dem Ego-Spiel, in dem das Ich im Mittelpunkt steht, wechseln Sie hinüber ins Reich des Fairplay.

Vertrauensbildende TTouches

Warum aber sollte Ihr Pferd lernen, anderen zu vertrauen? Ist es nicht Ihr ganz spezielles, Ihr eigenes Pferd? Wenn Ihr Pferd nur Ihnen selbst vertraut, engt das Ihre Möglichkeiten ein. Denken Sie an die Kooperation mit Tierarzt, Schmied, Zahnarzt, Pfleger oder einem Freund, einer Freundin als Reitbeteiligung. In Notsituationen, zum Beispiel bei einem Feuer im Stall, kann das Leben Ihres Pferdes davon abhängen, dass es auch einem anderen Menschen schnell und willig folgt.

Mit den vertrauensbildenden TTouches verbindet Sie und Ihr Pferd immer noch eine ganz spezielle Beziehung, die aber nicht auf Abhängigkeit oder Zwang beruht. Ihr Pferd wird ein umso besserer Partner, je mehr die Furcht dem Selbstvertrauen weicht.

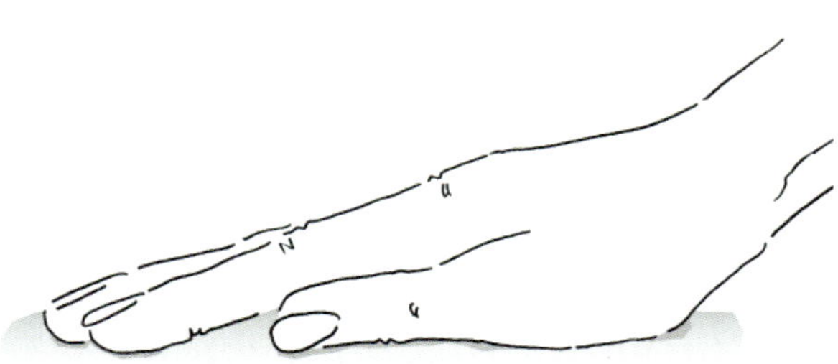

Muschel-TTouch: Die Hand liegt flach auf dem Fell auf und verschiebt die Haut.

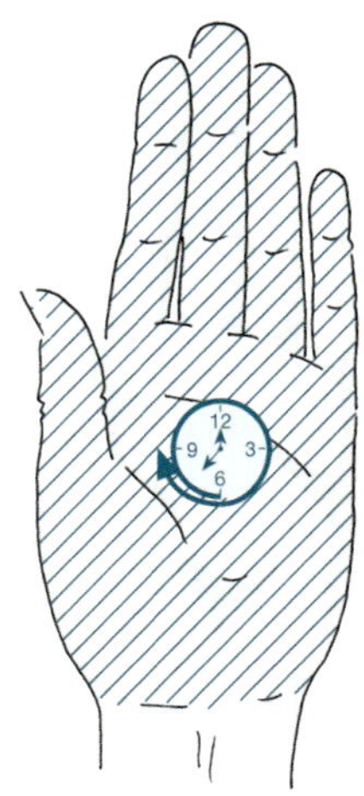

Die schraffierte Fläche verdeutlicht die Auflagenfläche auf dem Fell: Die ganze Handfläche hat Fellkontakt, die Kreisbewegung erfolgt aus der Mitte des Handtellers heraus.

Muschel-TTouch in Kombination mit dem Aufgerollte-Python-TTouch (Seite 190), um feste Rückenmuskulatur zu lösen. Die linke Hand stabilisiert, während die rechte Kreise beschreibt, dann die Haut in Richtung Wirbelsäule verschiebt und langsam wieder loslässt.

Muschel-TTouch

Für diesen TTouch legen Sie die ganze Hand sanft auf den Pferdekörper. Finger, Handfläche und Handwurzel sollen gerade so viel Kontakt haben, dass Sie die Haut im Kreis bewegen können, ohne über das Fell hinwegzurutschen. Der Mittelpunkt Ihrer Handfläche ist zugleich der Mittelpunkt des Kreises. Stellen Sie sich vor, Ihre Hand wäre so fest mit dem Fell verbunden wie eine Muschel, die an einem Felsen sitzt. Bewegen Sie die Haut/das Gewebe im Uhrzeigersinn in einem Eineinviertel-Kreis und achten Sie darauf, nicht nur über das Fell zu gleiten.

Zur Entspannung machen Sie Zwei-Sekunden-Kreise mit jeweils einer kurzen Pause, bevor Sie leicht zum nächsten Kreis gleiten. Um die Blutzirkulation zu stimulieren und zu steigern, machen Sie Eine-Sekunde-Kreise und gleiten schnell und fest von einem Kreis zum anderen. Dadurch, dass Sie beide Hände am Pferd haben, schließt sich der energetische Kreis zwischen Pferd, Mensch und Erde.

Druckstärke: 1 bis 3.
Unterscheidungsmerkmal: Die Handfläche ist der Mittelpunkt des Kreises.
Haupteigenschaften: Besänftigend, entspannend, wohltuend, mit der ganzen Hand, nicht aggressiv, warm, nicht bedrohlich, einfach auszuführen.
Körperbereiche: Hals, Rücken, Rumpf, Bauch, Innenseite der Schenkel.

Anwendung

- Vorbereitung eines jungen Pferdes auf den Sattel.
- Für Pferde mit Gurtdruck.
- Beim Putzen von Pferden, die sich nicht gern anfassen lassen.
- Um den Pferdekopf zu senken, die Halsmuskeln zu entspannen.
- Zur Stimulierung der Darmgeräusche.
- Für tiefere Atmung.

Der Muschel-TTouch im Bereich des Atlaswirbels unmittelbar hinter dem Genick. Mit der linken Hand seitlich am Halfter halte ich den Kopf ruhig. Besonders wirksam für ein Pferd mit verkrampften Halsmuskeln und von Natur aus hoher Kopfhaltung, das sich nicht gern anfassen lässt. Wenn das Pferd daraufhin den Kopf senkt (Seite 182), ist der Fluchtreflex überwunden.

Wenn Sie beide Hände teils ziehend, teils schiebend einsetzen, können Sie eine noch tiefere Entspannung erreichen und den Hals lösen. Mit der linken Hand laden Sie das Pferd nach unten ein, mit der rechten machen Sie weiter Muschel-TTouches und schieben die Haut in Richtung Widerrist.

003 Der Film zeigt die Kombination von zwei TTouches.

Python-TTouch, Aufgerollte-Python-TTouch

Diese TTouches wurden inspiriert von meiner Arbeit an einer fast vier Meter langen burmesischen Python namens Joyce, die im Wildtier-Zoo von San Diego lebte. Die hebenden TTouches wirkten derartig entspannend auf sie, dass sie schließlich meine Arbeit an ihr genoss; sie halfen ihr, immer wiederkehrende Attacken von Lungenentzündung, wohl infolge von Bewegungsmangel, zu überstehen. Ihr zu Ehren bekam der TTouch seinen Namen.

Der *Aufgerollte-Python-TTouch* ist eine Kombination aus entweder *Muschel-* oder *Liegender-Leopard-TTouch* mit einem Heben der Haut und kann sowohl mit der rechten wie mit der linken Hand ausgeführt werden.

So wird's gemacht

Fangen Sie oben am Bein mit beiden Händen an. Der Kontakt muss gerade stark genug sein, dass die Hände nicht über die Haare rutschen. Sie schieben die Haut vorsichtig nach oben, halten sie vier Sekunden lang und stützen sie weiter, während Sie sie langsam an den Anfang zurückgleiten lassen. Dann lassen Sie die Hände ein paar Zentimeter nach unten wandern und wiederholen das Heben. Arbeiten Sie sich von oben nach unten bis zum Fesselgelenk hinunter. Schon eine kleine Bewegung zeitigt Wirkung. Versucht sich das Pferd zu entziehen, üben Sie zu viel Druck aus oder verschieben die Haut zu sehr nach oben. Manchmal machen wir nur einen einfachen *Python-TTouch* ohne den Kreis, aber der Kreis zu Anfang bringt dem Pferd mehr Bewusstsein und hilft dem Menschen tief durchzuatmen, bevor er die Hebebewegung ausführt.

Druckstärke: 1 bis 3.
Unterscheidungsmerkmal: Ein *Muschel-* oder *Liegender-Leopard-TTouch* wird mit einem hebenden *Python-TTouch* verbunden.
Haupteigenschaften: Siehe „Anwendung".
Körperbereiche: Beine, Rücken, Innenseite der Schenkel. Am Rücken tragen diese Heber dazu bei, feste Muskeln zu lösen und besser zu durchbluten.
Vor Wettbewerben: Machen Sie die *Python-* und *Aufgerollte-Python-TTouches* an den Beinen schneller, um das Pferd zu erfrischen und anzuregen. Machen Sie am oberen Ende eines Hebers keine Pause, son-

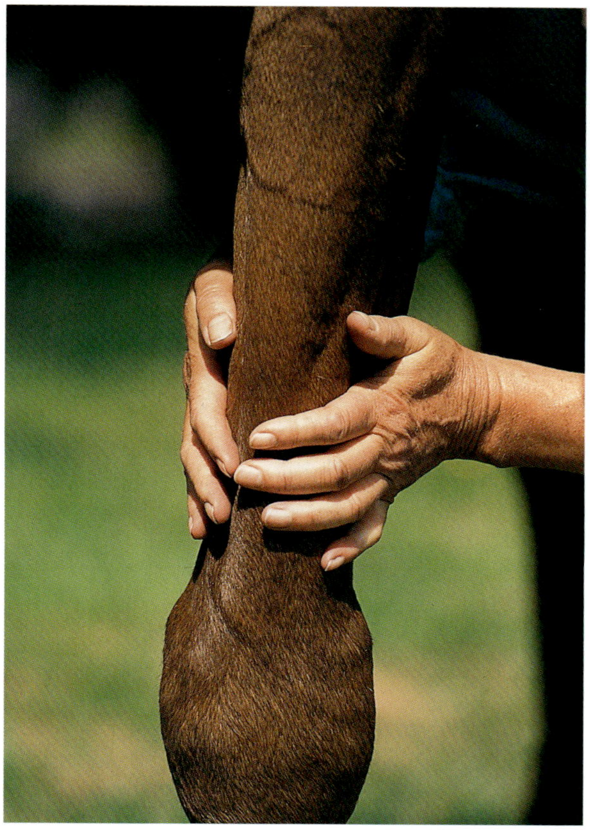

Aufgerollte-Python-TTouches werden an den Beinen beidhändig ausgeführt. Es gibt zwei Varianten:
1. Am Ende eines kreisenden TTouches (Muschel- oder Liegender-Leopard-TTouch) wird die Haut nach oben geschoben und wieder heruntergeführt.
2. Es wird die hebende Bewegung der Haut, ohne kreisenden TTouch, ausgeführt.

dern fahren Sie mit der Hand gleich wieder fest nach unten, zum nächsten Punkt einige Zentimeter tiefer. Zu langsame Heber wirken entspannend, was vor einem Wettbewerb nicht unbedingt erstrebenswert ist – außer Sie starten in einer Western-Pleasure-Prüfung, wo entspanntes Gehen belohnt wird.

Anwendung

- Verspannte Muskulatur und Krämpfe im Rückenbereich lösen.
- Mehr Bewusstsein in die Beine bringen, sodass das Pferd sich mit dem Boden verbunden fühlt.
- Zur Verbesserung der Koordination.
- Zur Stärkung des Selbstbewusstseins.
- Um einem Pferd die Schreckhaftigkeit zu nehmen.
- Um nervöse Pferde zu entspannen.
- Um Schritte und Tritte zu verlängern.
- Um bei Zuchtstuten den Stress einer überlangen Tragezeit zu vermindern.

Verbundene Kreise

Jeder kreisförmige TTouch ist in sich vollständig, aber wenn man die Kreise verbindet, indem man die Hand mit einer kurzen, klaren Bewegung 5 bis 10 cm über die Haut zum nächsten Kreis gleiten lässt, vermittelt dies dem Pferd ein ausgeprägteres Körpergefühl – ein verbessertes Bild von sich selbst.

Machen Sie parallel zur Oberlinie des Pferdes (Mähne und Wirbelsäule) Reihen von *Verbundenen Kreisen,* um dem Pferd ein Gefühl der Verbindung und Kontinuität von der Vor- zur Hinterhand zu vermitteln. Sie können auch jeden anderen kreisförmigen TTouch vom Unterarm bis zu den Hufen und die Hinterbeine hinunter verbinden. Stellen Sie sich vor, Sie „verbinden die Punkte“.

Bei Pferden, die sich nicht so gern anfassen lassen, hilft es vielleicht, wenn Sie zuerst nach dem Zufallsprinzip fünf oder sechs Kreise mit einem Tempo von jeweils einer Sekunde und mit einigen Zentimetern Abstand voneinander am Hals verteilen. Dann gehen Sie zu den *Verbundenen Kreisen* über.

Druckstärke: 1 bis 3.
Unterscheidungsmerkmal: Kreisende TTouches werden durch ein gleitende Bewegungen auf dem Fell miteinander verbunden.
Haupteigenschaften: Siehe „Anwendung“.
Körperbereiche: Kopf, Hals, Rumpf, Beine.

Anwendung

- Um Vertrauen, Koordination und Gleichgewicht zu entwickeln.
- Um dem Pferd ein Gefühl der Verbindung zu vermitteln.

Das Liniensystem der verbundenen TTouches.

Beinkreise vorn

Täglich zwei Minuten *Beinkreise vorn* können Gleichgewicht und Trittsicherheit des Pferdes verbessern und seine Tritte verlängern. Die Kreisbewegungen wirken entspannend auf Schulter-, Hals- und Rückenmuskeln und verbessern das Gleichgewicht. Sie können sich damit Zeit für das Aufwärmen sparen, wenn Ihr Pferd die ersten paar Minuten unter dem Sattel steif geht, und ich finde sie nützlicher als das Herausziehen nach vorn, um Falten und Fell unter dem Gurt zu glätten, bevor man aufsitzt.

So wird's gemacht

- Stellen Sie sich mit Blick zur Hinterhand neben die Vorhand des Pferdes und streichen Sie zur Vorbereitung mit dem Handrücken das Vorderbein hinunter. Kratzen Sie dann auf der Sehne über dem Fesselgelenk oder innen unmittelbar über dem Karpalgelenk mit dem Fingernagel leicht nach oben, ein Signal, das dem Pferd sagt, sein Gleichgewicht auf die anderen drei Beine zu verlagern, damit es den Fuß anheben kann.

Anwendung

- Das Pferd lernt, auf drei Beinen das Gleichgewicht zu halten – zum Hufeauskratzen oder Beschlagen.
- Das Pferd lernt, ruhig auf dem Hänger zu stehen, ohne auszuschlagen, herumzuhampeln oder sich gegen die Trennwand zu lehnen.
- Um die Geschmeidigkeit zu verbessern, die Neigung zum Stolpern abzustellen.
- Um Verspannungen in der Schulter, im Hals und im Rücken zu lösen.
- Zum Aufwärmen vor dem Reiten, vor Konditionstraining oder Wettbewerben.
- Um Steifheiten in Beinen oder im Rücken aufzuspüren, bevor sie sich als Lahmheiten äußern.
- Um ein auf Boxenruhe reduziertes Pferd locker und flexibel zu halten.

Dies ist für das Pferd leichter zu verstehen und einfacher für Sie als die übliche Methode, ins Bein zu kneifen und sich gegen die Schulter zu lehnen. Lassen Sie den Fuß nie einfach fallen, wenn Sie eine Beinübung beendet (oder den Huf ausgekratzt) haben. Leiten Sie ihn nach unten und setzen Sie ihn am Boden ab.

- Umfassen Sie das Fesselgelenk mit der inneren Hand. Stützen Sie den Huf mit der anderen Hand ab, den Daumen an den Trachten und die Finger um die Vorderseite des Hufs.
- Halten Sie die Hufsohle senkrecht zum Boden und Fessel plus Fesselgelenk in einer Linie, anstatt das Gelenk nach unten rutschen zu lassen – was oft dazu führt, dass das Pferd die Schulter fallen lässt und sich auf Sie lehnt.
- Bewegen Sie das Bein mehr mit Becken, Knien und Füßen als mit den Armen im Kreis. Halten Sie den Rücken gerade, um übermäßige Belastung zu vermeiden, und stützen Sie sich zur Schonung des Rückens mit dem äußeren Ellbogen auf dem äußeren Knie ab, wenn das Bein sehr schwer ist.
- Lassen Sie den Huf in beide Richtungen um den Punkt kreisen, an dem er vorher am Boden gestanden hat. Die Bewegung sollte horizontal sein, wie bei den Rotorblättern eines Hubschraubers – zum anderen Bein hin, vorwärts, nach außen, nach hinten. Machen Sie jeweils zwei Kreise in jeder Richtung in unterschiedlicher Höhe, die letzten sollten fast den Boden berühren. Nun machen Sie einen Kreis unmittelbar über dem Boden und tippen den Huf mehrmals kurz auf.
- Stellen Sie die Hufspitze ca. 15 cm hinter der Stelle, wo das Bein normalerweise stehen würde, am Boden ab, sodass die Schultermuskulatur zum Loslassen gebracht wird. Halten Sie den Huf mit einer Hand am Fesselgelenk und der anderen seitlich am Huf fest, damit das Pferd ein Gefühl dafür entwickelt, den Fuß ohne Gewicht auszubalancieren. Ein Pferd, das fest in der Schulter ist oder niedrige Trachten hat, tut sich anfangs vielleicht schwer mit diesem Balancieren auf der Zehenspitze. Möglicherweise setzt es zu Anfang die Hufspitze nur einen Augenblick lang auf, aber diese Stellung kann das Gleichgewicht deutlich verbessern.

Was tun, wenn …

… das Pferd immer wieder das Bein wegzieht? Fangen Sie keinen Kampf an. Denken Sie daran, dass es zwei braucht, um zu streiten. Anstatt sich mit aller Kraft an das Bein zu klammern, schütteln Sie es leicht oder versetzen es in kleine Vibrationen. Sie können dem Pferd auch erlauben, den Fuß abzusetzen und sein Gleichgewicht wieder zu gewinnen. Versuchen Sie es dann noch einmal, machen Sie aber nur ein bis zwei kleine, schnelle Kreise, bevor Sie den Fuß wieder absetzen. Wiederholen Sie dies einige Male, bis das Pferd sich auf drei Beinen sicherer fühlt. Mit ein paar zusätzlichen *Aufgerollte-Python-TTouches* vom Ellbogen bis hinunter zum Huf bringen Sie mehr Bewusstsein in diesen Bereich und nehmen dem Pferd die Angst davor, sich hier anfassen zu lassen.

… das Pferd sich auf Sie lehnt, wenn Sie den Fuß anheben? Stützen Sie das Bein am Fesselgelenk und am Röhrbein ab. Biegen Sie das Bein im Karpalgelenk ab, halten Sie das Röhrbein parallel zum Boden und hoch genug, dass sich das Pferd nicht auf Sie lehnen kann. Wird der Huf höher gehalten als das Karpalgelenk, verlieren Pferde oft das Gleichgewicht. Schütteln Sie das Bein ein wenig, um das Pferd daran zu erinnern, dass es für sein Gleichgewicht selbst verantwortlich ist.

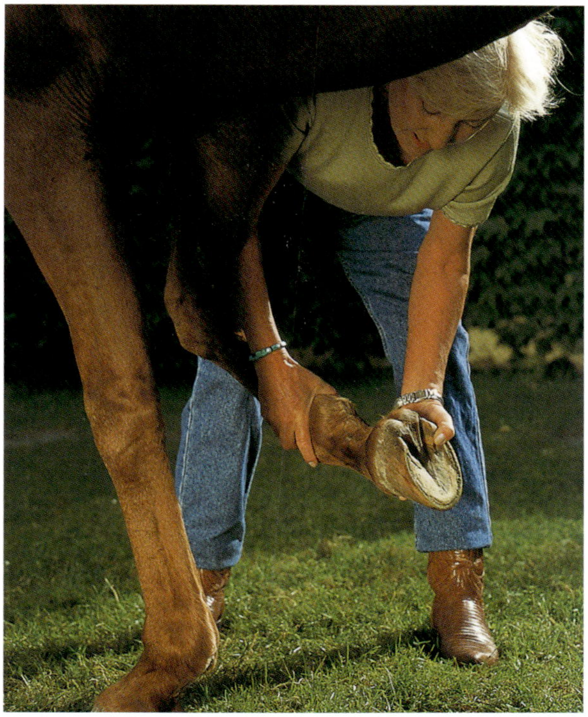

So wird der Huf richtig aufgenommen und gehalten.

Zeichnung: Das Vorderbein wird in horizontalen Kreisbewegungen langsam nach unten bewegt.

Foto links: Das horizontale Kreisen des Hufes um den Punkt herum, auf dem er gestanden hat.

Foto rechts: Wenn das Absetzen langsam und bewusst erfolgt, behält das Pferd die entspannte Schonhaltung bei.

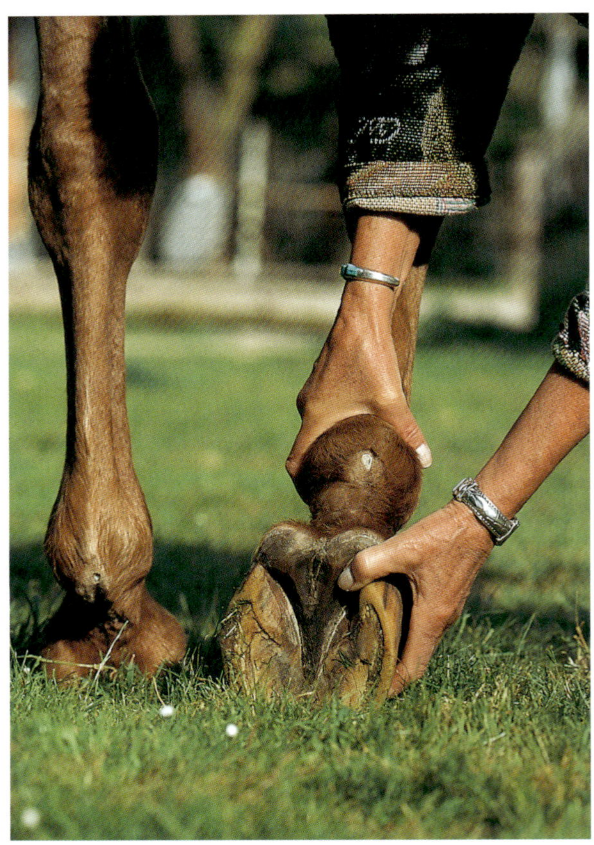

Beinkreise hinten

Das Hinterbein in kleinen Kreisen zu bewegen ist eine Übung, die dem Pferd die Angst davor nimmt, einen Hinterfuß aufheben und bearbeiten zu lassen. Sie kann auch bei Steifheit in der Hinterhand Erleichterung verschaffen und die Beweglichkeit erhöhen. Ich staune immer wieder, wie viele Pferde bestraft (oder sogar sediert!) werden, weil sie das Bein für den Hufschmied nicht längere Zeit aufhalten können, obwohl dies die einzige Gelegenheit ist, bei der diese Fähigkeit je gefragt oder praktiziert wird. Wenn Sie das tägliche Hufeauskratzen mit ein paar Minuten *Beinkreise vorn und hinten* verbinden, werden Sie einen erheblichen Unterschied in der Kooperationsfähigkeit des Pferdes feststellen.

Sollte Ihr Pferd beim ersten Versuch, ein Hinterbein aufzuheben, ausschlagen oder Ihnen das Bein wegreißen, können Sie es gefahrlos in aller Ruhe mit der Gerte abstreichen. Fangen Sie an der Brust und den Vorderbeinen an und streichen Sie dann den Rumpf und die Hinterbeine von oben nach unten ab. Damit nehmen Sie dem Pferd die Angst vor Berührung und verbessern sein Gleichgewicht, weil Sie es an seine Verbindung zum Boden „erinnern".

Nach dem Abstreichen mit der Gerte machen Sie *Verbundene Liegender-Leopard-TTouches* (Seite 201) am ganzen Körper und die Hinterbeine hinunter bis zum Boden, bis das Pferd Vertrauen gewinnt und keine Angst vor dem Kontakt mehr hat. Ich glaube, dass Pferde aus Angst ausschlagen oder weil sie früher hart angefasst worden sind und dass man sie mit ruhigen TTouches eher davon abbringt als mit Strafen.

So wird's gemacht

- Stellen Sie sich mit Blick zur Hinterhand neben ein Hinterbein und streichen Sie zur Vorbereitung mit dem Handrücken das Bein hinunter. Kratzen Sie mit dem Fingernagel auf der Sehne oberhalb des Fesselgelenks leicht aufwärts. Das ist für das Pferd ein klareres Signal, als es wie üblich ins Bein zu zwicken oder sich gegen die Hinterhand zu lehnen, um es aus dem Gleichgewicht zu bringen.

Ich habe an Olympia-Dressurpferden gearbeitet, die nicht in der Lage waren, mit den Hinterbeinen Kreise von 15 cm Durchmesser zu beschreiben – so unglaublich fest und verkrampft waren sie im Rücken. Versuchen Sie nicht, das Hinterbein zu dehnen oder das Pferd zu zwingen, sondern machen Sie weiter nur ganz kleine Kreise. Nach ein paar Übungseinheiten sollten sich die Muskeln an der Hinterhand und im Rücken entspannen, sodass Sie allmählich auch größere Kreise beschreiben können, was den Bewegungsspielraum des Pferdes erhöht und seine Gänge verbessert.

- Halten Sie den Hinterhuf mit der äußeren Hand, den Daumen über den Trachten, die Finger an der Außenseite.
- Ist das Bein schwer, stützen Sie den Ellbogen auf Ihr äußeres Knie.
- Mit der inneren Hand greifen Sie am Bein vorbei und ergreifen von innen die Hinterseite oberhalb des Fesselgelenks.
- Beginnen Sie mit kleinen Kreisen in einer Höhe, die dem Pferd angenehm ist. Nimmt es das Bein übermäßig hoch, machen Sie auf dieser Höhe ein paar winzige, schnelle Kreise. Normalerweise entspannt sich das Pferd und lässt das Bein sinken. Fangen Sie mit kleinen Kreisen an und vergrößern Sie diese so weit, wie es das Pferd ohne Widerstand zulässt.
- Bewegen Sie das Bein in beide Richtungen und in verschiedenen Höhen bis zum Boden hinunter. Setzen Sie die Hufspitze 15 bis 20 cm hinter dem anderen Hinterfuß ab. In dieser Stellung kann das Pferd die Muskeln in der Hinterhand loslassen.
- Ziehen Sie das Hinterbein mit Ihrer inneren Hand an der Hinterseite des Fesselgelenks und der äußeren am Huf nach vorn in Richtung Vorderbein. Behalten Sie das Bein unter dem Bauch

Anwendung

- Damit das Pferd die Hinterbeine ruhig aufhebt.
- Um die Tritte zu verlängern.
- Um Geschmeidigkeit und Engagement der Hinterhand zu verbessern.
- Um gebundene Gänge und Taktfehler auszugleichen.
- Damit das Pferd beim Schmied ruhig und im Gleichgewicht steht.
- Damit ein Fohlen lernt, ein Bein aufzuheben, ohne die Ruhe und das Gleichgewicht zu verlieren.
- Um verkrampfte Rückenmuskeln zu entspannen.

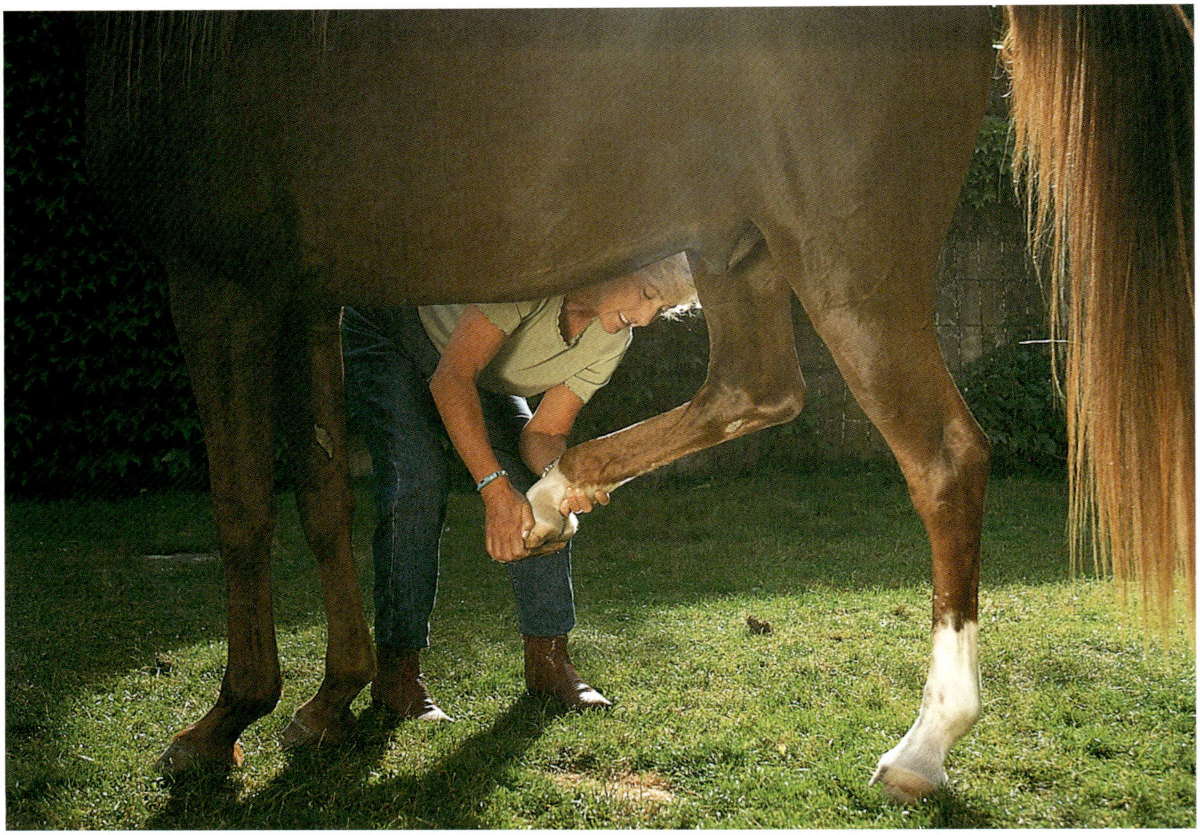

und so eben wie möglich und „zeichnen" Sie damit ein Oval, ein paar Mal in jeder Richtung. Ziehen Sie das Bein nur so weit nach vorn, wie es für das Pferd angenehm ist.

Achtung: Bei Pferden mit Arthritis oder Kniegelenksproblemen machen Sie nur ganz kleine Kreise nahe am Boden.

Was tun, wenn ...

... das Pferd das Hinterbein nicht lang aufhält? Machen Sie nur schnell einen oder zwei kleine Kreise und setzen Sie dann die Hufspitze kurz hinter dem anderen Hinterhuf am Boden ab. Rütteln Sie das Bein leicht mit einer Hand am Sprunggelenk. Das hilft, die Hinterhand zu entspannen, und macht es leichter, das Bein erneut anzuheben.

... das Pferd Schwierigkeiten mit den Seitengängen (Schenkelweichen oder Traversalen) hat? Mit Beinkreisen unter dem Bauch lernt das Pferd, seine Hinterbeine ohne Reitergewicht frei nach vorn und zur Seite zu bewegen. Die Seitengänge werden ihm leichter fallen, weil es mehr Spielraum für Bewegung hat. Beinkreisen entspannt die Muskulatur und erhöht den Spielraum für Bewegung. Das Pferd lernt, seine Beine mit mehr Koordination und Gleichgewicht zu bewegen.

... das Pferd sich beim Beschlagen der Hinterhand gegen den Hufschmied fallen lässt? Streichen Sie Vorder- und Rückseite des Hinterbeins ruhig von oben nach unten mit der Gerte ab. Im nächsten Schritt heben Sie das Bein gerade so viel an, dass die Hufspitze noch Bodenberührung hat. Dann können Sie das Bein aufheben, schnell einen oder zwei kleine Kreise dicht über dem Boden beschreiben und es sofort wieder absetzen. Füttern Sie dem Pferd während des TTouchens ein wenig Heu, damit es anfängt, sich zu entspannen. Wenn Sie es dazu bringen, den Kopf zu senken, fällt es ihm ebenfalls leichter, ein Hinterbein aufzuhalten, ohne das Gleichgewicht zu verlieren.

Foto oben links: So wird das Hinterbein gehalten, um es in unterschiedlicher Höhe horizontal im Kreis zu bewegen.

Foto oben rechts: Die Hufspitze wird hinter dem anderen Hinterfuß sanft abgesetzt, so kann sich die Muskulatur entspannen.

Foto unten: Hier wird ein horizontales Oval unterhalb des Bauches „gezeichnet". Das Bein wird nur so weit nach vorn bewegt, wie es für das Pferd angenehm ist.

Das Lecken der Kuhzunge

Die langen, glatten Striche beim *Lecken der Kuhzunge* geben dem Pferd ein verstärktes Gefühl der Verbindung von Bauch zu Rücken. Dieser TTouch verbessert die Geschmeidigkeit, sodass die Pferde sich besser biegen sowie in der Versammlung besser unter- und seitwärts treten können. Außerdem ist er so vielseitig, dass man damit ein Pferd ebenso beruhigen wie aktivieren kann, je nachdem, ob Sie die flache Hand einsetzen oder mit leicht gekrümmter Hand nachdrücklich mit den Fingernägeln durchs Fell fahren.

Druckstärke: 1 bis 3.

Zur Verjüngung und Aktivierung: Vor und nach einem Wettbewerb wirkt ein kräftiger Strich mit gekrümmten Fingern und Druck aus der Handwurzel aktivierend und energiespendend.

Zur Beruhigung: Die Striche werden mit der flachen Hand ausgeführt.

Körperbereiche: Rumpf, Schultern und quer über die Kruppe, immer schräg zum Fellverlauf streichend.

Anwendung

- Um den Rücken anzuheben, die Rückenmuskulatur zu entspannen.
- Um Muskelkater nach großer Anstrengung zu lindern.
- Um Geschmeidigkeit und Koordination zu verbessern.
- Hilfe für übermäßig kitzlige Pferde oder solche, die keinen Schenkeldruck vertragen.

So wird's gemacht

An Bauch und Rücken: Fangen Sie in der Bauchmitte an, gleich hinter dem Ellbogen, und streichen Sie bis über das Rückgrat hinaus. Arbeiten Sie in parallelen Strichen bis hin zu den Flanken.

- Ein schreckhaftes oder empfindliches Pferd oder eines, das allergisch auf den Schenkeldruck reagiert, duldet anfangs vielleicht keine langen Striche. Beginnen Sie dann an der Bauchlinie mit einem *Muschel-TTouch*, ausgeführt mit der flachen Hand und gefolgt von weiteren *Muschel-*

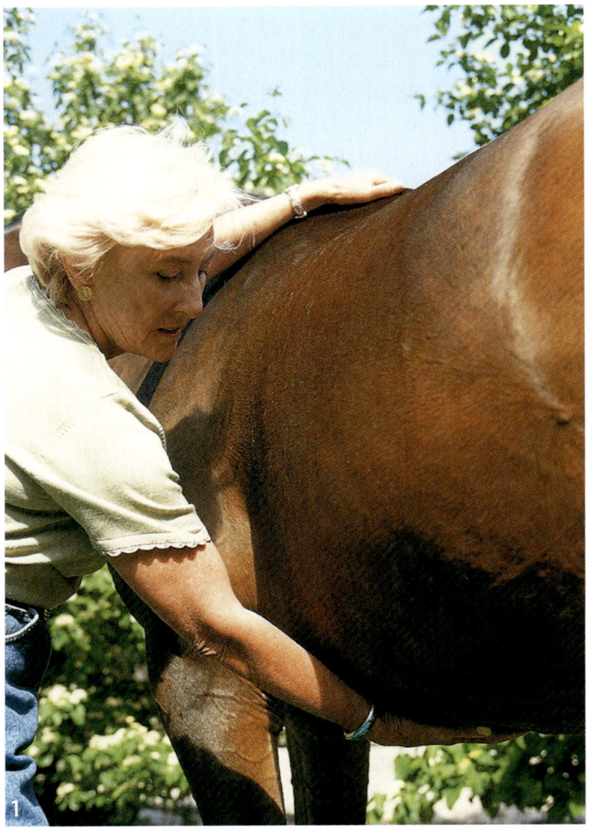
1

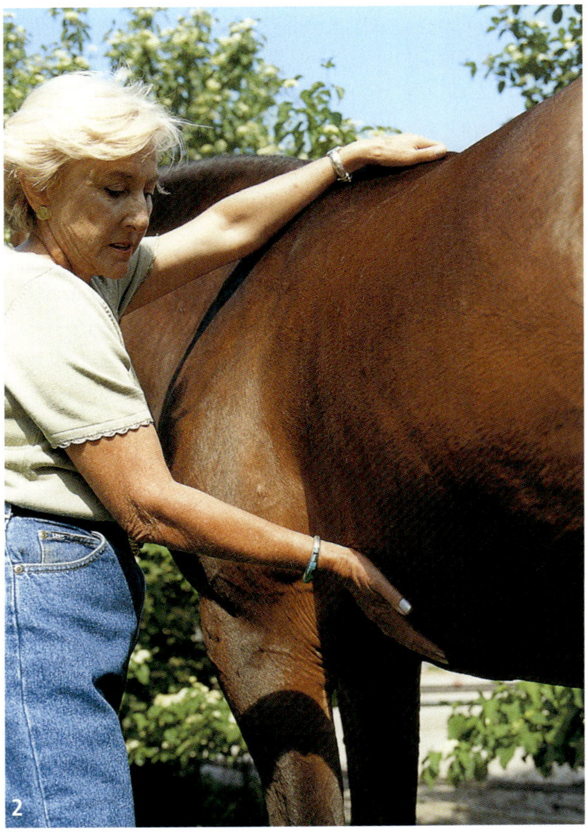
2

3

4

TTouches nach oben im Abstand von jeweils 10 cm bis zur Mitte der Wirbelsäule. Möglicherweise brauchen Sie mehrere 10-Minuten-Einheiten, über eine Woche verteilt, bis das Pferd seine Kitzligkeit oder Überempfindlichkeit überwindet, sodass es das lindernde *Lecken der Kuhzunge* genießen kann.

- (1) Stellen Sie sich auf Gurthöhe neben das Pferd. Legen Sie eine Hand auf den Pferderücken und beginnen Sie mit der anderen das *Lecken der Kuhzunge* ungefähr in der Bauchmitte. (Um besser das Gleichgewicht zu halten, können Sie auch beide Hände flach auf die Bauchmitte legen und mit der einen nach oben streichen, während die andere unten liegen bleibt.)
- (2) Ziehen Sie nun die Hand mit einem langen, sanften, gleichmäßigen Strich durchs Fell auf sich zu.
- (3) Ungefähr auf der Mitte des Rumpfes müssen Sie die Hand leicht drehen, sodass die Finger von da an nach oben zeigen.
- (4) Schieben Sie die Hand weiter nach oben bis zum Rückgrat.
- (5) Streichen Sie über das Rückgrat hinweg und beenden Sie den TTouch. Den nächsten beginnen Sie eine Handbreit hinter dem vorigen. Probieren Sie verschiedene Druckstärken und Geschwindigkeiten aus und arbeiten Sie gleichmäßig an beiden Seiten des Pferdes.
- Die Striche über den Rumpf sollten einen Abstand von ca. 10 cm voneinander haben, bis der gesamte Bereich von hinter dem Ellbogen bis zu der Flanke abgedeckt ist.

Auf der Kruppe: Stellen Sie sich auf einen Stuhl oder einen Strohballen und legen Sie die Hände rechts und links der Wirbelsäule auf die Kruppe. Streichen Sie – die Hand leicht gekrümmt – mit den Fingerspitzen und der Handwurzel abwechselnd fest über die ganze Kruppe. Damit aktivieren Sie die Hinterhand, ob für Cutting, Spinning, Springen oder Dressur, oder stärken sie für Wanderritte durchs Gebirge.

Was tun, wenn …

… das Pferd die Ohren anlegt, ausweicht, schlägt oder mit dem Fell zuckt, sobald Sie mit den langen Strichen beginnen? Beginnen Sie mit *Bauch anheben* und *Muschel-TTouches* über den gesamten

5

Lama-TTouch am Hals zur Begrüßung und zur Vertrauensbildung.

Bauch und Rumpf. Hat das Pferd dies akzeptiert, verbinden Sie die *Muschel-TTouches* mit kurzen Strichen und dehnen diese immer weiter über den ganzen Körper aus, bis Sie lange, sanfte Striche mit der flachen Hand ausführen können. Möglicherweise müssen Sie es mehrmals versuchen.

... sich das Pferd nicht gern am Euter oder am Schlauch berühren lässt? Euter- oder Schlauchbereich werden oft nicht genügend beachtet; sie müssen ebenso sauber gehalten werden wie alles andere. Zur Eingewöhnung machen Sie *Muschel-TTouches* mit einem feuchtwarmen Baumwolltuch oder -handschuh. Nehmen Sie Rücksicht, wenn das Pferd unruhig wird, und legen Sie kurze Pausen ein, sodass es merkt, dass Sie auf sein Befinden achten und es Ihnen vertrauen kann.

... das Pferd heiß und verschwitzt ist? Ziehen Sie sich eine feuchte Baumwollsocke oder ein Tuch über die Hand und machen Sie so die langen Striche mit *Lecken der Kuhzunge*. Das feuchte Baumwollgewebe wirkt kühlend, und der TTouch selbst hilft dem Pferd, sich nach einer Anstrengung schneller zu erholen.

Lama-TTouch

Das Geschenk dieses TTouches verdanken wir der Arbeit mit Lamas, die sich oft nicht gern im Gesicht berühren lassen. Wir fanden heraus, dass sie die TTouches viel besser annahmen, wenn wir den Handrücken statt der Handfläche einsetzten. Der Handrücken ist weniger bedrohlich und scheint weniger offensiv zu wirken als die Handfläche.

Anwendung

- Für furchtsame oder kopfscheue Pferde.
- Bei der Annäherung an ein fremdes Pferd.
- Für Pferde, die sich nicht gern berühren lassen.
- Für Pferde, die nicht fähig sind, auf Verlangen den Kopf zu senken.
- Als Möglichkeit, schmerzende Stellen am Pferdehals zu ttouchen.

Für die erste Annäherung an die Ohren kann der Lama-TTouch hilfreich sein.

Im Verlauf der Jahre stellten wir fest, dass dieser TTouch nicht nur bei kontaktscheuen Lamas funktioniert, sondern auch bei Pferden und anderen Tieren, die nervös werden, sich bedroht fühlen oder es einfach nicht gern haben, wenn man sie mit der Rückseite der geöffneten Hand berührt.

Druckstärke: 1 bis 2.
Unterscheidungsmerkmal: Ein kreisender TTouch mit dem Rücken der Hand.
Haupteigenschaften: Siehe „Anwendung".
Körperbereiche: Kopf, Ohren, Hals, Rumpf, Beine.

So wird's gemacht

Die besten Stellen, um mit einem Pferd mithilfe des Lama-TTouches in Verbindung zu treten, sind Gesicht, Ohren und Hals.

- Schieben Sie die Haut mit dem Handrücken mit leichtem Druck (1 oder 2) im Kreis. Achten Sie auf einen sanften Kontakt und halten Sie mit der anderen Hand auf dem Hals, am Mähnenkamm oder am Halfter Verbindung.

Liegender-Leopard-TTouch

Dieser entspannende, vertrauensbildende TTouch stellt eine Brücke dar zwischen der lindernden Wärme des *Muschel-TTouches* (Seite 189) zum präziseren, mehr fokussierten *Wolken-Leopard-TTouch* (Seite 218). Beim *Liegender-Leopard-TTouch* werden die Finger flächiger eingesetzt als beim *Muschel-TTouch*, wo die Verbindung mit der Handfläche hergestellt wird, oder beim *Wolken-Leopard-TTouch*, der mit den Fingerkuppen ausgeführt wird.

Schieben Sie die Haut mit den ersten beiden Gliedern der vier Finger im Kreis. Je nach dem Körperteil, an dem Sie arbeiten, kann die Handfläche leicht gewölbt sein. Halten Sie mit einem 2er- bis 3er-Druck mit der Außenseite des Daumens Kontakt.

Druckstärke: 2 bis 3.
Unterscheidungsmerkmal: Im Gegensatz zum *Muschel-TTouch*, der mit der ganzen Hand ausgeführt wird, werden hier hauptsächlich die ersten und zweiten Fingerglieder eingesetzt.

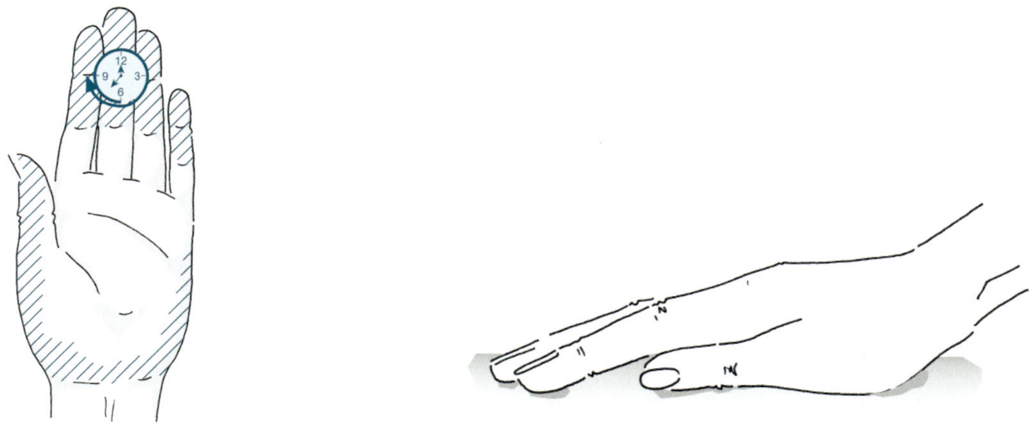

Die Handhaltung von der Seite gesehen. Das Zentrum der Kreisbewegung befindet sich in der Mitte der oberen Fingerbereiche.

Hauptmerkmale: Fokussierend, lindernd, beruhigend, vertrauensbildend.
Körperbereiche: Kopf, Hals, Rücken, Rumpf, Beine.

So wird's gemacht

- In den Fotos demonstriere ich einige der typischen Stellen für die Anwendung des *Liegender-Leopard-TTouches*. Stabilisieren Sie den Pferdekopf mit der anderen Hand am Halfter. Dieser TTouch ist besonders wirkungsvoll, um Vertrauen und eine spezielle Art der Kommunikation mit Ihrem Pferd aufzubauen.
- Achten Sie auf den Abstand zwischen den Fingern und dem Daumen sowie dem Kontakt mit der Außenseite des Daumens. Deutlich ist zu sehen, dass der Kontakt von den flach aufgelegten Fingergliedern ausgeht, die Handfläche aber nahe genug am Pferd ist, um ein Gefühl der Sicherheit und Wärme zu vermitteln. Die linke Hand liegt leicht an der Führleine und stabilisiert den Pferdekopf.

Achtung: Üben Sie keinen Druck mit der Handwurzel aus; Ihre Finger würden sich versteifen, sodass Sie keine klaren Kreise mehr beschreiben könnten.

Anwendung

- Aufmerksamkeit und Konzentration verbessern.
- Ein schreckhaftes, furchtsames oder kitzliges Pferd „erden".
- Vertrauen und Selbstbewusstsein aufbauen.
- Bei akuten Verletzungen Schmerzen lindern und Schwellungen verhindern (Druckstärke 1).

Maul-TTouch

Die TTouches am Pferdemaul – außen am Maul, am Zahnfleisch und an den Nüstern – können große Veränderungen in der Einstellung und der emotionalen Reaktion eines Pferdes bewirken – beispielsweise werden sie eingesetzt bei Beißen, Schnappen, Widersetzlichkeit, mangelnder Flexibilität, Schreckhaftigkeit, unberechenbarem Verhalten und mangelnder Kooperationsbereitschaft im Training. Das Pferdemaul steht in direkter Verbindung zum limbischen System, dem emotionalen Zentrum im Gehirn und „Tor zum Lernen". Widersetzliche oder furchtsame Pferde scheuen jeden Kontakt am Maul.

TTouches am Maul sind für Ihr Pferd vielleicht eine ganz neue Erfahrung. Weicht es aus, benützen Sie die Kette über der Pferdenase zur Stabilisierung des Kopfes; wirft es den Kopf hoch, haken Sie die Führkette oder Lama-Leine seitlich am Halfter ein. Ein Pferd, das Schwierigkeiten beim Auftrensen macht, muss zuerst lernen, seinen Kopf auf Ihrer Höhe zu halten und das Maul zu öffnen, wenn Sie mit sanftem Druck den Daumen in den Maulwinkel einführen.

Warnung: Wenn Sie befürchten, gebissen zu werden, oder wenig Erfahrung im Umgang mit Pferden haben, hören Sie auf Ihre innere Stimme und begnügen Sie sich damit, außen am Maul und am Kinn zu arbeiten.

Druckstärke: 2 bis 3.
Unterscheidungsmerkmal: Kreisende TTouches am und im Maul, an Lippen, Nüstern.
Hauptmerkmale: Siehe „Anwendung".
Körperbereiche: Maul, Lippen, Zunge, Nüstern.

Stellen Sie sich in Blickrichtung neben das Pferd und halten Sie das Halfter mit einer Hand fest. Beginnen Sie mit kreisenden Bewegungen der flachen Hand (Liegender-Leopard-TTouch) um das Pferdemaul herum.

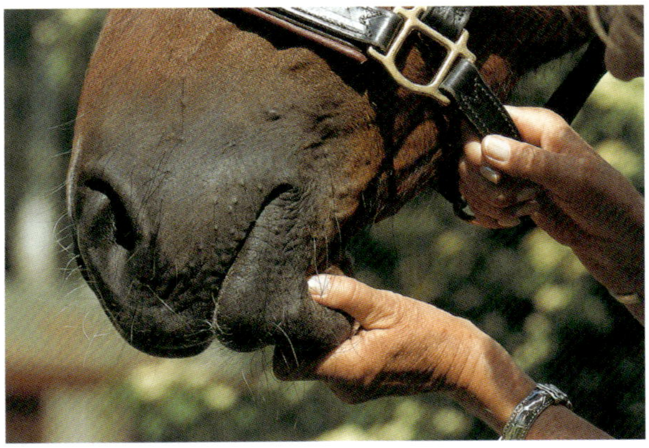

Mit der Arbeit am Kinn erzielt man oft die besten Ergebnisse. Widersetzliche oder nervöse Pferde machen sich im Kinn gern fest. Wenn man sie mit Kreisen und sanftem Kneten dazu bringt loszulassen, hat dies eine insgesamt entspannende und entkrampfende Wirkung.

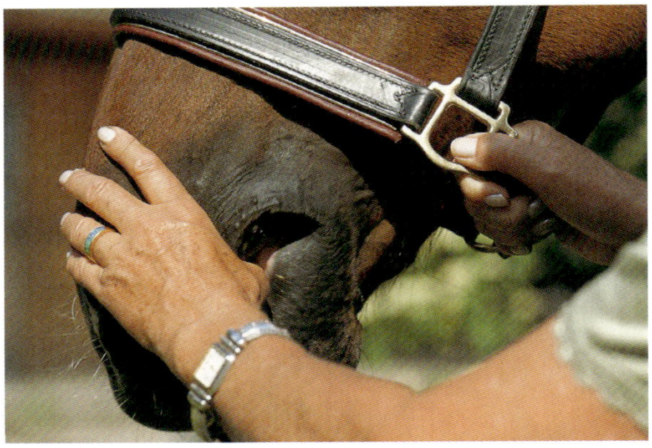

Foto links: Achten Sie auf die verschiedenen Handhaltungen, um ins Maulinnere zu gelangen. Ich umfasse mit der Hand die Pferdenase, während ich mit dem Daumen an den Gaumen tippe.

Foto unten links: Hier knete ich sanft die Unterlippe, bevor ich dem Pferd die Hand ins Maul schiebe.

Foto unten rechts: Jetzt ist zu sehen, dass das Pferd das neue Gefühl meiner Finger in seinem Maul akzeptiert. Mit ein paar Minuten dieser ungewohnten Behandlung können Sie ein Pferd wunderbar auf das erste Auftrensen, auf Wurmkuren oder Maßnahmen an den Zähnen vorbereiten.

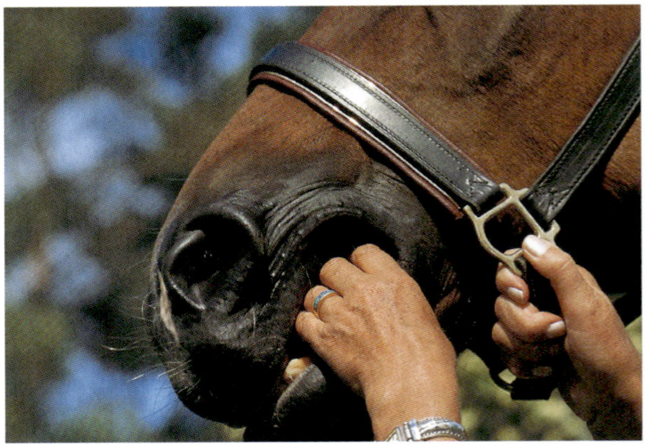

Was tun, wenn …

… das Pferd keine Berührung am Maul duldet, steigt oder den Kopf reckt wie eine Giraffe? Für Pferde, die steigen, damit man ihnen nicht ins Maul fassen kann, haben wir eine Lösung, die noch nie versagt hat. Feuchten Sie ein dünnes Tuch, z. B. ein Geschirrtuch, an, wringen Sie es aus und befestigen Sie es einmal am Nasenriemen und dann unter dem Kinn, sodass es über der Pferdenase hängt. Sie können durch das Tuch hindurch *Liegende-Leopard-TTouches* machen und die Hand an der offenen Seite ins Maul gleiten lassen.

Besteht das Problem darin, dass das Pferd den Kopf außer Reichweite hoch hält, beginnen Sie damit, *den Pferdekopf zu senken* (Seite 182), mit der Kette oder *Lama-Leine* seitlich am Halfter eingehakt. Kommen Sie immer noch nicht an das Pferdemaul heran, heben Sie das Pferdekinn noch weiter an, als dem Pferd lieb ist. Halten Sie den Kopf 20 Sekunden in dieser Position und lassen Sie ihn dann langsam wieder sinken.

Anwendung

Maul, Lippen und Zunge

- Vorbereitung auf Wurmkuren und Verabreichung von Elektrolyten.
- Vorbereitung auf Zähneraspeln oder andere Maßnahmen am oder im Maul.
- Vorbereitung auf die erste Bekanntschaft mit dem Gebiss.
- Vorbereitung von Distanz- und Vielseitigkeitspferden auf tierärztliche Kontrollen oder sonstige tierärztliche Maßnahmen.

Nüstern

- Um ein widerspenstiges Pferd an Berührungen am Kopf zu gewöhnen.
- Hilfe für Pferde mit Head-Shaking-Syndrom oder Allergien.
- Um überreagierende, launische oder eigensinnige Pferde emotional zu beruhigen und zu stabilisieren.

Mit dem Zeige- und Mittelfinger tippen Sie auf die Zunge, als wollten Sie Klavier spielen. Viele Pferde öffnen weit das Maul, andere werfen auf diese ungewohnte Berührung hin den Kopf hoch, aber mit ein wenig Ausdauer von Ihrer Seite beruhigen sie sich bald und akzeptieren den Kontakt.
Halten Sie mit einem festen Griff seitlich am Halfter den Pferdekopf still. Kommen Sie mit den Fingern den Hakenzähnen nicht zu nah. Die Zunge ist ein starker Muskel und könnte Ihre Finger in Richtung Backenzähne saugen. Damit sie dort nicht eingequetscht werden, stabilisieren Sie die Finger dadurch, dass Sie den Daumen fest in die Kinngrube einhaken.
Wenn Sie befürchten, gebissen zu werden, hören Sie auf Ihre innere Stimme und arbeiten Sie nur außen am Maul und am Kinn.

004 Im Film sehen Sie, wie Sie die Berührungen am Maul ausführen.

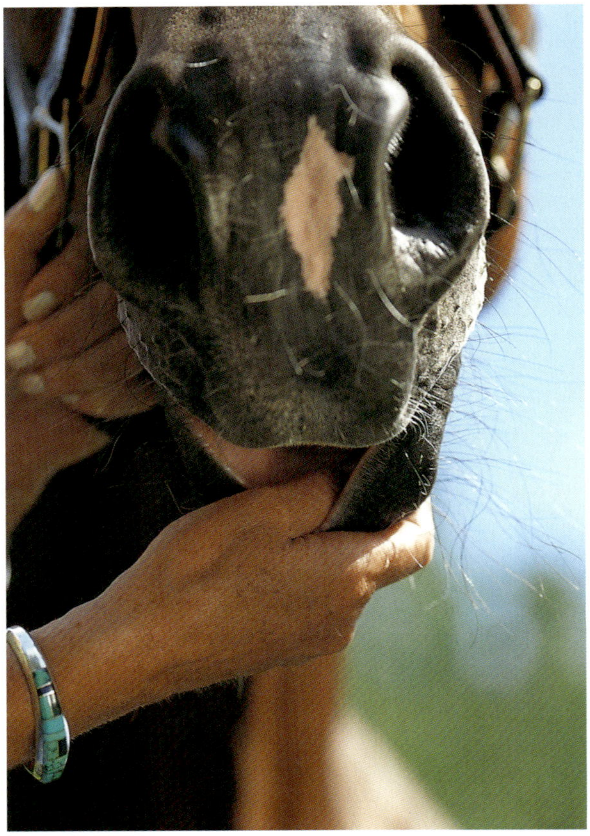

... das Pferd beißt oder schnappt? In der Position *Den Tiger zähmen* (Seite 185) haben Sie das Pferd sicher unter Kontrolle. Üben Sie die *Maul-TTouches* aber zuerst an einem gutmütigen Pferd, bis Sie damit vertraut sind. Viele junge Pferde schnappen, weil sie als Fohlen an Menschen herumknabbern durften. Schnappen und Zwicken kann auch Ausdruck normaler Verspieltheit oder schlichter Langeweile sein. Die Angewohnheiten verlieren sich fast immer, wenn man am Pferdemaul arbeitet und dafür sorgt, dass das Pferd den Kopf still hält. *Warnung:* Wehrt sich ein Pferd, das normalerweise nichts gegen die Maularbeit hat, plötzlich und lässt Sie nicht mehr in die Nähe, könnte ein Zahnabszess oder eine andere Verletzung im Maul die Ursache sein. Konsultieren Sie dann bitte Ihren Tierarzt.

Geschichte einer Wandlung

Martina Simmerer, eine ganzheitlich orientierte Tierärztin in Österreich, hatte einen Warmblüter, der es hasste, wenn irgendetwas – Regentropfen, Fliegen, Erde – seine Nase berührte, und darauf mit heftigem Head-Shaking (Kopfschlagen) reagierte. Sie versuchte es mit Chiropraktik und Akupunktur und ritt ihn als Schutzmaßnahme immer mit einem Netz über den Nüstern. Während eines einwöchigen Tellington Training-Kurses stellten wir fest, dass sich das Pferd schon immer gegen jede Arbeit an den Nüstern gewehrt hatte. Die Innenseite der Nüstern war viel intensiver rosa als üblich – eine unnatürliche Farbe. Nachdem wir fünf Tage hintereinander an und in seinen Nüstern gearbeitet hatten, zeichnete sich ein positives Ergebnis ab: Das Pferd war weniger empfindlich, und das Head Shaking ließ nach.

Foto linke Seite oben: Schieben Sie die Finger, eng zusammengehalten, unter die Oberlippe und lassen Sie den Daumen draußen. Mit der anderen Hand am Halfter sorgen Sie dafür, dass das Pferd den Kopf still hält.

Foto linke Seite unten links: Kneten Sie sanft die Unterlippe zwischen dem Daumen innerhalb der Lippe und den Fingern außerhalb, eingehakt in die Kinngrube. Beginnen Sie in einem Maulwinkel und arbeiten Sie sich mit kleinen Verbundenen Kreisen die Unterlippe entlang. Fünf Minuten können bei einem nervösen Pferd Wunder wirken.

Foto linke Seite unten rechts: Das Zahnfleisch sollte sich feucht und glitschig anfühlen; ist es zu trocken, befeuchten Sie Ihre Hand, bevor Sie vier oder fünf Mal waagerecht über das Zahnfleisch reiben. Mit ein wenig Übung wird Ihr Pferd dies bald genießen lernen.

Foto rechts: Wegen der Verbindung zum limbischen System, einem „alten" Teil des Gehirns, der mit Emotionen und Lernfähigkeit in Verbindung steht, hat es wahrscheinlich Einfluss auf alle möglichen Verhaltensweisen, wenn ein Pferd sich an die Arbeit an den Nüstern gewöhnt und gelernt hat, sie zu genießen. Der Zeitaufwand dafür lohnt sich auf jeden Fall.

Die Arbeit an den Nüstern – die Ränder in alle Richtungen dehnen und mit Daumen oder Zeigefinger so weit wie möglich vorsichtig kleine Kreise auf der Innenseite beschreiben – kann sehr hilfreich sein.

Schweif-TTouch

Die Eigenschaften des Schweifs als Verhaltensbarometer werden oft übersehen, können aber einzigartige Einsichten in Persönlichkeit und Verhalten eines Pferdes vermitteln. Unter dem Schweif-TTouch ist eine Gruppe von TTouches zu verstehen, die besonders günstig wirken, wenn sich ein Pferd vor Bewegungen oder Geräuschen hinter sich oder um sich herum fürchtet oder wenn es nach anderen Pferden oder im Hänger schlägt. Mit der Schweifarbeit lassen sich verspannte Hals- und Rückenmuskeln lösen; übermäßiges Schweifschlagen hört auf.

Sie können das Verhalten eines Pferdes ändern, wenn Sie es dazu bringen, seine Schweifhaltung zu verändern. Sämtliche *Schweif-TTouches* tragen zu einem neuen Gefühl des Selbstvertrauens bei, und besonders das *Schweifziehen* verstärkt die Verbindung vom Genick zum Schweif. Man kann damit sogar den Status eines Pferdes innerhalb der Herde anheben.

Ein eingeklemmter Schweif ist oft ein Zeichen von Spannungen im Körper, selbst wenn das Pferd äußerlich ruhig erscheint. Die *Schweifarbeit* ist auch wichtig, wenn es um Pferde mit von Natur aus hoher Kopfhaltung geht, die sehr oft auch Angst vor Bewegungen hinter sich haben. Nach der ersten Übungseinheit *Schweifarbeit* kann man oft deutlich sehen, wie sich verkrampfte Muskeln entspannen. *Warnung:* Bei jungen Pferden oder temperamentvollen Vollblütern ist besondere Vorsicht geboten. Lassen Sie eventuell die Schweifarbeit vorerst aus, bis das Pferd Vertrauen gefasst hat.

So wird's gemacht

Haargleiten am Schweif

- Stellen Sie sich außerhalb der Gefahrenzone neben das Pferd. Halten Sie den Schweif mit einer Hand, nehmen Sie eine dünne Strähne Schweifhaare in die andere und streichen Sie diese langsam bis zu den Spitzen aus. Dies hat eine neurologisch beruhigende Wirkung und ist besonders hilfreich bei Pferden, die Angst haben vor Bewegungen hinter sich. Besteht die Gefahr, dass das Pferd schlägt, oder klemmt es den Schweif stark ein, ziehen Sie die Schweifrübe energisch zwischen den Hinterbacken hervor und führen Sie das Ausstreichen der Schweifhaare durch. Ein Ausschlagen wird dadurch normalerweise verhindert, und ein verspanntes Pferd kann seine Muskeln loslassen.

Anwendung

- Furcht vor Bewegung von hinten überwinden.
- Vertrauen aufbauen.
- Vorbereitung auf rektale Untersuchungen.
- Muskelzittern bei erschöpften oder gestressten Pferden abstellen.
- Vorbereitung auf einen Schweifriemen.
- Einsatz eines Thermometers oder Spekulums tolerieren.
- Den Pferdekopf senken.
- Ausschlagen verhindern.
- Eine Stute auf den Deckakt vorbereiten.

Schweifdrehen

- Schreckhafte oder nervöse Pferde haben vermutlich etwas gegen Druck auf den Sitzbeinhöcker. Legen Sie eine Hand auf die Kruppe und machen Sie *Waschbär-TTouches* (Seite 235) der Druckstärke 3 über diesen Bereich, um die Angst abzubauen. Damit können Sie ein nervöses Pferd oder eines, das den Schweif einklemmt, auf die nächsten Schritte vorbereiten.
- Immer noch in Seitwärtsstellung schieben Sie beide Hände unter die Schweifrübe und machen seitlich kleine Kreise, bis das Pferd den Schweif loslässt und ihn anhebt. Seien Sie vorsichtig, dass Ihre Finger nicht unter dem Schweif eingeklemmt werden. Dies ist eine gute Vorbereitung auf eine eventuelle Trächtigkeitsuntersuchung und macht die Prozedur sowohl für den Tierarzt wie für die Stute angenehmer.
- Um den Schweif anzuheben, ergreifen Sie eine Strähne Schweifhaar und kreisen damit in beide Richtungen.

Beim Haargleiten wird der Schweif mit einer Hand stabilisiert.

Foto oben links: Mit Waschbär-TTouches rund um den Schweifansatz leite ich die Schweif-Behandlung ein.

Foto unten links: Mit einer Hand greife ich ins Schweifhaar, hebe die Schweifrübe und lockere damit den Schweif.

Foto oben rechts: Mit den Fingern mache ich unter der Schweifrübe kreisende TTouches.

Foto unten rechts: Ich kreise mit gewölbter Schweifrübe den Schweif sowohl rechts- als auch linksherum.

Schweif lockern

- Hierbei wird die Schweifrübe in beiden Händen gehalten, und die Wirbel werden von oben nach unten einzeln vor und zurück gekippt. Auch dies ist ein Weg, das Pferd zu entspannen und ihm zu vermitteln, dass von hinten keine Gefahr droht.
- Schieben Sie ca. 10 cm unterhalb des Schweifansatzes eine Hand unter die Schweifrübe und heben Sie diese an. Die andere Hand legen Sie einige Zentimeter tiefer als die andere oben auf die Schweifrübe und drücken diese nach innen, während Sie sie mit der oberen anheben, sodass ein Bogen entsteht. Lassen Sie die Rübe in dieser Stellung mehrmals in beide Richtungen kreisen.

Schweif ziehen

- Stellen Sie sich leicht seitlich hinter das Pferd, nehmen Sie die Schweifrübe fest in beide Hände und verlagern Sie Ihr Gewicht vom vorderen auf den hinteren Fuß. Bleiben Sie so einige Sekunden lang und lassen Sie den Zug langsam wieder nach, indem Sie Ihr Gewicht allmählich wieder nach vorn verlagern. Zwei oder drei Mal wiederholen.
- Nach mehrfachem Ziehen und Loslassen drehen die meisten Pferde den Kopf und wollen sehen, was sich da so gut anfühlt. Das *Schweifziehen* entspannt Hals und Rücken, aktiviert die Craniosacral-Flüssigkeit im Rückgrat und schafft eine Verbindung durch den ganzen Pferdekörper hindurch. Außerdem vermittelt es dem Pferd ein kinästhetisches Gefühl für seinen Körper und trägt dazu bei, Furcht vor Bewegungen im Hintergrund zu überwinden oder verspannte Hinterhandmuskulatur zu lösen.

005 Der Film zeigt, welche Bewegungen mit dem Schweif möglich sind.

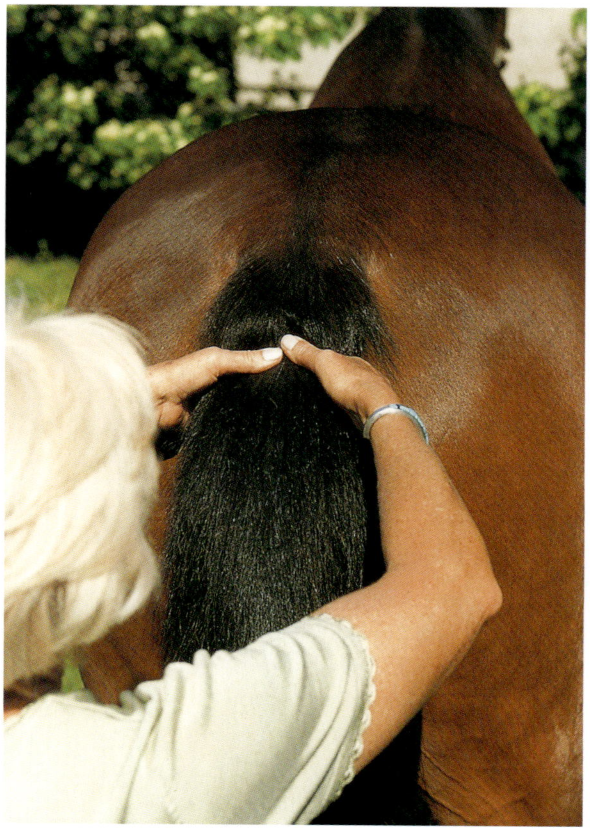

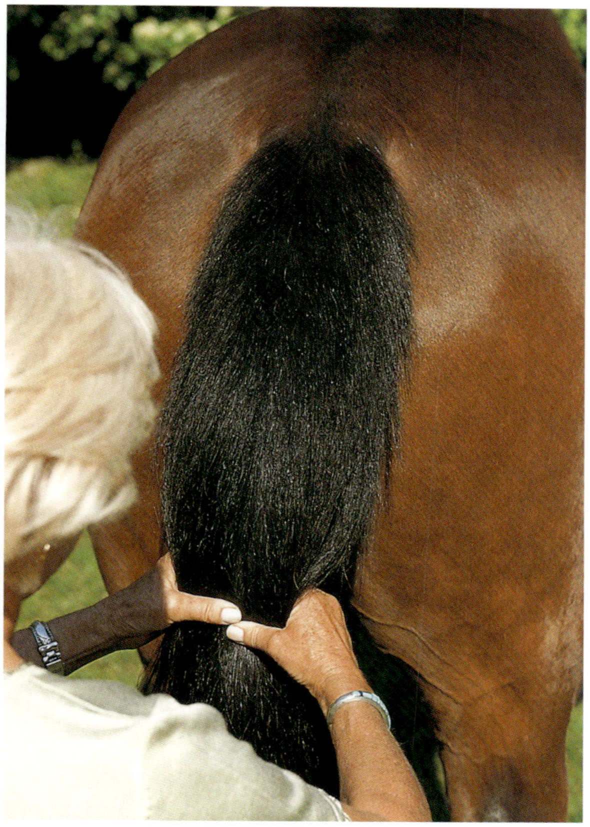

Fotos oben links und rechts: Die Lockerung der Schweifwirbel kann man sich wie ein gegeneinander Verschieben der Glieder einer Perlenkette vorstellen. Ein Wirbel wird mit den Fingern nach oben bewegt, der nächste wird mit den Daumen nach unten geschoben.

Foto Mitte: Beim Schweifziehen entsteht durch meine langsame Gewichtsverlagerung ein sanfter, entspannender Zug durch den ganzen Pferdekörper. Eine Hand hält unter der Schweifrübe, die andere oben am Schweifhaar gegen.

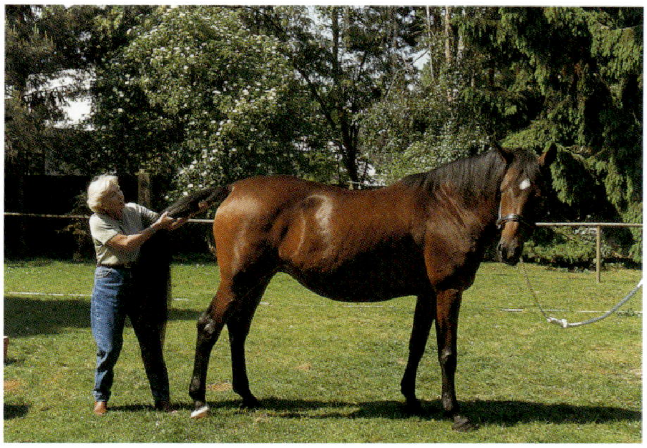

Foto unten: Das Pferd wendet entspannt den Kopf nach hinten, um zu sehen, was ich mit seinem Schweif tue.

Troika-TTouch

Wie schon in der Einführung zu diesem Buch erwähnt, war es mein Großvater Will Caywood, der ursprünglich mein Interesse an der Körperarbeit inspirierte. Die meisten TTouches tragen zwar Tiernamen, aber diesen nenne ich der Russland-Verbindung meines Großvaters zu Ehren den *Troika-TTouch*. Eine Troika ist eine Kutsche oder ein Schlitten, gezogen von drei Pferden, die nebeneinander angespannt sind. Mein Großvater führte die Tatsache, dass er 1905 mit dem Titel „Führender Trainer" ausgezeichnet wurde, auf das Ritual der täglichen drei Minuten Körperarbeit an seinen Pferden zurück. Der *Troika-TTouch* ist eine Adaptation dieser ursprünglichen Körperarbeit und besteht aus kreisförmigen, gleitenden oder kratzenden Bewegungen über das Fell. Er hat nicht die gleiche Langzeitwirkung auf das Lernvermögen wie die kreisförmigen TTouches, bei denen die Haut bewegt wird, während er nur über das Fell gleitet, aber er ist leicht anzuwenden, regt die Durchblutung an und kann sehr nützlich sein für erste Kontakte zu einem Pferd.

Druckstärke: 2 bis 4.
Unterscheidungsmerkmal: Der *Troika-TTouch* kann sowohl entspannend wie belebend wirken, je nach Tempo und Druckstärke. Zur Entspannung ist ein leichter Druck (2) angebracht, für einen belebenden Effekt arbeiten Sie schneller und mit Druckstärke 3 bis 4.
Hauptmerkmale: Siehe „Anwendung".
Körperbereiche: Kopf, Hals, Widerrist, Kruppe, Schweifansatz.

So wird's gemacht

- Dieser TTouch besteht aus zwei Teilen: dem Einsatz der Außenseite des Daumens und dem Öffnen und Schließen aller vier Finger, während sie *über* dem Fell Kreise beschreiben. Es gibt zwei Varianten, aber bei beiden werden Daumen und Finger kreisförmig über das Fell geführt. Die erste Variante besteht aus kleinen Kreisen mit einer kratzenden Bewegung, bei der zweiten sind die Kreise größer und beruhigender – sehr anregend für die Durchblutung.

Dieser vierjährige Lusitanohengst namens Gracil gehört Frédéric Pignon und seiner Frau Magali Delgado, die mit ihren Pferde-Opern, einer Hommage an das Band zwischen Mensch und Pferd, mit phänomenalem Erfolg in ganz Europa unterwegs sind.
Bei meinem ersten Besuch in ihrem Heim in Südfrankreich war Gracil scheu und Fremden gegenüber misstrauisch. Weil ich so hingerissen war von diesem schönen jungen Pferd, bot mir Frédéric an, mit ihm zu arbeiten. Ich ttouchte Gracil in seiner Box, ganz ohne Halfter oder Strick, und zwar begann ich mit Troika-TTouches und Den Pferdekopf senken.
Im Verlauf der drei zehnminütigen Übungseinheiten, die wir zusammen verbrachten, wurde er zutraulich und vertrauensvoll und genoss unsere neue Verbindung ganz offensichtlich genauso wie ich.
Heute ist er einer der Stars der Aufführungen, in denen das Band, das zwischen Mensch und Pferd entstehen kann, eindrücklich und bewegend dargestellt und gefeiert wird.

Anwendung

- Um Pferden, die Angst vor Menschen haben oder misstrauisch sind, Vertrauen zu vermitteln.
- Zur Befriedigung des Kratzbedürfnisses an Stellen, die das Pferd selbst schlecht erreichen kann.
- Um eine Verbindung zu Ihrem Pferd zu schaffen, besonders wenn dieses keine Möglichkeit der Sozialisierung mit anderen Pferden hat.
- Zur Aktivierung der Durchblutung.

- Legen Sie die Hand leicht auf das Fell und machen Sie rhythmische, gleitende Kreise über das Fell, und zwar mit der Außenseite des Daumens und gleichzeitig mit allen vier Fingern, die sich dabei öffnen und schließen. Nach Beendigung jedes einzelnen Kreises treffen sich Daumen und Finger, sodass eine leichte Falte im Fell entsteht, die anregend wirkt.
- Suchen Sie nach einer Stelle am Körper, an der das Pferd gern gekratzt werden will. Widerrist und Kruppe – zwei Stellen, wo sich Pferde gegenseitig gern mit den Zähnen kratzen – bieten sich für den Anfang an, aber viele Pferde lieben es auch, am Hals oder um den Schweifansatz herum gekratzt zu werden. An juckenden Stellen, die das Pferd selbst nicht gut erreichen kann, zum Beispiel an Stirn, Brust, Bauchnaht oder Sitzbeinhöcker, können Sie weitere Pluspunkte sammeln und Vertrauen gewinnen. Erforschen Sie den Pferdekörper, um zu sehen, was dem Pferd am besten gefällt. Fangen Sie mit leichtem Druck an, und wenn das Pferd Interesse signalisiert, indem es etwa die Oberlippe vorwölbt, können Sie den Kontakt auch verstärken. Arbeiten Sie über dem ganzen Körper und variieren Sie die Druckstärke je nach Bedarf.

Variante 1

Für eine beruhigende Wirkung, die außerdem die Durchblutung anregt, nehmen Sie die Fingerkuppen und bewegen Daumen und Finger in Kreisen von 10 bis 15 cm Durchmesser. Diese Variante ist besonders für Sportpferde geeignet.

Variante 2

Machen Sie kleine Kreise und setzen Sie die vier Fingernägel in einer leichten, kratzenden Bewegung ein, die anregend wirkt und die meisten Pferde lieben. Mit dieser Variante stelle ich mich oft bei jungen oder misstrauischen Pferden vor, und die meisten Pferde genießen sie. Ich finde, dass man das Vertrauen eines jungen oder scheuen Pferdes am ehesten gewinnt, wenn es sich frei in der Box oder im Paddock bewegen und auch weggehen kann. Mit dieser Freiheit hat das Pferd die Wahl, ob es zu Ihnen kommen und weiteren Kontakt suchen will – eine Haltung, aus der eine wunderbare Freundschaft entstehen kann.

Bewusstseinsfördernde TTouches

Mit den *bewusstseinsfördernden TTouches* wird das Gefühl des Pferdes für seinen Körper im Raum (die Eigenwahrnehmung) verbessert und damit das Vertrauen weiter ausgebaut. Die Folge davon sind bessere Bewegungen, Geschmeidigkeit und Gleichgewicht. Im Verlauf dieses Prozesses kann sich die emotionale Reaktion des Pferdes auf seine Umgebung – die heutzutage sehr aufregend sein kann – vollständig verändern. Das Pferd bleibt ruhiger trotz Verkehr, Paraden, ungewöhnlichen Bewegungen über seinem Kopf (Hubschrauber, Heißluftballons), Tieren (Schweine, Kühe oder streunende Hunde) oder engen Begegnungen jeder Art im Gelände oder auf einem Turnier.

Mit dem Bewusstsein wächst die Sicherheit, eines der Grundprinzipien des Tellington Trainings. Alle TTouches, Bodenübungen und die Arbeit unter dem Reiter sind auf Sicherheit ausgerichtet. Je besser sich bei einem Pferd das Gefühl für seine Individualsphäre entwickelt, desto weniger fürchtet es sich vor Geräuschen und Bewegungen hinter oder über sich und desto sicherer fühlt es sich in seinem eigenen Körper. Ohne diese Sicherheit, dieses Bewusstsein neigen Pferde dazu, nach anderen Pferden zu schlagen, durchzugehen, wie angewurzelt stehen zu bleiben oder Sie anzurempeln oder umzurennen. Stress, Anspannung und Angst schränken das Lernvermögen ein. Die *bewusstseinsfördernden TTouches* vermeiden oder verringern Stressreaktionen des Pferdes auf alltägliche Aktivitäten. Mit diesen TTouches können Sie dem Pferd ein neues Gefühl des körperlichen, geistigen und emotionalen Wohlbehagens vermitteln, sodass es sich in neuer Umgebung oder überraschenden Situationen trotzdem sicher fühlt.

Die *bewusstseinsfördernden TTouches* helfen Ihnen außerdem, ein besserer „Detektiv“ zu sein. Sie können damit sehr viel mehr über Ihr Pferd herausfinden, wie verspannt es zum Beispiel im Rücken ist oder wie sehr es sich insgesamt verkrampft. Das Bewusstsein dafür kann das Tor zur Verbesserung seines Wohlbefindens und seiner Bewegungen sein, es kann Stress abbauen und die Beziehung Pferd-Mensch stärken.

Bewusstseinsfördernde TTouches

Rückenheben

Wenn es etwas gibt, was Sie jeden Tag für das Wohlbefinden Ihres Pferdes tun können, dann ist es das *Rücken anheben*. Der Druck mit den Fingerspitzen oder -nägeln oder der flachen Hand bringt das Pferd dazu, die Bauchmuskulatur anzuspannen und den Rücken anzuheben. Wölbt sich die Oberlinie auf, senkt sich der Pferdekopf, und der Hals entspannt sich und wird länger. Hohlstellen im Rücken, hinter dem Widerrist oder vor den Flanken füllen sich, wenn der Rücken sich hebt. Wenn Ihr Pferd nach harter Arbeit unter Muskelkater oder Steifheit leidet, kann das *Rücken anheben* Erleichterung bringen.

Ein paar Minuten *Rückenheben* vor und nach dem Reiten hilft bei Pferden, die den Rücken wegdrücken, einen Senkrücken oder einen Hirschhals haben, steif sind, Schwierigkeiten in der Versammlung haben oder nicht genügend untertreten.

Hebt sich der Rücken, verändert sich die Stellung der Wirbel zueinander, und das Pferd kann leichter

Anwendung

- Den Pferdekopf senken.
- Steife oder schmerzende Muskulatur entspannen.
- Den Hals entspannen und verlängern.
- Die Hinterhand zum Untertreten animieren.
- Geschmeidigkeit und Biegsamkeit verbessern.

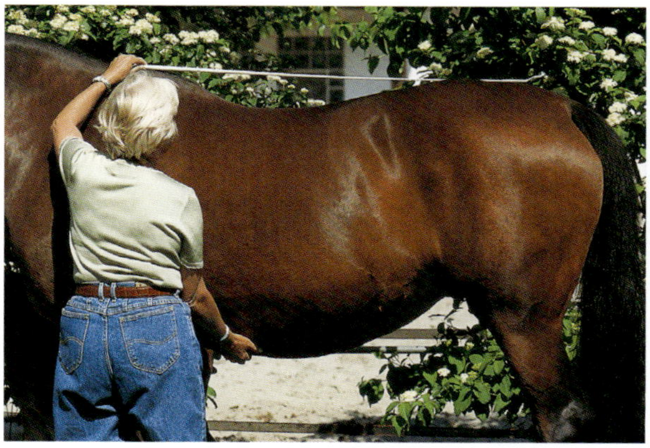

Foto links oben: Mit einer Hand halte ich die Gerte auf Widerrist und Kruppe, um zu verdeutlichen, wie der Rücken sich hebt.

Foto rechts oben: Hier sehen Sie, um wie viel der Rücken höher geworden ist. Mit einem Programm zum Rücken anheben können Sie den Rücken stärken. Messen Sie den Abstand zwischen der Gerte und dem tiefsten Punkt auf dem Pferderücken und führen Sie Protokoll. Ein paar Wochen lang täglich zwei Minuten Rückenheben, und bei den meisten Pferden bleibt der Rücken auf der neuen Höhe.

Foto unten: Von unten können Sie deutlich sehen, dass meine Finger leicht neben der Bauchnaht liegen. Schnell drücken und loslassen und dabei jeweils zwei, drei Zentimeter seitwärtsbewegen. Meistens genügen zwei oder drei Signale, gefolgt von einem energischen Aufwärtsstreichen, damit das Pferd die Bauchmuskeln zusammenzieht und den Rücken anhebt.

den Kopf senken. Das ist äußerst nützlich, weil alle Pferde, besonders aber die nervösen unter ihnen, anfangen sich zu entspannen, wenn sie den Kopf senken.

Bereiten Sie das Pferd mit drei oder vier *Liegender-Leopard-TTouches* (Seite 201) entlang der Bauchnaht auf den Druck mit den Fingerspitzen vor, besonders wenn es kitzlig, verspannt oder in diesem Bereich empfindlich ist. Ohne Vorbereitung kann es passieren, dass ein Pferd vor Überraschung ausschlägt, wenn es den Druck der Fingernägel spürt. Halten Sie die Hand so weit vorn, dass Sie nicht getroffen werden, sollte das Pferd tatsächlich reflexhaft ausschlagen, wenn Sie zum ersten Mal den Rücken anheben wollen.

Druckstärke: 2 bis 5.
Unterscheidungsmerkmal: Das Pferd hebt seinen Bauch durch die Aktivierung eines Reflexes an.
Hauptmerkmale: Siehe „Anwendung".
Körperbereiche: Bauch.

So wird's gemacht

- Mit den Handflächen nach oben, die Finger gekrümmt und fest zusammengepresst, um sie stärker zu machen, drücken Sie die Fingernägel dicht neben der Bauchnaht in den Bauch. Bei einem empfindlichen Pferd beginnen Sie mit den Fingerspitzen und gehen zu den Nägeln über, wenn sich der Rücken nicht bewegt. Nur kurz drücken und wieder loslassen, nicht dauernd drücken.
- Hat sich das Pferd erst einmal an die Übung gewöhnt, erzielen Sie wahrscheinlich mit der flachen Hand oder mit einer Aufwärtsbewegung der wie ein Rechen gespreizten Fingerspitzen die gleiche Reaktion.

006 Im Film sehen Sie, wie sich der Rücken des Pferdes heben kann.

Oben: Wenn Ihr Pferd so wie dieses dazu neigt, den Kopf zu heben und den Rücken wegzudrücken, ist das Bauchheben eine sehr gute Übung für jeden Tag.
Unten: Sobald das Pferd den Rücken hebt, senken sich auch Hals und Kopf in eine entspannte Haltung ab.

Schimpansen-TTouch: Die Hand ist leicht gewölbt, die Finger sind nach innen zur Handfläche hin abgebogen. Machen Sie die Kreise mit der flachen Rückseite der zweiten Fingerglieder, zwischen dem zweiten und dritten Gelenk.

Was tun, wenn ...

... sich der Pferderücken nicht heben will? Vielleicht müssen Sie die ersten paar Male die Fingernägel einsetzen. Erzielen Sie an der einen Stelle keine Reaktion, versuchen Sie es ein bisschen weiter daneben, aber immer leicht neben der Mittellinie. Wenn Sie sich nicht sicher sind, ob die Oberlinie sich hebt, bitten Sie jemanden, dies für Sie zu beobachten. Es ist oft nicht einfach zu sehen, ob sich der Rücken hebt, wenn man sich auf den Bauch konzentriert. Eine weitere Möglichkeit wäre *Bauchheben* oder *Becken kippen* (Seite 231 und 243).

Schimpansen-TTouch

Dieser TTouch funktioniert sehr gut, wenn Ihre Finger aufgrund einer Verletzung, wegen des Wetters oder infolge von Arthritis steif und unflexibel sind. Der Name bezieht sich auf die Art, wie Schimpansen ihre Hände zur Fortbewegung benutzen.

Wenn Sie anfangs Schwierigkeiten haben, Ihre Kreise rund zu machen, versuchen Sie es mit dieser einfachen Handhaltung. *Schimpansen-TTouches* eignen sich besonders für aktivierende *Verbundene Kreise* am Hals und Rücken entlang.

Druckstärke: 2 bis 5.
Unterscheidungsmerkmal: Kreisender TTouch mit dem Rücken der Finger.
Hauptmerkmale: Siehe „Anwendung".
Körperbereiche: Hals, Rücken.

Anwendung

- Kann von Menschen mit unflexiblen Fingern gemacht werden.
- Erzeugt Aufmerksamkeit beim Pferd.

Wolken-Leopard-TTouch

Der ursprüngliche „TTouch that Teaches"! Seinen Namen verdankt er einem Nebelpanter-Baby (englisch: Clouded Leopard = Wolken-Leopard), mit dem ich im Zoo von Los Angeles gearbeitet habe. Manchmal ist dieser TTouch so sanft und zart wie eine Wolke, manchmal so stark wie ein Leopard.

Der *Wolken-Leopard-TTouch* ist die Grundlage für die Aktivierung des geistigen und körperlichen Bewusstseins des Pferdes in einer Art und Weise, die

- die Intelligenz des Pferdes erweitert – Intelligenz definiert als Fähigkeit, sich an neue Situationen anzupassen;
- die Bereitwilligkeit und Lernfähigkeit des Pferdes verbessert;
- bei einem unsicheren, schreckhaften oder übersensiblen Pferd Vertrauen schafft und Selbstbewusstsein vermittelt;
- Ängste auf der Zellebene löst;
- die Eigenwahrnehmung verbessert – die gefühlsmäßige Wahrnehmung des Pferdes, wo sich seine Gliedmaßen im Raum und in der Bewegung befinden, zur Verbesserung von Koordination und Gleichgewicht.

Druckstärke: 1 bis 4.
Unterscheidungsmerkmal: Kreisender Basis-TTouch mit den Fingerkuppen.
Hauptmerkmale: Siehe „Anwendung".
Körperbereiche: Hals, Rücken, Rumpf, Kruppe.

So wird's gemacht

- Die Hand ist leicht gewölbt, die Haut wird mit den Fingerkuppen im Kreis geschoben. Die Finger bleiben geschlossen, um der Hand mehr Stabilität zu verleihen. Außerdem werden so die Kreise ohne große Anstrengung flüssiger. Achten Sie darauf, dass die jeweils ersten Fingerglieder leicht abgebogen sind – ein zu starkes Abbiegen wäre für

Anwendung

- Selbstbewusstsein und Vertrauen aufbauen.
- Das Band zwischen Mensch und Pferd enger knüpfen.
- Koordination und Geschmeidigkeit verbessern.
- Schreckhaftigkeit abbauen.

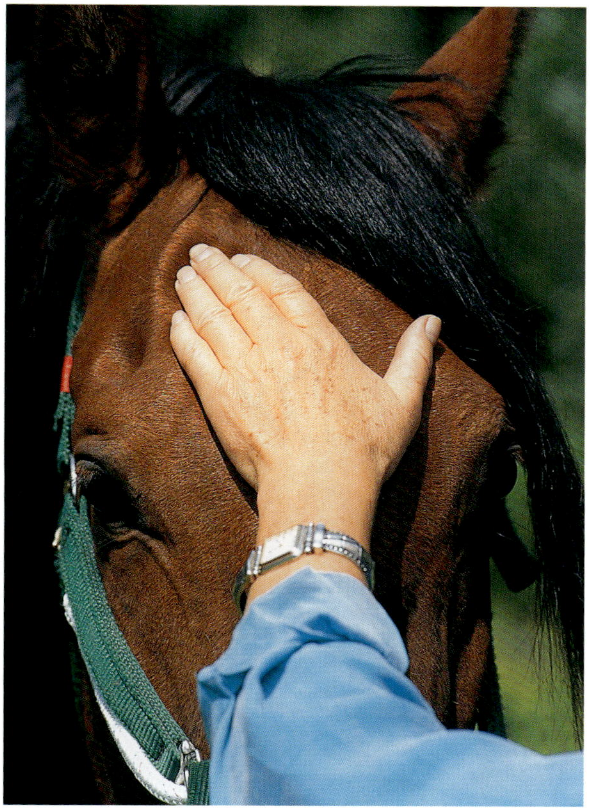

Foto Seite 218: ***Wolken-Leopard-TTouch:***
Mit der linken Hand an der Unterseite des Halses halte ich den Pferdekopf ruhig. Diese Verbindung zwischen meinen beiden Händen stabilisiert die Stute und bringt sie ins Gleichgewicht. Mein Handgelenk hat keinen Kontakt zum Pferd, während mein Daumen als stabilisierender Anker dient und die sanft gekrümmten Finger sich leicht berühren. Alle Gelenke weisen die gleiche Krümmung auf.

Foto links: Mit Wolken-Leopard-TTouch am Kopf bauen Sie Vertrauen auf.

Foto unten: ***Hufe abklopfen:***
Klopfen Sie die äußere Hufwand leicht in einer Dreier-Reihe ab, damit Sie auch wirklich den gesamten Huf mit einbeziehen. Klopfen Sie fest genug, dass das Pferd es spürt, aber nicht so fest, dass es sich zu entziehen versucht. Das Abklopfen der Hufsohle „desensibilisiert" ein Pferd, das beim Schmied dazu neigt, den Huf wegzuziehen.

Sie wie für das Pferd nur unangenehm. Die andere Hand legen Sie auf die Unterseite des Halses, auf den Mähnenkamm, den Rücken oder sogar seitlich auf das Halfter, um die Verbindung zu halten.

- Intensivieren lässt sich die Wirkung dieses TTouches dadurch, dass Sie den Daumen verankern, Handwurzel und Handgelenk vom Pferdekörper fern – und das Handgelenk so gerade wie möglich halten. Dies hängt allerdings vom Größenverhältnis zwischen Mensch und Pferd ab und davon, wo am Pferdekörper Sie arbeiten.

Hufe abklopfen

Hufwand und Hufsohle mit dem Knauf der Gerte abzuklopfen dient verschiedenen Zwecken, sie ist eine sehr nützliche und einfache Übung.

Druckstärke: 1 bis 4.
Unterscheidungsmerkmal: Abklopfen der Hufe mit dem Gertenknauf.
Hauptmerkmale: Siehe „Anwendung".
Körperbereiche: Hufe.

Anwendung

- Ein unkonzentriertes, launenhaftes Pferd wird mehr am Boden verankert.
- Leichte Taktunreinheiten im Gang werden beseitigt.
- Junge Pferde werden auf das Vorführen an der Hand vorbereitet.
- Zum Stolpern neigende Pferde lernen, die Füße aufzuheben.

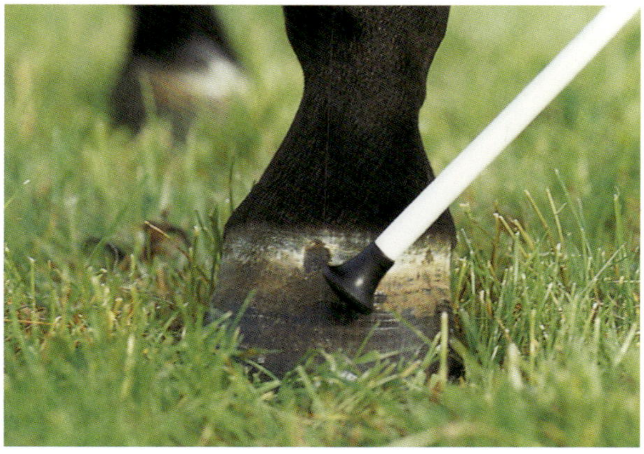

Legen Sie die Hände in einem Abstand von 10 cm auf den Mähnenkamm, die Daumen auf der einen, die Finger auf der anderen Seite. Fassen Sie fest zu und schieben Sie die Hände langsam aufeinander zu, ohne dass sie verrutschen.

Wenn die Hände dicht beieinanderstehen, halten Sie diese Position ein paar Sekunden und gehen dann langsam wieder nach außen, sodass die Haut in die Ausgangsposition zurückkehren kann.

007 Im Film wird der Raupen-TTouch am Mähnenkamm gezeigt.

Raupen-TTouch (Raupen-TTouch)

Mit diesem angenehmen, entspannenden TTouch, der mit beiden Händen ausgeführt wird, kann man Hals und Schultern lösen. Im Verlauf dieser Arbeit wird das Pferd bald den Kopf auf Widerristhöhe sinken lassen.

Druckstärke: 2 bis 3.
Unterscheidungsmerkmal: Schiebender und dehnender TTouch mit beiden Händen.
Hauptmerkmale: Siehe „Anwendung".
Körperbereiche: Mähnenkamm.

Anwendung

- Verspannungen im Hals und in den Schultern lösen.
- Den Pferdekopf senken.
- Das ganze Pferd entspannen.

Quallen-TTouch

Diese wellenähnliche Schaukelbewegung der Hände macht Muskeln weich und locker.

Druckstärke: 3 bis 4.
Unterscheidungsmerkmal: Schaukelnder TTouch mit beiden Händen.
Hauptmerkmale: Siehe „Anwendung".
Körperbereiche: An den weichen Muskelpartien an der Schulter, oberhalb des Unterarms, an den starken Kruppen- und Hinterhandmuskeln, im mittleren Rücken-/Nierenbereich ca. 15 bis 20 cm unterhalb der Mittellinie.

Anwendung

- Aufwärmen vor dem Reiten oder einer Prüfung.
- Verhindert, dass Muskeln nach Anstrengung steif werden.

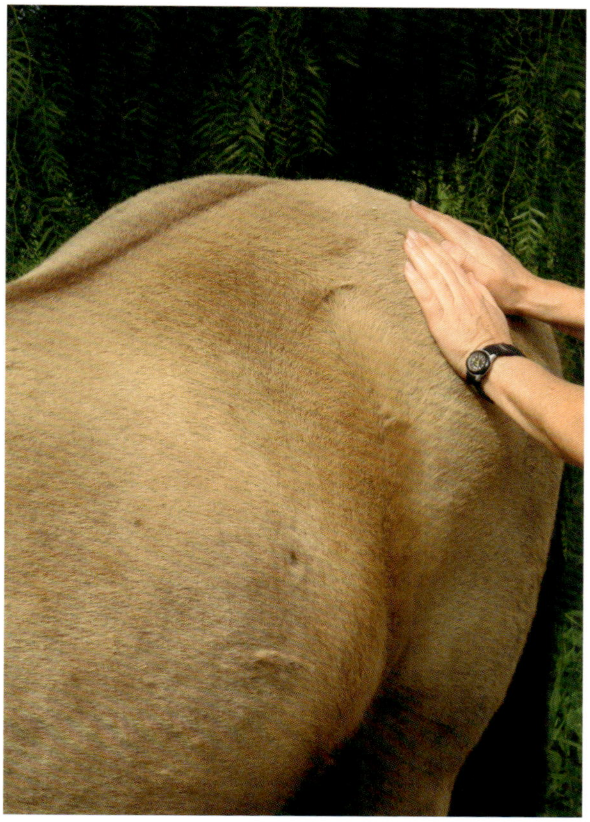

Mit dem Quallen-TTouch lassen sich die großen Muskeln auf der Kruppe entspannen. Legen Sie die Hände wie in der Abbildung flach auf die Kruppe und versetzen Sie die Muskeln unter Ihren Händen in eine leichte, nach oben gerichtete Wackelbewegung. Diese Wackelbewegungen können auch am Rücken, ca. 15 cm unterhalb des Rückgrats, ausgeführt werden.

Foto unten: ***Haargleiten an der Mähne:*** *Trennen Sie ein schmales Büschel Haare ab und streichen Sie es mit Nachdruck nach oben aus. Die freie Hand dient der Stabilisierung. Wir hatten Zuschriften, nach denen Pferde, die unter Sommerekzem litten, Erleichterung fanden, wenn man die ganze Mähne entlang kleine Haarbüschel im Kreis bewegte, ausstrich und anhob.*

So wird's gemacht

- Legen Sie beide Hände horizontal an den Hals, über den Rücken oder die Hinterhand, sodass die Fingerspitzen sich beinahe berühren. Versetzen Sie die Haut nun mit den Fingern und den Handflächen in eine Schaukelbewegung, die sich wellenförmig nach oben fortpflanzt.
- Auf den starken Kruppenmuskeln halten Sie die Hände senkrecht und nahe beieinander. Am Hals oder an der Schulter fällt Ihnen dieser TTouch mit einer Hand vielleicht leichter. An der Hinterhand ausgeführt, sieht es aus, als ob Sie einen Wackelpudding in Bewegung setzen.

Haargleiten an Mähne und Schopf

Das Ausstreichen der Mähne ist eine nützliche Vorbereitung auf das Verziehen oder Einflechten, besonders bei Pferden, die sich nicht gern die Mähne verziehen lassen. Bei allen Pferden trägt das Ausstreichen dazu bei, dass Hals, Schultern und Rücken locker werden. Die Durchblutung im Hals wird gefördert, besonders hilfreich bei Pferden, die in hoher Versammlung geritten werden, da dies die Blutzufuhr in der Muskulatur vermindern kann.

Druckstärke: 1 bis 3.
Unterscheidungsmerkmal: Gleitender TTouch an den Haaren.
Hauptmerkmale: Siehe „Anwendung".
Körperbereiche: Mähne, Schopf.

So wird's gemacht

Es gibt zwei Arten, die Mähne auszustreichen:

- Nehmen Sie ein Mähnenbüschel von 2 bis 3 cm Breite in die Hand und streichen Sie es vom Ansatz bis zu den Spitzen senkrecht nach oben aus. Dies ist besonders nützlich bei Pferden, die sich gegen das Verziehen oder Ausdünnen der Mähne durch Ausreißen kleiner Strähnen wehren.
- Teilen Sie die Mähne in Abschnitte von 2 bis 3 cm Breite, nehmen Sie jeweils ein Büschel in die Hand und streichen Sie es mit leichtem Zug nach unten vom Ansatz bis zu den Spitzen aus, wobei Sie den Mähnenkamm leicht kippen. Streichen Sie ein Büschel nach rechts, das nächste nach links hinunter aus. Zur optimalen Entspannung sollte das Pferd den Hals ungefähr waagrecht halten. Beginnen Sie dort, wo es dem Pferd am angenehmsten ist, im Allgemeinen in der Mähnenmitte.

Tellington-Tipp

Lässt sich Ihr Pferd nur ungern die Mähne verziehen, halten Sie die Haarsträhnen nach oben statt nach unten und ziehen Sie die Haare nach oben aus statt wie üblich mit einem Ruck nach unten.

Anwendung

- Wenn Pferde sich nicht gern die Mähne verziehen lassen.
- Zur Lockerung von Hals, Schultern und Rücken.
- Zur Verminderung von Juckreiz und Unwohlsein bei Sommerekzem u. Ä.

Hals schaukeln

Den Hals rhythmisch und schnell vor und zurück zu schaukeln hilft, den Hals freizumachen, sodass das Pferd ihn langmachen kann.

Anwendung

- Befreit und senkt den Hals.

Druckstärke: 2 bis 4.
Unterscheidungsmerkmal: Schaukelnder TTouch mit beiden Händen.
Hauptmerkmale: Siehe „Anwendung".
Körperbereiche: Hals.

So wird's gemacht

- Beginnen Sie oben am Hals und arbeiten Sie sich in Richtung Brust vor. Mit einer Hand schaukeln Sie den Mähnenkamm von sich weg, mit der anderen die Luftröhre auf sich zu. Nach jeder Schaukelbewegung „springen" die Hände in einem energischen Rhythmus zur nächsten Stelle am Hals.
- Ohne Vertrauen ist diese Bewegung nicht möglich, und ein Pferd mit von Natur aus hoher Kopfhaltung oder einem Hirschhals muss zuerst lernen, *den Kopf zu senken* (Seite 182) und Ihnen genügend zu vertrauen, um den Hals für *Verbundene TTouches* (Seite 191) waagrecht zu halten.

Noahs Marsch

Mit *Noahs Marsch* beginnen und beenden Sie eine Übungseinheit. Wenn Sie sich die Basis-TTouches als Punkte auf verschiedenen Körperteilen vorstellen, ist *Noahs Marsch* die Verbindungslinie zwischen diesen Punkten, die das Bild vervollständigt. Damit erhält das Pferd eine Verbindung zu seinem ganzen Körper, nachdem die verschiedenen TTouches Bewusstsein in einzelne Körperpartien gebracht haben. Außerdem ist *Noahs Marsch* ein wirksames Mittel, sich einem neuen Pferd vorzustellen und damit eine vertrauensvolle Beziehung zu beginnen.

Mit einer Hand bewegen Sie den Mähnenkamm von sich weg, gleichzeitig mit der anderen Hand den Unterhals auf sich zu, so dass eine schaukelnde Bewegung entsteht.

Nach jeder Schaukelbewegung wechseln die Hände etwa eine Handbreit weiter zur nächsten Stelle am Hals. So wird der gesamte Hals gelockert.

Foto linke Seite: ***Haargleiten am Schopf:***
Dies ist eines der besten Mittel, eine Verbindung zu Ihrem Pferd aufzubauen, das Vertrauen und die Beziehung zu vertiefen und gleichzeitig Pferd wie Mensch in einen Zustand der friedvollen Entspannung zu versetzen.

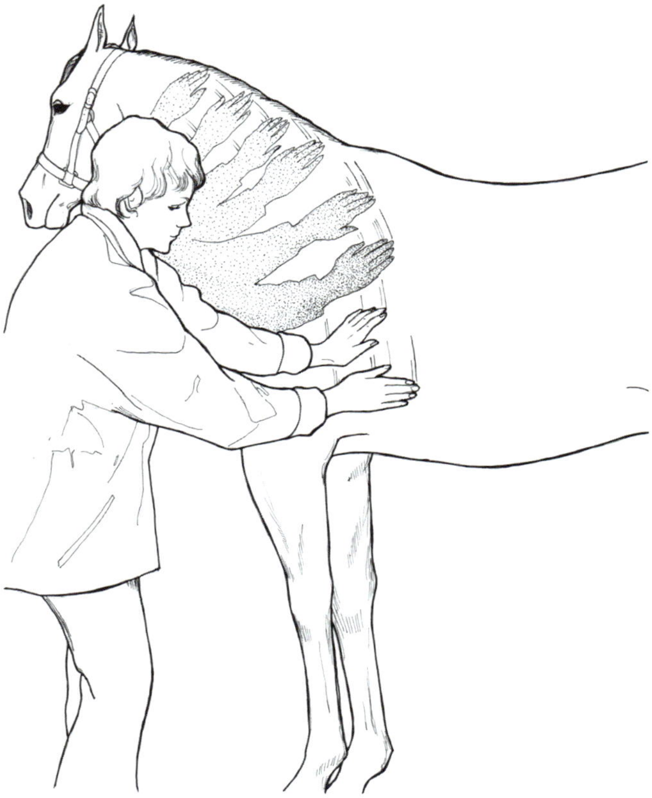

Foto: Entspannt folgt meine flache Hand den Konturen der Schulter.

Zeichnung: Noahs Marsch vom Genick bis zum Gurtbereich. Sie können mit einer oder beiden Händen über den Körper streichen.

Druckstärke: 1 bis 3.
Unterscheidungsmerkmal: Lang streichender TTouch mit den Händen.
Hauptmerkmale: Streichend, verbindend, integrierend.
Körperbereiche: Oberer Halsbereich, gesamter Pferdekörper oder als Vervollständigung an einer Stelle, die mit TTouch behandelt wurde.

Anwendung

- Zur Beendigung einer TTouch-Übung.
- „Erfrischung" zwischen den TTouches.
- Um sich einem neuen Pferd vorzustellen.

So wird's gemacht

Zur Einleitung: Bevor Sie anfangen, *den Pferdekörper zu erforschen*, streichen Sie ein paamal mit der flachen Hand kurz über den Körperteil, mit dem Sie beginnen wollen, damit das Pferd nicht von den forschenden *Bären-TTouches* überrascht wird.

Zur Beendigung einer Übungseinheit: Beginnen Sie im Kopf-/Nackenbereich mit langen, wischenden Bewegungen mit der flachen Hand in Fellrichtung. Streichen Sie den ganzen Körper einschließlich Schweif und Beine bis hinunter zu den Hufen ab. Langsam und methodisch ausgeführt, entspannt und reintegriert dieser TTouch. Wollen Sie ein Pferd vor einer Prüfung aufwecken oder erfrischen, machen Sie die Bewegungen lang und schnell.

Oktopus-TTouch

Wie die erstaunlichen Meeresbewohner, nach denen er benannt ist, umfasst und umschlingt der *Oktopus-TTouch* die Pferdebeine auf einzigartige Weise. Nachdem ich einen kleinen Oktopus, einen Kraken, gettoucht hatte, um den Stress des Transports zum Baltimore Aquarium zu verringern, war ich fasziniert von diesen intelligenten Geschöpfen. So entstand die Namensgebung dieses TTouches. Polaritätstherapeuten zufolge könnte die unerklärlich kraftvolle Wirkung dieses TTouches auf die Achter-Figur zurückzuführen sein, die durch das Überkreuzen der Hände beim Hinunterstreichen an den Beinen entsteht, weil aus ihrer Sicht

1

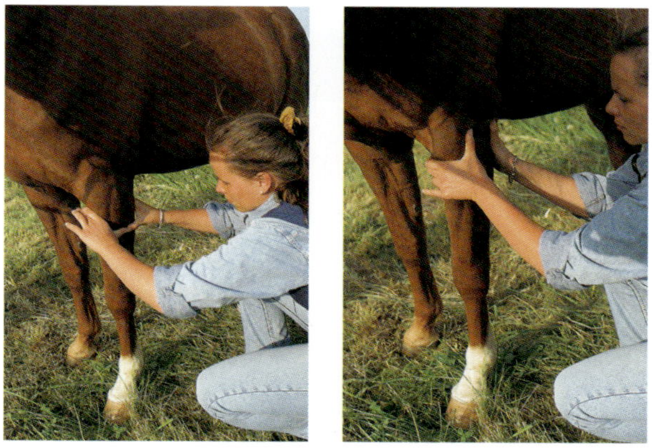

2

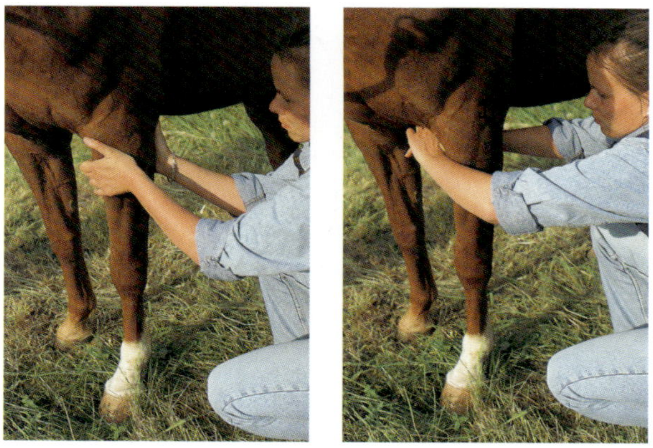

Reihe 1: Legen Sie beide Hände ein paar Zentimeter unterhalb des Ellbogens um das Pferdebein.
Gleiten Sie mit den Daumen aufwärts über das Fell, um die Durchblutung anzuregen.

Reihe 2: Lassen Sie die Hände weiter um das Bein gleiten…
… und legen Sie eine Hand leicht auf die andere.

Reihe 3: Fahren Sie nun die Innenseite des Beins hinunter bis zur Röhrbeinmitte, wo der Pfeil endet.
Jetzt lassen Sie die Hände entgegen der Fellrichtung auf der Innenseite nach oben gleiten.
Ihre Hände gleiten über das Fell zur Außenseite des Unterarms.

Reihe 4: Beide Hände liegen, nach innen gedreht, auf der Außenseite des Beins, und zwar eine Hand höher als die andere (nicht übereinander).
Lassen Sie die Hände weiter um das Bein gleiten, eine Hand vorn, die andere auf der Innenseite.
Nun überkreuzen sich Ihre eigenen Unterarme. Fahren Sie das Bein hinunter, bis…
… Ihre Hände Vorder- und Rückseite des Hufs umfassen und den Boden berühren.

008 Der Film zeigt den Ablauf des Oktopus-TTouch am Vorderbein.

3

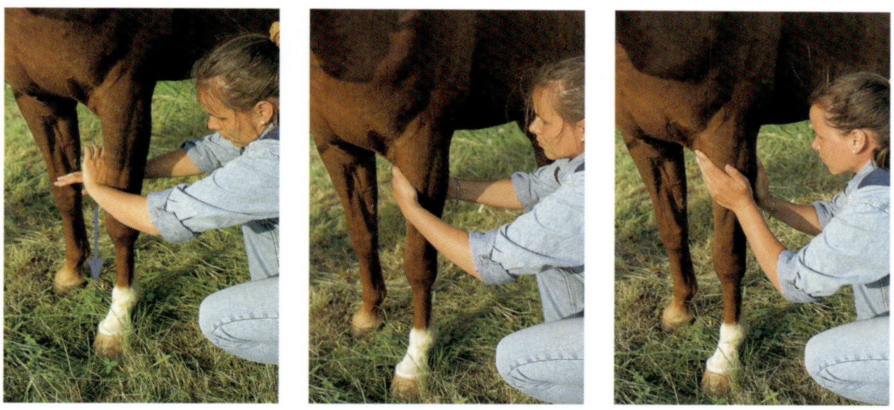

4

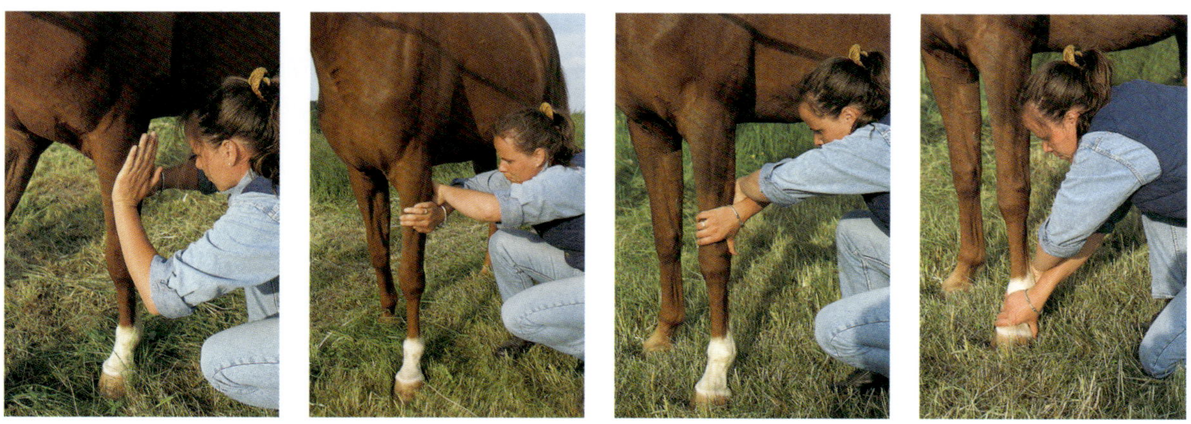

damit die Polaritäten im Körper ausbalanciert werden. Der TTouch hat eine beruhigende, „erdende“ Wirkung und erhöht die Trittsicherheit.

Der *Oktopus-TTouch* ist schwerer zu beschreiben als auszuführen und hat viele Vorteile. Mit ein wenig Übung werden diese fließenden Bewegungen zu einem Vergnügen für Sie und Ihr Pferd.
Druckstärke: 2 bis 3.

Anwendung

- Die Gänge Ihres Pferdes verbessern.
- Einem Pferd, das oft scheut oder stolpert, ein besseres Bewusstsein für seine Gliedmaßen vermitteln.
- Erschöpfte Leistungspferde wieder munter machen.
- Ängstliche oder nervöse Pferde besser „erden“.
- Schritte, Tritte und Galoppsprünge verlängern.
- Steife Gelenke lockern, Lahmheiten vermindern.

Unterscheidungsmerkmal: Kreuzendstreichender TTouch mit zwei Händen.
Hauptmerkmale: Siehe „Anwendung“.
Körperbereiche: Beine.

So wird’s gemacht

Phase A: Sehen Sie sich die Fotos an und verfolgen Sie die Handbewegungen Schritt für Schritt.
Phase B: Wiederholen Sie den Vorgang, beginnen Sie diesmal aber knapp oberhalb des Karpalgelenks und führen Sie Schritt 6 aus bis zur Innenseite des Fesselgelenks.
Phase C: Beginnen Sie wieder Mitte außen am Röhrbein und wiederholen Sie die einzelnen Schritte.
Phase D: Beginnen Sie an der Schulter und gleiten Sie das ganze Bein hinunter, um die Verbindung zum Boden zu betonen.

Wiederholen Sie das Ganze an den Hinterbeinen, beginnend oben am Schenkel.

Schwamm-TTouch

Bei diesem TTouch haben Sie das Gefühl, in die Muskeln einzudringen, als ob diese sich teilten.

Druckstärke: 2 bis 3.
Unterscheidungsmerkmal: Kreisender TTouch verbunden mit einer drückenden Bewegung.
Hauptmerkmale: Siehe „Anwendung“.
Körperbereiche: Stark bemuskelte Halspartien.

So wird’s gemacht

- Schieben Sie die Haut mit leichtem Druck – meist Stärke 3 – in einem Eineinviertelkreis und dann spiralförmig nach innen, als ob Sie einen nassen Schwamm ausdrücken wollten.

Anwendung

- Verkrampfte Halsmuskeln bei Leistungspferden oder Hengsten lockern.

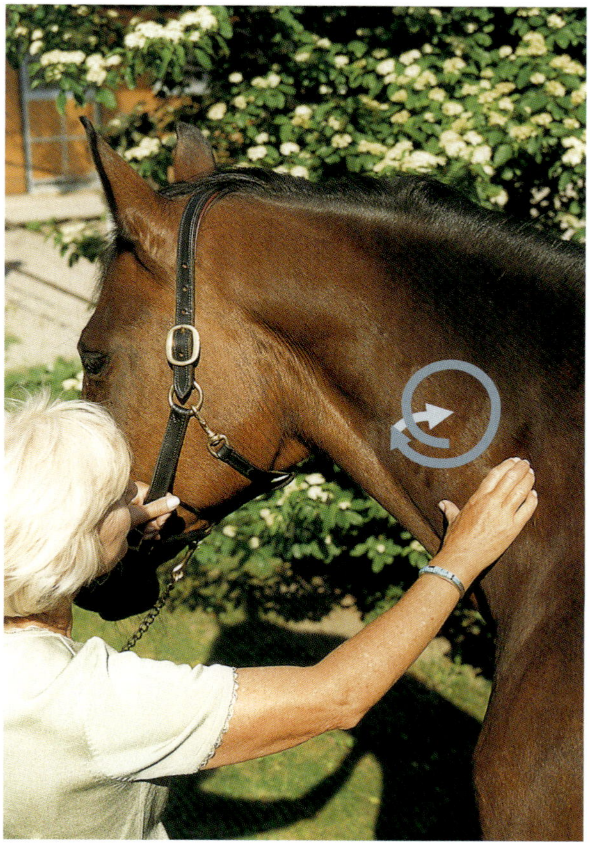

Foto linke Seite: Meine linke Hand liegt auf dem Mähnenkamm und zieht ihn leicht zu meiner rechten Hand hin, mit der ich leichte Wolken-Leopard-TTouches mache, um die Aufmerksamkeit der Stute zu gewinnen und die Muskeln zu lockern. Anschließend mache ich einen Bären-TTouch verbunden mit dem Ausdrücken und Loslassen des Schwamm-TTouches.

Foto rechte Seite: Hier ziehe ich den Pferdekopf am Halfter zu mir her, während ich, nach einem einleitenden, öffnenden Eineinviertel-Kreis, mit den Fingerspitzen den Schwamm-TTouch ausführe.

Zeichnung unten: So sieht die Kreisbewegung beim Schwamm-TTouch aus.

- Ziehen Sie die Finger in gerader Linie zurück, als ob der Schwamm sich unter den Fingern füllen und ihnen folgen würde.
- Gleiten Sie zwei, drei Zentimeter in einer klaren Verbindungslinie zur nächsten Stelle, die Sie ttouchen wollen.
- Wenden Sie das „Schwamm ausdrücken" bei einem *Bären-* oder *Waschbär-TTouch* (Seite 236 und 235) an. Mit dem *Bären-TTouch* direkt in die Muskeln zu drücken kann schmerzhaft sein, aber wenn Sie zuerst einen sanften *Wolken-Leopard-Kreis* (Seite 218) mit den Fingerkuppen machen, ist der Körper vorbereitet, und die Muskeln scheinen sich mühelos zu öffnen. Den *Waschbär-TTouch* (besser mit den Fingerspitzen als mit den Fingernägeln ausgeführt) kann man mit einem leichten und langsamen *Schwammausdrücken* verbinden, wo die Muskeln fest sind, ein tiefer Druck schmerzhaft sein und eine Abwehrreaktion des Pferdes zur Folge haben könnte.
- Mit dem *Bären-TTouch* können Sie Muskeln „belüften", die Fingerstellung beim *Waschbär-TTouch* dient einer sanften Kommunikation.

Tarantel-TTouch

Der ungewöhnliche Name wurde inspiriert von einer großen, sanftmütigen kalifornischen Tarantel, die einige Zeit in meinem Büro lebte. Der TTouch selbst geht auf eine alte mongolische Behandlung, *Chua'ka* genannt, zurück, die den Soldaten vor einer Schlacht die Angst nehmen sollte. Unsere Version unterscheidet sich allerdings dadurch, dass wir dort, wo die Haut angespannt oder verklebt ist, die Fingerspitzen „entlangspazieren" lassen, wobei der Daumen wie ein Pflug mitgezogen wird und eine schmale Furche hinterlässt.

Das moderne *Chua'ka* für Menschen ist dazu gedacht, gewohnheitsmäßige emotionale Reaktionen zu durchbrechen, indem man Hautpartien lockert, die sich infolge von länger währendem Festhalten mit Muskeln verklebt haben. Es ist ein tiefer Eingriff, der schmerzhaft sein kann. Unsere Version nennen wir „Hautrollen" oder „Taranteln". Sie ist angenehm und weniger tief greifend, und wir finden, dass sie ebenfalls Furcht abbaut und Vertrauen aufbaut.

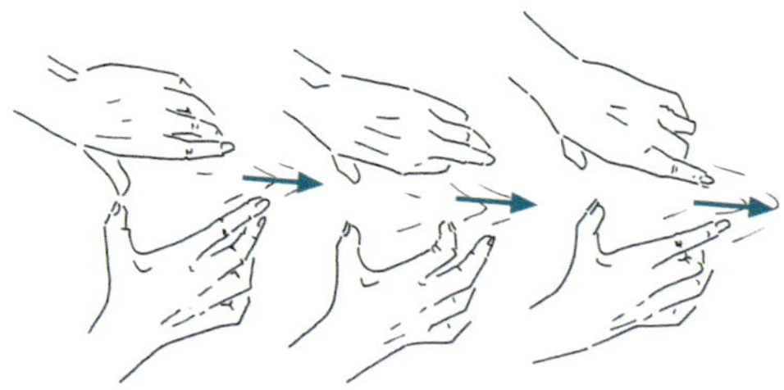

Zeichnung: So werden die Finger beim Tarantel-TTouch bewegt.

Foto oben: Am Hals und am Rumpf sollte die Haut so lose sein, dass sie sich auf diese Art rollen lässt.

Foto links: Achten Sie auf die „Schritte" von Mittel- und Zeigefingern.

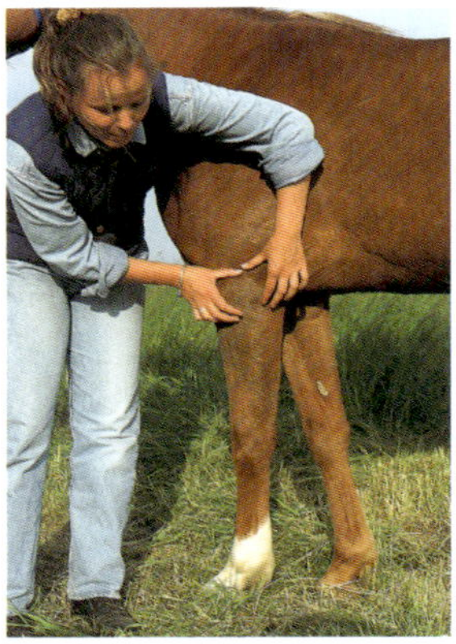

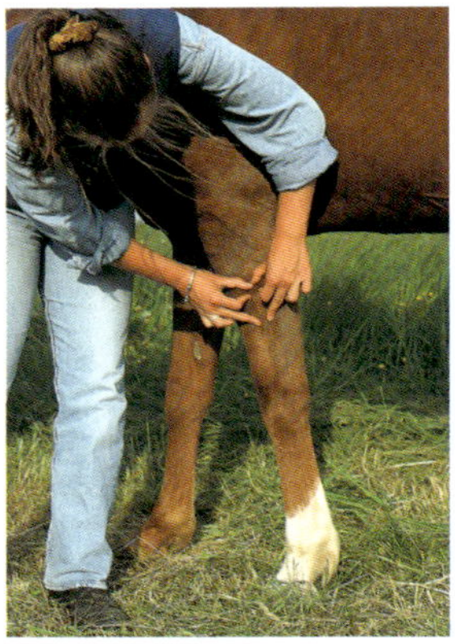

Foto links: Beginnen Sie oben am Bein und lassen Sie die Finger mit einer beständigen, rhythmischen Bewegung „entlangspazieren".

Foto rechts: Die Daumen folgen wie ein Pflug, der sanft über das Fell gezogen wird.

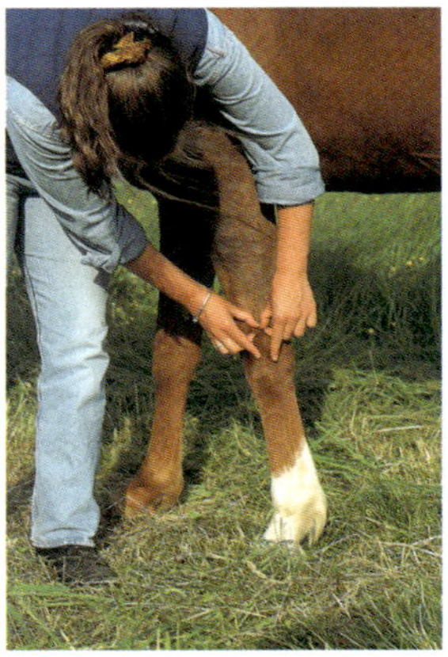

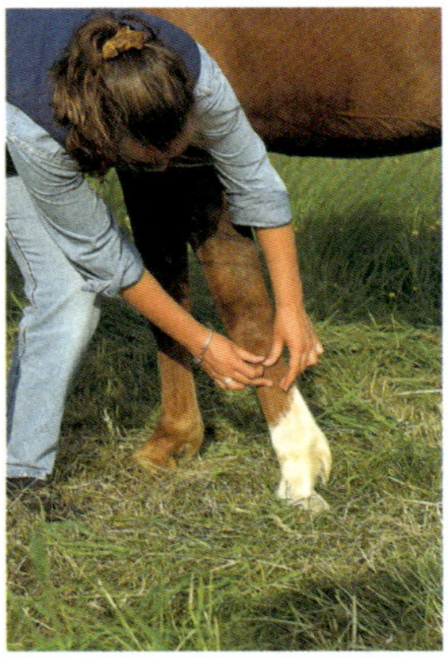

Foto links: Da es hier keine lose Haut zum Rollen gibt, kratzen die Daumen über die Oberfläche.

Foto rechts: Gleiten Sie das Bein hinunter über den Huf hinweg.

Dieser TTouch kann stimulierend wirken, aber auch beruhigend und verbindend. Bei Pferden wenden wir ihn eher zur Beruhigung und Verbindung an als zur Stimulierung.

Anwendung

- Für empfindliche Pferde, die sich nicht gern streicheln, anfassen oder putzen lassen.
- Durchblutung anregen.
- Pferde besser mit dem Boden verwurzeln.
- Schreckhafte, nervöse Pferde beruhigen.
- Juckreiz stillend.

Druckstärke: 2 bis 4.
Unterscheidungsmerkmale: Wandernder TTouch mit beiden Händen.
Hauptmerkmale: Rhythmische, verbindende Bewegung.
Körperbereiche: Lange Linien am Rumpf, parallel zum Rückgrat: vom Gurtbereich zu den Flanken; vom Genick zur Schulter; vom Schultergelenk zum Widerrist oder abwärts, vom Ellbogen zum Kronenrand oder vom Kniegelenk zum Huf.

So wird's gemacht

- Legen Sie für den Anfang beide Hände nebeneinander, die Finger gewölbt, die Daumen gerade und die Handgelenke nach oben, einige Zentimeter vom Pferdekörper entfernt.
- Üben Sie zuerst mit einer Hand: Lassen Sie Mittel- und Zeigefinger im Abstand von ca. 2 bis 3 cm über den Fingernagel weg in kleinen Schritten „spazieren gehen".
  Gelingt Ihnen dies mit den zwei Fingern einer Hand, versuchen Sie die Bewegung für beide Hände nebeneinander zu koordinieren.
- Machen Sie mit Mittel- und Zeigefingern kleine Schrittchen nach vorn und ziehen Sie die leicht abgespreizten Daumen nach, sodass sie im Fell eine schmale Furche hinterlassen – wie ein Pflug auf dem Acker.
- Bewegen Sie sich in Fellrichtung oder quer dazu, weniger in Gegenrichtung. Mit den langen Linien schaffen Sie eine Verbindung im ganzen Pferdekörper.
  Die Finger aktivieren Nervenreize; die hinter ihnen folgenden Daumen haben eine beruhigende Wirkung.
- Wo die Haut zu straff ist, um sich anheben oder eine Furche entstehen zu lassen, ziehen Sie einfach die Daumennägel entlang und visualisieren eine klare Verbindung des Körpers.

Tiger-TTouch

Wenden Sie den *Tiger-TTouch* bei stark bemuskelten, trägen Pferden an oder bei Pferden, die abgestumpft sind und nicht mehr auf die Hilfen reagieren. Er kann auch juckreizstillend wirken, ohne die Nervenenden zu reizen.

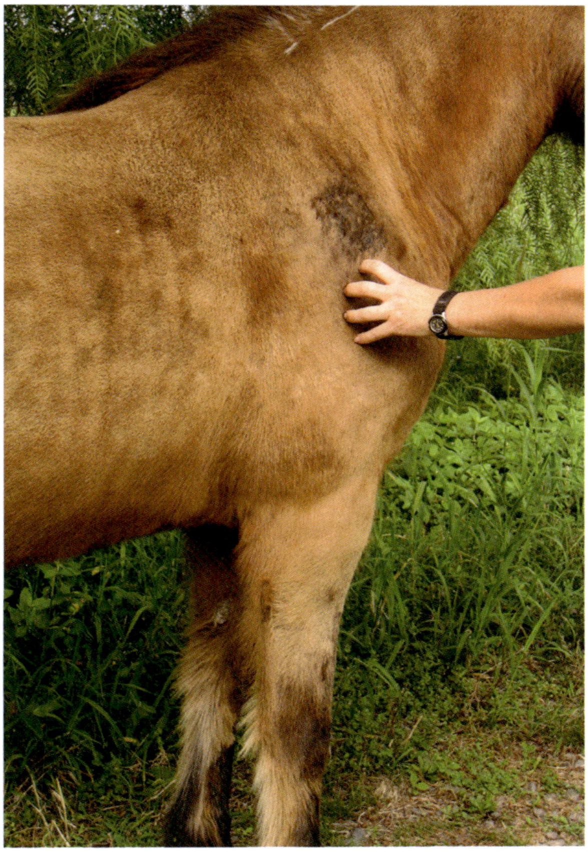

Foto rechts: Mit Druckstärke 2 oder 3 kann der Tiger-TTouch Juckreiz stillen. Legen Sie die Hand mit gespreizten Fingern auf den Pferdekörper, die Fingernägel senkrecht zum Pferd. Der Daumen hält ca. 5 bis 6 cm vom Zeigefinger entfernt ständigen Kontakt, während jeder Finger für sich einen kleinen Kreis beschreibt.

Anwendung

- Stark bemuskelte Körperpartien „aufwecken" (Druckstärke 3 bis 5).
- Abgestumpfte, unempfindliche Körperstellen stimulieren (Druckstärke 2 bis 6).
- Ein festerer TTouch für Pferde, die sich nicht gern berühren lassen.
- Juckreiz stillen (Druckstärke 1 bis 3).

Druckstärke: 1 bis 6.
Unterscheidungsmerkmale: Kreisender TTouch mit gespreizter Hand.
Hauptmerkmale: Siehe „Anwendung".
Körperbereiche: Stark bemuskelte Körperpartien.

So wird's gemacht

- Legen Sie die Hand wie eine Klaue auf den Pferdekörper. Die Finger sind leicht gespreizt, das Handgelenk ist 2 bis 3 cm vom Pferdekörper entfernt. Mit dem Daumen halten Sie ständig Verbindung, die vier Finger beschreiben gleichzeitig vier Kreise im Uhrzeigersinn. Halten Sie das erste Fingerglied (Fingernägel) senkrecht zum Pferdekörper und beschreiben Sie mit den Nägeln einen Kreis. Wie beim *Bären-TTouch* brauchen Sie längere Fingernägel, um diesen TTouch ausführen zu können.

Zebra-TTouch

Der *Zebra-TTouch* ist eine angenehme Art, sich mit einem neuen Pferd oder einem, das noch nicht viel

Anwendung

- Zur Begrüßung.
- Nach hoher Leistung.
- Vertrauensfördernd.

Umgang mit Menschen hatte, bekannt zu machen. Das Gefühl erinnert sehr an das gegenseitige Putzen, wenn Pferde sich wechselseitig mit den Zähnen am Widerrist und am Rücken kratzen. Er ist so angenehm, dass sich das Pferd auf Ihre Gesellschaft freuen wird. Der *Zebra-TTouch* kann ein Pferd aus der Erstarrung lösen, wenn es wie angenagelt vor dem Hänger steht und sich weder vor- noch zurückbewegt. Sie können diese TTouches auch unter der Satteldecke machen, um das Pferd schneller abzukühlen, bevor Sie es absatteln. Meine Schwester Robyn macht sie außerdem entlang der Bauchnaht, und viele Pferde heben daraufhin den Rücken an (siehe „Bauchheben", Seite 231).

Dieser TTouch besteht aus diagonalen Strichen hauptsächlich über die Wirbelsäule, aber auch am Hals oder über die Kruppe.

Druckstärke: 2 bis 3.
Unterscheidungsmerkmale: Kreuzendstreichender TTouch mit beiden Händen.
Hauptmerkmale: Siehe „Anwendung".
Körperbereiche: Rücken, Kruppe.

Achtung: Wenn Ihr Pferd nichts für den *Zebra-TTouch* übrig hat, beginnen Sie stattdessen mit sanften *Muschel-TTouches (Seite 189).*

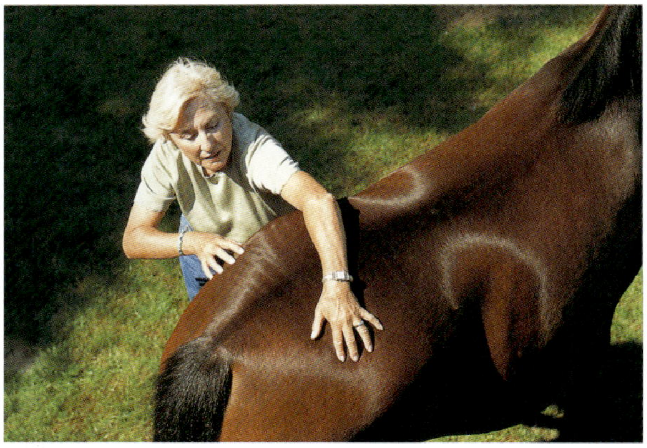

Zickzack-TTouches gehen über eine Breite von ca. 30 cm rechts und links von der Wirbelsäule entfernt.

Die Hände gleiten dabei in einer fließenden Bewegung gegengleich über die Kruppe.

Drei TTouches für die Gesundheit

Zwar tragen alle TTouches und Bodenübungen in diesem Buch dazu bei, Stress abzubauen und Pferde glücklicher und gesünder zu machen, aber drei TTouches – seit den 1980er-Jahren im Gebrauch – sind für Gesundheitsprobleme wie etwa Kolik, Schock oder Trauma besonders zu empfehlen, und zwar *Ohren-TTouches* und *Bauchheben* bei Koliken, während Sie auf den Tierarzt warten, und *Waschbär-TTouches*, um bei frischen Wunden und Blutergüssen die Schwellung zu vermindern.

TTouches für die Gesundheit

Anwendung

- Krampflösende Wirkung, lindert Koliksymptome und aktiviert die Darmtätigkeit.
- Verbesserung der Darmgeräusche.
- Vermindert bei tragenden Stuten den Druck nach unten, verursacht vom Fetus.
- Hilft Pferden mit Gurt- oder Sattelzwang, den Druck zu akzeptieren, anstatt die Luft anzuhalten und sich zu verspannen.
- Vorbereitung junger Pferde auf das Anlegen des Longiergurts.
- Verhindert, dass junge Pferde Gurtzwang entwickeln und die Luft anhalten.
- Entspannt die Muskulatur bei Rückenschmerzen.
- Trägt dazu bei, einen schwachen Rücken oder Senkrücken anzuheben.
- Hilft gegen Kitzligkeit am Bauch.

Bauchheben

Wir werden oft nach dem Unterschied zwischen *Rückenheben* und *Bauchheben* gefragt. Beide Hebebewegungen wirken auf die Bauch- und Rückenmuskeln, aber das *Bauchheben* hat das Ziel, den Rücken zeitweilig von dem Druck nach unten zu entlasten. Beim *Rückenheben* soll das Pferd die Bauchmuskeln anspannen und selbst den Rücken anheben (siehe auch „Rückenheben", Seite 214).

Druckstärke: 2 bis 5.
Unterscheidungsmerkmale: Hebender TTouch mit Tuch, Gurt oder Händen.
Hauptmerkmale: Siehe „Anwendung".
Körperbereiche: Bauch.

So wird's gemacht

Der Bauch kann auf verschiedene Weise angehoben werden:

- Zwei Personen geben sich unter dem Bauch die Hand.
- Unter Verwendung eines auf 15 bis 20 cm Breite gefalteten Tuches.
- Unter Verwendung eines breiten Sattel- oder Longiergurts.
- Wenn Sie den Bauch mit den Händen anheben, sollten diese so flach wie möglich am Pferde-

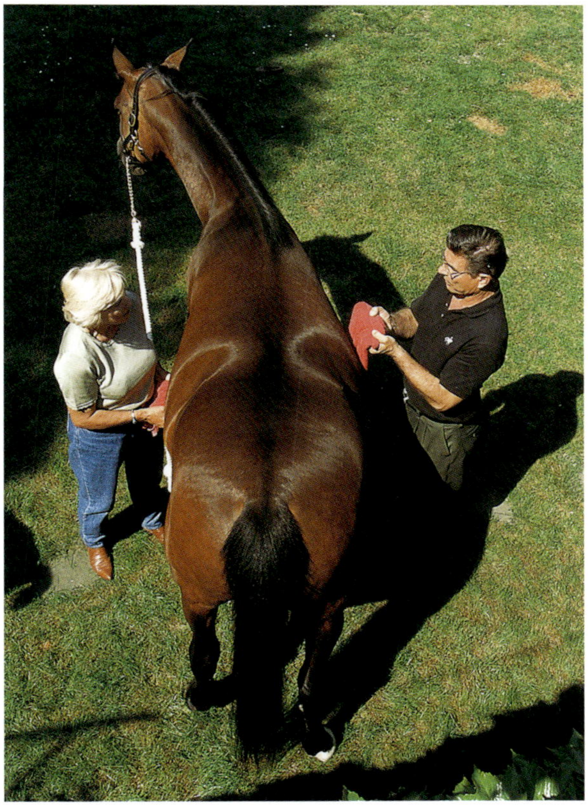

Die beste Art, den Bauch anzuheben: Zwei Personen halten ein langes, schmales Tuch, das sie langsam anheben, halten und wieder nachlassen. Begonnen wird kurz hinter dem Ellbogen, dann wird das Tuch mit jedem Anheben allmählich weiter in Richtung Hinterhand verschoben.

bauch anliegen. Legen Sie auch alle Ringe oder sonstigen Schmuck ab, der sich dem Pferd in den Bauch bohren könnte. Ein gefaltetes Tuch oder ein breiter Gurt sind vorzuziehen, weil sich der Druck gleichmäßiger verteilt – und weil Ihr Rücken weniger in Mitleidenschaft gezogen wird.

- Beginnen Sie kurz hinter den Vorderbeinen. Ein Helfer hält das Tuch auf der anderen Seite fest, während Sie es so weit anheben, wie Sie können. Halten Sie es in dieser Position ungefähr 10 Sekunden und lassen Sie dann *langsam* nach – das langsame Nachlassen ist für die angestrebte Wirkung von größter Bedeutung. Idealerweise sollte das Nachlassen doppelt so lange dauern wie das Anheben. Zeigt das Pferd Unwillen, heben Sie das Tuch weniger weit an. Verschieben Sie nun das Tuch 10 bis 15 cm in Richtung Hinterhand und wiederholen Sie das *Bauchheben*.
- Bewegen Sie sich so weit auf die Flanken zu, wie das Pferd es zulässt (manche Pferde sind hier sehr kitzlig). Wiederholen Sie den Zyklus drei oder vier Mal, jedes Mal am Ellbogen beginnend.

Achtung: Im Fall einer akuten Kolik, wenn das Pferd sich hinzuwerfen droht, sind vielleicht schnellere Bewegungen angebracht – 4 Sekunden anheben, 4 Sekunden halten, 4 Sekunden nachlassen.

Tellington-Tipp

Für überempfindliche Pferde legen Sie eine 15 cm breite elastische Bandage doppelt. Damit gelingt Ihnen das Anheben und Nachlassen wahrscheinlich sanfter, und das Pferd reagiert weniger unwillig.

Wenn Sie allein sind

- Falten Sie ein extralanges Bade- oder Strandtuch der Länge nach auf ca. 10 cm Breite. Werfen Sie den Streifen über den Pferderücken und holen Sie ein Ende unter dem Bauch durch nach oben, während Sie das andere einige Zentimeter unterhalb der Wirbelsäule festhalten.
- Anheben mit dem Sattelgurt: Legen Sie dem Pferd den Sattel auf und heben Sie den Bauch mithilfe des Gurts so an, wie mit dem Tuch beschrieben.
- Wenn Sie gar keine Hilfsmittel zur Verfügung haben, schieben Sie einen Arm – von der Hand bis zum Ellbogen – unter den Pferdebauch und heben den Bauch mit einem Druck aus der Hüfte heraus – nicht mit der Schulter! – an.

Achtung: Sie dürfen den Arm nicht aus dem Rücken und den Schultern heraus, sondern mehr aus dem Becken und den Beinen heraus anheben.

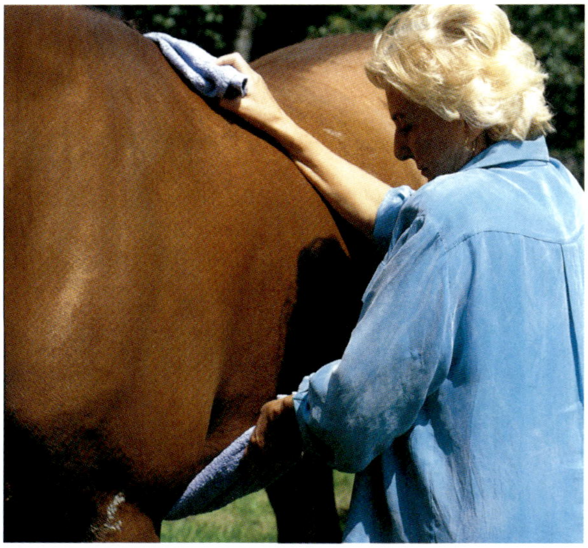

Oben: Bauchheben mit Handtuch ohne Helfer.

Zeichnung: Das Bauchheben mit dem Sattelgurt in der Sattelgurtlage ist eine sanfte Vorbereitung auf das Angurten.

Ohren-TTouch (Ohren ausstreichen)

Das Rezept, Pferde an den Ohren zu streicheln, damit sie sich von einer Anstrengung schneller erholen, geht in England auf Postkutschenzeiten zurück. Angeblich bekamen die Gespanne, wenn sie an der Poststation ankamen, Bier zu trinken, während die Kutscher ihnen die Ohren streichelten, damit sie am nächsten Tag wieder fit waren. Mich selbst brachte ein schicksalhafter Zufall auf die Ohrenarbeit, als mein Distanzpferd, die Araberstute Bint Gulida, 1958 eine Kolik bekam. Nach vier Tagen hatte sich die Kolik noch immer nicht gelöst (damals bestand in Kalifornien keine Möglichkeit, ein Pferd am Darm zu operieren), und mein Tierarzt war dafür, sie einschläfern zu lassen.

Druckstärke: 1 bis 5.
Unterscheidungsmerkmale: Streichende und kreisende TTouches an den Ohren.
Hauptmerkmale: Siehe „Anwendung".
Körperbereiche: Ohren.

Anwendung

- Um ein nervöses oder ängstliches Pferd zu beruhigen.
- Um ein müdes oder erschöpftes Pferd wieder zu beleben.
- Um Puls und Atmung zu verlangsamen, Entspannung herbeizuführen.
- Um Schmerz oder Schock infolge von Verletzung oder Kolik zu erleichtern, bevor der Tierarzt eintrifft.
- Um das Immunsystem zu kräftigen und die Temperatur zu regulieren.

Weil wir uns mitten in den Vorbereitungen auf meinen ersten 100-Meilen-Distanzritt an einem Tag befanden, gehörte es zur täglichen Routine, Puls, Atmung und Temperatur zu messen und den ganzen Pferdekörper durchzuchecken. Gulidas Temperatur war erheblich unter normal, und ihre Ohren waren eiskalt. Bevor ich mich der Entscheidung des Tierarztes beugte, beschloss ich, noch eine Stunde lang einen letzten Versuch zu machen. Ich hüllte sie in Decken ein, die ich im Trockner angewärmt hatte, und begann intuitiv, ihre Ohren zu streicheln, um sie zu wärmen. Nach einer Stunde waren ihre Ohren warm, ihre Temperatur wieder normal, und sie setzte Kot ab. Das war das Ende der Kolik! Erst zwanzig Jahre später, als ich in Deutschland Dr. Christine Krüger begegnete, erfuhr ich von der Verbindung zwischen den Ohren und dem gesamten Nervensystem und setzte meine Entdeckungsreise bezüglich der wertvollen Ohrenarbeit fort.

Heute wissen wir, dass mit den *Ohren-TTouches* der Dreifache-Erwärmer-Meridian (eine Akupressurleitbahn, die rund ums Ohr verläuft und sich über die Schulter das Vorderbein hinunter bis zum Huf zieht) aktiviert wird, der wiederum die Verdauungs-, Atmungs- und Fortpflanzungsorgane positiv beeinflusst.

Wollen Sie vor einem Ausritt an einem windigen oder kalten Tag oder auf einem Turnier Ihr nervöses und aufgeregtes Pferd beruhigen, machen Sie vorher fünf Minuten *Ohren-TTouches* in der Box. Sie ersparen sich damit eine Stunde Abreiten, die Sie sonst brauchen würden, bis das Pferd sich beruhigt hätte. Zusätzlich hat es den Vorteil, dass ein steifes Pferd locker wird, bevor Sie in den Sattel steigen. Wenn Sie die Ohren nach auswärts streichen, in einem 90-Grad-Winkel zum Hals, können Sie verspannte Muskeln im Genick oder im oberen Halsbereich lösen.

Der Dreifache-Erwärmer-Meridian am Pferdeohr, der Akupressurpunkt an der Ohrspitze.

Foto oben links: Lässt sich das Pferd nicht gern an den Ohren anfassen, machen Sie ein paar Liegender-Leopard-TTouches oder Muschel-TTouches (Seite 201 und 189) über seine Stirn. Das wirkt besänftigend auf Pferde, die schlechter Laune sind oder vielleicht so etwas wie Kopfschmerzen haben.

Foto oben rechts: Streichen Sie nun von der Genickmitte über den Ohransatz fließend über das Ohr und beenden Sie die Bewegung, indem Sie die Ohrspitze zwischen Fingern und Daumen leicht zusammendrücken, bevor Sie die Hand wegnehmen. Hat sich das Pferd an das Ausstreichen der Ohren gewöhnt, fahren Sie mit dem Daumen die Innenseite des Ohrs entlang, während Sie die Außenseite abstreichen.
Versuchen Sie es mit ein paar winzigen Waschbär-TTouches (Seite 235) an der Innen- und Außenseite. Überall am Ohr befinden sich Akupunktur-Punkte, die mit verschiedenen Körperteilen in Beziehung stehen. TTouch kann diese Punkte stimulieren und damit allgemein die Gesundheit verbessern oder gezielt auf Funktionsstörungen bestimmter Organe, Steifheit oder Arthritis einwirken. Waschbär-TTouches auf der Ohrinnenseite tragen dazu bei, das Pferd auf medizinische Behandlung oder Scheren vorzubereiten.

Foto links: Lassen Sie das Pferd mit der Hand am Nasenriemen des Halfters den Kopf senken und streichen Sie das Ohr mit dem Handrücken von der Stirn bis zum Genick aus.

009 Im Film sehen Sie, wie die TTouches an den Ohren gemacht werden.

So wird's gemacht

- Lassen Sie die Hand von der Genickmitte über den Ohransatz bis zur Ohrspitze gleiten und betonen Sie den Kontakt mit der Ohrspitze, bevor Sie die Hand wegnehmen. Falls das Pferd es zulässt, falten Sie das Ohr der Länge nach zusammen, damit das Pferd ein Gefühl für die Innenseite bekommt. Manche Pferde genießen es, wenn Sie mit den Fingern nicht nur außen, sondern auch innen im Ohr entlanggleiten und kreisen. Weiter siehe bei den Bildern.

Puls- und Atmung

In der Ruhe liegt der Durchschnittswert für den Puls bei 32 bis 44 Schlägen pro Minute, für die Atmung bei 12 bis 20 Atemzügen pro Minute. In einer Stress-Situation (etwa auf einem Turnier) sind 28 Atemzüge nicht ungewöhnlich. Hohe Luftfeuchtigkeit kann die Werte erhöhen.

Was tun, wenn ...

... Ihr Pferd sich nicht an den Ohren anfassen lässt?
Machen Sie *Lama-TTouches* (Seite 200) mit dem Handrücken über der Stirn und an den Ohren. Kann sich das Pferd noch immer nicht damit anfreunden, schieben Sie die Ohren mit einem Lammfellhandschuh gegen den Hals oder setzen den ganzen Arm bis hin zum Ellbogen zum Ausstreichen ein.

Waschbär-TTouch

Diesen TTouch habe ich nach Waschbären genannt, weil er mich an die winzigen, präzisen Bewegungen erinnert, die Waschbären mit ihren handähnlichen Pfoten vollführen.

Druckstärke: 1 bis 3.
Unterscheidungsmerkmale: Kreisender TTouch mit den Fingerkuppen.
Hauptmerkmale: Siehe „Anwendung".
Bereiche: Schwellungen, Wunden, Gurtlage, ganzer Körper.

So wird's gemacht

- Diese winzigen, leichten Bewegungen werden überall am Körper mit den Fingerspitzen ausgeführt, wobei kein Druck mit den Fingernägeln ausgeübt werden soll. Handwurzel und Handgelenk haben keine Berührung mit dem Pferdekörper. Meist werden alle vier Finger zusammen eingesetzt, aber an manchen Stellen ist die Wirkung besser, wenn die Betonung auf dem Zeige- oder Mittelfinger liegt.

Tellington-Tipp

Bei Schwellungen: Schlagen Sie Eiswürfel in ein Tuch ein und machen Sie damit TTouches, um die Schwellung zu reduzieren.

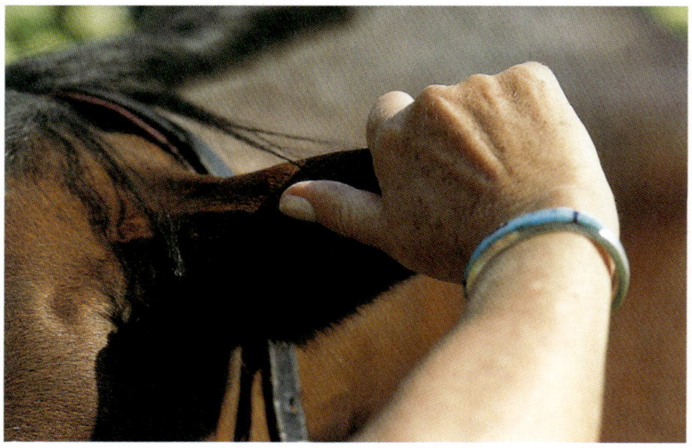

Biegen Sie die Ohren waagrecht (oder ganz leicht nach vorn) zur Seite und streichen Sie mit der Hand vom Ansatz bis zur Spitze. Halten Sie den Nasenriemen auf der dem Ohr gegenüberliegenden Seite fest, damit Sie den leichten Zug beim Ausstreichen mit ein wenig Gegendruck ausgleichen und gleichzeitig den Kopf gerade halten können.

Manche Pferde tolerieren nur leichte oder langsame Berührungen; wenn sie aber Schmerzen haben oder unter Schock stehen, müssen Sie die Bewegungen schnell und nachdrücklich ausführen, bis das Pferd sich beruhigt hat und Puls und Temperatur wieder normal sind bzw. bis der Tierarzt eintrifft. Im Extremfall kann dies eine Stunde oder länger dauern.

Anwendung

- Vermindert Schwellungen, z.B. bei Hitzepickeln.
- Um Wundränder herum zur Stimulierung der Heilung.
- An der Unterseite der Schweifrübe gegen das Einklemmen des Schweifs.
- Macht verstopfte Tränenkanäle wieder frei.
- Um die Augen herum zur Abmilderung der Nachwirkungen eines Schlags.
- Um den Kronenrand herum zur Förderung der Durchblutung bei akuter Rehe.

Waschbär-TTouches unterhalb der Augen können dazu beitragen, verstopfte Tränenkanale frei zu machen.

Leistungsplus dank 10 Minuten am Tag

Es gibt ein paar spezielle TTouches, die sich bei Sport- und Leistungspferden als besonders wirkungsvoll erwiesen haben. Pferde mit einer stärker entwickelten Muskulatur und einem höheren Grad von Fitness brauchen mehr Aufmerksamkeit, um ihre Leistungsfähigkeit zu erhalten und Schäden an Knochen, Sehnen und Bändern zu vermeiden.

Diese TTouches, kombiniert mit vertrauensbildenden und bewusstseins- sowie gesundheitsfördernden TTouches, vermindern Stress, helfen bei Erschöpfung und halten Ihr Pferd frisch, locker und leistungswillig.

Leistungsplus-TTouches

Bären-TTouch

Diesen Namen verdankt der TTouch dem Einsatz der Fingernägel, die an Bärenklauen erinnern. Die Fingernägel dringen tief in starke Muskelschichten ein. Sie können aber auch sehr leichte Kreise über juckenden Stellen beschreiben, wo es mit Kratzen, das außerdem zu Hautirritationen führen kann, nicht getan ist.

Druckstärke: 1 (für empfindliche Bereiche) bis 8 (an starken Muskeln wie auf der Kruppe).
Unterscheidungsmerkmale: *Waschbär-* (Seite 235) und *Bären-TTouch* sehen ähnlich aus, aber beim *Waschbär-TTouch* werden nur die Fingerspitzen, ohne Druck durch die Fingernägel, eingesetzt, und beim *Bären-TTouch* wird das erste Fingerglied senkrecht zum Körper des Pferdes gehalten, mit Betonung auf den Kontakt mit dem Fingernagel.

Hauptmerkmale: Siehe „Anwendung".
Körperbereiche: An stark bemuskelten Bereichen wie dem Hals oder am Kronenrand, um die Durchblutung anzuregen.

So wird's gemacht

- Für den Bären-TTouch brauchen Sie Fingernägel, die etwas länger sind als die Fingerspitzen.

Anwendung

- Den Pferdekörper auf Verspannungen und Schmerzen hin erforschen.
- Bessere Durchblutung von tiefen Muskelschichten.
- Verspannungen im Hals und in der Kruppe lösen.
- Den Hals verlängern und freiere Bewegungen fördern.
- Gefühllosen Körperbereichen zu einem neuen Bewusstsein verhelfen.
- Bei reheanfälligen Pferden Durchblutung des Kronenrands anregen.

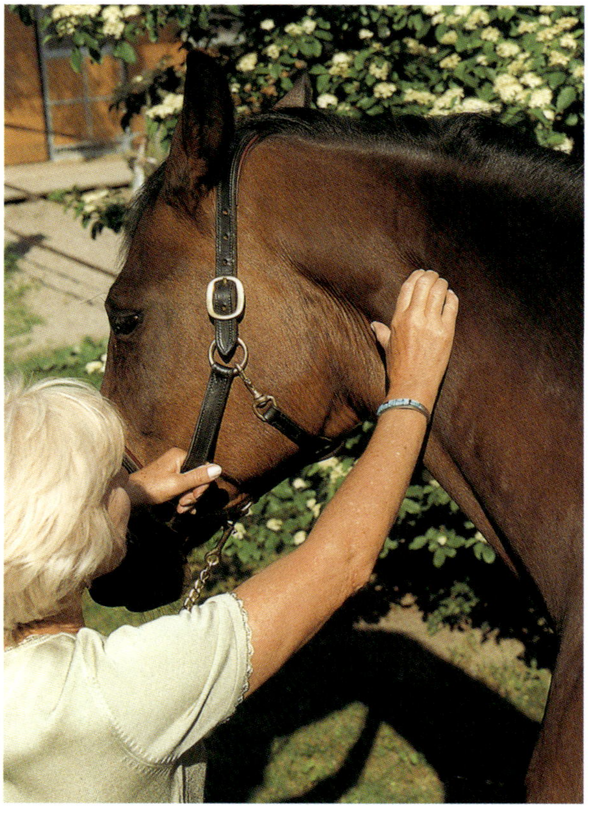

- Halten Sie die Fingernägel in einem 90-Grad-Winkel zum Pferdekörper und betonen Sie den Kontakt. Gewölbte oder durchgebogene Finger dämpfen die Wirkung. Denken Sie „tief", nicht nur „hart".
- Die Kreise sind winzig – stellen Sie sich den Kopf einer Stecknadel vor.
- Halten Sie die Finger geschlossen und konzentrieren Sie sich auf den Mittelfinger, auch wenn Sie den Kreis mit allen vier Fingern machen. Sie werden allerdings feststellen, dass der kleine Finger vielfach nur „dabei" ist und nicht viel Kontakt hat.
- Wenn Sie in tiefere Schichten eindringen wollen, hält der Daumen in einigen Zentimetern Abstand von den Fingern festen Kontakt zum Pferd. Je leichter der *Bären-TTouch* ist, desto weniger Kontakt hat der Daumen.
- Bei Druckstärke 2 ist ein Kontakt mit dem Daumen nicht nötig.
- Wenn Sie lange Finger haben und die ersten Fingerglieder sich gern durchbiegen oder wenn Ihre Hände nach einigen *Bären-/Schwamm-TTouches* müde werden, gehen Sie bei den Halsmuskeln zum *Nashorn-TTouch* über.

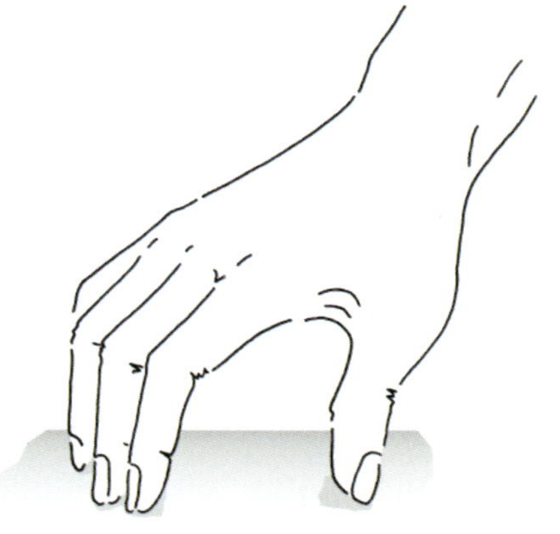

Zeichnung: Die Handhaltung beim Bären-TTouch.

Foto links: Mit der linken Hand am Halfter halte ich den Pferdekopf ruhig, damit ich mit dem Bären-TTouch direkt in den Muskel eindringen und „den Schwamm ausdrücken" kann (siehe Bären-/Schwamm-TTouches), so weit es das Gewebe ohne großen Widerstand erlaubt. Damit lockere und löse ich verkrampfte Halsmuskeln. Der Druck darf nicht so stark sein, dass er dem Pferd unangenehm wird. Für den besseren Halt sind die Finger fest geschlossen, während meine Fingerspitzen, nach einem Waschbär-TTouch Stärke 3, tief in die Halsmuskeln eindringen. Beachten Sie die aufrechte Haltung meiner Finger in Bezug auf den Pferdehals.

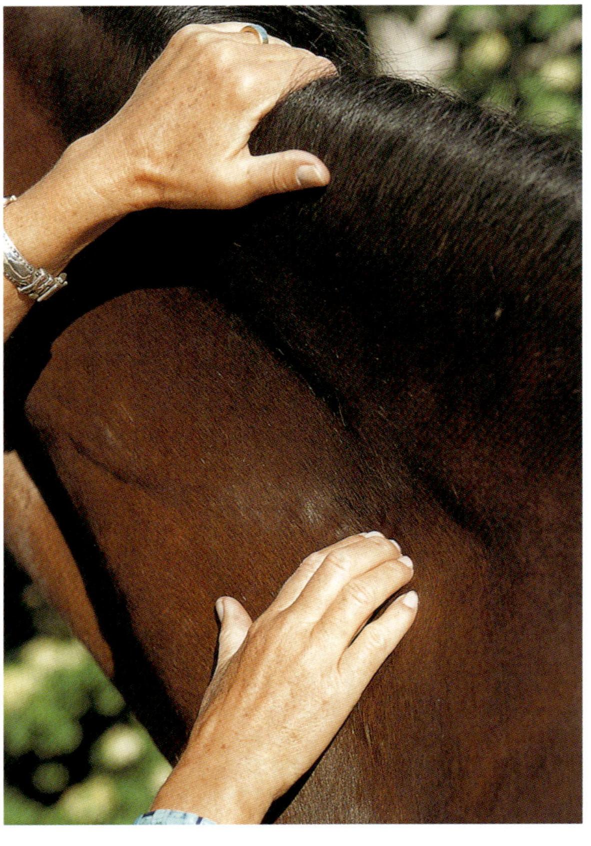

Foto oben: Der Bären-TTouch wird eingesetzt, um den Pferdekörper zu erforschen und das Temperament zu beurteilen (Seite 169 und 174). Achten Sie auf den 90-Grad-Winkel meiner Finger. Zuerst habe ich kleine Waschbär-TTouches der Druckstärke 3 gemacht, damit sich die Stute entspannt und auf mich konzentriert. Darauf folgte ein präziser, aber winziger Bären-TTouch, um Bewusstsein in den starren Bereich am Mähnenkamm zu bringen.

Foto links: Wenden Sie den in die Tiefe gehenden Bären-/Schwamm-TTouch am Hals nur begrenzt an. Am besten machen Sie ungefähr sechs Bären-TTouches auf einer Linie, die zwischen Mähnenkamm und Halswirbeln der Halswölbung folgt. Wenn Sie mehr machen, besteht die Gefahr, dass Sie, statt die Halsmuskeln zu lösen, dem Pferd eher Schmerz zufügen. Ist das Pferd empfindlich am Hals, machen Sie stattdessen Muschel-TTouches (Seite 189) mit Aufgerollte-Python-TTouches (Seite 190).

Tellington-Tipp

Wenn es darum geht, verkrampfte Halsmuskeln bei stark bemuskelten Pferden zu lösen, kombinieren Sie den Bären-TTouch mit dem Schwamm-TTouch (Seite 226). Stellen Sie sich vor, Sie wollten die Muskeln, besonders bei muskulösen Leistungspferden oder an ausgeprägten Hengsthälsen, „belüften“.

Bären-TTouches am Kronenrand. Die Fingernägel werden fast wie Akupunkturnadeln eingesetzt, um Bewusstsein in den Bereich zu bringen und die Durchblutung anzuregen. Da Sie mit der Hand nach unten greifen müssen, ist der Winkel des ersten Fingerglieds zum Kronenrand kleiner als der am Körper, aber die Fingernägel sind nachdrücklich in Kontakt.

Schlag der Bärenpranke

Die schnelle Schlagbewegung bei diesem TTouch erinnert mich an einen Bären, der Lachse aus einem Fluss fischt, oder an die Bewegung, mit der man Fussel von der Kleidung abklopft. Die Druckstärke ist je nach Pferd verschieden. Manchen Pferden gefällt eine kraftvolle Bewegung mit entsprechendem Druck, anderen ist ein sehr leichter, fast wischender „Schlag" lieber. Wichtig ist die Beweglichkeit der Handgelenke, während Sie von einer Stelle am Körper zur anderen springen.

Druckstärke: 1 bis 4.
Unterscheidungsmerkmale: Klopfendwischende Bewegung mit einer Hand.
Hauptmerkmale: Siehe „Anwendung".
Körperbereiche: Hals, Rumpf, Beine.

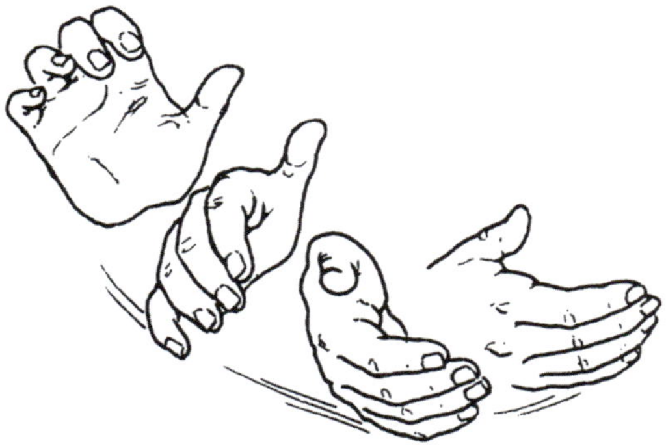

Zeichnung: Die wischende Handbewegung des Schlags der Bärenpranke.

Foto oben: Die Druckstärke der wischenden Bewegung wird der Empfindsamkeit des Pferdes angepasst.

Foto unten: Manchen Pferden ist es lieber, wenn die Hand leicht wie eine Feder über das Fell wischt.

Anwendung

- Annäherung an Pferde, die sich anfangs vor Kontakt fürchten.
- Mehr Energie für Leistungspferde vor einer Prüfung.
- Gefühl im Körper „wecken“, ohne dass es in Nervosität ausartet.

Dieser TTouch erinnert an das „Strapping“, die in England übliche Methode, Pferde mit einem geflochtenen Heuzopf abzuklopfen, um die Durchblutung anzuregen und die Muskulatur zu stärken. Bei Pferden, die den TTouches gegenüber anfangs unsicher sind und nicht stehen bleiben wollen, fängt man eine Sitzung oft besser mit dem *Schlag der Bärenpranke* an.

Wenn Sie vor einer Prüfung einige Minuten lang beruhigende TTouches an Ihrem Pferd gemacht haben, ist eine Minute *Schlag der Bärenpranke* auf jeder Seite geeignet, das Pferd wieder aufzuwecken. Dieser TTouch ist auch dann nützlich, wenn ein Pferd allzu ruhig und nach mehreren anstrengenden Prüfungen schon etwas müde ist.

Feder-TTouch

Eine leichtere Version des Schlags der Bärenpranke, der Feder-TTouch, ist nützlich bei überempfindlichen oder hyperaktiven Pferden. Der Kontakt mit den Fingerspitzen ist so kurz und so zart wie die Berührung einer Feder. Sie gewinnen das Vertrauen solcher Pferde leichter, wenn Sie mit diesem leichteren TTouch beginnen und sich allmählich zum gewichtigeren Schlag der Bärenpranke vorarbeiten.

Hals biegen

Wenn Ihr Pferd lernt, den Hals willig nach beiden Seiten zu biegen, verbessert sich damit seine allgemeine Flexibilität und Losgelassenheit.

Druckstärke: 3 bis 4.
Unterscheidungsmerkmale: Kopf und Hals seitlich wenden.
Hauptmerkmale: Siehe „Anwendung“.
Körperbereiche: Hals.

So wird’s gemacht

- Stellen Sie Ihr Pferd in geschlossener Haltung, das Gewicht gleichmäßig auf alle vier Füße verteilt, auf und fordern Sie es auf, den Kopf – mit senkrechter Nasenlinie – ein paar Grad zur Seite zu wenden. Beginnen Sie mit der Seite, auf der es dem Pferd leichter fällt, und lassen Sie es den Kopf nur so weit wenden, dass weiterhin beide Vorderfüße gleichmäßig belastet sind. Wenn Sie den Kopf zu weit zur Seite drehen, weicht der Hals von der Mittellinie ab, und ein Vorderbein wird mehr belastet, was dazu führt, dass das Pferd entweder seitwärts tritt oder sich wehrt. Mit einer kleinen Bewegung erreichen Sie mehr als mit einer großen: Die obere Halspartie wird entspannt, und es fällt dem Pferd später leichter, den Kopf nach hinten zu drehen.
- Stellen Sie sich in Kopfhöhe neben das Pferd und legen Sie die Finger wie beim *Bären-TTouch* ca. 20 cm hinter den Ohren halbwegs zwischen Mähnenkamm und Halsunterseite auf den Pferdehals. Ziehen Sie den Pferdekopf mit der linken Hand am Nasenriemen oder am Nasenbein zur Seite, während Sie mit der rechten in der *Bären-TTouch*-Position gegen den Hals drücken, um ihn so gerade wie möglich zu halten. Verlangen Sie die ersten paar Male nur eine ganz kleine Seitwärtsbewegung und lassen Sie das Pferd dann

Anwendung

- Verbesserung des Gleichgewichts.
- Leichtere seitliche Biegung.
- Lockerung verspannter Schulter- und Rückenmuskeln.
- Verbesserte Geraderichtung.

Setzen Sie die Finger im Bären-TTouch in der Halsmitte, ca. 20 cm hinter den Ohren, auf. Bringen Sie mit einer Hand am Nasenriemen das Pferd dazu, den Kopf nach Ihnen zu wenden, und üben Sie mit der anderen Druck auf den Hals aus. Für den Anfang genügt eine ganz kleine Bewegung in die Richtung, die dem Pferd am leichtesten fällt. Dann darf es den Kopf wieder geradeaus halten.
Nach zwei, drei Mal in der Richtung, die ihm leichter fällt, verlangen Sie die Wendung auch nach der anderen Seite. Der Nasenrücken sollte dabei möglichst senkrecht zum Boden bleiben. Achten Sie darauf, selbst im Gleichgewicht zu stehen, die Füße etwas auseinander, und vor Ihrem inneren Auge ein klares Bild zu haben, wenn Sie mit einem leisen Signal das Pferd auffordern, den Kopf zu wenden. Gut möglich, dass das Pferd Sie damit überrascht, dass es fast von selbst den Kopf wendet und Sie ansieht.

wieder geradeaus schauen. Machen Sie dies nur zwei oder drei Mal in die leichtere Richtung und wechseln Sie dann zur anderen Seite.

- Achten Sie darauf, dass Sie im Gleichgewicht stehen, die Füße etwa hüftbreit auseinander, und stellen Sie sich im Geiste deutlich vor, wie das Pferd auf ein leichtes Signal hin den Kopf dreht. Möglicherweise überrascht das Pferd Sie damit, dass es fast von allein den Kopf wendet und sich nach seinem Schweif umsieht. Solange Sie selbst konzentriert und im Gleichgewicht sind, begreifen die meisten Pferde in Minuten, um was es geht.
- Hat das Pferd die Idee erst einmal grundsätzlich begriffen, können Sie dieselbe Bewegung auch damit auslösen, dass Sie es mit einer Hand am Unterkiefer berühren, während die Finger der anderen auf der Pferdenase liegen. Es genügt, den Hals ein paarmal in jeder Richtung zu biegen, damit der Körper lernt, die entsprechenden Muskeln loszulassen. Es ist erstaunlich, wie sehr ein Pferd mit einem steifen Hals sich in nur einer Sitzung verändern kann.
- Ist der Hals ungewöhnlich fest oder lässt sich das Pferd nicht gern im Gesicht berühren, lassen Sie es zuerst *den Kopf senken* und machen *Liegender-Leopard-TTouches* über das ganze Gesicht, bis das Pferd sich wohl fühlt und Ihnen vertraut.
Leistet ein Pferd Widerstand gegen das *Hals biegen*, machen Sie zuerst *Raupen-TTouches* und *Rücken anheben*, um verkrampfte Halsmuskeln zu lockern, und *Rippen lösen*, damit der ganze Körper, nicht nur der Hals, locker und biegsam wird.

Hals lösen

Hier wird der Hals auf eine Weise gedehnt, die die Durchblutung anregt, entspannend wirkt und das Vertrauen fördert. Entspannung und Vertrauen sind die Schlüsselwörter, denn sie sind unabdingbar für diese Bewegung. Kombiniert mit *Schweif ziehen, Becken kippen, Lecken der Kuhzunge* und *Rücken anheben* (Seite 208, 243, 197, 214) können Sie an Ihrem Pferd vielleicht eine Lockerheit und Freiheit der Bewegung entdecken, die Sie ihm nie zugetraut hätten. Zur Vorbereitung lassen Sie das Pferd *den Kopf senken* (Seite 182) und machen *Ohren-TTouch* (Seite 233).

Druckstärke: 3 bis 4.
Unterscheidungsmerkmale: Lösende Bewegungen von Kopf und Hals.
Hauptmerkmale: Siehe „Anwendung".
Körperbereiche: Kopf, Hals.

Anwendung

- Ermöglicht dem Pferd, den Kopf zu senken und den Hals länger zu machen.
- Zur Vertrauensbildung.
- Lockerheit und Freiheit in den Bewegungen.

Foto links: Lassen Sie das Pferd zuerst den Kopf senken.

Foto Mitte links: Legen Sie eine Hand auf das Pferdekinn, die andere zwischen die Ohren.

Foto Mitte rechts: Um den Hals zu öffnen, heben Sie das Kinn leicht in Ihre Richtung an und drücken gleichzeitig sacht gegen die Stirn.

Foto unten: Als ultimativen Vertrauensbeweis können Sie es betrachten, wenn Sie das Halslösen mit beiden Händen unter dem Kinn erreichen können.

Becken kippen

Hierzu werden die Sitzbeinhöcker sanft geschoben, gehalten und wieder losgelassen, um Spannungen und Verkrampfungen in der Hinterhand zu lockern und dem Pferd ein neues Gefühl der Verbindung durch das Becken zum Rücken und zu den Schultern zu vermitteln.

Anwendung

- Ermöglicht dem Pferd, den Kopf zu senken und den Hals länger zu machen.
- Hinterhand wird locker.
- Neue Verbindung im Körper.

Druckstärke: 3 bis 4.
Unterscheidungsmerkmale: Schiebende Bewegung an den Sitzbeinhöckern.
Hauptmerkmale: Siehe „Anwendung".
Körperbereiche: Sitzbeinhöcker.

Regenbogen-TTouch

Mit diesem kräftigenden, angenehmen TTouch bringen Sie Bewusstsein in den Unterarm oder Unterschenkel und regen die Durchblutung an. Der Name bezieht sich auf die Bewegung der Hände, die bogenförmig das Bein hinauf- und hinabgleiten.

Beim *Regenbogen-TTouch* bewegen sich beide Hände gleichzeitig, aber in Gegenrichtung auf der Innen- und Außenseite des Vorder- oder Hinterbeins, als ob sie jeweils einen Regenbogen beschreiben würden. Stellen Sie sich mit dem Gesicht zum Pferd, aber leicht seitlich, außer Reichweite, falls das Pferd aufstampft oder scharrt. Wenn das Pferd das Bein hebt oder einen Schritt nach vorn macht, können Sie so gefahrlos ausweichen oder aber wenn nötig auch mitgehen. Beginnen Sie oben am Bein und arbeiten Sie am Vorderbein vom Ellbogen bis hinunter zum Fesselgelenk und am Hinterbein vom Unterschenkel hinunter bis zur Fessel.
Achtung: Um *den Regenbogen-TTouch* an den Hinterbeinen auszuführen, muss ein sicheres Vertrauensverhältnis zwischen Mensch und Pferd bestehen. Stellen Sie sich dann mit Blickrichtung

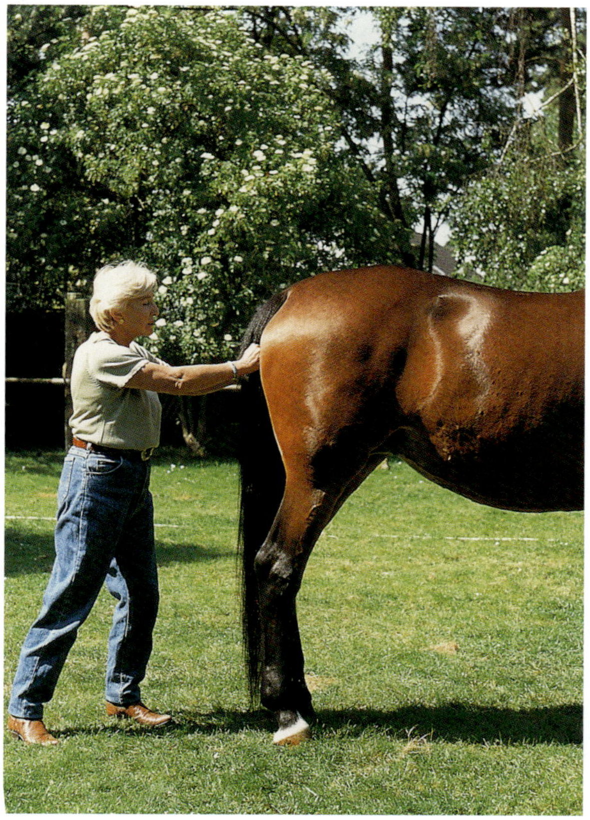

Foto links: Stellen Sie sich mit Blickrichtung nach vorn hinter das Pferd. Ein Fuß steht leicht vor dem anderen, die Fäuste liegen etwas unterhalb der Sitzbeinhöcker. Machen Sie mit dem Körper und den Armen eine kleine Vorwärtsbewegung, indem Sie sich mit den Füßen abstoßen.

Foto unten: Halten Sie bis zu vier Sekunden lang und lassen Sie langsam wieder nach. Sie spüren vielleicht keine größere Verschiebung, aber von der Seite ist die Bewegung sichtbar.

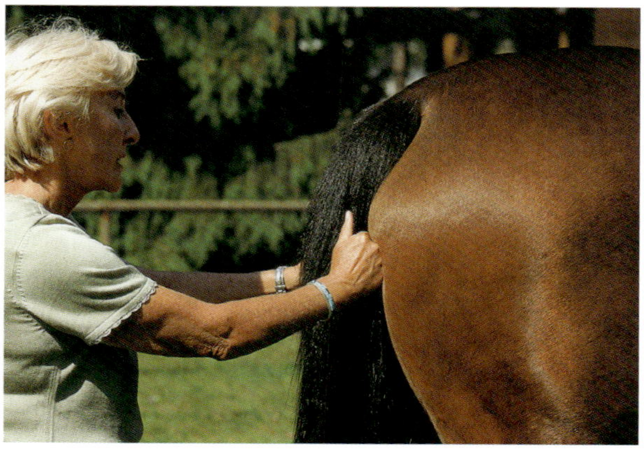

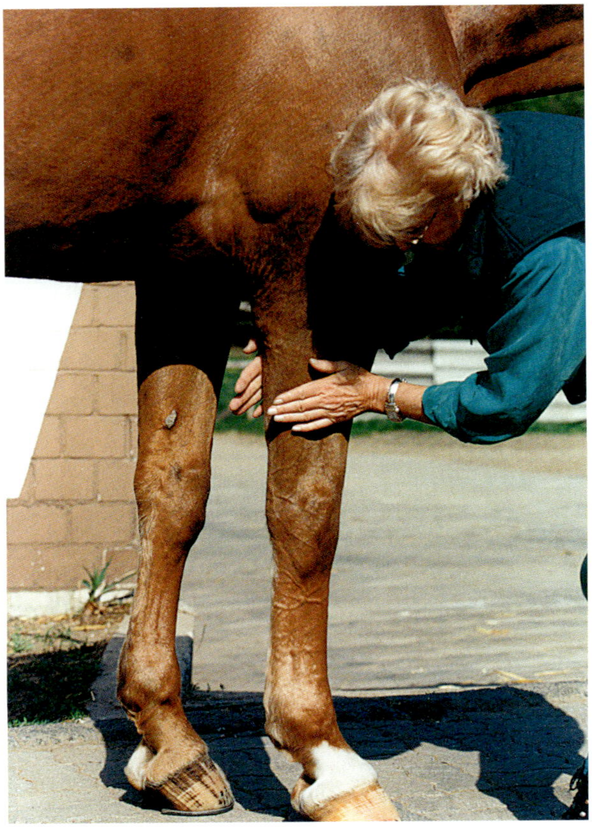

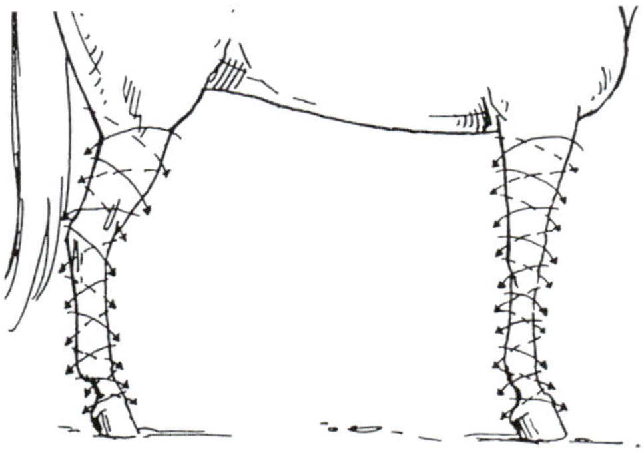

Zeichnung: So sehen die Regenbogen-TTouch-Linien an den Pferdebeinen aus.

Foto links: Sie stehen mit Blickrichtung nach hinten leicht seitlich. Die Bewegung besteht aus zwei bogen- oder regenbogenähnlichen Formen. Anfangs muss man sich etwas konzentrieren, denn eine Hand beschreibt den Bogen in die eine, die andere Hand gleichzeitig in die andere Richtung.

Foto unten links: Wenn Sie den Rhythmus gefunden haben, sollten die Bewegungen ziemlich schnell ausgeführt werden.

Foto unten rechts: Dies ist ein stimulierender und aktivierender Sport-TTouch, um unmittelbar vor einer Prüfung in einer Minute oder noch weniger die Durchblutung anzuregen und ein Pferd zu „erden". Gut ist es, den Regenbogen-TTouch unmittelbar anschließend an den Oktopus-TTouch (Seite 224) auszuführen. Gearbeitet wird von oben am Bein bis hinunter zu den Fesseln.

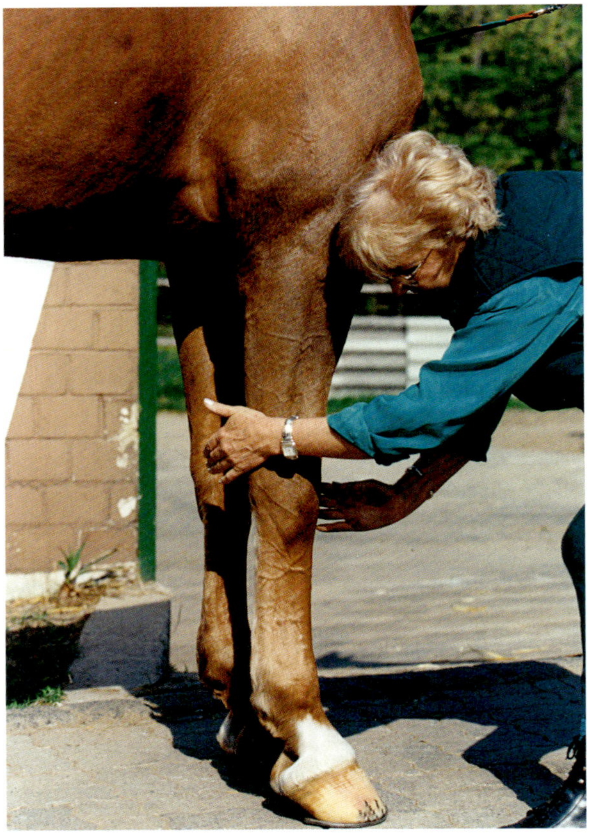

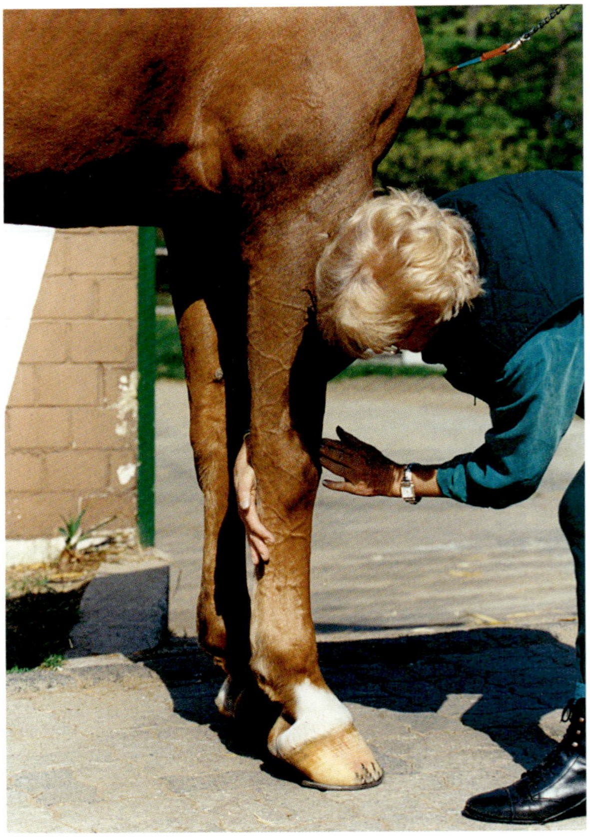

nach vorn seitlich neben das Hinterbein und machen Sie mit dem Arm, der dem Pferd am nächsten ist, den *Regenbogen-TTouch* von der Vorder- zur Hinterseite und mit dem anderen Arm von der Hinter- zur Vorderseite des Hinterschenkels.

Druckstärke: 3 bis 4.
Unterscheidungsmerkmale: Gegengleich streichende Bewegungen an den Beinen.
Hauptmerkmale: Siehe „Anwendung".
Körperbereiche: Beine.

Anwendung

- Zur Durchblutungsförderung und „Erdung".
- Mehr Bewegungsfreiheit und Raumgriff.
- Entspannung für verkrampfte Schulter- und Beinmuskulatur.

Nashorn-TTouch

Wenn ein stark bemuskeltes Pferd tiefe *Bären-/Schwamm-TTouches* (Seite 236) genießt, Ihre Hände aber nach drei oder vier TTouches mit Druckstärke 6 ermüden, wechseln Sie über zum *Nashorn-TTouch*. Für ein schwach bemuskeltes Pferd oder eines, dem die Muskeln wehtun, ist dieser TTouch nicht zu empfehlen. Ob das Pferd diesen TTouch mag, zeigt es Ihnen, wenn es den Kopf senkt und manchmal halb die Augen schließt.

Druckstärke: 2 bis 10.
Unterscheidungsmerkmale: Kreisender TTouch mit den Knöcheln.
Hauptmerkmale: Siehe „Anwendung".
Körperbereiche: An stark bemuskelten Bereichen.

Anwendung

- Entspannung für verkrampfte Schulter-, Brust-, Hals- und Rückenmuskeln.

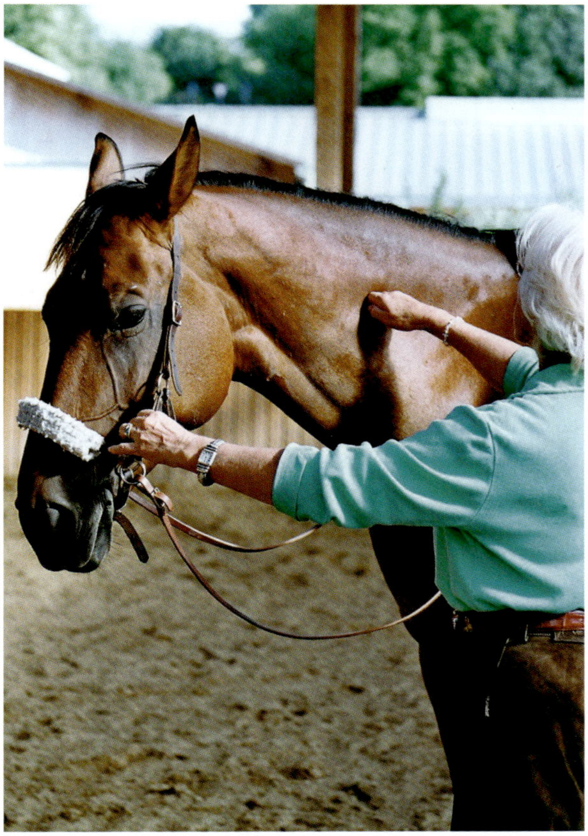

Foto links: Während Sie mit der rechten Hand drücken, ziehen Sie den Mähnenkamm oder den Pferdekopf zu sich her und schieben ihn wieder zurück. Das Handgelenk bleibt gerade, und das Hineindrücken sollte geradewegs aus den Füßen kommen. Das ermöglicht Ihnen ein tiefes Drücken, ohne dass Sie den eigenen Körper zu sehr anstrengen müssen. Nashorn- wie auch tiefer Bären-TTouch sollten nur dann eingesetzt werden, wenn das Pferd entspannt ist und ihn sichtlich genießt.

Foto unten: Drücken Sie den Daumen fest gegen die gekrümmten Finger und machen Sie mit dem Daumennagel einen Einwärtskreis der Druckstärke 3 mit „Schwamm ausdrücken".

Rippen lösen

Dies ist eine subtile Schaukelbewegung zwischen beiden Händen mit dem Ziel einer größeren Flexibilität im Brustkorb. Kombiniert man *Rippen lösen* mit *Hals biegen* (Seite 240), kann dies einem Pferd die gleichmäßige seitliche Biegung erheblich erleichtern.

Druckstärke: 3 bis 4.
Unterscheidungsmerkmale: Schaukelbewegung am Brustkorb mit beiden Händen.
Hauptmerkmale: Siehe „Anwendung".
Körperbereiche: Brustkorb.

Anwendung

- Mehr Flexibilität.
- Bessere Seitengänge.
- Verbesserung des Gangs und der Willigkeit.

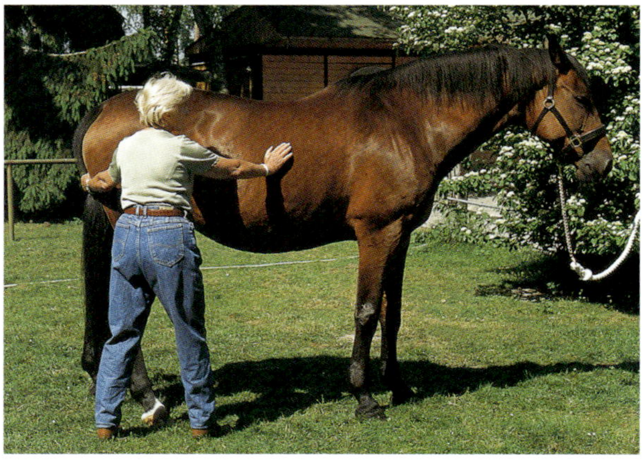

Foto oben: Beginnen Sie ein paar Rippen vor den Flanken und gehen Sie auf dem Brustkorb so weit nach vorn, wie Sie können. Außer wenn Sie sehr viel Übung in Körperarbeit haben, werden Sie wahrscheinlich nur sehr wenig Bewegung wahrnehmen; trotzdem habe ich erlebt, dass daraus merkliche Verbesserungen in der Flexibilität und der Freiheit der Bewegung resultierten.

Foto links: Eine Hand liegt auf den Rippen, der Daumen ist in der Vertiefung zwischen zwei Rippen verankert. Mit der anderen Hand drücken Sie den Schweif nach unten und fest gegen die Innenseite des Hinterschenkels. Wenn Sie nun Ihr Gewicht vom hinteren auf den vorderen Fuß verlagern, entsteht ein leichtes Drehmoment zwischen Ihren beiden Händen, und Sie üben zwischen den Rippen einen sanften Druck aus. Dieser entsteht mehr durch Ihre Beckenbewegung als durch den Druck der einen und den Zug der anderen Hand.

Schulter lösen

Wenn man die Finger unter den oberen Rand des Schulterblatts (*Scapula*) schiebt, erzielt man einen unmittelbaren Effekt: Das Pferd ist in der Lage, seinen Hals zu senken und länger zu machen, seine Gänge werden raumgreifender, und die Vorderbeine können seitwärts weiter ausgreifen, sodass die Seitengänge ausdrucksvoller gelingen. Im Allgemeinen muss dieser Griff nur ein oder zwei Mal ausgeführt werden, um auf Dauer zu wirken, besonders wenn Sie es mit einem Pferd zu tun haben, das von Natur aus den Kopf hoch trägt. Solch einem Pferd ist es einfach nicht möglich, den Kopf bis unterhalb des Widerrists zu senken, bevor Sie die Schulter „geöffnet" haben – mit dem *Schulter-lösen*-Griff.

Druckstärke: 3 bis 4.
Unterscheidungsmerkmale: Lösende Bewegung an der Schulter.
Hauptmerkmale: Siehe „Anwendung".
Körperbereiche: Schultern.

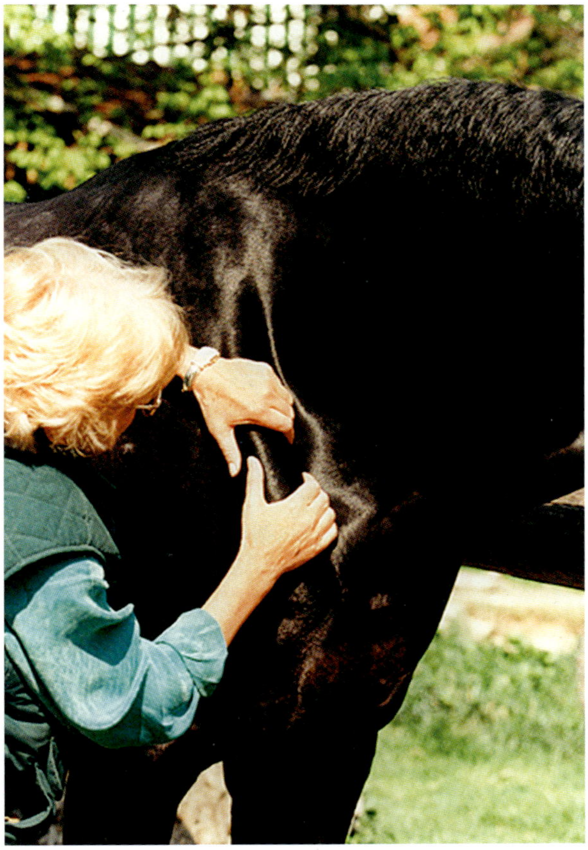

Anwendung

- Ermöglicht dem Pferd, den Kopf zu senken und den Hals länger zu machen.
- Mehr Raumgriff.
- Entspannung für verkrampfte Schulter-, Brust-, Hals- und Rückenmuskeln.

So wird's gemacht

- Drehen Sie den Pferdehals leicht zu sich her. Ertasten Sie mit den Fingerspitzen den Rand des Schulterblatts (siehe Abbildung) und schieben Sie die Finger – vorsichtig wackelnd – darunter. Wenn sich die Schulter öffnet, gehen Sie mit den Händen weiter auseinander, bis das Schulterblatt „aufspringt" und sich eine Wölbung bildet, die Sie hin und her schaukeln können. Sie können sich den Weg unter das Schulterblatt nicht erzwingen – Sie müssen die Öffnung finden. Manche Pferde sind in diesem Bereich fester als andere. Die ganze Bewegung sollte nicht mehr als ungefähr eine Minute dauern und kann auf beiden Seiten wiederholt werden.
- Gut ist es, das Pferd anschließend im Schritt und Trab mit gesenktem Kopf zu bewegen, damit es das ungewohnte Gefühl in seinen Bewegungsablauf integriert. *Schulter lösen* macht man nicht mehr als ein oder zwei Mal auf jeder Seite.

Das Schulter lösen hilft dem Pferd, Spannung im Hals, in der Brust und in den Schultern abzubauen. Durch Arbeit bergauf oder in tiefem Geläuf können diese Bereiche schmerzempfindlich werden. Schieben Sie die leicht gekrümmten Finger in den Spalt zwischen Hals und Schulter. Je nach der Bemuskelung des Pferdes fällt dies leichter oder schwerer. Wenn Sie die Finger in den Spalt schieben, senkt das Pferd den Kopf und dehnt den Hals nach vorn. Schulter lösen bringt nicht nur dem unmittelbar betroffenen Bereich Erleichterung, sondern kann auch einen empfindlichen Widerrist „beruhigen".

Bodenarbeit – Mit dem Pferd tanzen

Diese speziellen Übungen und Führpositionen bilden eine Überleitung zur nächsten Stufe und sollen Sie dazu inspirieren, mit Ihrem Pferd zusammen zu lernen. Mit diesen an Tai-Chi erinnernden Schritten lernen Sie, subtile Signale an der Führleine mit der einen Hand, mit denen der Gerte in der anderen Hand, die Richtung und Fokus angibt, zu synchronisieren. Dazu gehört, dass sich Ihre Füße auf eine besondere Art bewegen, und Sie werden staunend ein neues Gefühl von Gleichgewicht und Koordination entdecken. Dieser „Tanz“ von Mensch und Pferd aktiviert das Lernen mit dem gesamten Hirnbereich: Er beschäftigt beide Hirnhälften und lässt neue Nervenpfade entstehen – *mit dem Pferd tanzen* verbessert tatsächlich Ihre Fähigkeit, zusammen mit Ihrem vierbeinigen Partner zu lernen!

Bodenarbeit

Der Sprung des Kängurus

Träumen Sie von einem „bombensicheren“ Pferd? *Der Sprung des Kängurus*, bei dem Sie die Gerte über dem Pferdekopf hin und her bewegen, ist eine wirksame Methode, dem Pferd Vertrauen einzuflößen. Der Name bezieht sich auf das große australische Känguru mit seinen Riesensätzen, und die Übung ist hervorragend geeignet, jungen Pferden die Scheu vor Bewegungen um den Kopf und über den Ohren zu nehmen oder kopfscheue Pferde neu zu programmieren.

Anwendung

- Für Pferde, die sich wegducken oder scheuen, wenn man ihnen eine Decke über den Kopf zieht.
- Zur Vorbereitung von jungen Pferden auf das Anreiten, auf Bewegungen über ihrem Rücken.
- Für Pferde, die beim Verladen Schwierigkeiten machen oder im Hänger unter Platzangst leiden.

Was Sie brauchen

- Führkette oder Lama-Leine.
- Eine Gerte.

So wird's gemacht

- Wenn Sie links vom Pferd stehen, halten Sie die Führleine aufgerollt in der linken und die Gerte, nahe am Knauf, in der rechten Hand. Bewegen Sie die Gerte langsam in einem großen Bogen vom Widerrist über die Pferdeohren bis zur Nasenspitze.

- Bleibt das Pferd dabei ruhig stehen, können Sie die Übung auch im Schritt ausführen. Das Stoppsignal kommt am Ende der Bewegung – ein leichtes Antippen an der Nase zusammen mit einem beruhigenden Stimmkommando und einem sanften Signal an der Führleine.

Was tun, wenn ...

... das Pferd sich nicht gern an den Ohren berühren lässt? Befestigen Sie die Führleine seitlich oben am Halfter, wie auf Seite 178 gezeigt. Bewegen Sie die Gerte langsam über seinem Kopf und bieten Sie ihm gleichzeitig in einem flachen Behälter auf Brusthöhe etwas Futter an. Sprechen Sie in ruhigem Ton mit dem Pferd, während Sie die Pferdeohren vom Ansatz bis zu den Spitzen sanft mit der Gerte abstreichen.
... sich das Pferd vor der Gerte über seinem Kopf fürchtet, den Kopf hochreißt und sich loszumachen versucht? Befestigen Sie die Führkette (oder Lama-Leine) seitlich am Halfter und lassen Sie es *den Kopf senken* (Seite 182). Machen Sie mit dem Gertenknauf TTouch-Kreise am Kopf und Hals. Führen Sie das Pferd – immer noch mit gesenktem Kopf – durchs *Labyrinth* (Seite 277) und bewegen Sie die Gerte langsam über seinem Kopf.

Cha-Cha

Mit dieser Führübung ist ein rhythmisches Vor und Zurück gemeint: Je ein diagonales Beinpaar bewegt sich vor oder zurück, wie ein Tanz des Menschen mit dem Pferd. So subtil diese Übung auch ist, sie ist der Schlüssel zur Verbesserung der Koordination und eine ausgezeichnete Vorbereitung auf das Rückwärtsrichten. Wenn Ihr Pferd beim Anhalten und Stehen eher das gleichseitige Beinpaar als das diagonale bewegt, kann man mit dem *Cha-Cha* das Gleichgewicht des Pferdes erheblich verbessern. Gleichzeitig verfeinern Sie Ihre Fähigkeiten, mit der Tellington-Gerte und der Führkette leichte, klare Signale zu geben.

Was Sie brauchen

- Führkette oder Lama-Leine.
- Eine Gerte.

So wird's gemacht

- Damit das Pferd Cha-Cha tanzt, muss es lernen, jeweils mit einem diagonalen Beinpaar vor- und zurückzutreten, immer nur einen Schritt. Ideal ist, wenn das Pferd von Natur aus diagonal

Zeichnung: Der Sprung des Kängurus

Fotos links und rechts: Ich halte das Pferd mit der Führkette nah am Halfter und führe die Gerte in einem Bogen vom Widerrist über den Pferdehals nach vorn zum Kopf.

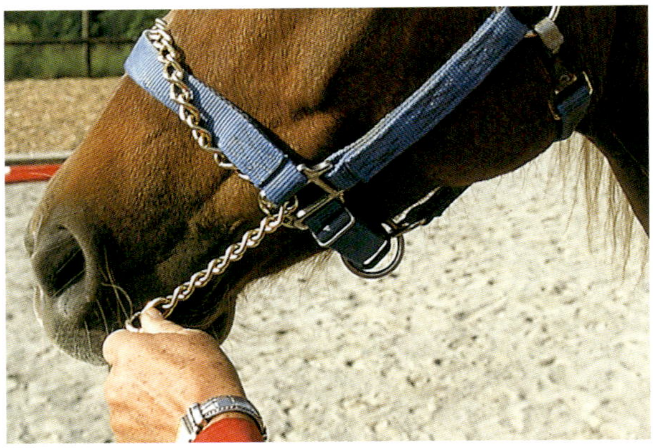

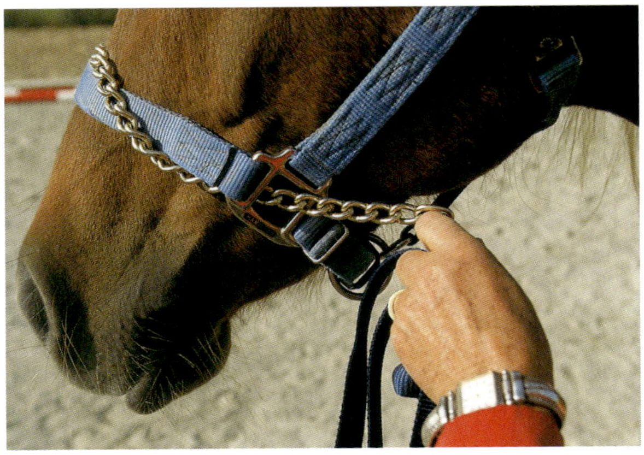

Foto oben links: Serena steht zwischen zwei Stangen, damit sie auf gerader Linie zurücktritt. Sie hat nun gelernt, im Gleichgewicht zurückzutreten und ...

Foto oben rechts: ... wenn sie die Füße gerade angehoben hat, beende ich das „Zurück"-Signal am Kopf und ziehe die Kette leicht nach unten. Gleichzeitig drücke ich mit der Gerte gegen das Vorderbein, damit sie nach nur einem einzigen Schritt anhält und still stehen bleibt. Ihre Schritte sind nun ganz gleichmäßig und ausbalanciert.

Foto Mitte links: Sofort tippe ich Serena mit einer kleinen, kreisförmigen Bewegung auf die Kruppe (siehe auch „Dingo", Seite 253).

Foto Mitte rechts: Ich lege die Gerte nachdrücklich auf die Kruppe und gebe mit der Kette ein „Zurück"-Signal, damit Serena anhält und vollständig ruhig stehen bleibt.

Foto Mitte: Hier sehen Sie aus der Nähe die leichten Signale, die ich an der Führkette, dicht am Halfter gebe, damit Serena jeweils nur einen Schritt vortritt.

Foto unten: Das Rückwärts-Signal an der Führkette. Anmerkung: Im allerersten Bild gebe ich das Signal an der Führkette nach unten, damit die Stute sofort nach dem Auffußen die Füße ruhig stehen lässt.

zurücktritt. Bewegt es nur ein Bein, wird zuerst das Hinterbein, unmittelbar darauf das diagonale Vorderbein abgestrichen und angetippt, verbunden mit einem Stimmkommando und einem Signal am Halfter. Sie können auch das Vorderbein hinten und vorn abstreichen, dann den Bauch und anschließend das diagonale Hinterbein.

Was tun, wenn ...

... das Pferd nicht auf die Signale reagiert? Führen Sie die in den Fotos beschriebenen Schritte aus.

Anwendung

- Damit das Pferd lernt, auf ein leichtes Signal anzutreten und nicht nach hinten zu ziehen.
- Zum problemlosen Verladen in einen Hänger.
- Damit das Pferd auf Wunsch mit Leichtigkeit rückwärts tritt.
- Damit das Pferd lernt, ruhig und geschlossen auf allen vieren zu stehen.
- Damit das Pferd an der Hand und unter dem Sattel leichter und feinfühliger reagiert.
- Zur Verbesserung von Koordination und Gleichgewicht.

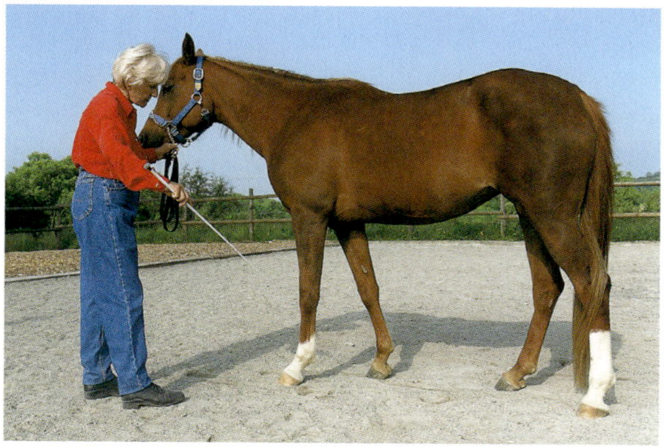

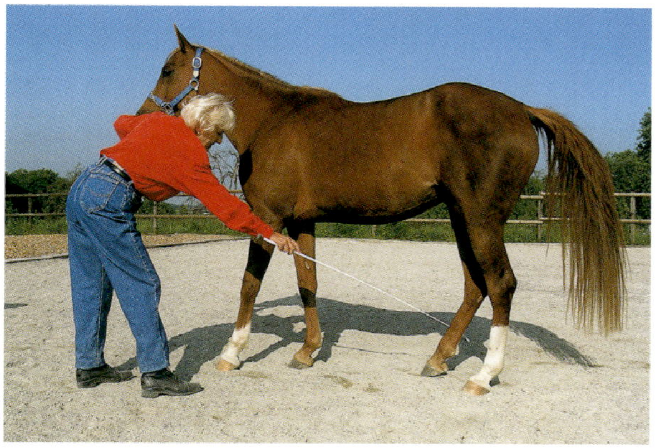

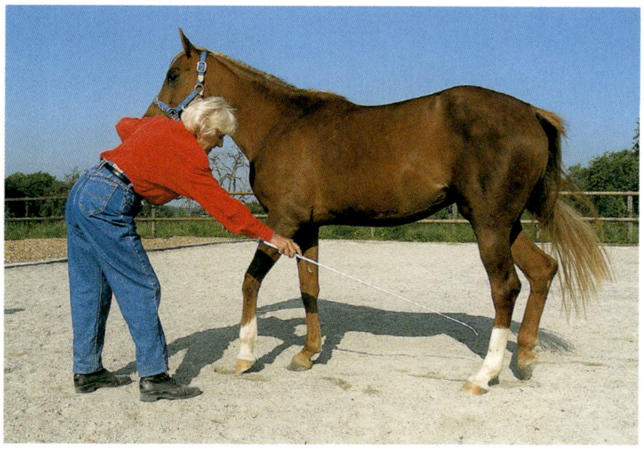

Foto oben: Legen Sie die Führleine zusammen, nehmen Sie diese wie abgebildet in die linke Hand und ergreifen Sie die Kette mit Daumen und Zeigefinger ungefähr 10 cm unterhalb des Halfterrings. Mit der Gerte in der anderen Hand fordern Sie das Pferd auf, einen Schritt zurückzutreten, und zwar mit dem Bein, das am weitesten vorn steht. Tippen Sie das Bein mit der Gerte an und zupfen Sie gleichzeitig leicht an der Kette – annehmen und wieder loslassen.

Foto Mitte: Serena versteht mich nicht, also nehme ich ihren Kopf höher und tippe das diagonale Hinterbein an, während ich gleichzeitig mit der Führkette „Zurück" signalisiere. Das Signal an der Kette darf nur leicht gegeben werden, damit das Pferd nicht den Hals verdreht, das Gleichgewicht verliert und gar nicht mehr zurücktreten kann.

Foto unten: Serena begreift und reagiert, indem sie das linke Vorder- und das rechte Hinterbein gleichzeitig nach hinten setzt. Gleich lange Schritte mit den Vorder- und Hinterbeinen sind das Kennzeichen für Gleichgewicht. Unkoordinierte Pferde machen meist mit dem Vorderbein einen zu langen und mit dem Hinterbein einen kurzen Schritt zurück. Ihr Ziel sind gleich lange Schritte.

Tanzen für Fortgeschrittene

Eine meiner Schülerinnen setzt den Cha-Cha im Waschstand ein, damit ihre Araberstute nicht vergisst, nach vorn zu kommen und da auch zu bleiben. Wie sie sagt, war die Übung eine unschätzbare Hilfe, um der Stute beizubringen, dass sie im Waschstand nicht nach hinten ziehen oder rückwärts wieder herausschießen sollte. Bei ihr geht der Cha-Cha noch weiter: Sie variiert die Anzahl der Schritte, die das Pferd nach vorn oder nach hinten macht – zwei Schritte zurück, ein Schritt vor, drei Schritte zurück, zwei vor usw. –, bis die Stute ganz fein auf die Hand reagiert. Sie hat festgestellt, dass das Zufallsprinzip bei den Schritten nach vorn oder zurück die Stute wirklich fein abstimmt und volle Konzentration erzeugt.

Die tanzende Kobra

Schon vor vielen Jahren habe ich eine Methode entdeckt, mit der man ungebärdige Pferde – die an der Führleine ziehen oder herumtanzen, sich nicht geradeaus führen oder nicht anhalten lassen – unfehlbar auf sich konzentrieren kann: Man stellt sich vor das Pferd und hält die Gerte über der Führleine gekreuzt. Diese Position erinnert mich an eine Kobra, die zur Flötenmusik tanzt. Daher der Name dieser Übung.

Anwendung

- Für Gleichgewicht, Konzentration und Selbstdisziplin.
- Um hektische Pferde ruhiger zu machen.
- Zur Korrektur von Pferden, die sich losreißen.

Mit der Führposition *Die tanzende Kobra* lernt das Pferd – auf Ihre Körpersprache und die Bewegung der vor Ihnen gekreuzten Gerte hin, ohne Druck am Halfter –, einen oder zwei Schritte nach vorn zu machen und stehen zu bleiben. Das Ergebnis sind Gleichgewicht, Konzentration und Selbstdisziplin.

Die tanzende Kobra ist besonders geeignet für Pferde, die an der Hand vorauseilen oder drängeln, sich loszureißen versuchen, wenn man sie anbindet, und allgemein wenig Selbstdisziplin besitzen. Mit dieser Übung lernen sie, auf einen Druck am Halfter mit Vorwärtsgehen zu reagieren anstatt mit Zurückziehen.

Was Sie brauchen

- Führkette oder Lama-Leine.
- Eine Gerte.

So wird's gemacht

Zum Antreten: Sie stehen in ca. einem Meter Abstand vor dem Pferd, den Oberkörper leicht vorgeneigt. Die Führleine halten Sie locker in beiden Händen, mit der Gerte in der Hand, die das Ende hält. Nehmen Sie die Führleine leicht an und lassen Sie wieder los, während Sie die Gerte über der Leine gekreuzt langsam zu sich herbewegen und gleichzeitig rückwärts treten. Für eine optimale Wirkung üben Sie diese Position am besten zuerst im *Labyrinth* und fordern das Pferd auf, zwei Schritte nach vorn zu machen und anzuhalten.

Gelingt dies problemlos, üben Sie drei Schritte und anhalten. Vergessen Sie nicht, dass Sie rückwärts gehen müssen, wenn das Pferd sich nach vorn bewegt, und zwar so lange, bis das Pferd anhält.
Zum Anhalten: Lassen Sie das Pferd einen oder zwei Schritte nach vorn machen und halten Sie es dann an, indem Sie mit der Gerte auf seine Nase zeigen und sich leicht vorbeugen. Stoppt es nicht, tippen Sie ihm leicht auf die Nase, worauf es den Kopf höher nehmen wird. Dadurch verlagert sich der Schwerpunkt nach hinten, und das Pferd kann leichter anhalten.

Was tun, wenn ...

... das Pferd nicht anhält? Hier sind drei Lösungsvorschläge:

- Tippen Sie mit der Gerte auf das Kettenstück der Führleine. Das Pferd wird den Kopf höher nehmen, sodass sich sein Schwerpunkt nach hinten verlagert. Das erleichtert ihm das Anhalten.
- Greifen Sie zurück auf die Führposition *Dem Kamel einen Tipp geben*, um das Pferd an die Verbindung zwischen dem Antippen an der Brust und dem Anhalten zu erinnern.
- Holen Sie jemanden zu Hilfe, der auf der anderen Seite des Halfters eine zweite Führleine einhakt, um Ihre Stimm- und Gertensignale zu verstärken.

Foto oben links: Zum Antreten gehe ich rückwärts, bewege die Gerte in meine Richtung und gebe ein zupfendes Signal an der Führleine.

Foto oben rechts: Zum Anhalten bewege ich meinen Oberkörper in Richtung Pferd und führe die Gerte in Richtung Pferdenase. Wenn das Pferd seinen Kopf hebt, verschiebt sich seine Balance nach hinten und es kann leichter anhalten.

Foto unten links: Im Halten wird die Gerte neutral und quer über der Führleine positioniert.

Der Dingo und Dem Kamel einen Tipp geben

Mit dem *Dingo* lernt das Pferd, auf ein leichtes Signal an der Führleine anzutreten, während Sie es auf der Kruppe mit der Gerte antippen. Diese Übung ist ein wesentliches Hilfsmittel, wenn es darum geht, dass ein Pferd sich anbinden lässt und auf einen Druck am Kopf nicht rückwärts zieht, sondern eher vorwärts geht. *Dem Kamel einen Tipp geben* kann man in Verbindung mit dem *Dingo* zum Anhalten einsetzen.

Hat das Pferd gelernt, auf klare, präzise Signale am Kopf und am Körper zu reagieren, wird die Übung unter dem Sattel weiter geführt. Mit dem Einsatz der Gerte kann man auch vom Sattel aus „Vorwärts!“ und „Halt!“ verdeutlichen.

Mit dem *Dingo* lernen langsame Pferde, schneller zu reagieren, und ungeduldige Pferde lernen abzuwarten.

Ziel ist es, dass das Pferd auf ganz leichte Signale reagiert. Wenn Sie merken, dass Sie es dauernd weiter antippen müssen, damit es sich vorwärts bewegt, achten Sie einmal darauf, ob sein „Unwille“ nicht vielleicht daher rührt, dass Sie es unbewusst mit einer Hand an der Führleine zurückhalten. Bei den meisten Menschen dauert es einige Zeit, bis sie ihre Hände unabhängig voneinander bewegen können. Mit dieser Bodenübung können Sie auch Ihre Reiterei verbessern.

Anwendung

- Damit ein junges Pferd lernt, sich mit einem leichten Signal führen und anhalten zu lassen.
- Um ein ängstliches Pferd dazu zu bringen, dass es vorwärts geht (z. B. durch einen schmalen Durchgang).
- Damit sich Pferde gefahrlos und willig verladen lassen.

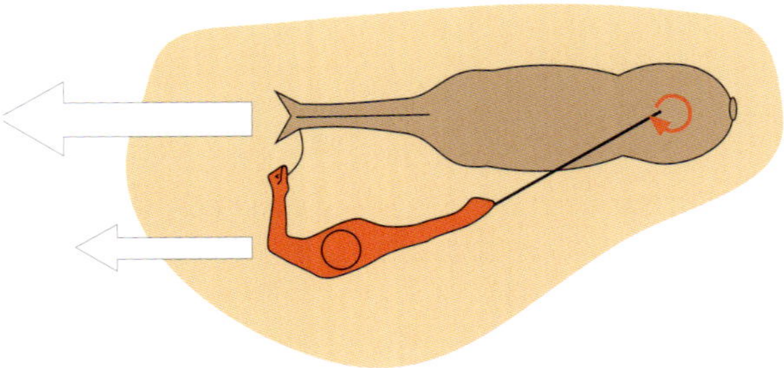

Zeichnung: Die Führposition zum Antreten: Der Dingo.

Foto oben links: Die Führleine liegt, in Schlaufen gelegt, in der einen Hand. Stabilisieren Sie das Pferd mit leichtem Kontakt an der Führkette.

Foto oben rechts: Streichen Sie ihm nachdrücklich zwei bis drei Mal über den Rücken, vom Widerrist bis zur Kruppe.

Foto unten links: Geben Sie ein leichtes Vorwärtssignal am Halfter, lassen Sie wieder los.

Foto unten rechts: Tippen Sie das Pferd zwei, drei Mal auffordernd mit der Gerte auf der Kruppe an.

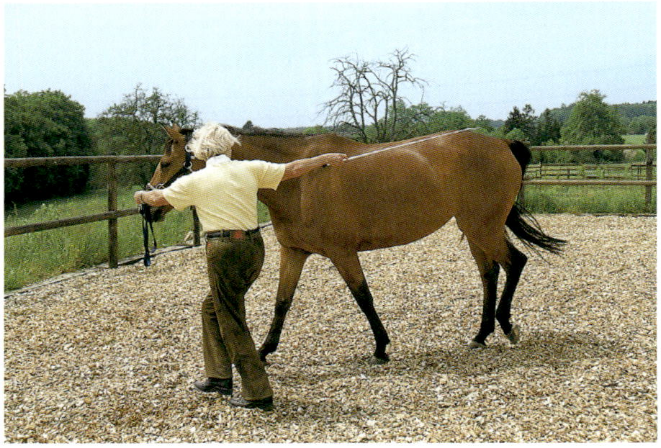

Was Sie brauchen

- Führkette oder Lama-Leine.
- Eine Gerte.

So wird's gemacht

- Stabilisieren, abstreichen, signalisieren, antippen: Der *Dingo* besteht aus vier Schritten, die – im Sekundenabstand – wie folgt ausgeführt werden: Sie stabilisieren den Pferdekopf, streichen den Rücken ab (zwei oder drei Mal), signalisieren mit der Führkette, dass das Pferd antreten soll, und tippen es mit der Gerte auf der Kruppe an.
- Machen Sie das Pferd mit einem leichten Signal an der Führkette in Richtung Brust aufmerksam. Mit dieser vorsorglichen Bewegung halten Sie Pferde, die nervös oder überempfindlich sind, davon an, sofort anzutreten.
- Streichen Sie nachdrücklich über den Rücken, um Vor- und Hinterhand miteinander zu verbinden und das Pferd auf das Antippen auf der Kruppe vorzubereiten.
- Signalisieren Sie mit einem leichten Annehmen und Nachgeben an der Kette, dass es antreten soll. Ein leichtes (kreisförmiges) Antippen auf der

Kruppe verstärkt das Vorwärtskommando. Endziel ist jedoch, dass das Pferd schließlich schon auf das Signal an der Führleine oder -kette, ohne Gerte, reagiert und vorwärts geht. Gleichzeitig geben Sie klar und deutlich das Stimmkommando „Und Scheeeritt!“ oder „Und vor!“.

- Wir werden oft gefragt, warum wir die Pferde auf der Kruppe antippen statt wie üblich am Schenkel. Auf ein Antippen am Schenkel hin treten Pferde eher instinktiv zur Seite als nach vorn, und sie sollen denken und lernen, nicht nur reagieren. Ziel der Tellington-Methode ist es, die Pferde über das Instinktverhalten hinweg zum Denken zu bringen.

Dem Kamel einen Tipp geben

So wird's gemacht

- Bei *Dem Kamel einen Tipp geben* bringen Sie die Gerte nach vorn vor die Brust des Pferdes. Die Gertenspitze zeigt dabei nach unten. Zum Anhalten sagen Sie langsam und lang gezogen „Hooo!“ oder „Haaalt!“, geben ein leichtes Signal mit der Kette und tippen das Pferd vor die Brust. Das trägt dazu bei, dass es sein Gewicht nach hinten verlagert und im Gleichgewicht anhält.
- Um ein Pferd über ein Hindernis wie das *Brett* zu führen (Seite 289), nehmen Sie die *Dingo*-Führposition ein. Diese Hindernisse eignen sich hervorragend dazu, das Vertrauen des Pferdes zu festigen, damit es dahin geht, wohin Sie es führen, auch wenn etwas bedrohlich *aussieht*. Besonders gut sind sie zur Vorbereitung auf das Verladen – damit das Pferd problemlos und ohne Angst in den Hänger hineingeht.

Anwendung

- Konzentration und Selbstdisziplin.
- Um hektische Pferde ruhiger zu machen.

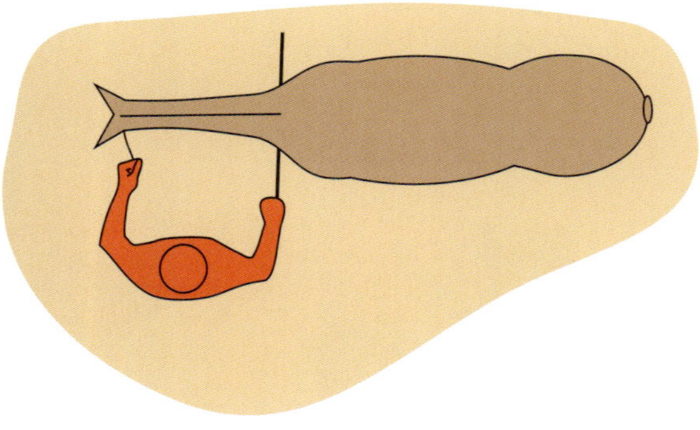

Zeichnung: Die Führposition zum Anhalten: Dem Kamel einen Tipp geben.

Foto: Zum Anhalten wird die Gerte an die Brust des Pferdes getippt und mit einem Stimmsignal verbunden.

Was tun, wenn …

… das Pferd beim Anhalten auf die Vorhand fällt? Heben Sie die Führkette an, damit es sich besser ausbalancieren kann.

… das Pferd nervös ist? Fordern Sie es mit der Führkette auf, *den Kopf* bis unterhalb des Widerrists *zu senken* (Seite 182). Tippen Sie es sacht auf der Kruppe an und lassen Sie es mit gesenktem Kopf vorwärts gehen. Zwei Schritte genügen, dann halten Sie wieder an. Geben Sie leichte, klare Signale mit der Gerte an der Brust und mit der Führleine. Geben Sie zum Antreten wie zum Anhalten deutliche Stimmkommandos, um jede Verwirrung zu vermeiden und ein etwaiges Unbehagen nicht zu vergrößern. Die Übung eignet sich ausgezeichnet für Pferde, die sich gern losreißen, und wird oft in Verbindung mit *Den Tiger zähmen* (Seite 185) eingesetzt.

Der elegante Elefant

Der elegante Elefant ist die Basis-Führposition und die sicherste, die wir bei der Tellington-Methode verwenden. Sie verleiht mühelose Kontrolle und erinnert darin an die Kraft und Eleganz eines Elefanten. Stellen Sie sich den Gertenknauf als die Rüsselspitze des Elefanten vor.

Die meisten von uns haben gelernt, dass man zum Führen seitlich neben dem Pferd geht, irgendwo zwischen Pferdekopf und Schulter. Wenn das Pferd losstürmt, kann man ihm den Ellbogen in den Hals stemmen und es auf einen Kreis bringen, bis es langsamer wird oder anhält. Auf diese Weise kann man nicht getreten werden.

Diese Art des Führens hat jedoch zwei Nachteile. Erstens achtet das Pferd weniger auf Sie, wenn Sie hinter seinem Kopf gehen – *denn so führt es Sie!* Und zweitens bringen Sie das Pferd aus dem Gleichgewicht, wenn Sie es um sich herum biegen, damit es langsamer wird oder anhält, und wir verwenden doch eine Menge Mühe und Zeit darauf, unsere Pferde stets *ins* Gleichgewicht zu bringen. Genau genommen gibt es sogar noch einen dritten Nachteil: Wenn Sie hinter seinem Kopf gehen, lernt das Pferd zu ziehen und Ihre Signale zum Langsamerwerden oder Anhalten zu ignorieren.

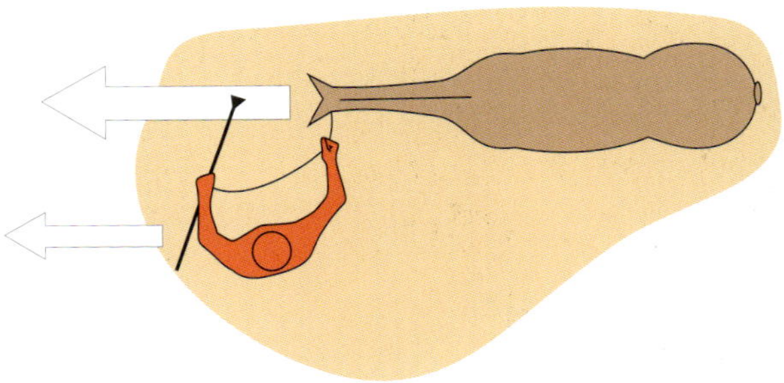

Zeichnung: Die Führposition Eleganter Elefant

Foto: Hier gehe ich leicht seitlich vor Dorina, die Gerte etwas unterhalb ihrer Nasenhöhe, weil sie von Natur aus den Kopf hoch trägt und ziemlich temperamentvoll ist. Die gesenkte Kopfhaltung trägt dazu bei, sie zu beruhigen und ausgeglichener zu machen.

Foto oben links: Übung am Zaun: Die Gerte halten Sie in der linken Hand, und zwar etwa in der Mitte, den Knauf vor der Pferdenase. Mit der Zeit lernt das Pferd, der Bewegung dieses Knaufs zu folgen. Mit beiden Händen an der Führleine können Sie diese schneller verlängern oder verkürzen, wenn das Pferd herumspringt oder nach hinten zieht.

Foto oben rechts: Nehmen Sie den durchhängenden Teil der Führleine in einer Schlaufe zwischen Zeige- und Mittelfinger auf. So kann sich bei einer plötzlichen Bewegung des Pferdes die Leine nicht um Ihre Hand oder die Finger festziehen.

Foto Mitte: Um dem Pferd begreiflich zu machen, dass es der Bewegung der Gerte folgen soll, fängt man am besten damit an, das Pferdemaul mit der Gerte sanft zu streicheln.

Foto unten: Die Gerte wird dann in einer fließenden Bewegung nach vorn geführt, in die Richtung, in die das Pferd gehen soll. Darauf geben Sie das Vorwärtssignal (Zupfen und Nachgeben) an der Kette und ein deutliches Stimmkommando, zum Beispiel ein lang gezogenes „... und Scheeeritt!“, um den Übergang zu erleichtern und dem Pferd Zeit zu geben, die Bewegung auszuführen.

Im Verlauf vieler Jahre haben wir festgestellt, dass eine Position leicht seitlich vor dem Pferdekopf und der Einsatz der Führkette über der Pferdenase, kombiniert mit der Bewegung der Gerte, ein Pferd viel eher dazu bringt, auf die Bewegung zu achten und unsere Wünsche umzusetzen. Funktioniert diese Kooperation am Boden, funktioniert sie auch fast immer bei der Arbeit unter dem Sattel. Vergessen Sie nicht, das Pferd von beiden Seiten zu führen und die Führkette umzuschnallen, damit beide Gehirnhälften aktiviert werden.

Anwendung

- Um einem Pferd abzugewöhnen, am Führstrick zu ziehen.
- Zur Korrektur von Pferden, die an der Hand oder unter dem Sattel schwer anzuhalten sind.
- Zur Korrektur von Pferden, die an der Hand gern im Kreis um die Führperson herumlaufen.

Zum Anhalten sagen Sie langsam und deutlich „... und Haaalt!". Bleiben Sie so lange auf Kopfhöhe und ziehen Sie das Stimmkommando in die Länge, bis das Pferd vollständig zum Stehen gekommen ist. (Das zwingt Sie gleichzeitig, tief durchzuatmen.) Bewegen Sie die Gerte etwa einen halben Meter vor der Pferdenase ungefähr 10 cm rhythmisch auf und nieder.

Bis das Pferd gelernt hat, auf die Stimme und die Bewegung der Gerte vor seiner Nase anzuhalten, können Sie das Kommando dadurch verstärken, dass Sie dem Pferd mit dem Gertenknauf vor die Brust oder ein, zwei Mal gegen die gegenüberliegende Schulter tippen und gleichzeitig mit der Führkette das Signal zum Anhalten geben.

Was Sie brauchen

- Führkette oder Lama-Leine.
- Eine Gerte.

So wird's gemacht

- Grundposition: Wenn Sie das Pferd von links führen, halten Sie das Ende der Führkette (oder Lama-Leine) und die Gerte in der linken Hand. Balancieren Sie die Gerte ungefähr in der Mitte aus, den Griff auf das Pferd gerichtet. Mit der rechten Hand ergreifen Sie leicht die Führkette.
- Üben Sie diese Position zuerst an einem Zaun, bevor Sie es mit dem Pferd versuchen. Üben Sie das leichte Zupfen und Nachlassen an der Kette als Signal zum Antreten und Anhalten. Denken Sie daran, dass das Pferd eher auf das Nachgeben als auf das Zupfen reagieren wird.
- Machen Sie einen Knoten in das Ende der Führleine und legen Sie sich die Leine in die Handfläche, mit dem Knoten kurz hinter dem kleinen Finger. Wichtig ist, dass die Leine so lange leicht durchhängt, bis Sie das Signal zum Antreten, Langsamerwerden oder Anhalten geben. Dieses Durchhängen nennen wir die „Neutralposition".

Was tun, wenn ...

... das Pferd sich zu Ihnen dreht, sobald Sie anhalten wollen? Gehen Sie weiter, bis das Pferd angehalten hat. Die meisten Leute sagen „Hooo!" und bleiben stehen. Das Pferd geht weiter und wird dann nach links gezogen. Gehen Sie weiter und halten Sie den Pferdekopf gerade. Vergessen Sie nicht, die äußere Schulter mit dem Gertenknauf anzutippen.

Der anmutige Gepard

Mit dieser Führposition wird das Pferd eingeladen, der Bewegung der Gerte vor seiner Nase zu folgen. Es soll einen Abstand von etwas über einem Meter zu Ihnen einhalten und auf eine Bewegung der Gerte vor seiner Nase zusammen mit einem ruhigen Stimmkommando anhalten. Ihren Namen hat sie bekommen, weil man so schnell und anmutig wie eine dieser großen Katzen sein muss, um die Gerte im Gehen von einer Hand in die andere zu wechseln. Viele meiner Schüler und Schülerinnen haben berichtet, dass sich mit der Vorstellung, sich mit der Anmut eines Geparden zu bewegen, wäh-

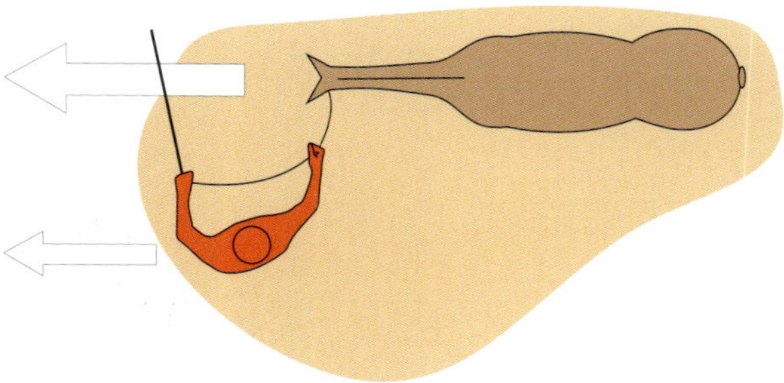

Zeichnung: Die Führposition Der anmutige Gepard

Foto oben links: Stangentraining in der Führposition Delphine schnellen durch die Wellen (siehe Seite 263).

Foto unten links: Die Führposition Der anmutige Gepard

rend sie die Gerte von einer Hand in die andere wechselten, auch ihre eigene Koordinationsfähigkeit erheblich verbesserte.

Was Sie brauchen

- Führkette oder Lama-Leine.
- Eine Gerte.

So wird's gemacht

- In der Position *Delfine schnellen durch die Wellen* geht der Wallach oben über die Stangen – die Leine wird in der linken, die Gerte in der rechten Hand gehalten und ist auf den Schweif gerichtet, um die Vorwärtsbewegung aufrecht zu erhalten.
- Nun befindet sich die Gerte vor der Pferdenase in der Führposition *Anmutiger Gepard*. Nehmen Sie die Gerte in die linke Hand und gleiten Sie mit der rechten Hand ca. 30-40 cm an der Leine hoch. Sie haben nun die Gerte und das Ende der Leine in der linken Hand. Das Pferd folgt der Gerte über Stangen und behält auch ohne Treiben von hinten seinen Vorwärtsimpuls bei. Der Gerte im *Anmutigen Geparden* zu folgen ist eine gute Vorbereitung auf die *Freie Arbeit* (Seite 274).

Aus dieser Position heraus kann man mit ganz kleinen Auf- und Abbewegungen der Gerte ca. einen Meter vor der Pferdenase, unmittelbar gefolgt von zwei Mal leichtem Antippen an der Brust und dem Stimmkommando „Und Haaalt!", ein Pferd auch gut anhalten.

Anwendung

- Das Pferd soll sich darauf konzentrieren, auf eine Bewegung der Gerte hin zu folgen, anzuhalten oder zurückzubleiben.
- Damit das Pferd Distanz zu Ihnen hält und eine gewisse Unabhängigkeit entwickelt.
- Um die Oberlinie und den Rücken länger zu machen.
- Damit es auch ohne Druck durch das Halfter aus dem ganzen Körper heraus anhält.
- Damit sich das Pferd beim Führen nicht an Sie herandrängt.
- Zur Entwicklung von Selbstvertrauen.
- Um schreckhafte und unkonzentrierte Pferde aufmerksam zu machen.

Foto oben: Die Lama-Leine wird von hinten durch den oberen Teil des Halfterrings geführt, damit das Pferd nicht gezwickt wird, was zu Kopfschlagen führen könnte. Durch das feste Verdrehen wird verhindert, dass das Pferd bei gesenktem Kopf hineintreten kann; außerdem wird die Leine dadurch stabiler.

Foto unten: Ein Extrariemchen, beispielsweise der einfache Kinnriemen einer Western-Kandare, verhindert ein Verrutschen des Halfters, wenn es etwas zu groß für das Pferd ist.

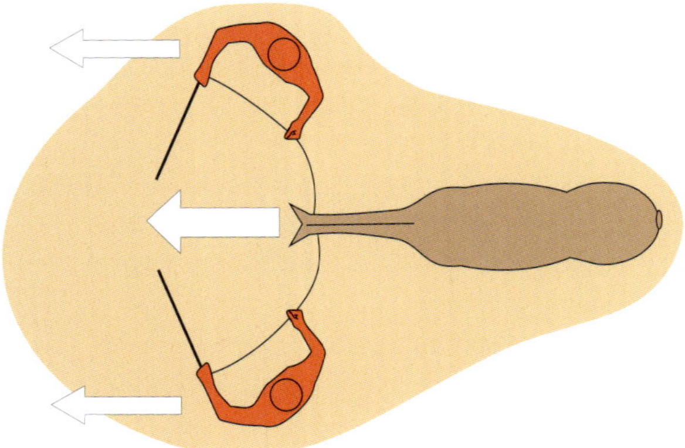

Zeichnung: Die Führposition Die Brieftaube

Die Brieftaube

Zu dieser Führübung werden zwei Personen benötigt, auf jeder Seite des Pferdes eine, ausgerüstet mit Führleine und Gerte. Der Name wurde inspiriert von den beiden Führpersonen, die ein Gefühl der Sicherheit vermitteln und mich an ausgebreitete Schwingen erinnernt. Die meisten nervösen Pferde werden ruhiger und überwinden den Fluchtreflex, wenn sie sich auf die beiden Gerten konzentrieren und sich in ihrer Mitte „zu Hause" fühlen. Außerdem kann man gut den Unterschied zwischen *Eleganter Elefant* und *Anmutiger Gepard* feststellen, wenn die eine Person die Kontrolle hat, während die andere im Gehen den Wechsel von einer Führposition zur anderen übt.

Was Sie brauchen

- Zwei Personen.
- Eine Führleine mit Führkette und eine Lama-Leine oder aber zwei Lama-Leinen (Seite 176).
- Zwei Gerten.

So wird's gemacht

- Jede Führperson hält ihre Führleine in beiden Händen, damit sie die Leine je nach Bedarf leicht und schnell verkürzen oder verlängern kann. Das Ende der Führleine liegt in der äußeren Hand. Wer links geht, hält das Ende der Führleine also in der linken Hand, während die andere Hand irgendwo auf der Führleine liegt – von dicht am Halfter bis zu einer Entfernung von über einem Meter –, und kann auf der Leine auf und ab gleiten, je nachdem, ob im *Eleganten Elefanten* oder im *Anmutigen Geparden* (Seite 256 und 258) geführt wird.
- Es muss festgelegt sein, wer das Kommando hat, das heißt, wer die Richtung bestimmt und die Kommandos zum Anhalten, Antreten und Wenden gibt.
- Die Person, die das Kommando hat, verwendet die Führkette (zur besseren Verdeutlichung für das Pferd und größeren Sicherheit) wie üblich: über dem Nasenriemen und auf der gegenüberliegenden Seite im oberen Halfterring eingehakt. Die Lama-Leine der zweiten Person wird durch den unteren Halfterring gezogen, ein paarmal verdreht und wieder an der Führleine befestigt (siehe Foto).
- Ziel der Übung ist, das Pferd wieder ins Gleichgewicht zu bringen und es zur Aufmerksamkeit auf Ihre Signale zu erziehen. Wenn ein Pferd an der Hand willig folgt, behält es diese kooperative Einstellung auch unter dem Reiter bei.

Zur Sicherheit

Denken Sie immer daran, dass manche Pferde in Panik geraten, wenn sie sich von beiden Seiten eingeengt und bedrängt fühlen. Üben Sie lieber in einer ruhigen Umgebung, zum Beispiel im Labyrinth, über Bodenstangen oder mit Plastikfolien, bis das Pferd gelernt hat, die Begrenzung auf beiden Seiten als Schutz anzusehen und zu akzeptieren. Ist das Pferd sehr beunruhigt, führen Sie es anfangs nur von einer Seite. Für den Fall, dass ein Pferd zwischen zwei Führpersonen plötzlich nach vorn schießt, legen Sie am besten im Voraus fest, dass die zweite Person entweder ihre Leine über den Rücken des Pferdes wirft oder einfach loslässt. Da mit der weichen Lama-Leine gearbeitet wird, kann sich das Pferd nicht wehtun, sollte es darauftreten.

Anwendung

- Um Aufmerksamkeit, Geduld und Gleichgewicht zu fördern.
- Zur Aktivierung beider Hirnhälften und damit zur Verbesserung der Lernfähigkeit.
- Fördert Kommunikation und Koordination zwischen zwei Führpersonen.
- Gewöhnt Pferd wie Führperson an die Arbeit von rechts.
- Vermittelt dem Pferd die Erfahrung, dass zwei Personen in einer positiven Situation mit ihm arbeiten.
- Erzieht das Pferd dazu, Sie beim Führen nicht zu bedrängen.
- Zur Korrektur von Pferden, die schwer unter Kontrolle zu halten sind, steigen, ziehen oder im Kreis um die Führperson herum laufen.
- Um Pferde, die sich auf einer Seite nur schwer biegen können, wieder ins Gleichgewicht zu bringen.
- Zur Entspannung von Hals und Rücken.

Foto oben: Das Pferd wird von beiden Seiten in der Gepard-Position geführt, aus jeweils ca. einem Meter Entfernung. Die Führpersonen gehen ein wenig vor dem Pferd, sodass sie sich sehen können. So fühlt sich das Pferd „eingerahmt“. Hier werden die Gerten in einem Abstand von ca. einem Meter vor der Pferdenase und etwas unterhalb gehalten. Die Stute soll ihre Neigung, sich loszureißen und unter dem Reiter zu steigen, überwinden lernen. Beide Führleinen hängen leicht durch, sodass die Stute sich am Kopf frei fühlt.

Foto Mitte: Hier führe ich im Eleganten Elefanten. Eine Hand liegt an der Kette, mit dem Gertenknauf gebe ich die Signale, wobei Kirsten auf der rechten Seite in der Gepard-Position (über einen Meter Abstand, Gerte in ganzer Länge ausgestreckt) als Begrenzung wirkt. Die Person, die das Kommando hat (in diesem Fall ich), führt an der kurzen Leine im Eleganten Elefanten, während die zweite Person ca. 1,20 m entfernt und leicht vor der Pferdenase die Gepard-Position einnimmt.

Foto unten: So wird das Pferd mithilfe von Dingo um die Ecke geführt. Die Führperson an der Außenseite bewirkt nur eine Begrenzung nach außen und gibt keinerlei Signale.

Varianten

- Beide Führpersonen in der *Anmutiger-Gepard*-Position (Seite 258). Das ist die beste Kombination, um einem Pferd Selbstdisziplin beizubringen. Es lernt, auf die subtilen Gertensignale hin Abstand zu wahren. Stimme, Körpersprache und Gerten sind vorherrschend, die Kette gibt nur leichte Signale.
- Eine Person im *Eleganten Elefanten (Seite 256)*, die andere in *Anmutiger Gepard*, wenn es um Kontrolle aus der Nähe oder im *Labyrinth* geht.
- Eine Person im *Dingo* (Seite 253), die andere in *Anmutiger Gepard*.
- Eine Person in *Tanzende Kobra* (Seite 252), die andere in *Anmutiger Gepard*.

Achtung: Führen Sie nie von beiden Seiten in der *Eleganter-Elefant*-Position. Das Pferd könnte sich zu sehr bedrängt fühlen.

Was tun, wenn …

… das Pferd steigt, statt vorwärts zu gehen? Solange die Vorderfüße in der Luft sind, darf mit der Führleine kein Druck ausgeübt werden. Wenn Sie das Pferd erneut zum Antreten auffordern, müssen die Gerten tief und ruhig gehalten werden. In manchen Fällen, besonders im *Labyrinth*, kann es für den Kommandogeber ratsam sein, die *Dingo*-Position einzunehmen.

Tellington-Tipp

- Beide Gerten werden auf Nasenhöhe in deutlichem Abstand vor dem Pferd getragen, sodass es sich darauf konzentrieren kann, wo es hingeht. Zum Antreten gibt der Kommandogeber das Stimmsignal, und beide Führpersonen „öffnen" ihre Gerten, um das Pferd nach vorn einzuladen.
- Wenn Sie sich in einer Wendung auf der Außenseite befinden, gehen Sie mit der Hand, die dem Pferd am nächsten ist, nach vorn, damit Sie nicht ins Ziehen verfallen, wenn Sie zurückbleiben. Auf diese Weise können Sie Ihre Hand „einholen", statt das Pferd zu früh zu stoppen.
- In einer Wendung oder auf dem Zirkel besteht die Gefahr, dass die Führperson an der Außenseite nicht mitkommt und vielleicht das Pferd zurückzieht. Um dies zu vermeiden, muss sie entweder dichter ans Pferd heran gehen oder das Pferd muss langsamer gehen, damit sie in der Lage ist, ein wenig vor der Pferdenase zu bleiben.

Der fröhliche Delfin

Bei dieser Führübung lernt Ihr Pferd, auf Ihre Hilfen für Schritt, Trab und Stopp zu reagieren und dabei ständig einen Abstand von 1,20 bis 1,80 m einzuhalten – so weit, wie die Führleine vorgibt. Auf diesen Abstand zu achten verleiht dem Pferd ein höheres Maß an Eigenverantwortung. Es kann Ihre Körpersprache beobachten und Sie – am anderen Ende der Führleine – besser sehen. Das führt zu einer andersartigen Beziehung mit einem gewissen Gefühl der Freiheit. Ihr Pferd lernt zu kooperieren und die gemeinsame Arbeit zu genießen.

Um das Pferd darauf vorzubereiten, dass es an einer kurzen Leine den Abstand halten und vorwärts gehen soll, setzen wir als Vorübung *Delfine schnellen durch die Wellen* ein. Daran – an Delfine, die durch die Wellen schnellen – erinnert die Art, wie die Gertenspitze sacht von Punkt zu Punkt, von der Kruppe über den Widerrist bis zur Pferdenase, über das Pferd „springt".

Hat das Pferd einmal gelernt, auf Abstand zu bleiben und auch ohne das Antippen der Gerte an Kruppe, Schulter, Hals und Nase willig vorwärts zu gehen, sprechen wir nur noch vom *Fröhlichen Delfin*.

Vorsicht: Bleiben Sie bei diesen Übungen aus Sicherheitsgründen immer auf Schulterhöhe des Pferdes. Wenn Sie weiter zurückbleiben, könnten Sie vom Pferd geschlagen werden.

Anwendung

- Zur Vorbereitung auf die Longenarbeit, wobei das Pferd nahe genug ist, um es mit der Stimme und der Gerte unter Kontrolle halten zu können.
- Um ein junges Pferd zur Achtsamkeit auf Ihre Hilfen zu erziehen und es so auf die Arbeit unter dem Sattel vorzubereiten.

Foto oben: Beginnen Sie in der Dingo-Führposition (Seite 253), die Führleine zu einer Acht gelegt in der linken und den Griff der Gerte in der rechten Hand. Sobald das Pferd antritt, gehen Sie von ihm weg und lassen die Führleine entsprechend durchgleiten.

Foto Mitte links: Nun gehe ich geradeaus, lasse die Longe leicht durchhängen, um Donita nicht hinter mir herzuziehen, und tupfe der Stute mit der Gerte leicht auf die Kruppe.

Foto Mitte rechts: Als Nächstes tippe ich die Stute rhythmisch seitlich am Widerrist an, damit sie weitergeht und ihren Abstand hält.

Foto unten links: Ein leichtes Antippen oben am Hals dient einem doppelten Zweck: Es signalisiert dem Pferd, Abstand zu halten, und hilft ihm, einen Kontakt an dieser Stelle ruhig zu akzeptieren, besonders wichtig bei hypersensiblen oder kopfscheuen Pferden.

Foto unten rechts: Mit einem sanften Antupfen, wie von einem Farbpinsel, am Halfterring oder seitlich an der Pferdenase schicke ich Donita von mir weg. Die Führleine hängt immer noch leicht durch. Für viele Pferde hätte eine in dieser Länge hinabhängende Kette zu viel Gewicht und würde ihnen den Kopf in Richtung Führperson ziehen. Bei Pferden mit einer Neigung, zur Führperson hinzudriften, kürzt man am besten die Kette, sodass nur noch 5 bis 8 cm vom Halfter hinunterhängen.

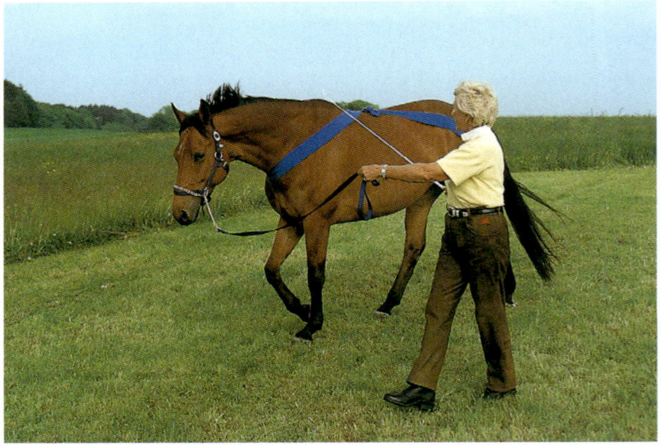

Foto: Zum Anhalten wechseln Sie in die Anmutiger-Gepard-Position (Seite 258): Sie nehmen die Gerte zusammen mit dem Ende der Führleine in die linke Hand und vor den Pferdekopf. Die rechte Hand gleitet ca. 30 cm an der Führleine nach oben. Machen Sie mit der Gerte etwa einen Meter vor der Pferdenase eine kurze Bewegung und tippen Sie es dann an der Brust an. Gleichzeitig sagen Sie „Hooo!" oder „Haaalt!".

Zeichnung: Die Gertenberührungspunkte bei der Führposition Delfine schnellen durch die Wellen.

Was Sie brauchen

- Eine Führleine mit Führkette oder eine Lama-Leine.
- Eine Gerte.

So wird's gemacht

- Beginnen Sie mit Schritt und Trab an der Hand auf gerader Linie und gehen Sie dann über zu Schritt in einem großen Oval. Wir longieren Pferde lieber in einem Oval als auf einem Zirkel und verwenden außerdem lieber eine normale Führleine und die Gerte, sodass die Führperson mit dem Pferd mitgeht, anstatt in der Mitte des Zirkels stehen zu bleiben. Dem Pferd fällt es so leichter, das Gleichgewicht zu halten, und es achtet besser auf den Abstand von der Führperson und wohin es geht.
- Wenn das Pferd diese Übung beherrscht und ruhig auf Ihre Stimmkommandos und die Bewegung der Gerte reagiert, steigen Sie auf in die Abteilung für Fortgeschrittene und nehmen das Pferd an eine längere Leine oder an die Longe. Ein *Körperband* (Seite 179) trägt zusätzlich bei zu Ruhe und Konzentration.

Was tun, wenn …

… das Pferd nach innen drängelt? Manchmal wird das Pferd vom Gewicht der vom Halfter hinunterhängenden Führkette nach innen gezogen. Dagegen hilft oft, die Kette zu verkürzen (siehe *Tellington-Handwerkszeug*, Seite 175). Auch mit dem *Pfauenrad* – die Gerte wie einen Scheibenwischer langsam von einer Seite zur anderen bewegen (Seite 267) – können Sie das Pferd auf Abstand halten. Besonders am Anfang muss man das Pferd manchmal leicht hinter dem Ohr oder seitlich an der Nase antippen, um es auf Distanz zu halten. Begreift es immer noch nicht, was es soll, machen Sie ihm mit der *Brieftaube* (Seite 261) klar, dass es seinen Abstand einhalten soll.

Der Flug des Adlers

Hat das Pferd die *Delfin*-Führposition gelernt, versuchen Sie es einmal mit dieser „Übung für Fortgeschrittene", mit der Sie testen können, ob das Pferd auch über Bodenstangen willig im Schritt und Trab auf gerader Linie neben Ihnen bleibt. Führleine und Gerte werden in eine Hand genommen, die Gertenspitze zeigt auf die Schulter des Pferdes und hält es so in größtmöglichem Abstand.

Die Übung *Der Flug des Adlers* ist besonders nützlich für Aufgaben wie das Pferd im Trab an der Hand über Cavaletti treten zu lassen. Wie das im Schritt aussieht, sehen Sie auf Seite 273 oben links.

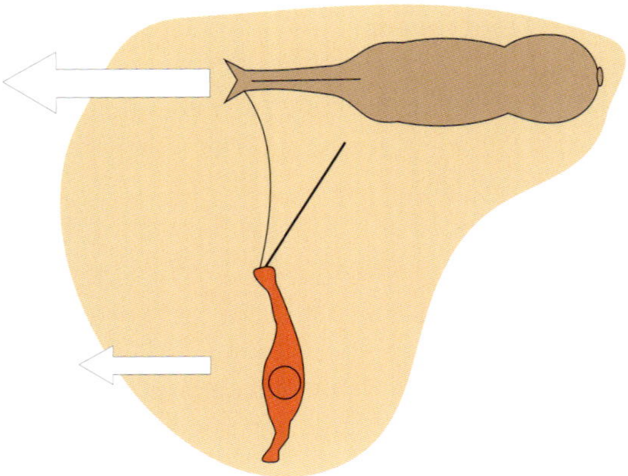

Foto: Der ultimative Test für Gleichgewicht und zusammen Tanzen: Ich halte das Ende der Leine und die Gerte in der rechten Hand, die linke bleibt frei. Das Pferd fällt weder zurück, noch stürmt es, sondern bleibt auf Schulterhöhe neben mir. Dies ist eine ausgezeichnete Übung, wenn Sie Ihr Pferd an der Hand vorstellen wollen. Üben Sie das Führen von beiden Seiten und auf dem Zirkel.

Zeichnung: Die Führposition Der Flug des Adlers

Was Sie brauchen

- Eine Führleine mit Führkette oder eine Lama-Leine.
- Eine Gerte.

Anwendung

- Zum Training mit Stangen oder Cavaletti.
- Beim Vortraben an der Hand vor den Richtern soll das Pferd am lockeren Führzügel neben Ihnen bleiben.
- Das Pferd soll Sie beim Führen nicht bedrängen.

Das Pfauenrad

Heutzutage wird in der Pferdeszene viel über „Respekt" geredet und darüber, dass Pferde „in ihrem eigenen Raum" zu bleiben hätten. Eine beliebte Methode besteht darin, die Führleine in schlangen- oder wellenförmiger Bewegung in Richtung Pferdegesicht zu versetzen. Das hält das Pferd zwar mit Sicherheit „auf Distanz", aber oft ist das Ergebnis ein kopfscheues Pferd, das den Kopf krampfhaft hochhält, oft noch den Rücken durchdrückt und dadurch steif und verkrampft in der Hinterhand wird. Solch eine aggressive Bewegung verletzt ganz klar die goldene Regel: *Behandle dein Pferd so, wie du selbst behandelt werden möchtest.*

Foto: In der einen Hand halten Sie die Führleine, in der anderen die Gerte ungefähr in der Mitte, mit dem Knauf nach oben. Bewegen Sie nun das obere Ende wie einen Scheibenwischer zwischen sich und dem Pferd hin und her, langsam und rhythmisch.

Zeichnung: Die Führposition Das Pfauenrad

Mit dem *Pfauenrad* und anderen Führübungen wie dem *Eleganten Elefanten* soll das Pferd lernen, Sie nicht zu bedrängen und jede gewünschte Distanz einzuhalten, seien es dreißig Zentimeter, ein Meter oder mehr.

Was Sie brauchen

- Eine Führleine mit Führkette oder eine Lama-Leine.
- Eine Gerte.

Anwendung

- Wenn Sie einen schmalen Pfad hinuntergehen, soll das Pferd Ihnen folgen, Sie aber nicht überrennen.
- Wenn Sie das Pferd durch einen Bach führen, soll es an Ihrer Seite bleiben, um zu vermeiden, dass es auf Sie springt.
- Beim Vortraben an der Hand vor den Richtern soll das Pferd am lockeren Führzügel neben Ihnen herschweben (siehe „Flug des Adlers", Seite 266).
- Das Pferd soll Sie beim Führen nicht bedrängen.

Die Statue

Dies ist eine angenehme Übung für Geduld und Gehorsam. Das Pferd lernt, so still wie eine Statue stehen zu bleiben und auf Ihre Signale zu warten. Sie können es putzen, satteln, Hindernisse auf- und umbauen oder mit Freunden schwatzen, und es wird sich nicht vom Fleck rühren, obwohl es nicht angebunden ist. (Ich würde es allerdings lieber nicht ganz aus den Augen lassen, sondern wenigstens aus dem Augenwinkel beobachten.)

Anwendung

- Das Pferd lernt Geduld, Gehorsam und Vertrauen.
- Bereichert Ihre Beziehung zum Pferd.
- Erweitert die Sicherheitszone rund ums Pferd.

Bevor Sie mit dieser Übung anfangen, muss es vollständig vertraut sein mit dem Abstreichen der Beine mit der Gerte und Übungen wie *Eleganter Elefant, Dingo, Dem Kamel einen Tipp geben* und *Cha-Cha*. Alles Übungen, die alle mit dem Gefühl für seine Beine, mit Balance und dem Verständnis für die Signale der Gerte, der Führkette (oder Lama-Leine) und der Stimme zu tun haben. Das gegenseitige Vertrauen, das sich mit dieser Arbeit an der Hand entwickelt, überträgt sich auch auf das Training unter dem Reiter, sodass Ihre Beziehung zum Pferd freundlich und vertrauensvoll bleibt.

Was Sie brauchen

- Eine Führleine mit Führkette oder eine Lama-Leine.
- Eine Gerte.

So wird's gemacht

- Sie fordern das Pferd, ausgerüstet mit Halfter und Führleine, zum Halten auf und gehen dann langsam rückwärts von ihm weg, so weit wie die Leine es erlaubt. Wenn es die Lektionen gelernt hat, weiß es, dass es sich nicht bewegen soll, bis Sie ihm mit Stimme, Führkette oder einem Antippen mit der Gerte das Zeichen dazu geben.
- Während das Pferd still stehen bleibt, gehen Sie langsam nach rechts, bleiben kurz stehen, gehen dann nach links, bleiben ruhig stehen und stellen sich dann wieder vor dem Pferd auf. Mit ausgestrecktem Arm und der Gerte halten Sie das Pferd auf einer Entfernung von ca. 2 Meter. Bewegen Sie sich zu schnell oder atmen Sie unregelmäßig oder schnell, wird das Pferd nicht ruhig stehen bleiben. Aber wenn Sie sich richtig konzentrieren, haben Ihre Atmung und Ihre Körperhaltung einen geradezu hypnotischen Effekt auf das Pferd.
- Macht das Pferd einen Schritt in irgendeine Richtung, bringen Sie es ruhig an die vorherige Stelle zurück. Mit einiger Übung wird es selbst an die ursprüngliche Stelle zurückkehren, wenn Sie ihm die Gerte vor die Nase halten oder es an der Brust antippen. Mit der Zeit wird es auf das ruhige Stimmkommando „Steh!" vollständig ruhig stehen bleiben. Das Kommando muss im richtigen Augenblick gegeben werden – wenn das Pferd gerade im Begriff ist, sich zu bewegen.
- Pferde lernen die Bedeutung von verschiedenen Gesten und Worten ebenso gut wie Hunde. Na-

Foto oben: Meine Schwester Robyn hält ihren Islandwallach Odin mit dem Stimmsignal „Steh" und dem Signal mit der Gerte an, der Beginn der Übung Die Statue.

Foto rechts: Robyn ist in Richtung Hinterhand gegangen und kommt wieder nach vorn, Odin sieht sich um, bleibt aber entspannt stehen.

Foto links: Robyn hat die Seite gewechselt und geht auch hier in Richtung Hinterhand.

Foto oben: Die Statue mit größerem Abstand, so lang, wie die Führleine es erlaubt. Das Ziel ist, dass das Pferd frei stehen bleibt, während der Mensch stillsteht oder sich bewegt.

türlich wirkt jedes Signal, mit dem Sie das Pferd zum Stehenbleiben auffordern, umso besser, wenn Ihre Reaktion erfolgt, bevor das Pferd sich wirklich bewegt. Denken Sie daran: Wenn Sie sich nicht genügend konzentrieren, können Sie auch nicht schnell genug reagieren und müssen mit der Übung von vorn anfangen.

Der Lernparcours – Abenteuer Lernen für Mensch und Pferd

Der *Lernparcours*, auch *Vertrauensparcours* oder *Spielwiese für besseres Lernen* genannt, erinnert an die Parcours, die in vergangenen Jahrhunderten von der europäischen Kavallerie zu Übungszwecken benutzt wurden. Dabei wurden sechs oder mehr Pferde auf einem Platz gearbeitet, auf dem Feuer brannten, Kanonen abgefeuert und Signalhörner geblasen wurden.

Unsere moderne „Spielwiese" bereitet das Pferd auf die unzähligen heutigen Herausforderungen vor – schließlich muss es seine Wege teilen mit Quads, den vierrädrigen Geländeflitzern, mit Mountainbikes, Wanderern und allen Arten von motorisiertem Verkehr, ganz zu schweigen von Wild oder anderen überraschenden Begegnungen. Mit der Arbeit im Lernparcours können Sie viele der Risiken, denen sich ein Reiter heutzutage gegenübersieht, abmildern.

Die meisten von uns sind mit der Auffassung groß geworden, dass Pferde durch Wiederholung – wieder und wieder – lernen. Nach unserer Erfahrung wird das Pferd dadurch aber nur geistig eingeschläfert und körperlich müde. Oft weiß es überhaupt nicht, um was es geht, und ein Pferd zu zwingen oder zu bestrafen verstärkt nur die anfängliche Furcht und den Widerstand.

Der Lernparcours bietet Ihnen eine positive Alternative zum Lernen durch Wiederholung und unter Druck. Die Arbeit ist insofern revolutionär, als sie dem Pferd eine rasche Auffassungsgabe und Lernfähigkeit attestiert – vorausgesetzt, das Pferd erhält klare Informationen.

Auf unserer Spielwiese lernen die Pferde, ihre instinktiven Ängste zu überwinden: Sie vertrauen auf den Boden unter ihren Füßen und auf den Raum, der sie umgibt. In diesem Kapitel zeigen wir Ihnen, wie die Hindernisse aufgestellt und die Schritte so in Einzelschritte zerlegt werden, dass das Pferd sie erfolgreich, gehorsam und selbstbewusst absolvieren kann.

Laden Sie sich Freunde ein, bilden Sie Mannschaften, und erleben Sie, wie viel Spaß es macht, mehrere Pferde zusammen zu arbeiten. Sehr rasch werden Sie einen zweifachen Erfolg feststellen: Als Erstes verbessert sich fast augenblicklich die körperliche Leistungsfähigkeit Ihres Pferdes, und außerdem haben Sie mehr Freude, weil Ihr vierbeiniger Partner zu Hause wie im Gelände sicherer und selbstbewusster wird und sensibler reagiert.

Für Fortgeschrittene, die diese Übungen am Boden beherrschen, empfehle ich die gleichen unter dem Reiter.

Lernparcours

Tonnen

Tonnen sind im *Lernparcours* vielseitig verwendbar. Am besten sind 200-Liter-Tonnen, aber auch kleinere sind gut zu gebrauchen. Sie können sie als Unterlage für Stangen verwenden, wenn das Pferd lernen soll, enge Durchgänge zu passieren; Sie können damit Plastikfolien hochhalten oder sie als Futterstationen für Belohnungshäppchen um den Platz herum verteilen.

Anwendung

- Vorbereitung zum Verladen.
- Vorübung zum Brücken überqueren.

Die Extramühe, das Pferd an das Geräusch zu gewöhnen, das entsteht, wenn es sich ein Maulvoll Hafer von der Oberseite einer Tonne nimmt, zahlt sich aus, weil das Pferd einen Teil seiner Schreckhaftigkeit verliert. Traut sich das Pferd anfangs nicht recht heran, legen Sie einen kleinen Vorleger, etwa eine Badematte, verkehrt herum als Unterlage auf die Tonne, damit das Geräusch gedämpft wird. Gleichzeitig fliegt der Hafer nicht so leicht herum, weil die Körner an der nach oben liegenden gummierten Unterseite haften.

Kombinationen mit Tonnen sind eine ausgezeichnete Vorbereitung auf das Verladen und das Überqueren von Brücken.

Stern, Cavaletti und Mikado

Stern, Cavaletti und *Mikado* bilden ein Übungstrio, das für Sie und Ihr Pferd von vielfachem Nutzen ist.

Galt Ihr Pferd vorher als ungeschickt, faul oder desinteressiert, werden Sie nach diesen Übungen Ihren eigenen Augen nicht trauen. Und wenn Ihr Pferd bereits ein Gangwunder war, wird es sich zu weiteren ungeahnten Höhen aufschwingen.

Mit diesen Übungen lernt das Pferd, auf seine Füße zu achten und seine Schritte zu verkürzen oder zu verlängern. Diese Hindernisse dienen alle dazu, die Eigenwahrnehmung des Pferdes – das Bewusstsein dafür, wo im Raum sich seine Füße befinden – zu verbessern. Besonders nützlich ist dies für Springpferde, Fahrpferde in der Marathon-Disziplin und Distanzpferde. Ihr Ausreitpferd wird dadurch sicherer und „geländegängiger" in jedem Terrain.

Stößt Ihr Pferd oft an die Bodenstangen an oder tritt darauf, halten Sie an und nehmen Sie sich ein paar Minuten Zeit, um die *Hufwand* mit dem Gertenknauf *abzuklopfen* und dem Pferd ein Bewusstsein für seine Füße zu vermitteln. Klopfen Sie zuerst die beiden Vorderhufe ab, dann gehen Sie ein paar Runden über die Hindernisse und klopfen die Hinterhufe ab. Fast immer werden Sie eine unmittelbare Verwandlung feststellen: Dem Pferd gelingen nun deutlich mehr „Nullrunden".

Was Sie brauchen:

Für alle Fälle: Kaufen Sie 10 Stangen von 4 m Länge und 10 cm Dicke, damit Sie über genügend Stangenmaterial verfügen, um gleichzeitig zwei Hindernisse (einschließlich des *Labyrinths,* Seite 277) aufbauen zu können. Die Stangen können aus Holz sein oder aus bruchsicherem Kunststoff.
Für bestimmte Hindernisse brauchen Sie:

In der Führposition Eleganter Elefant bereite ich das junge Pferd darauf vor, auf das Brett zu steigen. Ich lasse es ein wenig Hafer fressen und die Haferkörner inspizieren, die auf den Tonnen ausgelegt sind. Das bringt die Stute dazu, sich zu entspannen und zu denken, bevor sie auf das schmale Brett zwischen Stangen und Tonnen steigt.

Die Stute steht ruhig da und erforscht vertrauensvoll die Grenzen des Bretts und die Tonnen. Diese Übung trägt dazu bei, dass sich das Pferd in beengten Räumen oder neuen Situationen trotzdem sicher fühlt.

Für den Stern: Vier Stangen und eine Auflage, zum Beispiel ein Ballen Heu, Stroh oder Sägespäne, ein Cavaletti oder etwas Ähnliches, auf das man die Stangen mit einem Ende auflegen kann. Sind Ihre Stangen nur 3 m lang, brauchen Sie eine niedrigere Auflage.

Für Cavaletti oder Bodenstangen: Vier bis sechs Stangen.

Für das Mikado: Vier bis fünf Stangen.

Anwendung

- Verbessert die körperliche Leistungsfähigkeit.
- Damit das Pferd weniger stolpert.
- Macht den Rücken locker und geschmeidig.
- Entwickelt Koordination, Kommunikation und Kooperation.
- Verfeinert die Fähigkeit des Pferdes, Boden und Entfernung einzuschätzen (Zeit-Raum-Bewusstsein).

Leiten Sie den Kopf des Pferdes und betonen Sie die Kreisform, wenn Sie über die Stangen steigen. Wählen Sie bei jedem Durchgang eine andere Höhe. Bei dem Abstand, in dem die Stangen in der Abbildung liegen, haben Sie drei Möglichkeiten: Über die rot lackierten Abschnitte, wo die Stangen ca. 20 cm hoch liegen, muss sich das Pferd nur leicht biegen und mittelgroße Schritte machen. Über die weißen Abschnitte am äußeren Ende wird am wenigsten Biegung, aber eine maximale Schrittlänge verlangt. Immer noch über die weißen Abschnitte, aber ein wenig weiter nach innen, könnte die Stute, Ravena, ihre Schritte verkürzen, müsste die Füße aber mehr anheben.

Hier werden drei Aufgaben gestellt. Die erste und die dritte Stange liegen am Boden, die zweite und die vierte sind etwas erhöht, die Abstände sind absichtlich ungleich. Bei dieser Variante wird die Auge-Huf-Koordination verbessert; sie ist außerdem sehr nützlich, wenn es darum geht, Muskeln zu dehnen und wieder zu kontrahieren. Ich gehe ein wenig vor der Stute und hebe übertrieben die Füße. Es mag etwas seltsam aussehen, aber Pferde ahmen oft die Bewegung der Führperson nach.

Der Stern

Wenn Sie das Pferd mit Führkette und Gerte in gebogener Linie über die Stangen führen, muss es sich biegen und gleichzeitig die Füße heben, was zu mehr Bewegungsfreiheit in den Hüften, im Rücken und in den Schultern führt. Die Wirkung kann sowohl therapeutisch wie gymnastizierend sein.

Cavaletti

Das Wunderbare daran, ein Pferd an der kurzen Leine über Bodenstangen zu traben (Cavaletti-Arbeit genannt), ist, dass das Pferd lernt, auf subtile Signale von Stimme und Gerte zu achten. Sie gehen oder laufen außen an den Stangen entlang, und das Pferd lernt, neben Ihnen zu bleiben und sich im Tempo nach Ihnen zu richten. Das ist nicht nur unter gymnastizierenden Aspekten von Vorteil, es erweitert auch den Geist des Pferdes, weil es sich daran gewöhnt, auf Ihre Körpersprache zu achten und auf Ihre Anweisungen zu hören. Es bewegt sich an einer ca. 1,20 m langen Führleine und hört

Foto oben links: Hier geht Jodin ruhig über die Bodenstangen und hält seinen Abstand zu Kirsten, die mit der Gerte auf seine Schulter zeigt und ihn in der Position Der Flug des Adlers (Seite 266) führt. Ihre linke Hand bleibt frei, um das Gleichgewicht zu halten.

Foto oben rechts: In der Delfin-Führposition (Seite 263), mit der Gerte in der rechten Hand, hält Kirsten den Wallach in flottem Trab. Er bleibt auf gleicher Höhe neben ihr, ohne vorwärts zu stürmen oder sich nachziehen zu lassen.

Foto links: Kirsten nimmt die Gerte in die linke Hand (Der anmutige Gepard) und hält sie leicht vor das Pferd, um es etwas langsamer zu machen.

Foto oben links: Im nächsten Schritt werden die Stangen auf einer Seite erhöht.

Foto oben rechts: Die Stangen liegen immer noch im Schrittabstand, etwas zu eng für Trab, und Jodin nimmt zwei Stangen auf einmal, statt einen Zwischentritt zu machen. Der richtige Abstand ist sehr wichtig. Für ein ca. 1,55 m großes Pferd im entspannten Trab an der Hand sind 90 cm in Ordnung, aber je schwungvoller der Trab wird, desto größer müssen auch die Abstände sein. Beim Trab unter dem Reiter sind 1,20 m eine normale Distanz.

Foto links: Diesmal hebt Jodin sorgfältig die Füße und fußt korrekt zwischen den etwas weiter gelegten Stangen ab.

Foto oben links: Mit gesenktem Kopf sucht sich Serena voll konzentriert ihren Weg.

Foto oben rechts: Die durchhängende Führleine gibt ihr Raum und Gelegenheit zu lernen.

Foto links: Mikado ist eine hervorragende Übung, um in der Sicherheit Ihres eigenen Reitplatzes unebenes Gelände zu simulieren.

dabei wirklich auf Sie, anstatt vorwärts zu stürmen oder sich nachziehen zu lassen. Die Übung macht faule Pferde fleißig und beruhigt die „Renner".

Mikado

Bei dieser Übung werden die Stangen wie beim Mikado-Spiel willkürlich ausgelegt, sodass die unterschiedlichsten Abstände entstehen. Besonders Trail- und Distanzpferde profitieren davon, aber es macht auch einfach Spaß, darüberzureiten.
Warnhinweis: Stabilisieren Sie die Stangen mit Auflagen, damit sie auf glattem Untergrund nicht wegrollen können.

Heutzutage haben viele Pferde gar keine Gelegenheit mehr, verschiedene Bodenverhältnisse kennenzulernen und Erfahrungen in unebenem Gelände zu sammeln. Sie sind sich überhaupt nicht bewusst, dass sie aufpassen müssen. Mit der *Mikado*-Übung können wir ihnen diese Erfahrung verschaffen. Es ist wirklich erstaunlich, wie schnell – nach nur wenigen Übungseinheiten – Pferde ihre angeborene Trittsicherheit zurückgewinnen.

Große, schnell wachsende Pferde haben oft eine schlechte Koordination und langsame Reflexe, deshalb wissen sie manchmal einfach nicht, wo ihre Füße sind. Für solche Pferde ist es nicht nur nützlich, wenn man ihre *Hufe abklopft* (Seite 219), sie brauchen auch gezielte *Aufgerollte-Python-* und *Oktopus-TTouches* (Seite 190 und 224). Dies gilt auch für Pferde, die dazu neigen zu scheuen oder eine von Natur aus hohe Kopfhaltung haben.

Freie Arbeit

Wenn Sie mit Ihrem Pferd die *Tanzende Kobra* (Seite 252) an der Führleine gemeistert haben, versuchen Sie es im Freilaufen in einem abgegrenzten Bereich. Beginnen Sie im *Labyrinth* (Seite 277) mit nichts als einem Stück Schnur um den Pferdehals.

Machen Sie dem Pferd zusätzlich mit Gerte und Körpersprache klar, was Sie von ihm wollen. Sobald es sich voll auf Sie konzentriert, können Sie ihm auch die Schnur abnehmen und die Übung ganz frei versuchen. Das macht erst richtig Spaß!

Foto oben: Kirsten stoppt Serena in der Tanzende-Kobra-Führposition, für den Anfang statt eines Halfters mit einem leichten Strick um den Hals.

Foto Mitte links: Mit den Händen und der Gerte signalisiert Kirsten „Vorwärts!".

Foto Mitte rechts: Nun funktioniert die Kommunikation schon ohne Kontakt am Strick.

Foto links: Mit Körpersprache und dem Stimmkommando „Hooo!" bringt Kirsten die Stute zum Anhalten.

Unter *Freier Arbeit* – oder Arbeit im Freilaufen – verstehen wir das Training des Pferdes mit den Hindernissen des *Lernparcours* (Seite 270). Sie verbessert die Kooperation, und es entwickelt sich eine besondere Beziehung zum Pferd. Wenn Ihr Pferd Ihnen ohne Halfter oder Strick folgt, ist dies ein Gefühl, so kostbar wie das Reiten ohne Zaumzeug. Die meisten Pferdeleute halten es nicht für möglich und versuchen es deshalb gar nicht erst. Dabei gehört die *Freie Arbeit* zu den amüsantesten und anregendsten Aktivitäten, die Sie mit Ihrem Pferd unternehmen können.

Zu meinen denkwürdigsten Erinnerungen gehört das Bild von vier Pferden, die ich 1978 im Verlauf einer Studie im Testzentrum Reken frei mit ihren Menschen arbeiten sah. Dabei waren all diese Pferde nach Reken gekommen, weil sie als unkontrollierbar und manchmal sogar als gefährlich galten. Nach drei Wochen waren diese Pferde in der Lage, ruhig und vertrauensvoll über die Hindernisse zu gehen, ja zu „tanzen". Es gibt eine Reihe von Methoden, wie dieses Ziel der *Freien Arbeit* zu erreichen ist. Die Tellington-Methode ist für Pferd wie Reiter vergnüglich und interessant.

So wird's gemacht

- Am liebsten fange ich in der Box an. Ich ttouche und putze das Pferd ohne Halfter, sodass es sich daran gewöhnt, auf meine Handsignale zu achten, und anfängt, meine Gesellschaft zu genießen. Als Nächstes übe ich *Die Statue* (Seite 268) mit Halfter, bei der das Pferd ruhig stehen bleibt, während ich langsam um es herum und von ihm weggehe.
- Nun können Sie es im *Eleganten Elefanten* (Seite 256) und in der *Tanzenden Kobra* (Seite 252) durch das *Labyrinth* führen, mit nichts als einem dünnen Strick um den Hals, und es mithilfe von Stimme, Gerte und Körpersprache halten oder antreten lassen. Zum Schluss ersetzen Sie den Strick durch eine dünne Schnur.

Anwendung

- **Selbstsicherheit und Vertrauen bei Mensch und Pferd aufbauen.**
- **Kooperation und Gleichgewicht entwickeln.**
- **Spaß für Pferd und Reiter.**

Foto oben links: Ein wenig Hafer in der Tasche dient als Anreiz und Belohnung.

Foto oben rechts: Freie Arbeit mit dem Brett macht Spaß.

Foto links: Ich reite über die Wippe nur mit Halsring als Führung.

Das Labyrinth

In den letzten Jahren sind viele Bücher über die meditative, friedvolle und beruhigende Wirkung von kreisförmigen Labyrinthen auf den Menschen veröffentlicht worden. Worauf die Wirkung dieser Anordnung beruht, lässt sich nicht erklären. Eine ähnliche Wirkung erzielt man, wenn man ein Pferd achtsam durch unsere spezielle Anordnung von Bodenstangen führt. Es war eine der ersten Bodenübungen, die wir zu Beginn der 1980er-Jahre entwickelten, und sie ist immer noch meine Lieblingsübung, wenn es darum geht, ein Pferd Aufmerksamkeit, Entspannung und Gleichgewicht zu lehren.

Vielleicht können Biofeedback-Studien von Pferden, die durch das *Labyrinth* geführt wurden, dazu beitragen, das Geheimnis dieses altbekannten Phänomens zu entschlüsseln. In diesen Studien stellte sich heraus, dass bei Pferden, die im *Labyrinth* die erforderlichen präzisen, korrekten Wendungen ausführten, Betawellen im Gehirn aktiviert wurden, die beim Menschen mit logischem Denken assoziiert werden. Eine verblüffende Erklärung für die ungewöhnliche positive Wirkung, die diese Übung zuverlässig erzeugt: Pferde, die im *Labyrinth* gearbeitet werden, *lernen das Lernen.*

Anwendung

- **Für mehr Fokus und Achtsamkeit auf Ihre Signale.**
- **Um ein ungebärdiges Pferd kontrollierbarer zu machen.**
- **Zur Verbesserung von Geduld, Gleichgewicht und Selbstdisziplin.**
- **Um überreagierende Pferde mit hoher Kopfhaltung wieder „auf den Boden“ zu bringen.**

Was Sie brauchen

- Eine Gerte, Führkette oder Lama-Leine und Halfter, verschnallt wie auf Seite 178 zu sehen.
- Sechs 4 m lange Stangen in der hier gezeigten Anordnung. Notfalls können Sie sogar Stricke verwenden. Legen Sie diese für den Anfang in ca. 1,20 m Abstand aus. Ist Ihr Pferd besonders groß oder steif, hat Schwierigkeiten, sich um die Ecken zu biegen, innerhalb der Begrenzungen zu bleiben, oder Angst, ins *Labyrinth* hineinzugehen, verbreitern Sie den Durchgang ein wenig.
- Wenn Sie mit einem schwierigen Pferd arbeiten, das zum Losstürmen neigt, ist es nützlich, wenn eine zweite Person auf der anderen Seite eine zweite Führleine und eine Gerte in der *Anmutiger-Gepard*-Führposition (Seite 258) hält, um das Pferd in der *Brieftaube* (Seite 261) durchs Labyrinth zu führen.

So wird's gemacht

Das *Labyrinth* ist für das Pferd eine einzigartige Erfahrung und bietet Ihnen viele Möglichkeiten, „beim Tanz zu führen“. Hier sind einige Varianten, die Sie abwägen und ausprobieren können.

- Führen Sie das Pferd in der Grundposition *Eleganter Elefant* (Seite 256) jeweils zwei oder drei Schritte vorwärts und flüssig um die Kurve.
- Arbeiten Sie das Pferd „zwischen beiden Händen“ im *Dingo* (Seite 253), damit es perfekt anhält und antritt.
- Gehen Sie in der *Tanzenden Kobra* (Seite 252) rückwärts und bleiben Sie alle zwei Schritte stehen.
- Greifen Sie sich eine Freundin und führen Sie in der *Brieftaube*, die Freundin im *Gepard* auf der Außenseite und Sie als Kommandogeber im *Eleganten Elefanten*.
- Üben Sie *Halbe Tritte* (Seite 295) für vollkommenes Gleichgewicht. Lassen Sie das Pferd den *Kopf senken* und laden Sie es ein, mit kurzen, langsamen Schritten nach vorn zu kommen. Dazu werden Sie ein bisschen experimentieren und vermutlich eine Weile im *Dingo* üben müssen, bis das Pferd auf ganz leichte Signale mit der Führkette im Gleichgewicht nach vorn tritt.
- Rückwärts durch das *Labyrinth*: Die Begrenzungen helfen das Pferd zu fokussieren, während Sie „Ein Schritt vor, ein Schritt zurück“ im *Cha-Cha* (Seite 249) üben.
- *Freie Arbeit:* Führen Sie Ihr Pferd ohne Halfter oder Zaumzeug durch die Stangen. Das ist wie der Zuckerguss auf dem Kuchen – der krönende Abschluss! Hier zahlt es sich aus, wenn Sie die Bewegung von Gerte und Führkette immer weiter verfeinert haben. Unter minimalem Einsatz von Gerte und Körpersprache können Sie mit Ihrem Pferd Zirkus spielen, mit einer sehr speziellen Kommunikation als Belohnung (*Freie Arbeit* siehe Seite 274).

Foto oben: Führen Sie das Pferd im Eleganten Elefanten von links ins Labyrinth. Die rechte Hand liegt am Ende der Führkette, in der linken Hand halten Sie das Ende der Führleine und die Gerte, diese in der Mitte und mit dem Knauf in Richtung Pferd. Das Pferd lernt, auf die Gerte zu achten und ihr zu folgen.

Foto Mitte links: Halten Sie in der Mitte des ersten „Gangs" an und bleiben Sie ein paar Sekunden stehen.

Foto Mitte rechts: Dann gehen Sie weiter um die Ecke und bleiben in der Mitte des nächsten Gangs wieder stehen.

Foto links: Ziel ist, dass das Pferd auf gerader Linie anhält und willig antritt, wenn Sie ihm an der Kette ein leichtes Signal geben und es mit einer Vorwärtsbewegung der Gerte nach vorn einladen. Halten Sie jeweils nach einem oder zwei Schritten an, bleiben Sie aber nur kurz stehen.

Erfolgsbeweis: Das Pferd bleibt in jeder Richtung im Gleichgewicht, das heißt, die Hinterfüße folgen demselben Bogen wie die Vorderfüße. Ist dies einmal erreicht, ist Ihr Pferd auf dem besten Weg zu Gleichgewicht und Koordination.

Tellington-Tipp

Die tanzende Kobra ist eine der besten Übungen zur Entwicklung von Selbstkontrolle beim Pferd. Wenn Sie es nie versucht haben, ist es sicher ein seltsames Gefühl, sich vor ein Pferd zu stellen, aber es ist mit der beste Weg, die Aufmerksamkeit des Pferdes auf sich zu ziehen. Sie stehen vor dem Pferd, die Führleine in beiden Händen und die Gerte schräg vor dem Pferd. Gehen Sie jeweils nur einen Schritt oder zwei zurück. Es muss Sie beobachten und mehr auf die Bewegung der Gerte als auf das Signal der Führleine hin anhalten. Um nur einen Schritt oder zwei vorwärts zu gehen und wieder anzuhalten, muss es gut im Gleichgewicht sein.

Fahren vom Boden

Vor über 40 Jahren habe ich mit dem Fahren vom Boden begonnen, um junge Pferde auf den Reiter vorzubereiten. Sie sollten lernen, zu wenden, anzuhalten und auf Signale zu achten, bevor sie jemals einen Reiter auf dem Rücken hatten. Man braucht eine Menge Erfahrung, bis man diese Arbeit beherrscht, aber wenn Sie mit einem Helfer arbeiten, können Sie auch ohne jahrelange Übung davon profitieren.

Weil viele Pferdebesitzer, die zu unseren Seminaren zum Thema „Umgang und Anreiten von jungen Pferden" kommen, keinerlei frühere Erfahrung mit dem Fahren vom Boden aus besitzen, habe ich mir 1978 eine neue Übung einfallen lassen. Ich lasse das junge Pferd nun von einer Person führen, während die andere die Leinen hält und „fährt"; außerdem sind die Leinen nicht am Gebiss, sondern für den Anfang am Stallhalfter befestigt. Dadurch wird verhindert, dass das Pferd sich hinter dem Gebiss verkriecht (hinter der Senkrechten geht) oder aber den Kopf hochnimmt, wie es oft bei dem üblichen Fahren vom Boden aus zu sehen ist.

Im Dingo signalisiert die Führleine, unterstützt von der Gerte auf Rücken und Kruppe, dass das Pferd vorwärts gehen soll. Gehen Sie mit der Führleine in der linken Hand ins Labyrinth hinein und tippen Sie das Pferd, nachdem Sie den Rücken abgestrichen haben, zum Antreten auf der Kruppe an.
Nach zwei Schritten halten Sie an und geben dem Pferd mit einem Antippen an der Brust (Dem Kamel einen Tipp geben) und einem Zupfen an der Führkette das Signal zum Stoppen. In dieser Art und Weise passieren Sie das gesamte Labyrinth und wechseln beim Hinausgehen wieder zum Eleganten Elefanten.

Führen Sie das Pferd mit zwei verschiedenen Positionen von Hals und Kopf durch das Labyrinth – einmal wie hier in normaler, entspannter Haltung mit gesenktem Kopf und lang ausgestrecktem Hals, besonders geeignet für guckige Pferde und für Western-Pleasure-Pferde, die in dieser Haltung gehen sollen.
Zum andern mit angehobenem Kopf bei Pferden, die dazu neigen, auf die Vorhand zu fallen, damit sich der Schwerpunkt nach hinten verlagert und das Pferd mit den Hinterbeinen weiter vortreten kann.

Ausgehend von diesem ersten Schritt, die Ausbildung (oder Korrektur) des Pferdes beim *Fahren vom Boden* zu vereinfachen, entwickelte sich daraus schon bald das eigentliche *Fahr-Training*, bei der die Leinen um den Halsansatz geschlungen werden.

Ich erinnere mich an den Augenblick, als diese Idee geboren wurde: Zu einem 8-Tage-Kurs war ein äußerst schreckhafter Araberwallach gebracht worden, der sich vor jeder Bewegung hinter ihm fürchtete. Bei der leisesten Berührung am Maul warf er den Kopf hoch. Intuitiv schlang ich ihm die Leinen um den Hals, und mit einem neuen Gefühl der Bewusstheit und Sicherheit im Körper ließ er den Kopf fallen – für mich ein echtes Aha-Erlebnis.

Das gängige *Doppellongen-Training* ebenso wie die *Tellington-Variante* mit den Leinen um den Hals ist eine ausgezeichnete Vorbereitung auf das Reiten mit dem *Balancezügel*, weil das Pferd damit lernt, das Gewicht nach hinten zu verlagern, zu wenden oder anzuhalten, ohne dass Sie zu viel Einfluss über das Maul nehmen müssen.

Anwendung

- Damit das Pferd lernt, Ihnen zu vertrauen.
- Zur Beruhigung von Pferden, die scheuen, stürmen, zackeln oder sich vor Gegenständen und Bewegungen im Hintergrund fürchten.
- Zur Verbesserung der Haltung, wenn ein Pferd auseinanderfällt, die Nase über oder hinter der Senkrechten trägt (sich aufrollt) oder den Unterhals herausdrückt.
- Damit das Pferd sensibler und leichter wird und sich besser ausbalanciert.
- Um Pferde, die den Kopf zu hoch tragen oder den Rücken wegdrücken, „runder“ zu machen.
- Zur Korrektur von Pferden mit Platzangst, die durch enge Durchgänge stürmen.
- Zur Veränderung der Einstellung von Pferden, die nach anderen Pferden schlagen.
- Damit Pferde ruhig und ohne zu springen durchs Wasser und durch Gräben gehen.
- Damit das Pferd lernt, vor dem Anhalten das Gewicht nach hinten zu verlagern.

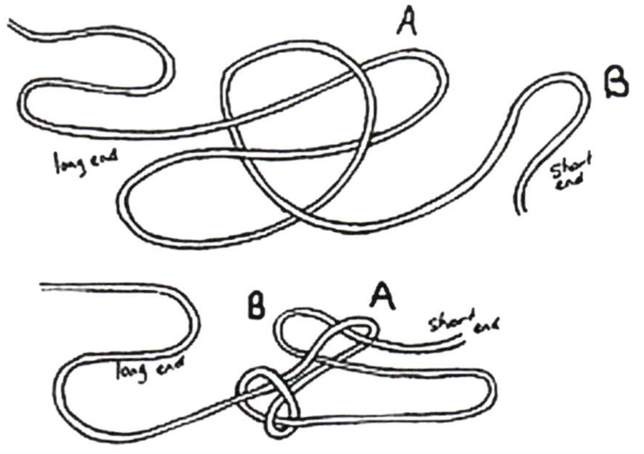

Sicherheitsknoten: Dies ist ein einfacher Sicherheitsknoten, mit dem Sie die Leinen so um den Pferdehals befestigen können, dass sie sich weder zusammenziehen noch lösen können, wenn Sie das Pferd fahren. Er muss gut festgezogen werden, damit er nicht rutscht.

Knoten Sie die beiden Leinen um den Hals zusammen, sodass der Druck auf beiden Halsseiten gleich ist. Die Leinenenden sollten einige Zentimeter aus dem Knoten heraushängen.

1

2

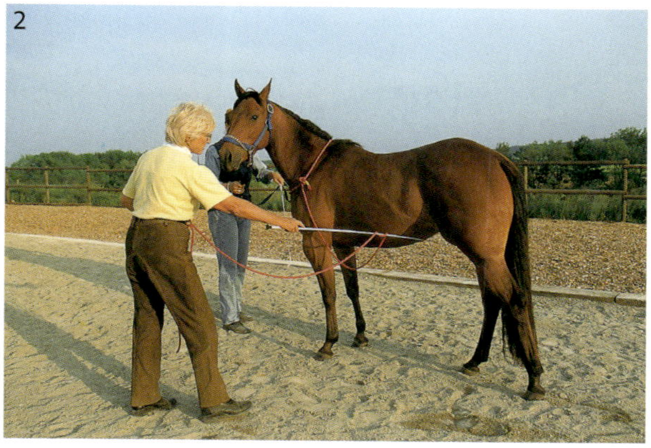

3

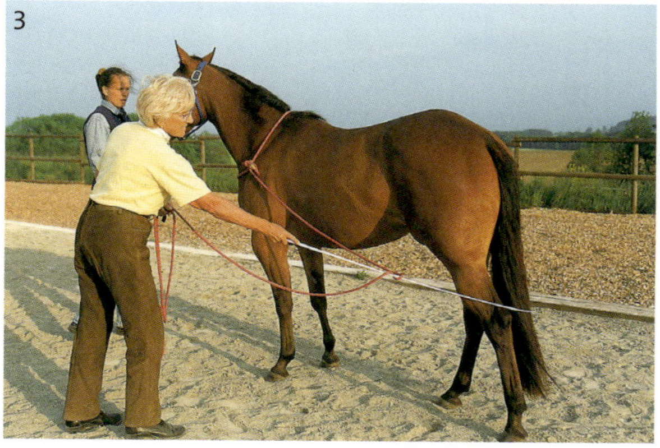

4

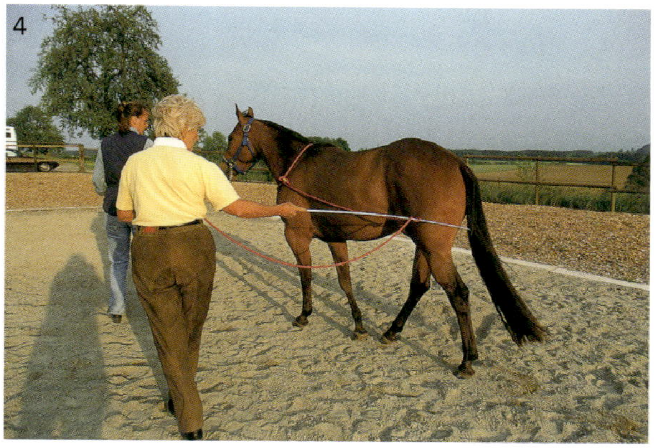

Was Sie brauchen

- Ein flaches Nylon- oder Lederhalfter.
- Eine Gerte.
- Eine Führleine mit Kette oder Lama-Leine.
- Zwei 7 m lange Fahrleinen, 7 bis 9 mm breit.

So wird's gemacht

- Für das *Fahren vom Boden* braucht man zwei Personen – eine am Kopf des Pferdes, die andere hält die Leinen. Der Helfer hält die Leine und die Gerte, während Sie die Leine mit einem speziellen Sicherheitsknoten, der nicht verrutschen kann (siehe links), um den Hals befestigen. Wickeln Sie das Ende der Leine ein paar Mal um die Gerte und streichen Sie das Pferd damit am Rücken ab, um es an die seitliche Berührung durch die Leine zu gewöhnen. Streichen Sie ruhig ziemlich fest, denn leichte Striche machen das Pferd nur kitzlig. Die dreijährige Quarter-Horse-Stute in der Bildfolge macht das Abstreichen noch nervös – deshalb üben wir auch immer zuerst im Stand und dann erst in der Bewegung.
- (1) Mit der „Ringelschwänzchen"-Übung gewöhnen wir das Pferd an die seitliche Berührung durch die Leinen und bereiten es auf die Arbeit mit den um den Hals geschlungenen Leinen vor.
- (2) Es ist erwünscht, dass das Pferd – wie die Stute im Bild – den Kopf nach hinten dreht. So lernt es Selbstdisziplin und stehen zu bleiben, auch wenn ihm etwas nicht geheuer vorkommt – wie hier zum Beispiel die Gerte, die über ihren Bauch streicht. Der hocherhobene Kopf und das Ohrenspiel verraten, dass die Stute noch misstrauisch ist.

Hinweis: Wenn Sie ein zappeliges Pferd zu korrigieren haben, füttern Sie ihm ein wenig Hafer, sobald es den Kopf wendet. Damit ist der Fluchtreflex leichter zu überwinden, und das Pferd fasst Vertrauen. Mit einem Maulvoll Hafer vergisst das Pferd nicht zu atmen, das parasympathische Nervensystem wird aktiviert, und etwas Beunruhigendes wird durch eine angenehme Erfahrung überlagert. Es ist nicht so einfach, die Luft anzuhalten und gleichzeitig zu kauen!

- (3) Hier ist die Stute ganz entspannt, während sie am Hinterbein abgestrichen wird. Ein Pferd

5

6

7

daran zu gewöhnen, ruhig stehen zu bleiben, obwohl es eine Berührung am Hinterbein verspürt, ist eine „billige" Lebensversicherung. Wenn es diese Lektion begriffen hat, wird es nie mehr in Panik geraten, sollte es sich je in Gestrüpp oder Draht verfangen.

- (4) Die Stute setzt sich in aller Ruhe und voller Selbstvertrauen in Bewegung. Wiederholen Sie das Antreten und Halten mehrmals, wechseln Sie dann die Seite und wiederholen Sie die Sequenz von rechts. Erst dann werden die beiden Fahrleinen befestigt. Mit diesen paar Minuten Vorbereitungszeit können Sie dem Pferd wirklich helfen, seine Angst zu überwinden.
- (5) Dies ist der nächste Schritt in der Vorbereitung auf das *Fahren vom Boden*. Wir haben ein zweites Paar Leinen befestigt und der Stute ein elastisches *Körperband* angelegt; ich gehe einfach seitlich mit, sodass die Stute mich sehen kann. Die Leinen sind über dem Pferderücken gekreuzt. Die Führperson geht leicht seitlich voraus. Das *Körperband* schafft eine Verbindung durch den ganzen Körper und hilft dem Pferd, die Berührung der Leinen an den Hinterbeinen zu akzeptieren. Das ist besonders nützlich für guckige, junge oder unerfahrene Pferde.
- (6) Die Leinen liegen nun an den Seiten an. Ich stehe immer noch seitlich, wo die Stute mich sehen kann, und kann jetzt mit den Leinen und der Stimme die Kommandos zum Anhalten und Antreten geben. Allerdings kann ich mit den Leinen um den Hals keine Wendungen angeben. In dieser Phase geht es nur darum, dem Pferd die Furcht vor der seitlichen Berührung der Leinen und Bewegungen hinter sich zu nehmen.
- (7) Der letzte Schritt – das *Fahren vom Boden* mit zwei Paar Leinen. Ein Paar ist am Halfter befestigt, damit ich Wendungen nach rechts und links signalisieren kann, das andere liegt immer noch um den Halsansatz. Dadurch kann das Pferd leichter im Gleichgewicht anhalten und kommt nicht über oder hinter den Zügel. Der Umgang mit zwei Paar Leinen erfordert einige Übung, aber die Ergebnisse sind der Mühe wert.

Ihre Aufgabe als Fahrer ist es, der Führperson klare Anweisungen zu geben, wohin das Pferd gehen soll, und ihr genügend Zeit für die Ausführung zu las-

Fahren vom Boden für junge Pferde

Die Gewöhnung an einen Gurt ist ein wichtiger Schritt in der Ausbildung eines Pferdes. Ein mit Fleece abgepolsterter Brustriemen kann das beengende Gefühl mildern und hält den Gurt am Platz, falls er zu lose werden sollte. In diesem Fall schlingen wir die Leinen um den Brustriemen, statt sie mit dem Sicherheitsknoten (siehe Seite 280) um den Hals zu befestigen. Der Helfer am Kopf hält das Pferd unter Kontrolle, und der „Fahrer" gibt die Signale zum Anhalten und Antreten.

Nützlich ist, ein junges Pferd vor dem Anreiten ein paarmal mit Sattel in der Doppellonge zu „fahren". Die Stricke werden am Halfter befestigt und laufen durch die Steigbügel. Wenn Sie keinen Brustriemen besitzen, können Sie sich mit einem Strick um die Brust, der an den Gurtstrippen befestigt wird, behelfen. Auf diese Weise kann der Sattel auch dann nicht nach hinten rutschen, wenn der Gurt ein oder zwei Loch

weiter verschnallt ist als unter dem Reiter. Wir haben festgestellt, dass dieser leicht anliegende Strick oder Brustriemen die Aufmerksamkeit des jungen Pferdes ablenkt, sodass es sich anfangs weniger um den Gurt kümmert. Die Steigbügel sind hochgeschoben, sodass die Leinen in gerader Linie vom Halfter durch die Bügel in die Hände des „Fahrers" laufen.

sen. Manche Pferde brauchen einen Augenblick, bis sie auf das Signal von hinten reagieren.

Wenn die Zusammenarbeit zwischen Ihnen, dem Pferd und der Führperson einwandfrei funktioniert, können Sie das Pferd kreuz und quer um und über den Platz fahren und einige Übungen im *Lernparcours* absolvieren, um das Pferd bei Laune zu halten und zum Denken anzuregen.

Verändern Sie die Position der Stangen – zum *Labyrinth* oder zum *Stern* –, um dem Pferd etwas Vertrautes, einen Fokuspunkt und bekannte Parameter zu bieten.

Plastikfolien

Das Training mit Plastikfolien ist eine hervorragende Vorbereitung auf das Reiten im Gelände oder auf Trail- und Gehorsamsprüfungen, wo das Pferd oft mit „fremden" Gegenständen, unbekannten Geräuschen und flatternden Zeltplanen oder Flaggen konfrontiert wird. Das Pferd überwindet seine Furcht vor geräuschvollen, sich bewegenden Dingen, vor Dingen über sich (zum Beispiel Sie auf seinem Rücken oder auf dem Dach des Transporters) und vor Abfall wie etwa Plastiktüten, die sich im Gebüsch verfangen haben oder vom Wind über den Weg geweht werden.

Es macht ihm nichts mehr aus, enge Durchgänge zu passieren oder ungewöhnlichen bzw. schlecht einzuschätzenden Untergrund zu betreten. Wie die anderen Übungen im *Lernparcours* festigt auch diese Arbeit das Vertrauen zwischen Pferd und Mensch.

Die vielfältige Arbeit mit Plastikfolien in einer nicht bedrohlich wirkenden Art und Weise ist eine der wirkungsvollsten Übungen zur Überwindung des Fluchtreflexes. Stattdessen lernt das Pferd zu denken. Wenn das Pferd erst einmal seine Furcht in einer bestimmten Situation überwunden hat, ist es nach unserer Erfahrung auch generell weniger ängstlich und wird viel selbstsicherer.

Hat sich Ihr Pferd erst einmal an die Arbeit mit Plastikfolien gewöhnt, können Sie drei Übungen zusammen ausführen: unter Plastikfolien über das *Brett* und durch einen Gang aus *Plastikfolien* gehen. Das ist eine ausgezeichnete Vorbereitung auf das Verladen.

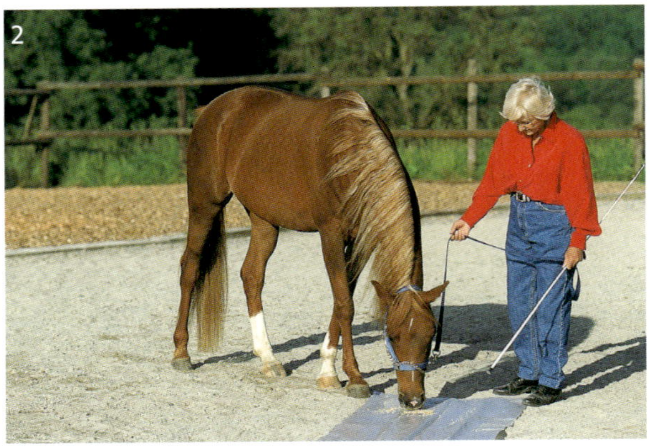

Foto oben links: Zuerst werden die Folien zu einem offenen V zusammengelegt.

Foto oben rechts: Die Stute reagiert unsicher, deshalb lege ich Futter auf die Folie und lasse sie fressen.

Foto Mitte: Um die Folien sichtbarer zu machen, habe ich sie zusammengerollt. Auch hier darf die Stute schnuppern und Hafer fressen.

Foto unten links: Nach mehrmaligen Durchgängen durch das V geht die Stute nun auch entspannt über die Folien.

Foto unten rechts: Die Stute schreitet aufmerksam, aber locker über die Folie.

Was Sie brauchen

- Drei feste, undurchsichtige Plastikfolien, 2 x 4 m.
- Zwei Heuballen, Trittleitern oder Stühle, auf die man sich stellen kann.
- Mindestens zwei Helfer.

Wir verwenden Plastikfolien auf drei verschiedene Arten:

- Ein Pferd, das zwischen **am Boden** liegenden Plastikfolien durchgeht, lernt Vertrauen zum Untergrund und überwindet seine Angst.
- Die Arbeit mit **Plastik zwischen Stangen** ist besonders nützlich, um Platzangst vorzubeugen oder sie zu überwinden und dem Pferd auch in engen Räumen wie Hängern und Startboxen Zutrauen zu vermitteln.
- Ein Pferd, das **unter Plastikfolien** durchgeht, lernt, sich nicht vor Dingen über seinem Kopf – dem Hängerdach, dem Reiter, der erstmals aufsitzt, Zuschauern auf der Tribüne – zu fürchten. Wenn ein Pferd diese Übung ohne Angst absolviert – weder den Rücken durchdrückt noch vorwärts stürmt

oder die Bremse zieht und den Rückwärtsgang einlegt –, haben Sie eine der besten Lebensversicherungen, die Sie sich vorstellen können. Ein ängstliches Pferd zu etwas zwingen zu wollen, verstärkt nur seine Furcht. Nach unseren Erfahrungen lässt sich mit dieser Übung eine Neigung zum Scheuen, zur „Guckigkeit", schnell überwinden.

- In der ersten Übungsstunde muss das Pferd noch nicht unbedingt auf die Folie treten. Lassen Sie ihm Zeit, darüber nachzudenken. Wenn es die neuen Informationen ein paar Tage verarbeiten durfte, überrascht es Sie vielleicht mit ganz unerwarteten Fortschritten. Studien an der University of Pennsylvania haben gezeigt, dass Pferde Neues bis zu drei Tage „verdauen".

Anwendung

- Gegen Scheuen und Schreckhaftigkeit.
- Zur Vorbereitung auf das Anreiten.
- Um Wasserscheu abzubauen.
- Damit das Pferd Stalldecken ohne Brustverschnallung, die über den Kopf gezogen werden, akzeptiert.
- Zur Sicherheit in der Startbox.

So wird's gemacht

- (1) Für den Anfang legen Sie zwei stabile Plastikfolien (siehe linke Seite) v-förmig am Boden aus. Um das Ganze so einladend wie möglich zu machen, lassen Sie am unteren Ende des V eine 2 m breite Öffnung frei. Die oberen Enden sollten 3 m auseinanderliegen. Führen Sie das Pferd im *Eleganten Elefanten* (Seite 256).
- (2) Bläst und schnarcht das Pferd beim Anblick der Folien, bieten Sie ihm ein wenig Hafer direkt von der Folie oder aus einer flachen Schüssel dicht daneben an. Der Hafer soll nicht als Lockmittel dienen, sondern das Pferd beruhigen – durch das Kauen wird das parasympathische Nervensystem aktiviert und der Fluchtreflex überwunden. Die Führleine habe ich durchgleiten lassen, damit die Stute ungestört fressen kann.
- (3) Durchsichtige Plastikfolien rollt man ein wenig auf, damit sie besser zu sehen sind. Führen Sie das Pferd einige Male durch und machen Sie

Foto oben links: Um der Stute mit dem Hindernis vertraut zu machen, kann sie Futter auf der Tonne fressen.

Foto oben rechts: Ich lasse die Stute schnuppern, damit sie Vertrauen aufbaut.

Foto unten links: Auch ein leichtes Flattern der Folien bringt die Stute nicht mehr aus der Ruhe.

die Öffnungen enger, je mehr Zutrauen das Pferd entwickelt. Lassen Sie es ab und zu anhalten und schnuppern (und ein paar Haferkörner von der Folie knabbern). Auf diese Weise lernt es anzuhalten, zu schauen und auf Sie zu hören, auch wenn ihm eine Situation bedrohlich vorkommt.

- (4) Nun werden die Folien zusammengezogen. Ich tippe die Stute leicht am Hals an, damit sie Abstand hält und frei über die Folien geht.
- (5) Die Stute ist nun voller Selbstvertrauen und hat keinerlei Probleme mehr damit, auf die Folien zu treten. Die gerollte Folie macht das Pferd außerdem achtsamer, ohne dass es sich vor ungewohntem Untergrund fürchtet.

Plastik zwischen Stangen

- (6) Die Plastikfolien werden so über zwei Stangen gehängt, dass ein Gang entsteht, durch den das Pferd geführt wird, entweder ebenerdig oder auf einem *Brett*. Kirsten legt ein wenig Hafer auf die Tonne. Diese Plastiktonnen haben den Vorteil, dass sie weniger Geräusche verursachen als solche aus Metall.
- (7) Die Stute untersucht die Folien sorgfältig und geht ruhig dazwischen durch. Dass sie trotzdem noch ein wenig misstrauisch ist, zeigt ihr linkes Ohr, das auf die wehende Folie gerichtet ist, aber sie hat gelernt, ihrer Führperson zu vertrauen.
- (8) Sollten Sie irgendwelche Bedenken haben, ob Ihr Pferd ohne Probleme durch den Gang geht, stellen Sie die Tonnen so weit auseinander, bis das Pferd ganz ruhig ist.

Unter Plastik hindurch

Als Übergang zu der Arbeit unter Plastikfolien haben wir diese Übung entwickelt. Sie brauchen zwei Helfer, erhöhte Standplätze (Heuballen tun gute Dienste) und zwei Gerten (ersatzweise bunte „Schwimm-Nudeln" aus Schaumstoff; sie sind leicht und für das Pferd gut sichtbar).

- (1) Ich führe die Stute im Eleganten Elefanten (Seite 256) und streiche ihr ab und zu über den Hals, wenn sie unsicher wird – wie hier am erhobenen Kopf und den angelegten Ohren zu erkennen.

1
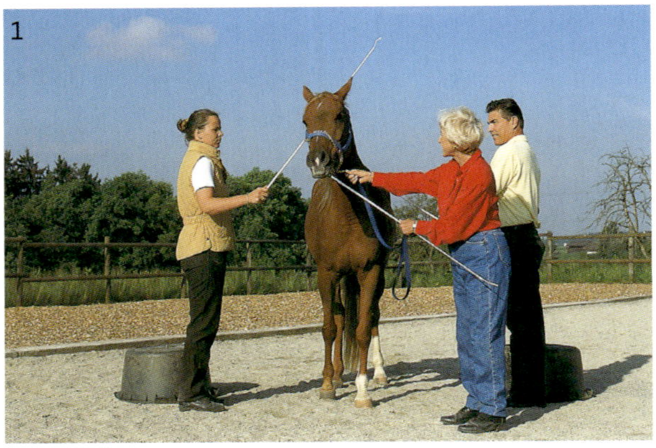

2

3

1 Foto oben links: Der erste Versuch beim Training mit den Gerten.

2 Foto oben rechts: Die Gerten werden aufrecht gehalten.

3 Foto links: Die Helfer stehen erhöht und halten die Gertenspitzen zusammen.

Foto Seite 287: Das Pferd bleibt auch unter dem Sattel mutig, sicher und vertrauensvoll.

4

5

- (2) Nach mehreren Durchgängen und einigen Maulvoll Hafer aus Kirstens Hand zeigen die Ohren nach vorn und der Kopf ist gesenkt, ein Zeichen, dass sie sich entspannt hat. Jetzt können die Gerten aufrecht gehalten werden.
- (3) Beide Helfer stehen höher und halten die Gerten so, dass sie sich berühren. Dies ist ein wichtiger Schritt zur Vorbereitung eines ungerittenen Pferdes auf das erste Aufsitzen des Reiters oder für ängstliche Pferde, damit sie ihre Schreckhaftigkeit überwinden lernen. Die Stute hat ein wenig Bedenken, stürmt aber nicht und drückt auch nicht den Rücken weg.
- (4) Im letzten Schritt soll das Pferd unter der hochgehaltenen Plastikfolie durchgehen. Ihre zwei Helfer stehen erhöht.
- (5) Sollte Ihr Pferd das erste Mal losstürmen, müssen Sie dafür sorgen, dass Sie vor ihm bleiben, nicht an der Führleine ziehen und nicht versuchen, es zurückzuhalten. Wenn es erst gemerkt

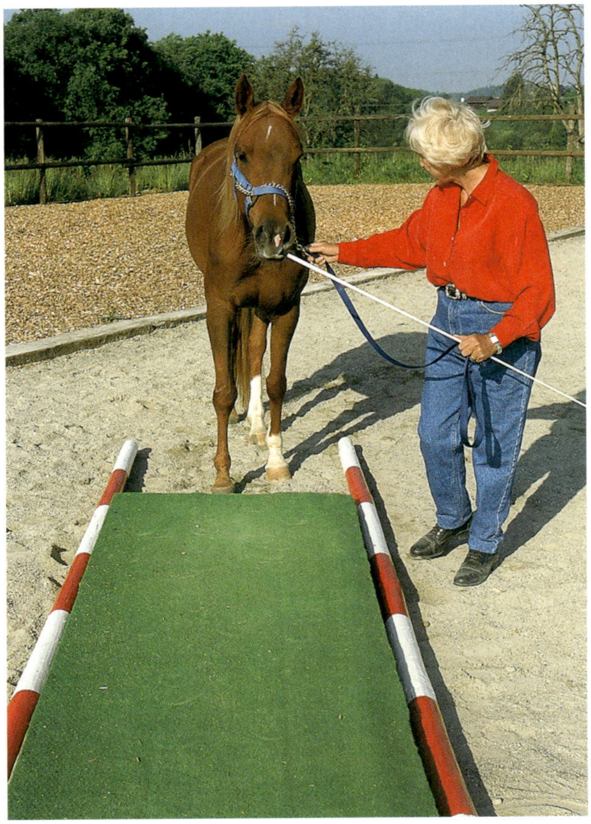

Foto links: Halten Sie vor dem Brett ein paar Sekunden an und lassen Sie dem Pferd Zeit zum Überlegen. Die seitlichen Stangen dienen als Begrenzung, damit das Pferd auf das Brett ausgerichtet bleibt.

Foto oben: Kirsten legt etwas Hafer auf das Brett, damit die Stute einen Grund zum Schnuppern hat. Ich weise mit der Gerte auf das Futter hin.

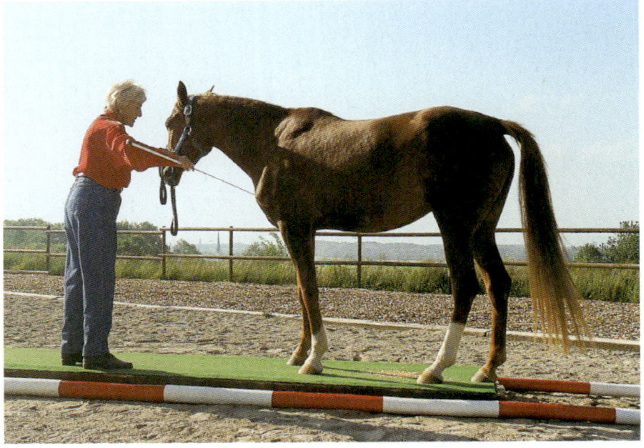

Foto Mitte links: Halbwegs auf dem Brett, halte ich in der Dingo-Position (Seite 253) mit der linken Hand den Pferdekopf in der Mitte und tippe die Stute ruhig mit der Gerte an, damit sie vorwärts geht. Etwas verunsichert fällt die Stute auf die linke Schulter. (Eine weitere Möglichkeit wäre, die Stute quer statt längs über das Brett zu führen.)

Foto Mitte rechts: Um der Stute Mut zu machen, betrete ich das Brett ganz und halte sie mithilfe der Gerte gerade.

Foto links: Ganz auf dem Brett angekommen, wechsle ich zum Eleganten Elefanten (Seite 256), und die Stute bleibt ruhig stehen. Versuchen Sie die ersten paar Male nicht, auf dem Brett anzuhalten. Gehen Sie einfach hinauf und wieder hinunter, bis sich das Pferd an den hohlen Klang unter den Hufen gewöhnt hat.

hat, dass kein Grund zur Beunruhigung besteht, wird es die nächsten Male ruhiger bleiben. Wenn Sie es geschafft haben, dass das Pferd ruhig und vertrauensvoll unter der Folie durchgeht, haben Sie ein großes Stück auf dem Weg zu einem sicheren, vertrauensvollen und mutigen Pferd zurückgelegt.

Wasser auf der Folie

Wenn Ihr Pferd zwar gelassen über die Plastikfolie geht, sich aber davor fürchtet, ins Wasser zu gehen, gießen Sie etwas Wasser auf die Folie und nehmen Sie dieses neue Hindernis in Ihr Programm auf. Viele Pferde haben Angst vor Wasser, und dies ist eine höchst nützliche Übung, um ihnen diese Angst zu nehmen.

Das Brett

Die Arbeit auf dem *Brett* gehört mit zu den besten Methoden, Pferde auf das Einladen in den Hänger und das Ausladen, die Überquerung von Brücken oder das Betreten sonstiger ungewohnter Oberflächen vorzubereiten. Nervöse Pferde sind oft misstrauisch, wenn sie auf einen nicht ganz festen Untergrund treten sollen. Hat Ihr Pferd mit Ihrer Hilfe seine Angst überwunden und alles geht gut, wächst sein Vertrauen zu Ihnen. Es bringt viele Vorteile für Ihren täglichen Umgang mit dem Pferd, wenn Sie etwaige Unsicherheiten auf diese Art überwinden. Das hohle Geräusch der Hufe auf dem Brett sowie das leichte Nachgeben der Bretter, wenn das Pferd darauftritt, sind eine neue Erfahrung und fördern das Lernvermögen.

Anwendung

- Zum problemlosen Verladen wie auch zum Ausladen.
- Damit das Pferd im Wasch- oder Putzstand ruhig steht.
- Damit es auf eine Viehwaage geht.
- Zur ruhigen Überquerung von Brücken.
- Zur Verbesserung des Gleichgewichts und der Koordination.

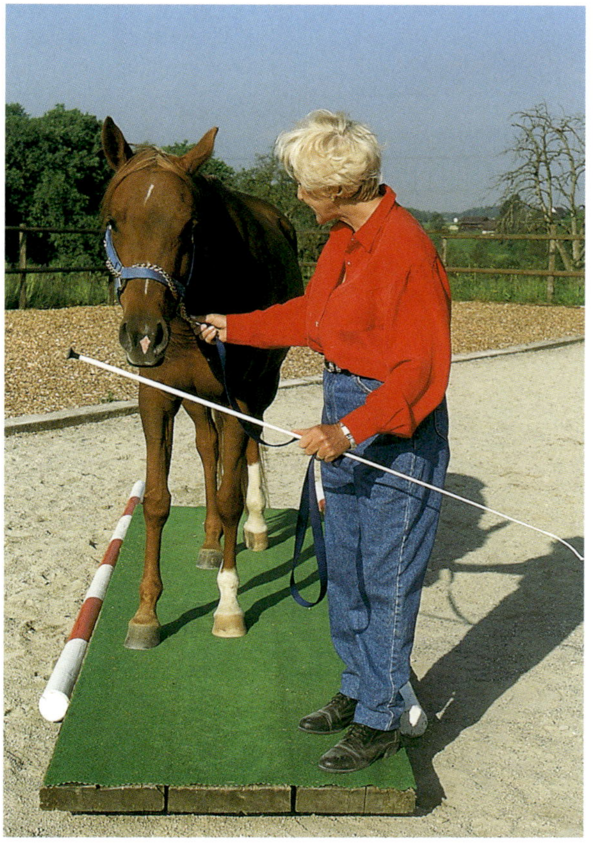

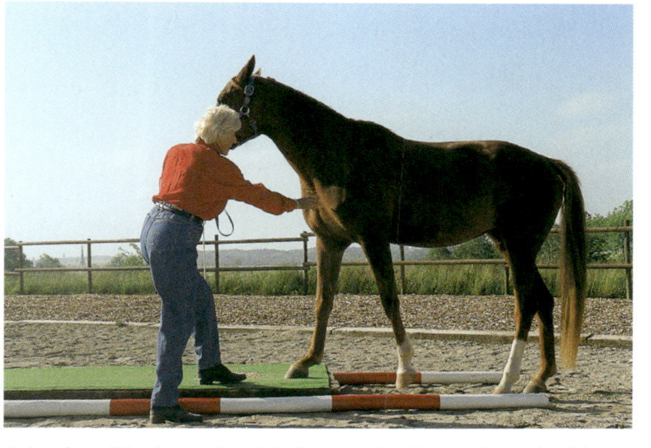

Foto oben: Für den ersten Schritt vom Brett hinunter gebe ich mit dem Daumen ein leichtes Signal an der Schulter (Nashorn-TTouch, Seite 245). Viele Pferde neigen sonst dazu, wieder nach vorn zu gehen, wenn der Boden unter den Hinterhufen abfällt. Dieser kleine Schritt zurück kann Ihnen viel Kummer mit einem Pferd ersparen, das nicht aus einem Hänger ohne Rampe aussteigen will, weil es sich ein einziges Mal erschreckt hat. In diesem Fall bringen Sie ihm zuerst das Rückwärtsrichten an der Hand bei und lassen es dann rückwärts vom Brett hinuntersteigen.

Foto links: Sobald das Pferd ruhig auf dem Brett stehen bleibt, lassen Sie es rückwärts wieder hinuntertreten – eine hervorragende Übung für das Ausladen aus einem Hänger. Hier gebe ich mit der Hand ein paar Zentimeter unterhalb des Halfterrings ein Signal und tippe die Stute leicht vor die Brust, damit sie einen Schritt zurücktritt.

Foto oben: Die ersten paar Male führe ich das Pferd nur über die Wippe und lasse es in der Mitte einmal kurz anhalten, bevor ich es zum Vorwärts- und Rückwärtsschaukeln animiere.

Foto links: In der Position Eleganter Elefant (Seite 256) tritt die Stute auf das Brett, kippt die Wippe nach vorn und bleibt ruhig stehen. Jetzt braucht sie nur den Kopf zu heben und einen Schritt zurückzutreten, damit die Wippe nach hinten kippt. Auch Ihr Pferd wird schnell lernen, wie viel Spaß dieses Vorwärts- und Rückwärtsschaukeln macht. Sobald Ihr Pferd die niedrige Wippe gemeistert hat, können Sie den Stützbalken auch weiter erhöhen.

Foto unten: Die ultimative Partnerschaft! Ich reite ohne Sattel und ohne Zaum über die Wippe und lenke das Pferd nur mit dem Halsring (Seite 297).

Was Sie brauchen

- Für ein stabiles *Brett*, das auch als *Wippe* dienen kann, brauchen Sie drei 3 m lange Planken, 5 cm dick und 30 cm breit.
- Nageln Sie die Planken mit sechs 0,90 cm langen, 5 cm dicken und 15 cm breiten Brettern zusammen, wobei der Abstand zwischen den beiden mittleren Brettern so weit sein soll, dass der Stützbalken für die *Wippe* gerade hineinpasst.
- Eine zusätzliche Planke, 3 m lang, 5 cm dick und 30 cm breit, dient als Seitenteil für ein am Boden ausgelegtes „V".

Holzersatz

Als schnell verfügbarer Ersatz können auch große, flach gedrückte Pappkartons dienen oder ein Stück Teppich. Sie sind für Pferde manchmal genauso furchterregend wie die Planken. Legen Sie die Kartons in diesem Fall v-förmig aus oder verwenden Sie eine Bodenstange als Begrenzung, wenn Sie nur ein Stück Karton oder Teppich verwenden.

ChaCha

Eine nützliche Übung auf dem Brett ist *Cha-Cha* (Seite 249): Bringen Sie mit *Dingo* und *Dem Kamel einen Tipp geben* (Seite 255) das Pferd einen Schritt nach vorn und mit Antippen an den Vorderbeinen (zuerst an dem Bein, das Ihnen am nächsten ist) und einem leichten Signal an der Führkette wieder einen Schritt zurück. Und wieder einen Schritt nach vorn, einen zurück.

Was tun, wenn …

… das Pferd sich weigert, das Brett zu betreten?
Legen Sie etwas Futter auf die Planken. Wenn es kaut, atmet das Pferd besser durch und entspannt sich; außerdem muss es den Kopf senken. Jedes Mal, wenn es einen Schritt macht, erhält es zur Belohnung etwas zu fressen. Auch mit der Führposition *Dingo* kann man es zum Vorwärtsgehen anregen.

Wie schon erwähnt, ist Futter immer eine ausgezeichnete Idee, wenn ein Pferd sich vor einer Übung fürchtet. Durch das Kauen wird das sympathische Nervensystem aktiviert, das damit die Oberhand gewinnt über das parasympathische Nervensystem, das den Kampf-oder-Flucht-Reflex auslöst.

Die Wippe

Hat das Pferd sich daran gewöhnt, über das am Boden liegende *Brett* zu gehen, können Sie einen Schritt weiter gehen und die *Wippe* in Angriff nehmen. Mit dieser Übung verbessern Sie Selbstsicherheit *und* Gleichgewicht Ihres Pferdes – und Spaß macht sie obendrein.

Anwendung

- Entwicklung von Selbstdisziplin.
- Steigert die Balance.
- Ausbau des Trainings mit dem Brett, Seite 289.

Was Sie brauchen

- Erforderliches Material siehe links.

Reifen

Es bringt zweifachen Nutzen, wenn ein Pferd lernt, seine Füße in *Reifen* hineinzusetzen: Es wird trittsicher und ist darauf vorbereitet, auch in unwegsamem Gelände auf den Boden zu achten. Ein Pferd, das diese Übung beherrscht, wird auch keine Probleme damit haben, seinen Fuß zur Kühlung in einen Eimer voll Wasser zu stellen oder für eine Ultraschalluntersuchung oder eine Röntgenaufnahme ruhig stehen zu bleiben.

Legen Sie die Reifen in verschiedenen Mustern und Abständen aus, damit das Pferd lernt, mit unterschiedlichen Situationen umzugehen.

Anwendung

- Fördert die Sicherheit in den Beinen.
- Bereitet auf unebene Untergründe vor.
- Trainiert das Stillstehen beim Schmied, Röntgen oder Ultraschall.

Was Sie brauchen

- 2 bis 6 Auto- oder Motorradreifen, am besten halbiert.

Foto oben links: Hier wurden die Reifen zur Sicherheit halbiert, eine gute Methode, um das Pferd daran zu gewöhnen, ohne Gefahr zu laufen, dass es mit dem Fesselgelenk am Rand hängen bleibt, rückwärts zieht und in Panik gerät. Eine andere Möglichkeit wäre, normale Reifen mit Abstand so auszulegen, dass dazwischen „Löcher" entstehen, in die das Pferd treten kann, ohne dass es mit dem Huf oder dem Eisen hängen bleibt.

Foto oben rechts: Ich hebe den Fuß an und stelle ihn in den Reifen, damit das Pferd lernt hineinzutreten, anstatt darum herumzugehen.

Foto links: Legen Sie die Reifen auf Abstand, damit das Pferd lernt, auf den Boden zu schauen und zwischen ihnen hindurchzugehen. Das macht ihm auch mehr Mut, den Fuß hineinzusetzen.

Reiten – Freude im Sattel

Die meisten Menschen lernen reiten, weil sie das Gefühl der Freiheit lieben, das sich für sie mit Pferden verbindet. Sie träumen vom freien Galopp über eine Bergwiese, und dieser Traum ist ihnen lieb und wert. Aber Traum und Wirklichkeit stimmen nicht immer überein, und das Pferd, das eigentlich unser Traumpferd sein sollte, kann uns manchmal Albträume bescheren.

Reiten kann die reine Freude sein, wenn Sie sich sicher fühlen können, aber es wird einem auch oft gesagt, dass es Jahre dauert, bis man reiten gelernt hat. Und immer wieder hört man: „Du musst der Boss sein, sonst tanzt dir das Pferd auf der Nase herum." Die Tellington-Methode räumt auf mit diesen alten Vorurteilen, weil sie mit dem **TTouch** eine **Vertrauensbasis** schafft und mit der Bodenarbeit dafür sorgt, dass das Pferd gern mit Ihnen zusammenarbeitet. Beides zusammen kann für Sie zum Sprungbrett zu einer höheren Stufe des Selbstvertrauens werden und Sie zu einem besseren Reiter machen.

Die drei Komponenten der Tellington-Methode – **TTouch, Bodenarbeit und Reiten** – können Sie schnell zum Erfolg im Sattel führen. Mit der Tellington-Reitausrüstung verfügen Sie über das geeignete Werkzeug, um im Sattel zu Gleichgewicht und Harmonie zu finden. Die innige Beziehung und beglückende Freundschaft, von der viele Reiter träumen, kann Wirklichkeit werden. Ohne Zaum, ohne Sattel auf dem bloßen Pferderücken sitzen, sich fühlen wie ein Kentaur, eins werden mit dem Pferd – eine nicht mehr zu überbietende Erfahrung.

Das Reiten durch die Hindernisse des *Lernparcours* ist ebenfalls Teil des Programms (nachdem Sie die Übungen mit dem Pferd an der Hand gemeistert haben).

Auf einen Blick

Balancezügel

Der *Balancezügel* liegt wie ein „Halsband" oder zweiter Zügel um den Pferdehals und dient dazu, das Pferd ins Gleichgewicht zu bringen. Eingesetzt werden kann er mit jedem Gebiss bei Pferden, die dazu neigen, hinter der Senkrechten oder über dem Zügel zu kommen. Der *Balancezügel* bringt Pferde dazu, den Rücken aufzuwölben und, weil er den „Suchreflex" aktiviert, den Hals lang und rund zu machen.

Vor vielen Jahren beobachtete die Paläontologin Deb Bennett die schnellen Veränderungen, die sich bei einem Paso Fino abspielten, der normalerweise mit hocherhobenem Kopf nervös herumzappelte. Ich ritt ihn mit dem *Balancezügel*, und ihrer Theorie zufolge aktivierte der Kontakt dieses Zügels mit dem Halsansatz die Muskeln, die zwischen den Vorderbeinen verlaufen, und bewirkte auf diese Weise, dass sich der Rücken hob und der Hals senkte. Das erlaubte dem Wallach, sich zu entspannen, und er war in der Folge beim Reiten viel lockerer und durchlässiger.

Was Sie brauchen

- Ein 7 m langes und 7 mm dickes Seil (beispielsweise ein farbiges Kletterseil), das Sie mit einem Kettenstich (ähnlich wie beim Häkeln – siehe Abbildungen Seite 294) passend machen können.
- Sie können auch einen *Balancezügel* bei der TTEAM-Gilde (Seite 328) bestellen. Er besteht aus geflochtenem Nylon und Biothane und ist mit einer Schnalle versehen.

Anwendung

- Um das Pferd auszubalancieren.
- Für Pferde, die dazu neigen, über oder hinter dem Zügel zu gehen.
- Um ein Pferd langsamer machen zu können.
- Zur Beruhigung schreckhafter Pferde.
- Um Pferde dazu zu bringen, den Hals lang zu machen.
- Um einen harten, stoßenden Trab weicher zu machen.
- Um ein Pferd auch auf gebogenen Linien gerade, d.h. „in der Spur" zu halten.
- Für eine ruhige Reiterhand.

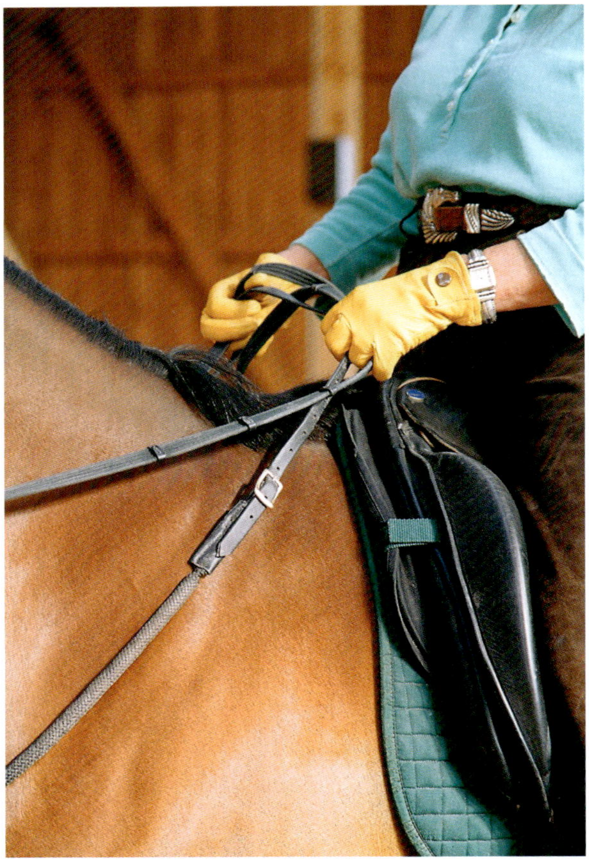

Fotos oben: Diese Stute wurde mir zu einem Kurs geschickt, weil sie die Angewohnheit hatte, sich auf das Gebiss zu legen und sich aufzurollen – Nase hinter der Senkrechten und an der Brust. Sie eilte im Schritt und im Trab, und wenn der Reiter versuchte, das Tempo zu verlangsamen, nahm sie die Nase auf die Brust und rannte weiter. Mit einer Kombination aus Balancezügel und Halben Tritten (Seite 295) kam sie wieder ins Gleichgewicht und begann das Gebiss anzunehmen und auf die Zügelhilfen zu reagieren, sodass sie schließlich auch ein ruhigeres Tempo gehen konnte, ohne sich aufzurollen und die Nase auf die Brust zu nehmen.

Foto links: Dies ist der Tellington-Balancezügel, ein äußerst nützliches Ausrüstungsteil. Hier sehen Sie, wie man ihn zusammen mit den Trensenzügeln in beiden Händen hält. Sie können ihn aber auch nur mit dem äußeren Zügel zusammen in eine Hand nehmen. Ich halte den Balancezügel zusammen mit dem äußeren Zügel und habe auf jedem Zügel ca. 50 Prozent Kontakt.

Foto unten: So wird der Balancezügel selbstgemacht, es ist wie beim Häkeln das Luftmaschen aufnehmen.

So wird's gemacht

- Wenn Sie ein Pferd mit englischer Zäumung im Gelände reiten oder trainieren oder wenn Sie ein junges Westernpferd noch mit beiden Händen reiten, halten Sie den *Balancezügel* am besten zusammen mit dem Trensenzügel in der äußeren Hand. Geht es darum, ein Pferd für eine Dressur-Prüfung zu versammeln, haben Sie wahrscheinlich am meisten Erfolg, wenn Sie den *Balancezügel* zusammen mit den Trensenzügeln in beide Hände nehmen.
- Die beste Wirkung erzielen Sie, wenn der *Balancezügel* ein wenig mehr angenommen wird als der Trensenzügel. Wir empfehlen im Allgemeinen 55 Prozent Kontakt mit dem Balancezügel und 45 Prozent Kontakt mit dem Trensenzügel. Bei der Westernzügelführung in einer Hand ist es vielleicht am besten, wenn Sie den *Balancezügel* auf dem Hals liegen lassen, wo Sie ihn jederzeit aufnehmen können, wenn das Pferd unruhig wird. Eine gute Idee ist es außerdem, den *Balancezügel* mit einem kurzen Latigo-Riemchen am Sattel zu befestigen, damit er nicht nach vorn rutschen kann, wenn das Pferd den Kopf zum Trinken oder Grasen hinunternimmt.

Halbe Tritte

Mit der Übung, die wir *Halbe Tritte* nennen, lernt das Pferd, kurze, präzise Schritte zu machen, langsamer zu werden und genau auf die leisesten Signale zu achten, die Sie mit Hand und Sitz geben. Beibringen kann man *Halbe Tritte* vom Sattel wie vom Boden aus. Ergebnis sind verbessertes Gleichgewicht und gleichmäßige Fußfolge im Schritt.

Über dieses Konzept bin ich intuitiv gestolpert, als ich 1982 einen Kurs für Ausbilder an der Spanischen Reitschule gab. Der Kurs fand in dem Reitstall statt, den einer der Ausbilder in der Nähe von Wien betrieb, und ich suchte mir ein schwieriges Pferd aus, das gerade erst zur Korrektur gebracht worden war: einen zwölf Jahre alten französischen Vollblüter, den ein Kunde – ohne Beratung durch den Ausbilder, wie ich hinzufügen möchte – als Springpferd gekauft hatte. Das Pferd war in hohem Tempo über Sprünge geritten worden und äußerst „nervig".

Ich saß auf und stellte fest, dass das Pferd keinen Schritt ging, sondern nur mit hohem Kopf und festgehaltenem Rücken zackelte. Damals steckte die Tellington-Methode noch in den Anfängen, und es sollte noch Jahre dauern, bis ich auf den *Balancezügel* kam. Wenn ich heute die gleiche Vorführung auf einem zackelnden Pferd geben sollte, würde ich entweder den *Balancezügel* einsetzen oder absteigen, das Pferd ttouchen und mit ihm im *Labyrinth* arbeiten. Und ich würde auf jeden Fall überprüfen, ob der Sattel passt!

Nun saß ich aber schon im Sattel, und intuitiv hob ich die Hände, brachte mit rhythmischen halben Paraden den Pferdekopf noch höher und versuchte, die Schritte zu verkürzen. Der Wallach beruhigte sich, und nach sehr kurzer Zeit ließ ich die Zügel allmählich länger. Zur allgemeinen Überraschung senkte das Pferd den Kopf und fiel in Schritt. Auf einmal bemerkte einer der bereits pensionierten Ausbilder: „Interessant. Diese Art Schritt nannten wir in der „Spanischen" früher „Halbe Tritte", aber ich habe ihn Jahrzehnte lang nicht mehr gesehen."

Ich war damals von der Wirkung ebenso überrascht wie die anderen Ausbilder, habe *Halbe Tritte* aber seither in mein allgemeines Trainingsprogramm aufgenommen, und zwar nicht nur für Problempferde.

Anwendung

- Erzieht das Pferd zu Konzentration, Gleichgewicht und Reaktion auf leichte Hilfen.
- Die Schritte verlängern, nachdem sie zuerst verkürzt wurden, erweitert das Repertoire des Pferdes um einige „Gänge".
- Damit das Pferd den Kopf senkt und sich dehnt.
- Um einem Pferd das Zackeln abzugewöhnen.
- Damit ein Cutting Horse lernt, langsam in eine Herde hinein zu gehen.

So wird's gemacht

Vom Boden aus: Um vom Boden aus zu erreichen, dass das Pferd in *Halben Tritten* vorwärts geht, beugen Sie sich leicht vor, machen kleine Schritte, geben mit der Führkette, gehalten zwischen Daumen und Zeigefinger, ganz leichte Signale und führen die Gerte in einigem Abstand vor der Pferdenase in

Ich führe Dorina mit gesenktem Kopf und ganz leichten Signalen durchs Labyrinth; sie soll langsam und vorsichtig gehen. Gleichzeitig beuge ich mich vor und verlangsame meine Schritte, damit die Stute es mir nachmacht. Die Führkette ist besser seitlich befestigt (Seite 178) als über der Nase. Gerade für Dorina war diese Übung besonders nützlich, weil sie gern den Kopf hocherhoben trug, sehr „nervig“ war und unter dem Reiter oder wenn sie einen Druck am Kopf spürte zum Steigen neigte.

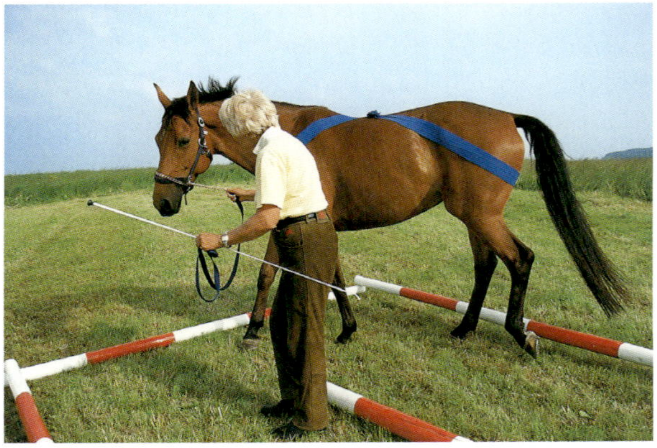

Dorina geht mittels leichtem Zupfen an der Führkette um die Ecke; mit der Gerte wird gleichzeitig der Weg „angepinselt“. Mit den Hinterbeinen greift sie ein wenig zu lang aus, aber sie schafft es trotzdem, sich zu biegen, den Kopf unten zu halten und in der Biegung ihr Gleichgewicht zu wahren. Wenn Ihr Pferd die Übung mit gesenktem Kopf meistert, gehen Sie einen Schritt weiter und verlangen Sie die gleichen verkürzten Bewegungen mit erhobenem Kopf.

Mit erhobenen Händen mache ich mich im Sattel leichter und stelle mich vermehrt in die Bügel, um die halben Tritte zu erhalten. Diese Stute eilte im Schritt und pullte auf Trense mit aller Kraft. Wir statteten sie zusätzlich mit dem Lindell und dem Balancezügel aus und gaben ihr Gelegenheit, sich neu auszubalancieren, und sie entspannte sich und war nun in der Lage, sehr schön auf Sitz, Schenkel und Zügel zu reagieren.

So sieht ein entspannter Schritt mit langem Hals aus. Wechseln Sie pro Reitstunde nur drei bis vier Mal hintereinander von den Halben Tritten zum verlängerten Schritt und wieder zurück. Sie werden staunen, wie schnell Ihr Pferd dies lernt.

kurzen Bewegungen auf und nieder. Hat Ihr Pferd erst einmal begriffen, um was es geht, besteht die Belohnung in einer deutlichen Verbesserung von Fokus, Konzentration, Koordination und Gleichgewicht. Vom Boden aus sind *Halbe Tritte* mit *gesenktem Pferdekopf* leicht zu erreichen, während unter dem Reiter das gleiche Ergebnis damit erzielt wird, dass der Kopf hoch gehalten wird.

Vom Sattel aus: Der verkürzte, leicht zögerliche Schritt bei den *Halben Tritten* ist vom Sattel aus leicht zu erreichen. Heben Sie den Pferdekopf an, damit sich der Schwerpunkt nach hinten verlagert und die Vorhand weniger belastet ist. Gleichzeitig machen Sie sich im Sattel leichter, indem Sie sich vermehrt in den Steigbügeln abstützen.

Fordern Sie das Pferd auf, die Tritte zu verkürzen, indem Sie mit den Fingern „den Schwamm ausdrücken". Nach fünf oder sechs verkürzten Tritten lassen Sie die Zügel durchgleiten, damit das Pferd den Kopf senken, sich dehnen, den Rücken loslassen und die Schritte verlängern kann.

Halsring (Reiten ohne Zaumzeug)

Ohne Zaumzeug, nur mit einem Halsring zu reiten kann die Freude am Reiten wiedererwecken und Ihnen einen ganz neuen Ansatz im Umgang mit Ihrem vierbeinigen Partner ermöglichen.

Als Kind haben Sie vielleicht voller Begeisterung auf dem blanken Pferderücken gesessen, mit nichts als einem Strick um den Pferdehals. Das gehörte mit zum Spaß und zu dem Gefühl der Freiheit, das mit dem Reiten verbunden war. Seit über drei Jahrzehnten gehört das Reiten mit dem Halsring oder nichts als einem Strick um den Pferdehals – oft ganz ohne Zaumzeug – zu den wichtigsten und grundsätzlichen Übungen der Tellington-Methode. Das Reiten ohne Zaumzeug oder mit durchhängenden Zügeln vermittelt das Gefühl, Pegasus, das geflügelte Pferd, zu reiten.

Was Sie brauchen

- Einen steifen, verstellbaren Halsring aus Lariat-Material.

Die Zügel hängen verknotet auf dem Hals, der Halsring liegt etwa auf der Hälfte des Halses an, und ich gebe mit beiden Händen das Signal zum Wenden und Stoppen. (Falls nötig können Sie die Zügel wie oben beschrieben dazu nehmen.) Es dauert oft nur ein paar Minuten, bis sich das Pferd problemlos anhalten und wenden lässt.

- Eine schmale Führleine tut es zur Not auch, aber sie ist nicht so leicht zu handhaben und auch weniger effektiv für Wendungen.

Anwendung

- Sie und Ihr Pferd entwickeln ein neues Gefühl von Vertrauen und Partnerschaft.
- Sie gewinnen mehr Vertrauen in Ihren Sitz.
- Ihr Gleichgewicht verbessert sich; Sie brauchen die Zügel nicht mehr zum Festhalten.
- Das Pferd lernt Neck-Reining.
- Bei einem sauer gerittenen oder steifen Pferd kann es die Lebensgeister wiedererwecken.
- Nervöse Pferde verlieren ihre Schreckhaftigkeit.
- Pferde, die beim Springen stürmen, werden ruhiger.

Das Reiten ohne Zaumzeug ist weder neu noch ein Trick. In den 1960er-Jahren führten wir mit unserer Pacific Coast School of Horsemanship eine Springquadrille, alle ohne Zaumzeug geritten, vor. Die Zuschauer fanden es schier unglaublich, dass man ein Pferd allem Anschein nach mit so wenig Kontrolle reiten konnte.

1975 führte ich das Reiten ohne Zaumzeug erstmals in Europa vor, auf der Equitana in Essen. Vier von uns sprangen ohne Sattel und ohne Zaumzeug einen Parcours. Auch diese Zuschauer trauten ihren Augen nicht, und eine große deutsche Reiterzeitschrift schrieb, wie unmöglich und gefährlich diese Reiterei sei und dass dahinter irgendein Trick stecken müsse. Aber in den letzten Jahren haben Tausende Reiter in Europa und Nordamerika entdeckt, wie viel Freude das Reiten ohne Zaumzeug vermitteln und wie sehr es die Beziehung zwischen Reiter und Pferd vertiefen kann.

Es gibt sicher Situationen, in denen „ganz ohne alles“ kein gutes Gefühl ist. Vielleicht reiten Sie ein junges Pferd gerade erst ein, die Versicherung in Ihrem Stall schließt diese Art des Reitens aus, oder Sie haben einfach ein unsicheres Gefühl dabei. Bringt es denn auch noch Vorteile, den Halsring zusammen mit einer Trense einzusetzen? Unbedingt! Sie brauchen die Trense überhaupt nie ganz abzunehmen, um in den Genuss der Vorteile des Halsring-Reitens zu kommen. Es genügt, die Zügel auf den Hals zu legen und das Pferd mit dem Halsring zu wenden, langsamer zu machen und anzuhalten – eine Freude für Sie, ein Gefühl der Freiheit für Ihr Pferd.

So wird's gemacht

So wird der Halsring gehalten: Fangen Sie mit Ihrer gewohnten Trense an und scheuen Sie sich nicht vor Experimenten, wie Sie Zügel und Halsring am besten halten. Sie können den Halsring in beide Hände nehmen oder die Zügel in einer und den Halsring in der anderen Hand halten. Vielleicht finden Sie es für den Anfang auch leichter, die Zügel aufzunehmen, wenn Sie mit dem Halsring das Signal zum Wenden oder Anhalten geben. Sie werden schnell feststellen, dass der Halsring Sie weniger abhängig von den Zügeln macht und Ihr Gleichgewichtsgefühl verbessert.

So wird der Halsring eingesetzt: Wenn Sie Western reiten, fällt es Ihnen vermutlich leichter, zum Stoppen und Wenden die Zügel in der einen Hand und den Halsring in der anderen zu halten. Wenn Sie Englisch oder klassische Dressur reiten, geben Sie zum Wenden gleichzeitig mit dem Signal am Halsring auch ein Signal mit dem entsprechenden Zügel.

So wird angehalten: Zum Stoppen nehmen Sie den Halsring auf, nehmen ihn, zusammen mit einem lang gezogenen, tiefen „Hooo!“, im oberen Drittel des Pferdehalses leicht an und geben wieder nach. Ziehen Sie den Halsring nicht horizontal nach hinten, sondern ungefähr parallel zum Schulterwinkel. Am Anfang, wenn Sie und Ihr Pferd diese neuen Tanzschritte erst lernen müssen, kann es sein, dass Sie zur Verstärkung der Signalwirkung den Zügel zugleich mit dem Halsring annehmen müssen. Um das Pferd vollständig zum Halten zu bringen, geben Sie zwei oder drei Mal das Annehmen-Nachgeben-Signal und drücken den Oberschenkel an.

Denken Sie daran, dass das Pferd eher auf das Nachgeben anspricht als auf das Annehmen. Wenn Sie ständig am Halsring ziehen, legt es sich einfach darauf. Vergessen Sie auch nicht, dass Sie gegen die empfindliche Luftröhre drücken. Nehmen Sie zum Wenden oder Anhalten deshalb den Halsring nur leicht an und geben Sie wieder nach. Nicht ziehen! Auch wenn Sie die Trense beibehalten, ist das Reiten mit dem Halsring für Sie und das Pferd eine feine Sache. Wenn es Ihnen so viel Spaß macht, wie

Wir verwenden einen 7 m langen Strick, der mit einem Knoten, der sich nicht zuziehen kann, oben um den Hals befestigt wird. Für den Anfang knüpfen Sie aus dem losen Ende am besten ein provisorisches Halfter, indem Sie eine doppelte Schleife (übereinander) um die Pferdenase legen. (Den Sicherheitsknoten finden Sie auf Seite 280 illustriert.) Ihr Assistent oder Ihre Assistentin sollte ungefähr 3 m Abstand halten; wohin es geht, bestimmen Sie. Spaß macht es zum Beispiel, in diesem Stadium durch einige der Bodenhindernisse zu reiten.

Anmerkung: Das Pferd darf keine Angst vor Stricken haben; ein ängstliches Pferd könnte vor dem langen Führstrick scheuen.

Kirsten hat die Schleifen von der Pferdenase gleiten lassen, und der Wallach hält den Kopf deutlich tiefer. Wenn Ihr Pferd gern mit hocherhobenem Kopf geht, ist dieses Kopfsenken und die damit verbundene Entspannung vielleicht eine willkommene Überraschung.

Zum Wenden können Sie den Halsring (oder manchmal die Pferdenase) seitlich mit der Gerte antippen. Ein Antippen an der Brust verstärkt das Stopp-Signal. Reiten Sie auf einem umzäunten Platz oder in der Halle, bis Sie sich ganz sicher fühlen. Halten Sie den Halsring vom Hals fern, wenn Sie kein Signal zum Stoppen oder Wenden geben wollen.

Und auf geht's im Trab. Mensch wie Pferd verspüren ein Gefühl der Freiheit, das einfach unbeschreiblich ist. Unzählige Male habe ich erlebt, wie sauer gerittene oder steife, ältere Pferde wieder wach und lebendig wurden, wenn sie den Kopf freihatten. Und Sie erleben ein besonderes Gefühl der Verbindung mit Ihrem Pferd.

010 Der Film zeigt, wie das Reiten mit Halsring gelingen kann.

Wie ich werden auch Sie das Gefühl haben, dass Ihnen Flügel gewachsen sind, wenn Sie im Trab über Cavaletti gehen...

...und sogar über das Hindernis segeln.

wir glauben, erweitern Sie Ihre Ausrüstung um den Halsring und genießen Sie das „Pegasus-Gefühl".

Wie der Halsring Ihrem Pferd helfen kann

Mehr Versammlung: Am Halsansatz gibt es einen passiven Reflex, den sogenannten Suchreflex, der bei Dr. Deb Bennett häufig erwähnt wird. Wird er ausgelöst – was durch den Einsatz von Halsring oder Balancezügel am Halsansatz geschehen kann –, hebt sich der Widerrist, und der Hals rundet sich vom Widerrist bis zum Genick. Die Bauchmuskulatur wird aktiviert, und der Rücken wölbt sich auf – das Pferd wird geschmeidiger und kann Rücken und Hinterhand besser einsetzen. Zu diesem Zweck wird der Halsring zusammen mit der Trense verwendet.

Rückwärtsrichten: Mit dem Halsring lernen Pferde ganz leicht das Rückwärtstreten. Nehmen Sie den Ring an und setzen Sie ihn zusammen mit den Zügeln ein. Der Halsring trägt dazu bei, dass das Pferd im Gleichgewicht rückwärts tritt.

Für Gangpferde: Nach unserer Erfahrung trägt der Halsring dazu bei, dass sich der Hals aus dem

Widerrist heraushebt, was die Gänge von Isländern, Walkern, Paso Finos, Paso Peruanos und anderen Gangpferderassen verbessert. Wichtig ist, den Halsring auf ungefähr zwei Drittel Höhe mit leichtem Druck und Nachgeben einzusetzen und auf keinen Fall zu ziehen.
Neck-Reining: Wendungen mit dem Halsring einzuleiten ist ein ausgezeichnetes Mittel, einem Pferd das Neck-Reining beizubringen. Die Außenseite des Halsrings liegt ca. 15 cm hinter dem Pferdeohr am Hals, die Innenseite berührt ihn knapp über der Schulter. Auch hier ist Annehmen und Nachgeben angesagt, kein ständiger Druck.

Tellington-Tipp

Zusätzlich zum Signal am Halsring setzen Sie zum Wenden und Stoppen Ihre Beine ein. Drücken Sie zum Anhalten leicht den Oberschenkel an, aber bleiben Sie mit dem Unterschenkel weg vom Pferd. Für eine Wendung im Gleichgewicht legen Sie den inneren Schenkel leicht an und den äußeren etwas nach hinten, hinter den Gurt. Mir ist es lieber, mein Pferd mit den oben beschriebenen Schenkelhilfen im Gleichgewicht zu halten, aber viele Reiter verlagern als Signal zum Wenden ihr Gewicht in die entsprechende Richtung.

Nervenberuhigung im Gelände: Pferde, die in Richtung Heimat eilig werden oder zackeln, lassen sich beruhigen, wenn man den Halsring zusammen mit den Zügeln unten am Hals einsetzt. Bei einhändiger Zügelführung nehmen Sie den Halsring in die freie Hand und geben das Annehmen-Nachgeben-Signal knapp oberhalb des Halsansatzes. Bei beidhändiger Zügelführung halten Sie den Halsring mit dem Mittelfinger und die Zügel zwischen Ring- und Mittelfinger. Diese Technik hilft auch bei guckigen Pferden. Nehmen Sie den Halsring an, wenn Sie ihn brauchen, und lassen Sie ihn sonst auf dem Hals liegen.
Ich binde den Halsring mit einem kurzen Lederriemen vorn am Sattel fest, damit ich ihn auf den Hals fallen lassen kann, wenn ich ihn nicht brauche, ohne Gefahr zu laufen, dass er herunterrutscht, wenn das Pferd den Kopf senkt.

Für stürmende Springpferde: Mit dem Halsring in Kombination mit den Zügeln lassen sich Pferde, die im Parcours stürmen, beruhigen. Der Halsring wird vom Halsansatz bis etwa zur Hälfte des Halses eingesetzt.

Lindell (Sidepull)

Das Lindell ist eine Art gebisslose Zäumung mit einem versteiften Nasenband (oft aus Lariat-Seilmaterial); die Zügel werden in die seitlichen Ringe eingeschnallt. Mit den seitlichen Ringen lässt sich das Pferd leichter wenden als mit dem Bosal, bei dem die Zügel unter dem Pferdekinn befestigt sind. Bei uns wird das Nasenband mit einem Stück Latex umhüllt, damit sich der Nasenrücken nicht aufscheuert.

Anwendung

- Für Pferde, die sich aufrollen oder hinter der Senkrechten gehen.
- Um einem Sportpferd eine Abwechslung vom Gebiss zu gönnen.
- Zur Ausbildung junger Pferde.
- Für Pferde mit Zahnproblemen oder Verletzungen am oder im Maul.
- Für Schulpferde, zum Schutz vor unruhigen Anfängerhänden.
- Für Pferde, die im therapeutischen Reiten eingesetzt werden.
- Einfach weil Pferde ihre Freiheit im Maul genießen!

Das *Lindell* wirkt ganz anders als das Standard-Bosal aus Rohleder, bei dem die Zügel an einem „Knopf" unterhalb des Pferdekinns befestigt sind. Der Druck des Rohleders auf den empfindlichen Kiefer veranlasst viele Pferde, den Kopf hochzunehmen und den Unterhals herauszudrücken.

Ich habe das übliche Sidepull in einigen Punkten abgeändert. Die Backenstücke sind weiter weg vom Auge, und statt des Kehlriemens verwenden wir einen gut anliegenden Backenriemen, sodass das Nasenband locker bleiben kann. Wir tauften es *Lindell* – nach mir.

Foto oben links: So wird das Lindell angepasst: Für die klassische Reitweise sollte das Nasenband ca. vier Finger unterhalb der vorstehenden Backenknochen liegen, für ein Westernpferd, das mit tiefer Nase gehen soll, einige Zentimeter tiefer. Der Kinnriemen sollte anliegen, aber nicht einengen. Das Nasenband muss locker sein, darf aber auch nicht herumrutschen. Hier ist das Lindell ohne Latexhülle zu sehen, damit das steife Stück Seil zu erkennen ist. Mit Latexhülle, wie es am besten verwendet wird, ist es links zu sehen.

Foto oben rechts: Ein Lindell kombiniert mit einer Wassertrense. Vom Lindell wurde das Stirnband entfernt, und die Zügel laufen außen über die Backenstücke der Trense.

Foto Mitte: Ob bei einem Warmblüter oder einem Westernpferd: Das Lindell bringt jedes Pferd dazu, sich zu entspannen und zu dehnen, erlaubt ihm eine Pause vom Gebiss oder von der Arbeit in der Versammlung. Die Kombination von Trense und Lindell ist besonders hilfreich für Pferde, die dazu neigen, zu pullen oder sich aufzurollen.

Foto unten: Gelungen! Ich beuge mich vor, um die Stute, die wunderbar auf eine Kombination von Lindell, Trense und Balancezügel angesprochen hat, zu ttouchen.

Junge Pferde anreiten

Reiten Sie Ihr junges Pferd – mit drei oder vier Jahren – mit diesem Zaum, ohne Gebiss, an. Ohne das störende Stück Eisen im Maul findet es leichter sein Gleichgewicht unter dem ungewohnten Reiter. Später kombinieren Sie das Lindell mit einer Trense, jeweils mit einem Paar Zügel ausgerüstet. *Anmerkung:* Ich habe das *Lindell* mit Erfolg bei einigen Pullern eingesetzt, die auf Trense wirklich schwer zu halten waren, und wenn sie allein geritten wurden, hörten sie damit tatsächlich auf zu pullen.

Anwendung

- Um guckigen Pferden das Gefühl einer Art schützenden Hülle zu geben.
- Für Pferde mit Senkrücken oder Hirschhals.
- Für faule Pferde und solche mit kurzen, gebundenen Gängen.
- Für Pferde, die unter dem Reiter abdrehen oder durchgehen.

Körperband und Körperseil

Das *Körperband* besteht aus einer elastischen Bandage, gewöhnlich ca. 10 cm breit, das *Körperseil* aus einem ca. 1 cm dicken Seil; sie werden am Sattel befestigt und um die Hinterhand herumgeführt.

Die Bandage eignet sich normalerweise am besten für nervöse und „guckige" Pferde, während ich das Seil hauptsächlich einsetze, wenn es darum geht, bei einem Pferd die Tritte zu verlängern oder es daran zu hindern, nach anderen Pferden zu schlagen. Da sich kaum vorhersagen lässt, welches am besten wirkt, versuche ich es im Allgemeinen zuerst mit der elastischen Bandage.

Was Sie brauchen

- Sie brauchen strapazierfähige elastische Bandagen, die nicht so schnell ausleiern. Ich persönlich mag farbige Pferdebandagen sehr gern, weil sie interessanter aussehen, sie sind aber oft zu kurz. Wichtig ist, die Bandage nicht zu straff anzuziehen. Für große Pferde müssen Sie wahrscheinlich zwei Pferdebandagen aneinanderknoten.

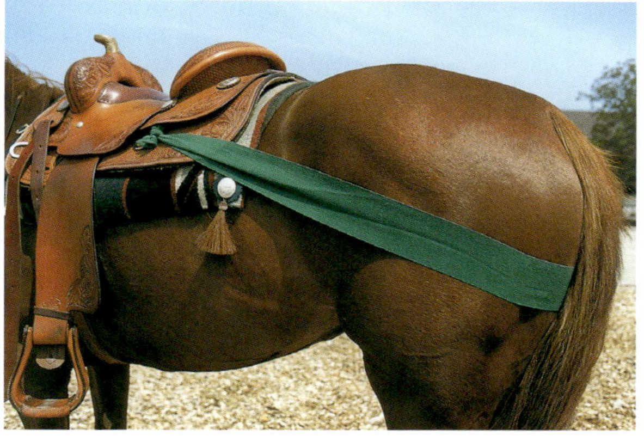

An einem Westernsattel werden die Enden des Bandes an den hinteren Gurtringen befestigt. Bei einem englischen Sattel wird es an den Gurtstrupfen unter dem Sattelblatt festgeknotet.

Das vorher schlaksig wirkende Pferd schiebt sich nun gut zusammen und zeigt, welchen Unterschied ein Körperband ausmachen kann.

An diesem hübschen Schimmel ist gut zu sehen, wie positiv sich das Körperband auf das Engagement der Hinterhand auswirkt. Zur weiteren Verbesserung von Selbsthaltung und Gleichgewicht reite ich ihn zusätzlich mit einem Tellington-Trainingsgebiss (Seite 305) und einem Balancezügel (Seite 293), was gleichzeitig seine Furcht vor Bewegungen hinter ihm vermindert und sein Selbstvertrauen stärkt. Diese Dreier-Kombination ist auch nützlich bei Pferden, die sich im Gelände nicht gern überholen lassen oder sogar nach Pferden ausschlagen, die hinter ihnen herkommen.

Hier reite ich mit einem Körperseil um die Hinterhand. Das ca. 1,20 cm dicke Seil ist beidseitig an den Gurtstrupfen unter meinen Oberschenkeln befestigt. Es liegt ca. 25 cm oberhalb der Sprunggelenke, im tiefsten Teil des Unterschenkels. Beachten Sie, wie entspannt und gelöst das Pferd bei einer Vorführung im Testzentrum Reken vor den Zuschauern entlangtrabt.

Wo sollen Körperband und Körperseil liegen?

- Das *Körperband* liegt etwas unterhalb des Sitzbeinhöckers.
- Das *Körperseil* liegt tiefer – in der Wölbung des Unterschenkels, ca. 20 cm über den Sprunggelenken, aber nicht zu locker, damit das Pferd nicht zum Ausschlagen provoziert wird. Nehmen Sie sich Zeit, das Pferd an die Berührung durch das Seil zu gewöhnen, damit es nicht danach schlägt und nicht versucht, mit dem Hinterbein darüberzusteigen.

Wie straff sollte das Band sein?

- Das Körperband sollte gerade so eng anliegen, dass es nicht rutscht. Allzu straff kann sich negativ auswirken – besonders bei Pferden, die Schmerzen oder ein loses Knie haben.

Führen Sie das Pferd mit Körperband oder Körperseil vor dem Reiten an der Hand im Schritt und im Trab, bevor Sie aufsitzen, damit es sich an das Gefühl um seine Hinterhand gewöhnt und sich nicht erschreckt.

Achter-Variante

Sie können ein Pferd auch mit der Achter-Variante reiten, longieren oder durch Bodenübungen führen. Dabei werden zwei elastische Bandagen (drei bei einem großen Pferd) um die Brust, über den Sattel und um die Hinterhand gelegt. Das stärkt, besonders bei einem nervösen Pferd, das Selbstvertrauen, weil es ihm ein Gefühl der Verbindung von der Brust zur Hinterhand gibt. Mehr über das Körperband siehe Seite 179.

Tellington-Trainingsgebiss

Das *Tellington-Trainingsgebiss*, auch Rollerbit genannt, ist aus rostfreiem Stahl und hat eine Kupferrolle in der Zungenfreiheit sowie lose, gebogene Anzüge. Wir verwenden es mit zwei Paar schmalen, leichten Zügeln, wodurch es ähnlich wirkt wie ein Pelham. Die Kupferrolle und die höhere Zungenfreiheit erlauben aber der Zunge mehr Freiheit und sind der Schlüssel zum Erfolg. Schon nach ein paar Longiereinheiten mit diesem Gebiss wird die Oberlinie des Pferdes deutlich runder. Im Gegensatz dazu führt ein Gebiss mit geraden Anzügen oft dazu, dass sich das Pferd im Genick und im Kiefer steif macht.

Manche Menschen weigern sich geradezu entsetzt, ihrem Pferd mehr als eine Wassertrense ins Maul zu legen. Neuere Studien über Gebisse haben uns jedoch auch neue Erkenntnisse über die Wirkungsweise eines Gebisses im Pferdemaul verschafft, angefangen mit der Erkenntnis, dass der gesamte Körper unter Spannung gerät, wenn auch nur ein Teil des Körpers verkrampft oder angespannt ist.

Wie bei den Haltestellen, die eine U-Bahnstrecke markieren, müssen alle Punkte – von der Zunge über den Unterkiefer und das Brustbein bis zur Schulter – frei von jeder Spannung sein, damit sich das Pferd frei und ungezwungen bewegen kann. Setzen Sie einen dieser Punkte unter Druck, blockieren Sie das ganze System, was sich in Verhaltensproblemen und Leistungsabfall äußern kann, von Leistungsverweigerung und gebundenen Gängen bis zu Widersetzlichkeit und Kopfschlagen. Die üblichen einfach gebrochenen Trensengebisse mit ihrer Nussknackerwirkung auf die Zunge hindern das Pferd am Schlucken; es kann sich nicht richtig wohlfühlen.

Wir haben festgestellt, dass das *Tellington-Trainingsgebiss* diese Schlüsselpunkte auf Dauer locker macht und einen festen Rücken löst.

So wird das TTeam-Trainingsgebiss verschnallt

- Die oberen Enden der Anzüge (wo sie an den Backenstücken befestigt sind) müssen mindestens 6 mm Abstand von den Backenknochen des Pferdes haben. Das Mundstück gibt es entweder in 5 oder in 5 ½ Inch Breite (ca. 12,5 oder 13,5 cm), sodass es den meisten Pferden passt. Für kleine Araber gibt es eine schmalere Version.
- Das Gebiss wird so verschnallt, dass im Maulwinkel eine deutliche Falte entsteht. Dann öffnen Sie dem Pferd das Maul und schauen nach, ob die Zungenfreiheit seitlich auch nicht an die ersten Backenzähne anstößt.
- Die Backenstücke und die Kinnkette (am liebsten eine flache Kette mit einem Lederriemen an jedem Ende) werden zusammen im obersten Ring des Gebisses eingeschnallt – nicht, wie wir es manchmal erleben, in die Öffnung für das obere Zügelpaar. Die Kinnkette sollte so eingehängt werden, dass sie Kontakt mit dem Kinn hat, wenn die unteren Zügel so stark angezogen werden, dass das untere Ende der Anzüge mit der Maullinie einen Winkel von 45 Grad bildet. Ist sie zu lose, schlägt die Zungenfreiheit gegen den Gaumen, bevor es noch zu einem Kontakt mit der Kinnkette kommt, ohne den es keine Biegung im Genick gibt. Mit einer zu engen Kinnkette kann das Pferd sich nur steif bewegen.

Anwendung

- Zur Verbesserung von Übergängen, von Haltung, Gleichgewicht und Engagement der Hinterhand bei allen Pferden.
- Zur Korrektur von auseinandergefallenen Pferden, Pferden mit Hirschhals oder weggedrücktem Rücken.
- Um einen festen Rücken zu lockern und die Biegung durchs Genick zu fördern.
- Zur Beruhigung und Kontrolle von übereifrigen oder guckigen Pferden.

Foto oben links: Korrekt sitzende Kinnkette.

Foto oben rechts: Idealer Winkel zwischen Anzug und Maullinie. Bei anstehendem Kandarenzügel soll dieser Winkel 45 Grad betragen.

Foto unten links: Hier ist die Kinnkette zu locker. Der Winkel zwischen Anzug und Maullinie wird steiler, und das Pferd wehrt sich, indem es das Maul öffnet.

Foto unten rechts: Der Nasenriemen wird so verschnallt, dass leicht zwei Finger darunter Platz haben.

- Der Nasenriemen sollte drei Fingerbreit unterhalb der Backenknochen liegen – lose genug, dass Sie einen oder zwei Finger seitlich darunterschieben können.
- Am einfachsten sind verschieden breite Zügel. Für das obere Zügelpaar würden wir $^1/_2$ Inch (ca. 1,25 cm), für das untere $^3/_8$ Inch (ca. 1 cm) vorschlagen. Die oberen Zügel passen in den Schlitz, der auf der Ebene des Mundstücks liegt, die unteren in die Öffnung der Anzüge.

So wird's gemacht

Es ist nicht ungewöhnlich, dass ein Pferd – besonders wenn es erstmals Bekanntschaft mit diesem Gebiss macht – sehr aktiv mit der Kupferrolle spielt. Spätestens nach zehn Minuten sollte das Maul aber wieder ruhig sein.

- Lassen Sie dem Pferd 10 bis 15 Minuten Zeit, sich an das Gebiss zu gewöhnen, bevor Sie es damit reiten. Machen Sie die Zügel fest, damit es nicht hinein treten kann, aber lang genug, dass es sich strecken und Kopf und Hals senken kann. Haken Sie den Führstrick lieber in den seitlichen Ring am Kopfstück ein als am Gebiss. Führen mit dem *Tellington-Trainingsgebiss* und dem *Körperband* statt mit Ausbindezügeln kann Übergänge, Haltung, Gleichgewicht und Aktivität der Hinterhand deutlich verbessern, besonders bei Pferden, die Schwierigkeiten mit dem Untertreten haben.

Reiten mit Tellington-Trainingsgebiss

- Werden Sie leichter mit der Hand, wenn Sie sonst mit Zügelkontakt reiten.
- Benutzen Sie hauptsächlich das obere Zügelpaar, um das Pferd im Takt zu halten und ins Gleichgewicht zu bringen.
- Das untere Zügelpaar muss locker durchhängen – die Zügel dürfen nicht anstehen!
- Der (untere) Kandarenzügel macht das Genick locker, verbessert eine zu hohe Kopfhaltung oder einen Hirschhals und hebt einen durchgedrückten Rücken an.
- Die besten Resultate erzielen Sie, wenn Sie im Training *Tellington-Trainingsgebiss*, *Körperband* und *Balancezügel* kombinieren. Hat Ihr Pferd erst einmal begriffen, was es heißt, sich im Gleichgewicht zu bewegen, können Sie meist wieder auf die Trense zurückgreifen.

Foto oben links: Diese Stute ist auseinandergefallen und „klemmt" gern, das heißt, sie geht nicht so recht vorwärts. Hier haben wir ihr das Tellington-Trainingsgebiss gerade angelegt. Sie klemmt und weigert sich vorwärts zu gehen.

Foto oben rechts: Die Zügel werden durch den kleinen Finger voneinander getrennt, wobei die oberen Zügel über die Außenseite des kleinen Fingers laufen. Anfangs ist es nicht ganz leicht, mit vier Zügeln zu reiten, aber die Verbesserung in Haltung und Verhalten des Pferdes ist die Mühe wert.

Foto links: Wir legten ihr zusätzlich das Körperband an, und innerhalb von Minuten veränderten sich Gleichgewicht und Haltung. Nach 20 Minuten ging sie willig vorwärts, und Reiterin wie Pferd waren glücklich und zufrieden.

Fallstudie:
Wie Thor seine Angst vor dem Hänger überwand

Um eine Verbindung zu Thor aufzubauen, mache ich TTouches über sein Gesicht und lege ihm die Hand übers Auge – eine Geste, die Vertrauen und Freundschaft signalisiert. Achten Sie auf die seitlich eingehakte Führkette, mit der ich Thor ohne Druck auf die Nase dazu bringen kann, den Kopf zu senken und vorwärts zu gehen.

Eine Geschichte in Bildern

Dies ist die Geschichte eines Warmblutjährlings namens Thor. Als Absatzfohlen hatte er beim Ausladen aus dem Hänger einen Unfall gehabt, und davon war ihm so viel Angst geblieben, dass er nicht einmal mehr in die Nähe eines Hängers ging. Er war mit anderen Fohlen zusammen auf der Sommerweide gewesen, war beim Verladen offenbar in Panik geraten, hatte versucht, unter der Absperrstange durchzutauchen, und sich dabei den Widerrist gebrochen.

Als wir die Aufnahmen für dieses Buch machten, fragte mich meine Freundin Gabriele Boiselle, ob wir mit Thor arbeiten könnten. Er musste irgendwie seine Furcht überwinden, denn er sollte sich schon bald für die Sommerweide wieder verladen lassen. Seine Geschichte ist ein gutes Beispiel dafür, wie sich Tellington-Bodenarbeit und TTouches kreativ kombinieren lassen, um dauerhafte Verhaltensänderungen zu bewirken und Vertrauen aufzubauen.

Mein Mann Roland Kleger hält Thor auf der anderen Seite in der Brieftaube, um ihm ein Gefühl der Sicherheit zu vermitteln. Der Lernvorgang läuft schneller ab, wenn beide Gehirnhälften aktiviert werden. Thor lernt buchstäblich lernen. Er soll als Vorbereitung auf den Transport im Hänger jeden einzelnen Schritt verstehen und nicht einfach einem Zwang gehorchen oder konditionierte Reaktionen ablaufen lassen. Um ihn zu erden, streiche ich seine Vorderbeine ab.

Ein Pferd, das von zwei Personen mit Gerten zum Abstreichen und Beruhigen in der Brieftaube geführt wird, lernt Aufmerksamkeit, Geduld und Gleichgewicht. Die Lama-Leine ist in der oberen hinteren Ecke des Rings eingehängt, und die Führkette läuft über die Nase, damit Thor auch leise, sanfte Signale beachten lernt. Roland hält das Fohlen von der rechten Seite in der Position Anmutiger Gepard im Gleichgewicht (die Gerte voll ausgestreckt wie der lange Schwanz eines Geparden). Damit Thor sich nicht beengt fühlt und Platzangst bekommt, hält er mindestens 1 m Abstand. Meine Hand befindet sich näher am Pferdekopf. Die Gerte halte ich in der Mitte, um sie zu verkürzen und Thor im Eleganten Elefanten zu führen.

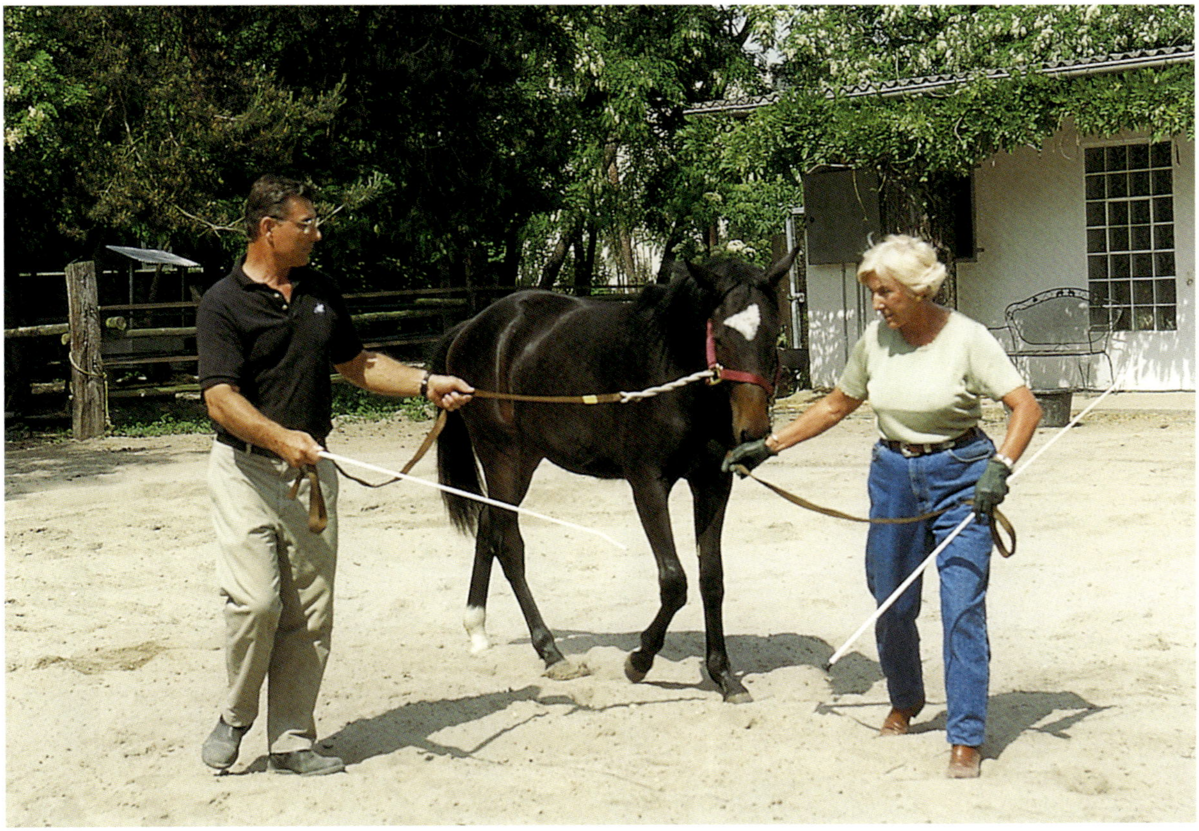

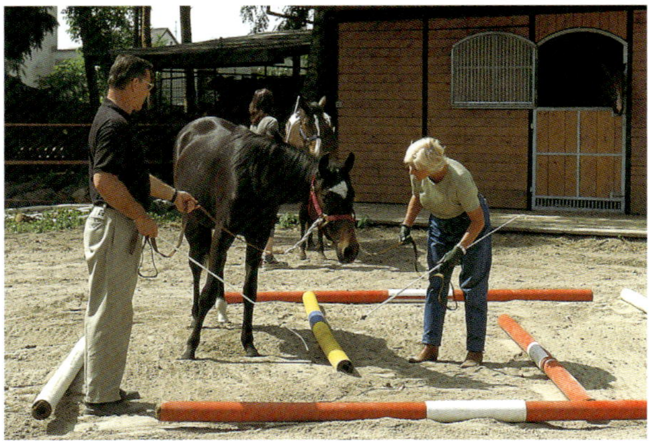

Thors erste Bekanntschaft mit dem Labyrinth. Ich beuge mich vor und mache ihm Mut, den Kopf zu senken und die Stangen zu beschnuppern. Roland hält die Gerte in voller Länge in der Anmutiger-Gepard-Position, um dem Fohlen Raum zu lassen und ihm Gelegenheit zu geben, diese neue Übung zu begreifen. Ich halte die Gerte in der Mitte (Eleganter Elefant) mit dem Griff nach unten, um Thor weiter zu ermutigen, die Stangen zu untersuchen.

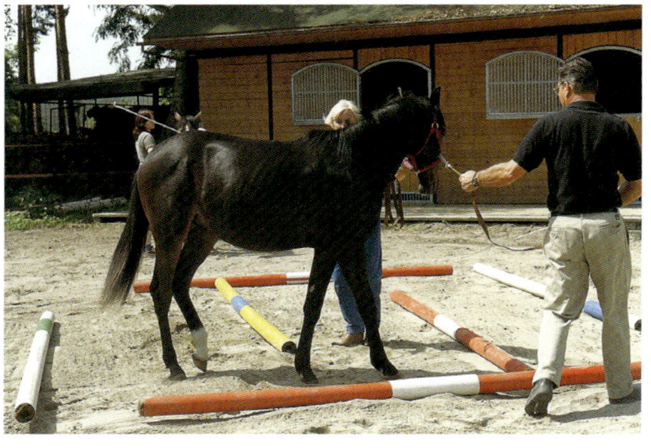

Die Ecken im Labyrinth veranlassen Thor dazu, sich zu biegen; dazu muss er langsamer gehen, sich konzentrieren und auf unsere Signale hören. Innerhalb der Grenzen des Labyrinths lernt er außerdem, von beiden Seiten Anweisungen aufzunehmen, was zur Verbesserung seiner Selbstdisziplin, von Geduld und Gleichgewicht beiträgt.

Wir führen Thor quer über die Stangen des Labyrinths, damit er auf seine Füße achten lernt.

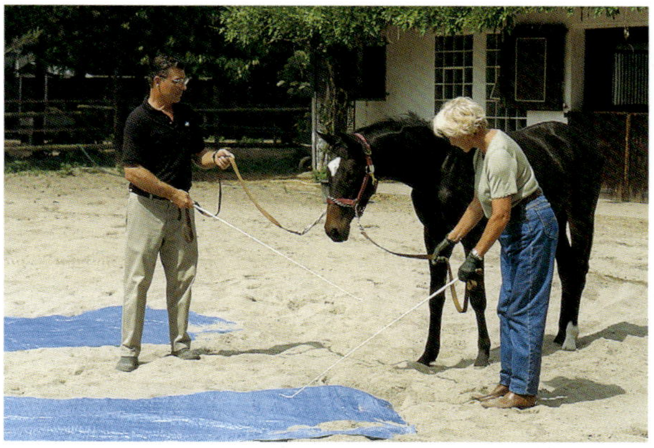

Thors Ohrenspiel verrät seine Unsicherheit angesichts der Plastikfolien. In der Pferdeszene ist viel von „Pferdeflüsterern" die Rede, aber unserer Meinung nach ist es mindestens ebenso wichtig, auf das Flüstern des Pferdes zu hören, bevor es schreien muss, um unsere Aufmerksamkeit zu erregen. Mit seinem Zögern sagte uns Thor: „Augenblick mal! Was ist das hier? Ist das wirklich nicht gefährlich?"

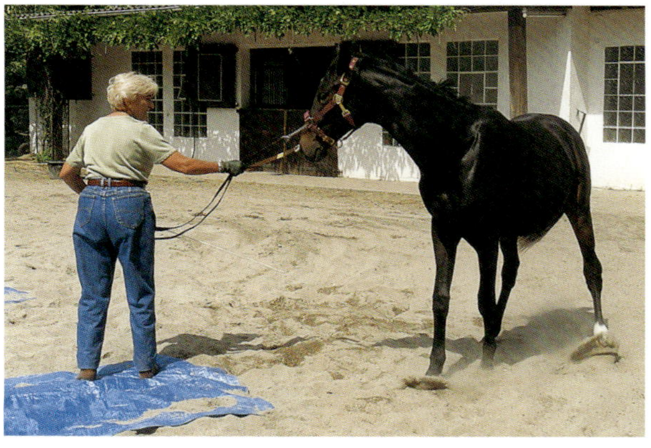

Aufgrund seiner Reaktion übernehme ich Thor nun aus Sicherheitsgründen allein. Wenn er sich richtig eingeengt gefühlt hätte, wäre er vielleicht in Panik geraten, gestiegen oder zur Seite gesprungen, was für meinen Assistenten auf der rechten Seite nicht ungefährlich gewesen wäre. Hat ein Pferd sich erst einmal an das Gefühl der schützenden Begrenzungen gewöhnt, wenn es von beiden Seiten geführt wird, vermittelt die Brieftaube ein Gefühl von Selbstvertrauen und stärkt das Lernvermögen.

Ich lasse beide Führleinen eingehakt, damit ich schnell zurück zur Brieftaube wechseln kann, wenn Thor sich beruhigt hat. Außerdem kann ich mithilfe der zweiten Führleine Thor besser im Gleichgewicht und gerade halten. Vorsichtig nimmt er ein paar Körner von der Ecke der Folie auf. Ich halte die Gerte in voller Länge, damit ich seine Beine abstreichen und ihn beruhigen kann.

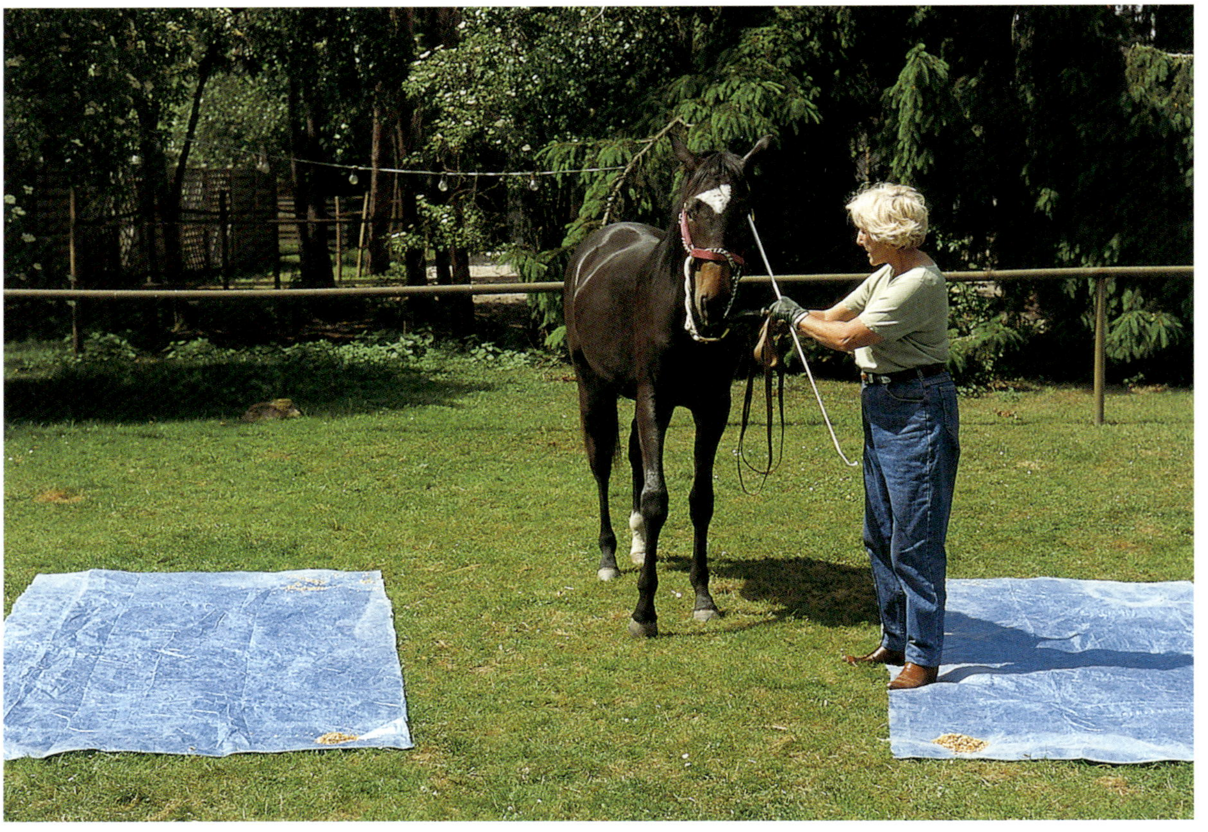

Vor den Plastikfolien, die zu seiner Beruhigung und meiner Sicherheit weit auseinander liegen, lasse ich Thor anhalten und still stehen. Die Gerte halte ich im Pfauenrad seitwärts, damit er nicht in meine Richtung drängt. Mit diesen Übungen lernt er, stehen zu bleiben und abzuwarten, bis ich das Zeichen zum Antreten gebe. Das Training mit Plastikfolien am Boden stärkt das Vertrauen zwischen Pferd und Mensch.

Thor frisst wieder ein wenig Hafer von der Ecke, diesmal schon wesentlich entspannter. Wenn ein Pferd nervös ist, wird zur Vorbereitung auf Flucht oder Kampf das sympathische Nervensystem aktiviert. Durch das Fressen wird das parasympathische Nervensystem aktiviert und der Fluchtreflex überwunden.

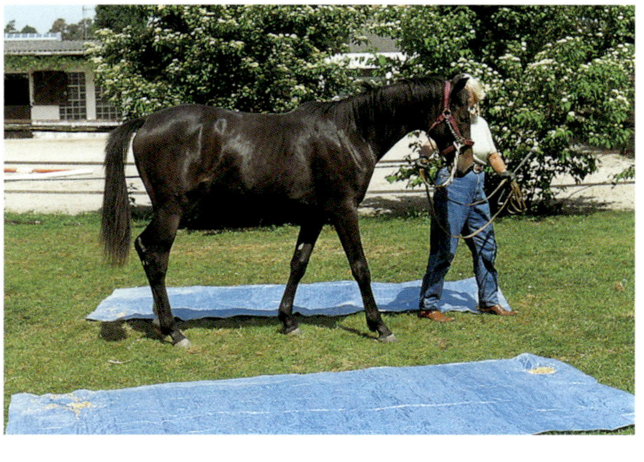

Ich führe den Jährling ein zweites Mal – ganz langsam – durch die Folien. Mit einer weiteren Übungseinheit oder zweien würde er lernen, ruhig über die Folien zu gehen, aber für das Verladen ist es nicht so wichtig, dass er wirklich auf die Folien tritt. Wichtiger ist, dass er sich an das spezielle Geräusch und das Gefühl auf einer Rampe und dem Hängerboden gewöhnt.

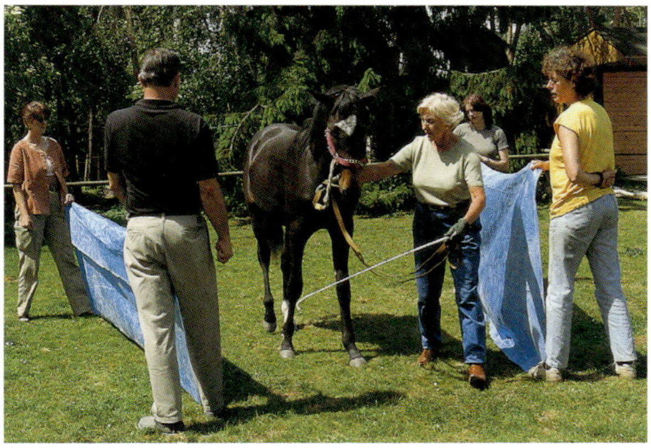

Mit der nächsten Übung soll Thor lernen, zwischen Plastikfolien stehen zu bleiben, damit ihm auch das enge Abteil im Hänger, in dem manche Pferde Platzangst bekommen, nichts mehr ausmacht. Bevor wir in den Gang hineingehen, halten wir an, und Thor nimmt ein paar Haferkörner von der Person, die an der linken Ecke steht. Wenn Sie zu Hause keine vier Freunde haben, die Ihnen helfen können, hängen Sie die Folien über Stangen und legen Sie diese auf Heu- oder Strohballen. Der Gang zwischen den Folien muss so breit sein, dass das Pferd, sollte es die Nerven verlieren und abdrehen, nicht mit den Plastikfolien in Berührung kommt.

In der Mitte des Gangs halte ich erneut kurz an, damit Thor Zeit hat, die neue Lernerfahrung zu verarbeiten. Ich streiche seine Beine ab, um ihn zu beruhigen und ihm Sicherheit zu geben. Die Gerte wirkt wie eine Verlängerung meines Arms und hält ihn mit mir in Verbindung. Wie Sie sehen, gehe ich mit dem ausgestreckten Arm leicht vor seiner Nase, damit er mich nicht bedrängt – eine Angewohnheit, die für die Führperson nicht ganz ungefährlich ist.

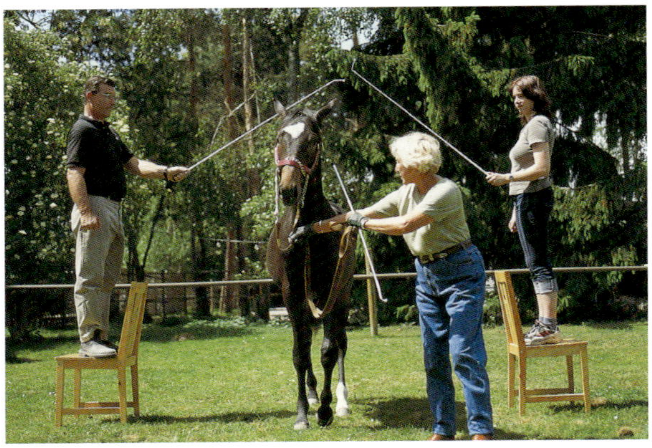

Nächster Schritt: Vorbereitung auf das Hängerdach über seinem Kopf. Um in etwa die Höhe des Hängers zu simulieren, stehen zwei Helfer auf Stühlen und halten die Gerten über dem Kopf zu einem Spitzbogen zusammen. Thor ist zwar nervös und hält den Kopf hocherhoben, ist aber willens vorwärts zu gehen. Ich strecke den Arm aus und bewege die Gerte im Pfauenrad an seinem Hals entlang vor und zurück, damit er nicht zu mir herdrängt und mich in Gefahr bringt.

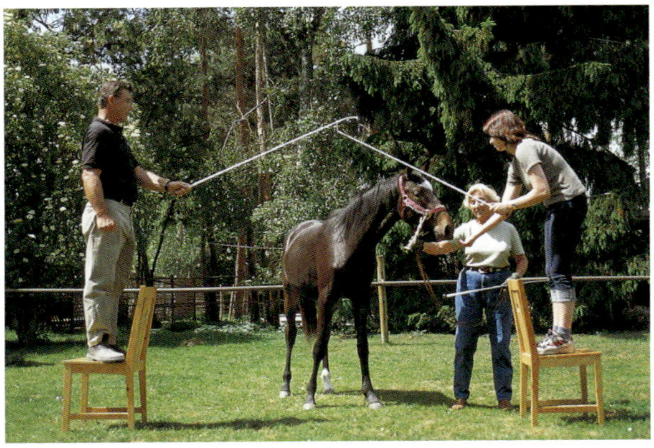

Da ihn die Helfer oberhalb seiner Augenhöhe zu beunruhigen scheinen, laden wir Thor ein, den Hals zu strecken und ein wenig Hafer zu knabbern.

Um die Übung leichter zu machen, sind die Helfer von den Stühlen hinuntergestiegen. Ich beuge mich leicht nach vorn, damit der Jährling vorwärts geht und den Kopf unten hält. Warum unten? Der hocherhobene Kopf ist gleichbedeutend mit Nervosität. Sobald der Fluchtinstinkt aktiviert wird, geht der Kopf nach oben. Den Pferdekopf senken trägt dazu bei, Angst und den Impuls zu fliehen zu überwinden, und macht den Weg zum Vertrauen frei.

Voller Selbstvertrauen, ohne zu drängeln oder zu stürmen, marschiert Thor an der durchhängenden Führleine unter den Gerten durch. Er ist bereit für die nächste Übung.

Der Grund, warum Pferde oft nicht in einen Hänger hineingehen wollen, ist das ungewohnt niedrige Dach. Thor nimmt vorsichtig etwas Hafer aus der Hand.

Thor schießt unter der Folie durch. Angesichts des gesteigerten Schwierigkeitsgrads der Aufgabe halte ich das Pferd nahe am Halfter wieder mit ausgestrecktem Arm von mir fern und auf seiner eigenen Linie.

Beim zweiten Durchgang geht er ruhig und auf gerader Linie unter der Folie durch. Thor hat das gesteckte Ziel erreicht!

Und nun die Rampe! Vor dem Verladen müssen Sie Ihr Pferd an den hohlen Klang der Hufe auf der Hängerrampe gewöhnen. Ich glaube, so manches Pferd lässt sich nur wegen dieses Geräuschs so ungern verladen. Wieder nehmen wir Thor in die Brieftaube, und diesmal halten wir beide die Gerten voll ausgestreckt im Anmutiger Gepard, damit der Jährling Platz hat, das Brett zu erkunden.

Da Thor das Brett nicht betreten wollte, machen wir die Übung leichter und legen eine weitere Planke v-förmig dazu. Er soll durch die enge Öffnung gehen und lernen, auch dann vorwärts zu gehen, wenn ihm etwas nicht ganz geheuer ist.

Beim zweiten Durchgang stelle ich Thors Fuß in aller Ruhe auf das Brett.

Mit der Gerte in der Dingo-Position auf der Kruppe halte ich Thor still, während Assistentin Zinta Lace sanft ein Hinterbein abstreicht. Thor soll einen kurzen Eindruck vom hohlen Klang der Bretter erhalten, bevor er schnell über die Ecke geht.

Roland stellt auch Thors anderen Fuß auf das Brett, während Zinta ihn an der Hüfte ruhig hält.

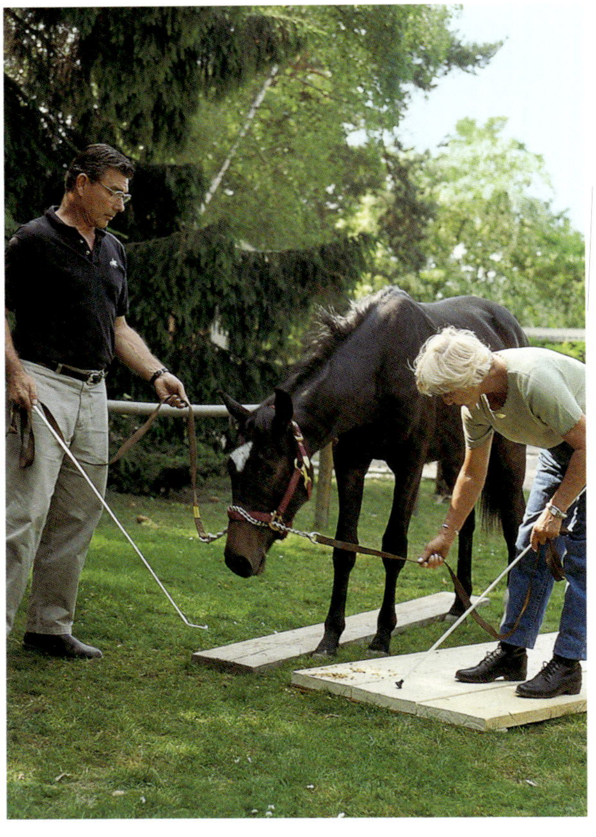

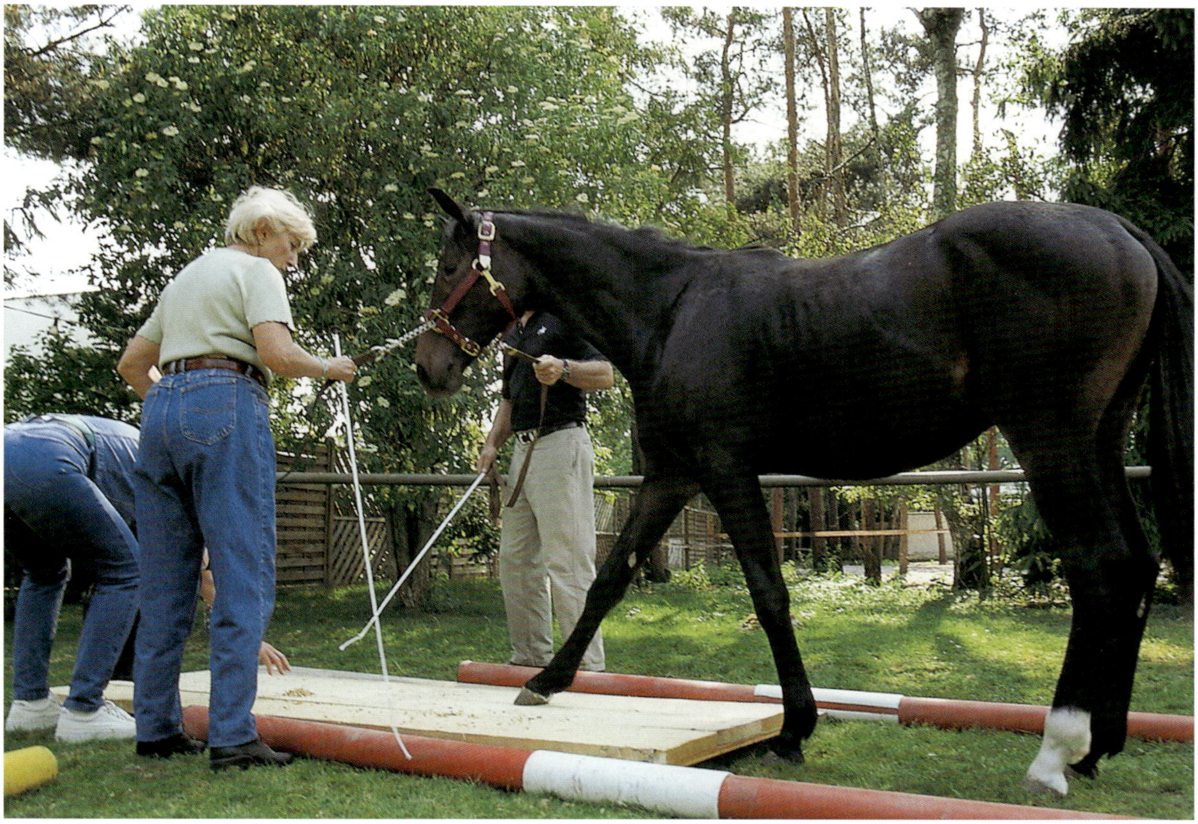

Nächster Schritt: Mit längs gelegten Stangen schaffen wir eine visuelle Begrenzung, und Thor setzt zögerlich einen Fuß auf die Bretter, während wir ihn in der Brieftaube ruhig halten. Das stärkt sein Selbstvertrauen.

Thor möchte vermeiden, die Hinterbeine auf das Brett zu setzen, und streckt sich weit nach vorn, um an den Hafer zu kommen.

Mit dem Abstreichen der Beine hat Thor Mut gefasst und ist auf das Brett gestiegen, aber das Geräusch überrascht ihn. Er traut sich nicht, die Hinterfüße fest aufzusetzen, und balanciert gefährlich auf den Zehenspitzen. Das ist deshalb von besonderer Bedeutung, weil das Nervensystem, sobald ein Pferd Angst hat, ein Signal aussendet, das die Blutzufuhr und die sensorischen Impulse in den unteren Gliedmaßen blockiert. Es ist deshalb kein Wunder, dass Pferde in einem Hänger immer wieder das Gleichgewicht verlieren und Schwierigkeiten haben, rückwärts auszusteigen.

Jetzt ist es Zeit, ihn allein zu führen. Ich stehe nicht mehr neben, sondern auf dem Brett, sodass ich seinen Kopf besser unter Kontrolle halten und ihm zeigen kann, dass keine Gefahr besteht. Thor geht willig vorwärts, und ich mache ihm klar, dass er langsam gehen und denken soll, während er einen Fuß nach dem anderen auf das Brett setzt.

Ich wechsle die Gerte in die andere Hand, nehme beide Führleinen ca. 15 cm vom Halfter entfernt in die linke Hand und fordere Thor auf, im **Dingo** *vorwärts zu kommen.*

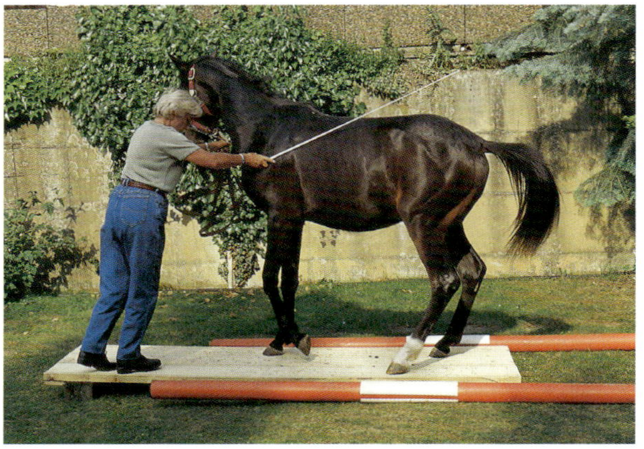

Thor ist zwar guten Willens, auf das Brett zu kommen, gerät aber erneut in Panik, als er mit den Hinterfüßen darauftritt. Es gelingt mir, ihn zwischen Gerte und Führkette ruhig und gerade zu halten. Damit er nicht seitlich vom Brett abkommt, führe ich ihn schnell hinunter.

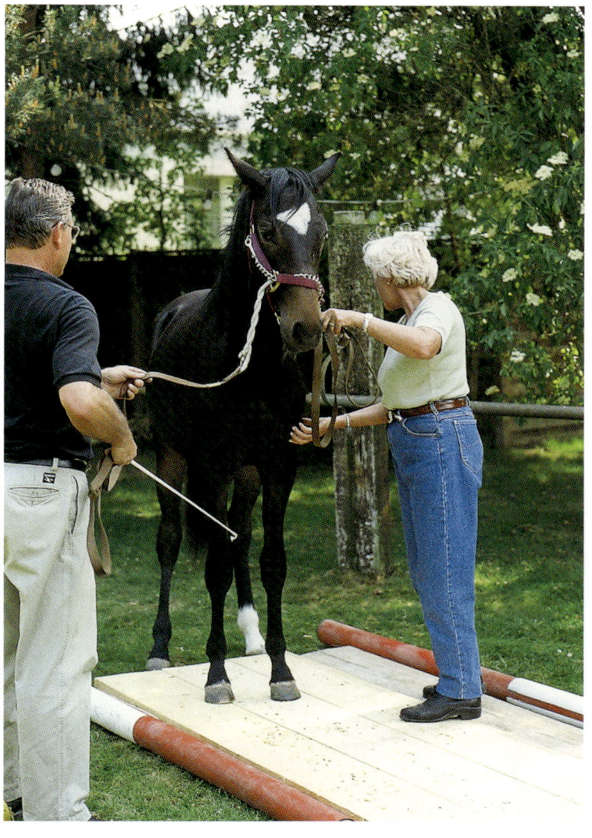

Trainingszeit

Diese Vorbereitung auf das Verladen hat ungefähr eine Stunde gedauert, wäre normalerweise aber auf mehrere Übungseinheiten verteilt worden, bis das Pferd alle Stufen des Lernparcours gemeistert hätte. Da wir aber nur diesen einen Tag Zeit hatten, gingen wir eben die wichtigsten Schritte durch: im Dingo, zwischen und unter Plastikfolien gehen und das Brett – die Grundlagen des Vertrauens.

Wir nehmen ihn wieder in die Brieftaube, die ihm inzwischen das zuversichtliche Gefühl gibt, von beiden Seiten unterstützt zu werden. Mit gesenktem Kopf und voller Vertrauen geht er bereitwillig weiter.

Aus einem Hänger rückwärts auszusteigen ist eine wichtige Lektion. Hier bringen wir Thor aus der Gegenrichtung heran, und ich halte ihn an, nachdem er die Vorderfüße auf das Brett gesetzt hat. Mit einem leichten Signal am Halfter und einer sanften Berührung am Bug fordere ich ihn auf zurückzugehen. Ich habe viele Pferde gekannt, die gelernt haben, sich verladen zu lassen, aber Angst davor haben, rückwärts auszusteigen. Diese einfache Lektion, rückwärts vom Brett hinunterzusteigen, dauert nur ein paar Minuten und ist die beste Vorbereitung darauf, dass das Pferd sich gut verladen und sicher transportieren lässt.

Minuten später steht Thor mit gespitzten Ohren und vertrauensvollem Blick ganz ruhig mit allen vier Füßen auf dem Brett. Ich berühre ihn leicht an der Schulter, um sein Vertrauen weiter aufzubauen, und Roland sorgt von der rechten Seite mit Gerte und Führleine für Unterstützung und Gleichgewicht. Ohne Roland würde Thor in diesem frühen Stadium höchstwahrscheinlich viel mehr herumtanzen oder dicht bei mir eine Stütze suchen.

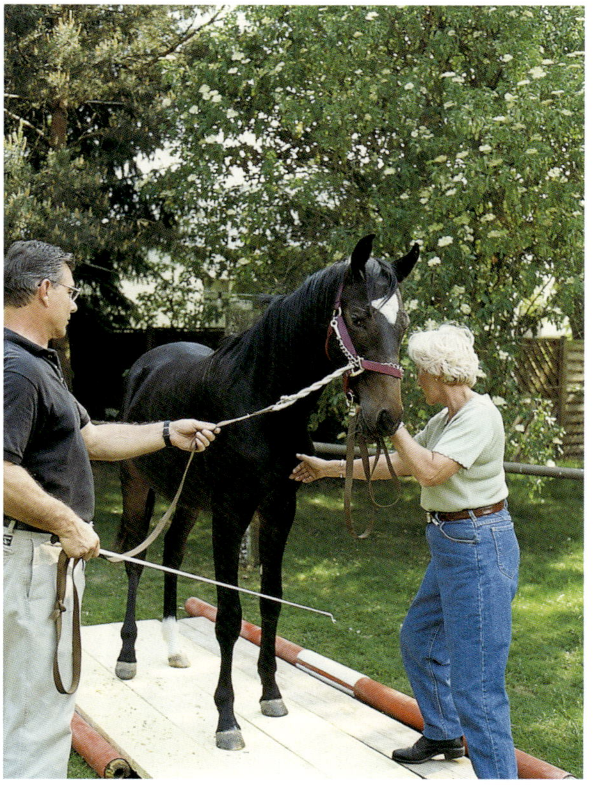

Jetzt ist es Zeit, den Hänger selbst in Angriff zu nehmen. Die folgenden Fotos zeigen, warum Gabriele Boiselle sich solche Sorgen darum machte, wie weit Thors Angst vor dem Hänger gehen würde. Thor demonstriert deutlich, dass er den Hänger infolge seines früheren Unfalls immer noch im höchsten Maße furchterregend findet. Er will nicht an die Rampe herangehen und bleibt mit den Hinterfüßen so weit weg wie möglich.

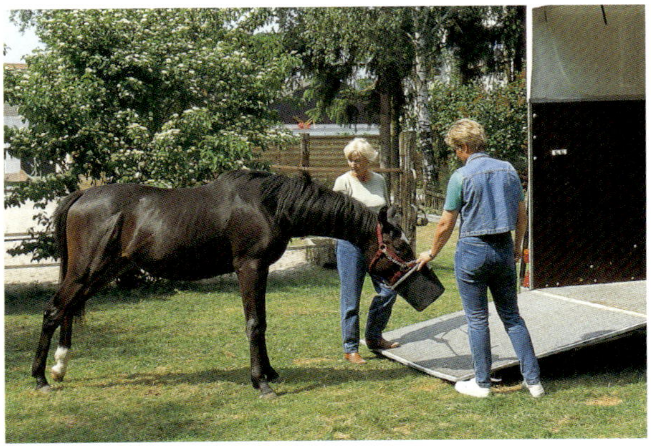

Viele Leute halten es für eine Form der Bestechung, einem Pferd in solchen Situationen Hafer anzubieten. Studien haben jedoch gezeigt, dass durch das Kauen das parasympathische Nervensystem aktiviert wird, weil im Speichel Hormone mit beruhigender Wirkung freigesetzt werden. Das Kauen trägt außerdem dazu bei, dass das Pferd den Kopf senkt und die Zellerinnerung an den Schmerz, der sich mit seinem ersten Hängererlebnis verbindet, überwindet. Zudem wird ein Trauma der Vergangenheit durch eine positive Belohnung überlagert.

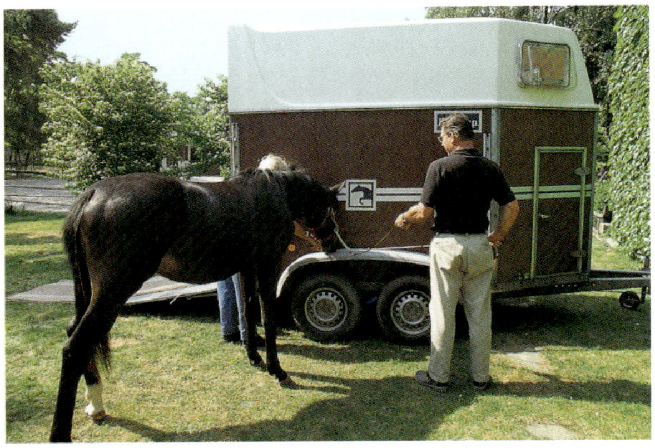

Wir führen Thor auf die Seite und lassen ihn Hafer vom Schutzblech fressen. Der veränderte Blickwinkel auf den Hänger trägt oft dazu bei, die Angst zu verringern.
Im Verlauf vieler Jahre habe ich entdeckt, dass sich ein Pferd oft leichter verladen lässt, wenn man das Brett vor der Rampe auf den Boden legt – vorausgesetzt natürlich, das Pferd hat abseits vom Hänger bereits gelernt, mit dem Brett umzugehen. Ich habe auch schon zwei flach gedrückte Kartons benutzt, um ein Pferd – bevor es wirklich ans Verladen ging – daran zu gewöhnen, in der Nähe des Hängers über eine ungewohnte Oberfläche zu gehen. Da wir keine Kartons zur Verfügung hatten, entschloss ich mich zu einem Versuch mit einem Stück Teppich, um Thor, noch bevor er die hohl klingende Rampe betrat, an ein neues Gefühl unter den Füßen zu gewöhnen.

Wir legen in der Nähe der Hängerrampe ein Stück Teppich aus und begrenzen es mit zwei Stangen. So dicht am Hänger kommt Thor der Teppich nicht geheuer vor – er steigt und versucht uns zu entkommen. Manche mögen dies als Zeichen von Sturheit oder Dominanz auffassen, aber unserer Meinung nach müssen wir einfach erkennen und respektieren, dass er auf diese Weise seine tief verwurzelte Angst vor dem Hänger ausdrückt. Roland und ich bemühen uns beide, ihm genügend Kopffreiheit zu lassen, um nicht den Kampf-oder-Flucht-Reflex auszulösen oder ihn aus dem Gleichgewicht zu bringen, sodass er womöglich umfallen und sich verletzen könnte.

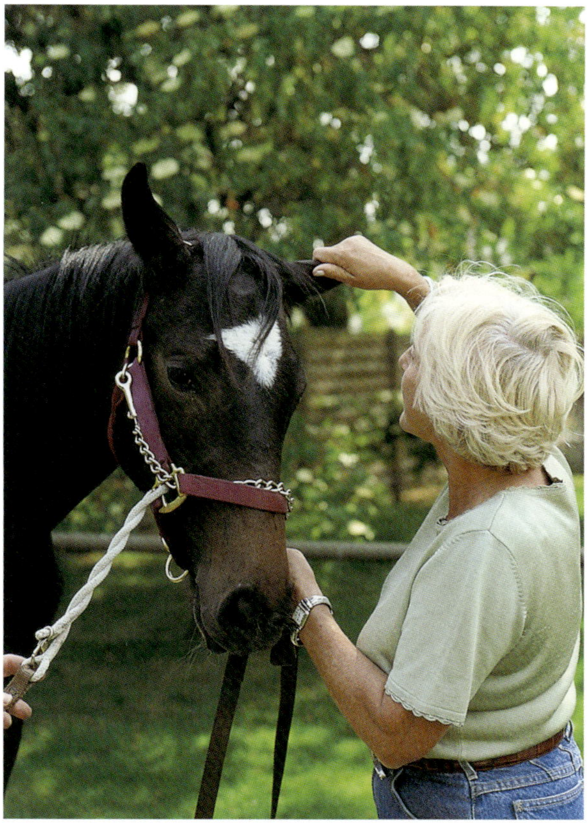

Ich mache ein paar Minuten Ohren-TTouches, um Thor wieder zu beruhigen, sein Vertrauen zurückzugewinnen und ihn neu zu fokussieren.
Ich möchte darauf hinweisen, dass wir es nie so weit hätten kommen lassen, wenn es nicht die einzige Chance gewesen wäre, ihn an das Verladen zu gewöhnen. Es ist verblüffend, wie viel Pferde lernen können, wenn man diese Lektionen über mehrere Tage in einzelne Schritte zerlegt. Wenn Pferde Zeit zum Denken haben und nicht bestraft werden, verlieren sie meist einen Großteil ihrer Furcht.

Ich nehme Thor wieder in die Dingo-Position, damit er vorwärts geht. Im Augenblick möchte ich nur, dass er ruhig stehen bleibt, während ich tief durchatme, mich kurz konzentriere und visualisiere, wie er über den Teppich geht. Ich übe keinen Druck aus, um ihn zum Vorwärtsgehen zu bringen, sondern möchte nur, dass er gerade stehen bleibt, herausfindet, was er tun soll, und aus eigenem Antrieb vorwärts geht. Wichtig ist, dass Roland auf der Gegenseite nicht versucht, ihn an der Führleine nach vorn zu ziehen, sondern nur ruhige Präsenz demonstriert und gerade so viel Kontakt hält, dass Thor zwischen den Stangen bleibt.
Ein Ziel des Tellington-Verladeprogramms besteht darin, dass das Pferd nicht nur bereitwillig und ohne Stress in den Hänger geht, sondern aufgrund der Übungen lernt, auf leichte Signale von Führleine und Gerte mit Vertrauen und Verständnis zu reagieren.

So richtig Vertrauen hat Thor zu dieser seltsamen Oberfläche noch nicht! Eine wunderschöne, kontrollierte Levade, gefolgt von einem beachtlichen Satz und ohne jedes Anzeichen von Panik, ist seine Lösung, um auf die andere Seite zu gelangen.
Zu den interessanten Aspekten der TTEAM-Arbeit mit ihren vielen unterschiedlichen Erfahrungen für das Pferd gehören unerwartete Geschenke. Hat ein Pferd erst einmal auf einem Gebiet seine Furcht verloren, wird es oft auch in anderen Situationen, einschließlich der Arbeit unter dem Reiter, mutiger. Man könnte annehmen, Thors „Kapriole" über dem Teppich wäre eher die Reaktion auf ein traumatisches Erlebnis, aber bei Thor stärkte es das Selbstvertrauen. Obwohl er keinen Fuß auf den Teppich gesetzt hatte, schien er mir für den Hänger bereit zu sein.

Wir haben Thors Weidekumpan in den Hänger gestellt und die Trennwand herausgenommen, die übliche Transportmethode zur Sommerweide. Thor berührt Rolands Hand, als wolle er sich von ihm bestärken und beruhigen lassen. Er trägt ein elastisches Körperband, das ihm ein Gefühl von Schutz gibt und sein Selbstvertrauen stärkt.

Als wir uns dieses Mal der Rampe nähern, streckt sich Thor vertrauensvoll nach dem Hafer.

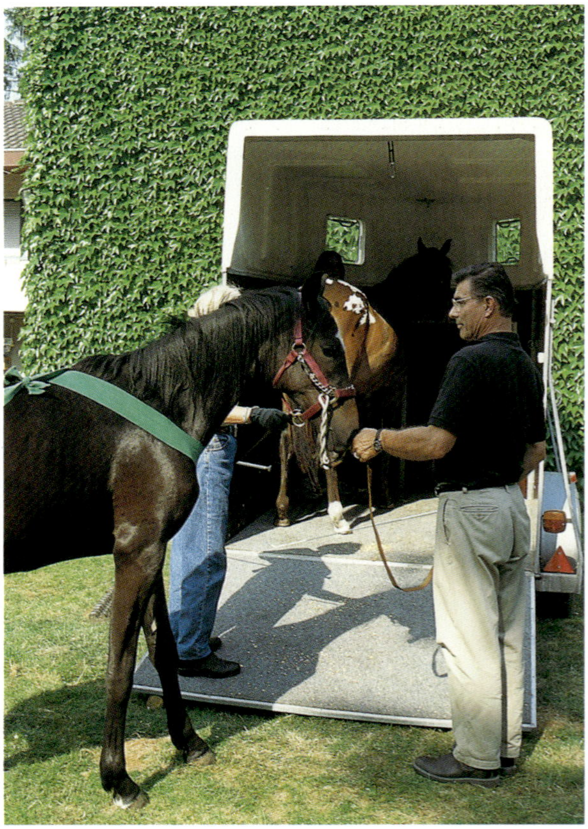

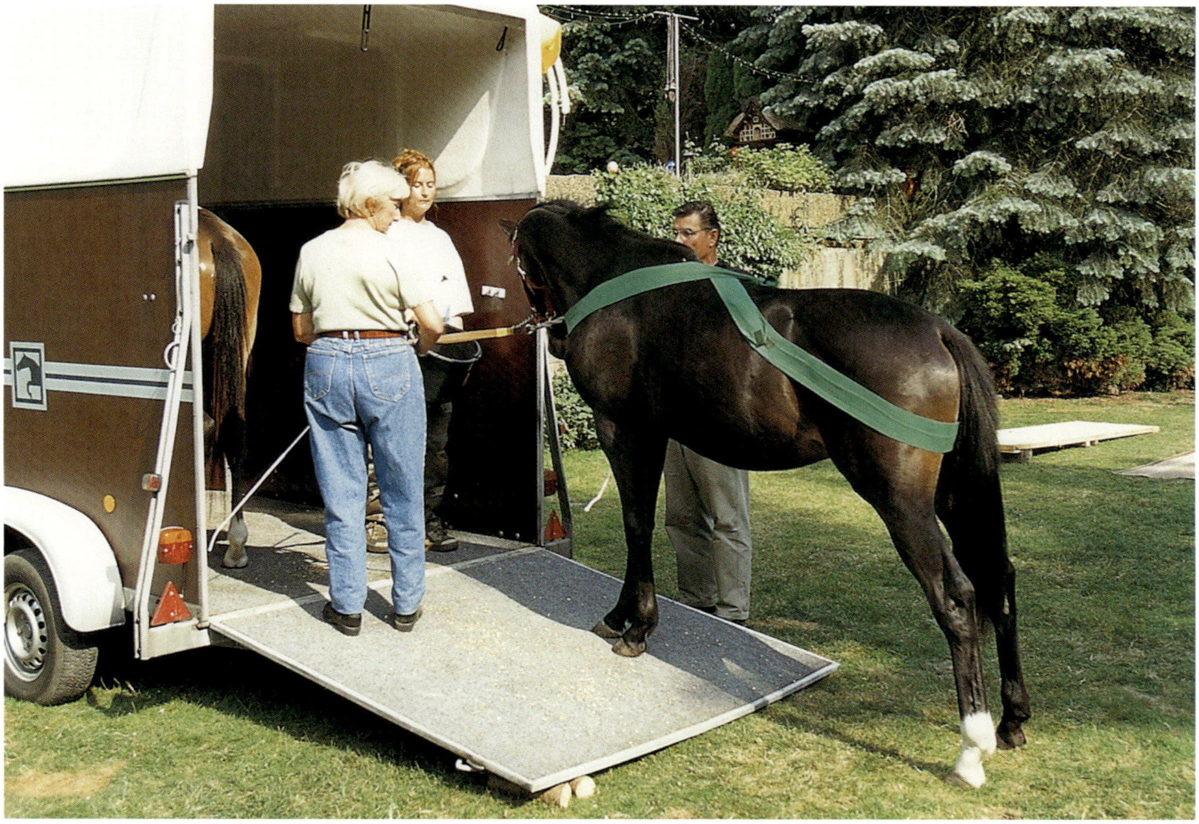

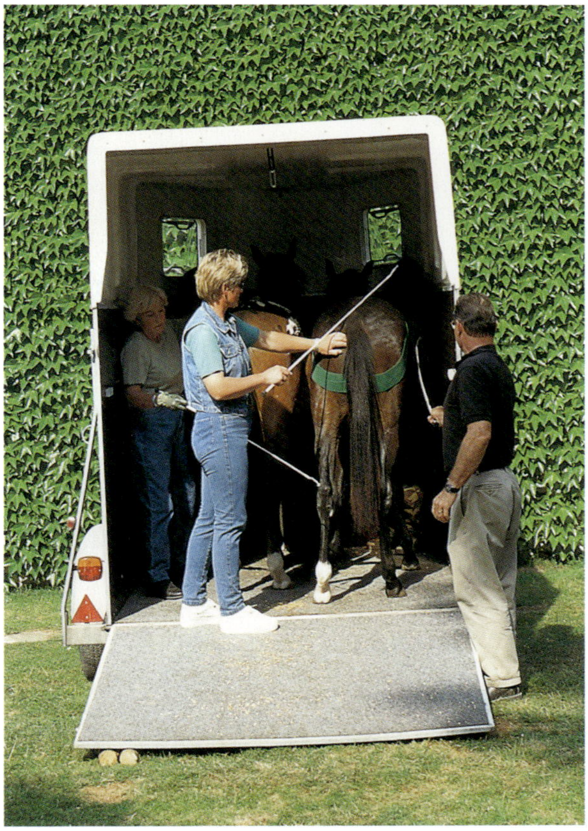

Ruhig marschiert der Jährling auf die Rampe und bleibt stehen, die Hinterbeine allerdings immer noch ausgestreckt. Wir nahmen einen Hinterfuß nach dem anderen hoch und setzten ihn weiter vor (haben aber kein Foto davon).

Ziel erreicht! Thor geht ohne zu zögern zu seinem Kumpel Appy in den Hänger und mampft – unangebunden – gemütlich sein Heu. Wir streichen ihn weiter mit der Gerte ab und machen noch ein paar Minuten TTouches über dem Sitzbeinhöcker, damit er sich weiter bestärkt und unterstützt fühlt.

Wir lassen Thor ein Stück zurücktreten, erlauben ihm aber, sich auf der Rampe umzudrehen, sodass er das erste Mal mit dem Kopf voran die Rampe herunterkommt.

Bei Pferden mit Problemen beim Ein- oder Ausladen hat es sich als hilfreich erwiesen, wenn sie sich ein paarmal umdrehen und vorwärts die Rampe hinuntergehen durften. Es stärkte ihr Selbstvertrauen, sodass sie später problemlos auch rückwärts ausgeladen werden konnten.

Thor hat nicht nur gelernt, sich verladen zu lassen, sondern auch:

- auf spezielle Signale von Gerte und Führleine hin vorwärts zu gehen;
- anzuhalten und geduldig stehen zu bleiben;
- den Kampf-oder-Flucht-Reflex zu überwinden;
- Verhaltensweisen abzulegen, die ihn „stur" und widersetzlich erscheinen ließen;
- in ungewohnten Situationen mutiger und selbstsicherer zu sein;
- körperlich, geistig und gefühlsmäßig mehr im Gleichgewicht zu sein;
- zu fremden Menschen eine neue Ebene des Vertrauens zu entwickeln;
- Bewegung über seinem Kopf und unter seinen Füßen zu akzeptieren.

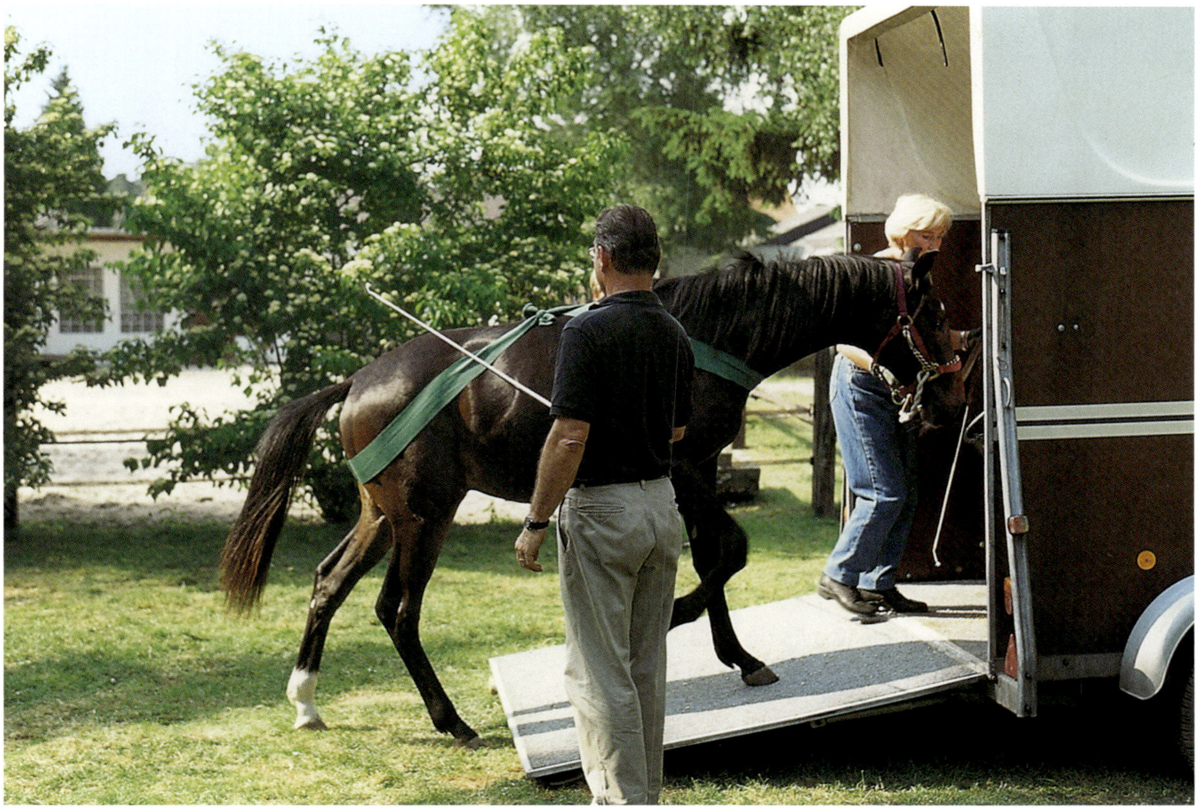

Zur Beendigung der Übung laden wir Thor ein zweites Mal ohne seinen Kumpel in den Hänger. Roland streicht ihm ruhig über die Kruppe, und Thor geht ohne zu zögern hinein.

Innerhalb einer einzigen Übungseinheit hat Thor nicht nur gelernt, sich sicher un d ohne Trauma verladen zu lassen, seine Erziehung hat auch die Grundlage dafür geschaffen, dass er später, unter dem Reiter, zu einem willigen, vertrauensvollen, sensiblen und sicheren Partner werden wird.

Einen Monat später ließ sich Thor ohne zu zögern in Richtung Sommerweide verladen, und heute, bei Erscheinen dieses Buches, ist er vier Jahre alt und absolut „verladefromm", wie es so schön heißt.

In aller Ruhe führen wir den Jährling zurück zur Weide. Thor hat eine Menge neuer Informationen verarbeitet und aufgenommen.

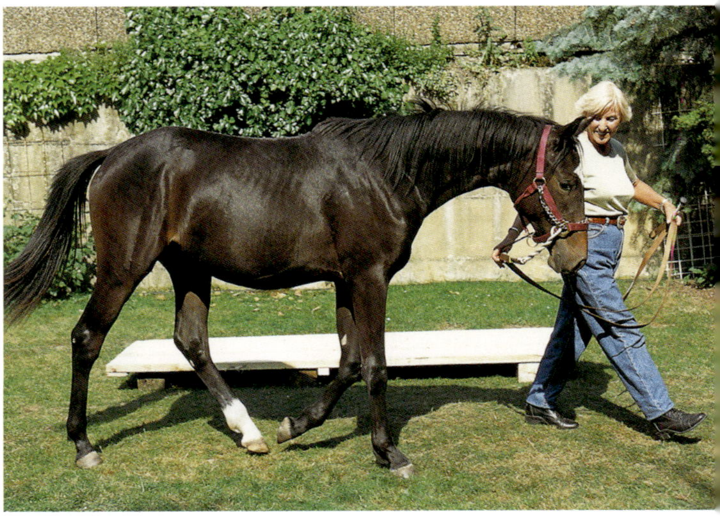

Für alle, die dieses Buch auf den Weg gebracht haben!

*Zuerst möchte ich m*einer Koautorin Bobbie Lieberman für die vielen Stunden danken, die wir zusammen verbracht haben, um in alle Details des Tellington TTouch Trainings vorzudringen. Wir haben viele Wochen gemeinsam bei uns auf Hawaii und bei Bobbie in Kalifornien am Manuskript gearbeitet. Die Tatsache, dass Bobbie schon Dutzende Artikel über die Tellington-Methode geschrieben hat und Tellington TTouches, Bodenarbeit und Reiten bei ihren Distanz- und Dressurpferden anwendet, ist unbezahlbar.

Es gibt nicht genug passende Worte, um meiner Schwester Robyn Hood zu danken, die die Entwicklung der Tellington-Methode seit mehr als zwei Jahrzehnten begleitet und vorantreibt. Robyn verfeinerte und ergänzte viele Details bei den Problemen und Lösungen und beim Tellington Training. Robyns Mann Phil Pretty danke ich sehr für das Korrekturlesen des Manuskriptes.

Ich bin glücklich und dankbar für die Arbeit von Gudrun Braun, die die deutsche Ausgabe des „Tellington Trainings für Pferde" als Lektorin verantwortete und all die vielen Details im Blick behielt, damit das Buch vollendet werden konnte. Dies ist das zehnte Buch, das ich im Kosmos Verlag schreibe, und ich bin stolz, „zum Stall" der Kosmos-Autoren zu gehören.

Ich danke Sigrid Eicher für ihre Umsicht und ihre Detailgenauigkeit beim Übersetzen des Buches ins Deutsche. Ihre Aufmerksamkeit und Geduld kannte keine Grenzen.

Gabriele Boiselle machte mir ihre Fotos zu einem speziellen Geschenk. Wir sind seit vielen Jahren befreundet und schon in vielen exotischen Gebieten der Welt zu gemeinsamen Fototerminen gereist. Vielen, vielen Dank, Gabriele!

Die Fotos von Gabriele Boiselle entstanden an zwei verschiedenen Orten: Eine Serie entstand mit Gabrieles Pferden in ihrem Stall in Speyer. Die anderen Bilder wurden in der SinTakt-Reitanlage von Doris Süess in der Schweiz gemacht. Ich danke Doris für ihre Gastfreundschaft und Organisation.

Mein großer Dank gilt auch Lothar Lenz, der die meisten anderen Fotos in diesem Buch gemacht hat. Entstanden sind sie dank Jochen Schumachers Unterstützung im wunderschönen Reitzentrum Reken.

Beth Preston danke ich für ihre charmanten Zeichnungen im Kapitel „Probleme und Lösungen von A–Z". Auch für die Zeichnungen von Cornelia Koller und Jeanne Kloepfer danke ich herzlich.

Mit großer Dankbarkeit habe ich das Geleitwort von Ingrid Klimke entgegengenommen. Sie ist ein außergewöhnliches Vorbild als Sportreiterin, und ich habe die Ehre, die TTouch-Idee mit ihr und ihrer Familie teilen zu können.

Große Anerkennung gilt meiner amerikanischen Verlegerin Caroline Robbins von Trafalgar Square Publishing für ihre Unterstützung dieses Projekts, bis zu dessen Vollendung mehr als zehn Jahren ins Land gingen. Ich danke sowohl dir, Caroline, als auch deinem Team Martha Cook und Rebecca Didier für die wunderbare Zusammenarbeit.

Seit mehr als zehn Jahren steht mir Kirsten Henry als großartige Helferin zur Seite – Kirsten hat mich bei der Vorbereitung, der Textarbeit und bei den Fototerminen sehr unterstützt. Kirsten hat uns auch bei der Bildauswahl beraten und die Übersetzung vom Englischen ins Deutsche überprüft. Ich danke dir, Kirsten!

Karl Phaler gab sein Feedback als Reiter, der vorher nichts von der Tellington-Methode wusste. Vielen Dank, Karl.

Mein Mann Roland verdient eine besondere Auszeichnung, weil er immer geduldig blieb und ein ermunterndes Wort fand, egal wie lange ich am Computer arbeitete oder mit Bobbie telefonierte.

Ich möchte allen Tellington-Lehrern danken, die ihr Wissen mit Pferdeliebhabern rund um die Welt teilen.

Last, but not least – danke ich allen Pferden, denen ich im Laufe meines Lebens begegnet bin und die mir so viel beigebracht haben. Und auch den Pferden, die ich nicht kenne, aber deren Verhalten ihre Reiter dazu bringen, sich für das Tellington TTouch Training zu interessieren und es anzuwenden. Ohne sie würde es dieses Buch nicht geben!

Linda Tellington-Jones

Linda Tellington Jones

Ein kleines kanadisches Mädchen reitet jeden Tag auf seinem Pony zur Schule...

Eine international anerkannte Spezialistin für Verhaltenskunde, Ausbildung und Therapie von Pferden und anderen Tieren hält weltweit Seminare und Vorträge...

Diese beiden Bilder verdeutlichen den Lebensweg von Linda Tellington-Jones und ihren ungewöhnlich vielfältigen Hintergrund als Pferdefrau.

Schon mit 13 Jahren begann Linda Tellington-Jones Reitunterricht zu geben und beendete 1960 erfolgreich den ersten ihrer sechs „Tevis Cup" Distanzritte über 100 Meilen. Zusammen mit ihrem damaligen Mann Wentworth Tellington leitete und organisierte sie die „Pacific Coast School of Horsemanship" in Kalifornien, ein internationales Internat, an dem Reitlehrer ausgebildet wurden. Mit ihrem ersten Buch über das Distanzreiten betrat sie Neuland. Sie arbeitete als Reitlehrerin in einer der führenden Jugendreiterorganisationen der USA, dem Pony Club. Sie war Turnierrichterin und Gründungsmitglied der kalifornischen Dressurvereinigung. Auf fünf Kontinenten bildete sie Reiter und Pferde aus, ritt gleichzeitig Distanzrennen über 100 Meilen und nahm an Dressur- und Vielseitigkeitswettbewerben teil.

Vor dreißig Jahren schuf Linda mit der Tellington-Methode eine Ausbildungs- und Therapieform für Pferde, die den gegenseitigen Respekt vertieft, Widersetzlichkeiten beim Pferd überwindet und die Bindung zwischen Mensch und Pferd verstärkt. Ihre Methode vereint eine einzigartige Form der Körperarbeit, Bodenarbeitsübungen und Arbeit unter dem Sattel, um das Verhalten des Pferdes, seine Leistungsbereitschaft und seine Gesundheit zu verbessern. Auch Arbeitseifer und Lernfähigkeit des Pferdes nehmen durch das Training in einer unterstützenden und vertrauensvollen Atmosphäre zu.

In den frühen 1970ern erarbeitete Linda ein gänzlich neues Konzept für den Unterricht von erwachsenen Reitanfängern, das sie in einer Serie von achtwöchigen Kursen an der Universität von Santa Cruz in Kalifornien lehrte.

Als sie 1975 erwachsene Reitanfänger in Deutschland zu unterrichten begann, erkannte sie, dass sie den Lehrstoff für Wochenendkurse zusammenfassen musste. So entstanden die ersten Tellington Trainingskurse, bekannt als „TTEAM-Training" oder „Tellington Equine Awareness Method".

Linda stellt ihre Methode seit Jahrzehnten weltweit vor – auf Konferenzen von Tierärzten, an Universitäten, bei Pferdemessen und vor Vereinigungen für therapeutisches Reiten, in olympischen Ausbildungszentren, bei der amerikanischen Vereinigung für Reitlehrer, in Zoos, auf Konferenzen für die Rehabilitation von Wildtieren und bei der Vereinigung der behinderten Reiter Nordamerikas.

Ihre Arbeit wurde in den vergangenen Jahrzehnten in vielen Ländern im Fernsehen gezeigt – in Nordamerika, Europa, Russland, Südafrika und Australien – und in Dutzenden von internationalen Zeitschriften dargestellt.

Linda wurde 1994 von der Reiterlichen Vereinigung Nordamerikas zur „Horsewoman of the Year" gewählt und bekam 1992 den „Lifetime Achievement Award" von der Vereinigung der amerikanischen Reitlehrer für ihr Lebenswerk verliehen.

Linda Tellington-Jones hat 15 Bücher über TTouch und die Tellington-Methode geschrieben, die in zwölf Sprachen erschienen sind. Außerdem gibt es 18 Videos von ihr. Zurzeit arbeiten über 1.300 ausgebildete TTouch-Practitioner für Pferde, Kleintiere und Menschen in 26 Ländern und auf sechs Kontinenten. In Deutschland, Österreich, der Schweiz, Südafrika, England, Kanada und den USA bestehen Tellington-Trainings-Zentren.

Adressen

Tellington TTouch Training™ Deutschland
www.tteam.de
E-Mail: geschaeftsstelle@tellington-methode.de

TTouch for You!
Karin Petra Freiling
www.ttouch4u.de
E-Mail: info@ttouchforyou.de

Österreich
www.tellington.at
www.tellington4you.at

Schweiz
www.tellington-ttouch.ch
E-Mail: contact@tellington-ttouch.ch

Italien
www.tteam.it
www.tellingtonttouchtraining.it
E-Mail: tellingtonttouchtraining@gmail.com

Niederlande und Belgien
www.tteam-ttouch.nl
E-Mail: info@tteam-ttouch.nl

Frankreich
www.tellington-ttouch.fr

Großbritannien
www.ttouchtteam.co.uk

USA
Linda Tellington-Jones
www.ttouch.com
E-Mail: info@ttouch.com

Kanada
Robyn Hood
www.ttouch.ca
E-Mail: ttouch@shaw.ca

Südafrika
Eugénie Chopin
www.ttouch.co.za
E-Mail: echopin@icon.co.za

Reit-Zentrum Reken
Frankenstr. 37
D-48734 Reken
www.fs-reitzentrum.de

Eulenmühle Pro Equis e. V.
D-55218 Ingelheim
www.eulenmuehle-proequis.de
E-Mail: info@eulenhuehle.de

SinTakt
Weiherstr. 6
CH-8566 Ellighausen
www.sintakt.ch
E-Mail: info@sintakt.ch

Deutsche Reiterliche Vereinigung (FN)
Freiherr-von-Langen-Str. 13
D-48231 Warendorf
www.fn-dokr.de

Vereinigung der Freizeitreiter und -fahrer in
Deutschland (VFD)
www.vfdnet.de
E-Mail: vfd@vfdnet.de

Österreichischer Pferdesportverband (OEPS)
Geiselbergstr. 26 – 35/512
A-1110 Wien
www.oeps.at

Schweizerischer Verband für Pferdesport (SVPS)
Papiermühlestr. 40 H
CH-3000 Bern 22
www.fnch.ch

Zum Weiterlesen

Bücher von Linda Tellington-Jones

Tellington-Jones, Linda: **Vertrauen stärken mit Tellington Training**; TTouch & Bodenarbeit, KOSMOS 2023
Das Praxisbuch der berühmten Pferdetrainerin Linda Tellington-Jones ist der perfekte Einstieg in die erfolgreiche Therapieform und das partnerschaftliche Training mit dem Pferd. Detailgenaue Schritt-für-Schritt-Anleitungen machen es leicht, TTouches und die Bodenarbeit kennenzulernen und mit dem eigenen Pferd auszuprobieren.

Tellington-Jones, Linda und Taylor, Sybil: **Die Persönlichkeit Ihres Pferdes**; KOSMOS 2008
Die Kunst, Charakter und Temperament Ihres Pferdes anhand seines Körperbaus zu bestimmen und positiv zu beeinflussen.

Tellington-Jones und Pabel, Andrea: **Pferde ausbilden mit dem Tellington Training**; TTouch, Bodenarbeit, Reiten, KOSMOS 2012
Linda Tellington-Jones' Pferdeausbildung beruht darauf, Jung- und Problempferde behutsam und artgerecht zu trainieren. Dieser Ratgeber erklärt die Grundausbildung, die eine sichere Vertrauensbasis zum Pferd herstellt.

Tellington-Jones, Linda: **Basis-TTouches für Pferde**, Kurzanleitung & Anwendung; KOSMOS 2019
Die positiven Wirkungen der Tellington-TTouches auf die Gesundheit, das Wohlbefinden und das Verhalten von Pferden sind weltweit erprobt und nachweisbar. Mit diesem übersichtlichen Ratgeber lernt jeder Reiter schnell, wie die 20 wichtigsten TTouches richtig angewendet werden. Zusätzlich enthält der Band Tipps für TTouch-Anwendungen bei Mensch und Hund.

Tellington-Jones, Linda und Liebermann, Bobbie: **Tellington TTouch für Pferde**; Pferdegesundheit kompakt, KOSMOS 2014
Die positive Wirkung der Tellington TTouches auf die Gesundheit, das Wohlbefinden und das Verhalten von Pferden sind weltweit erprobt und nachweisbar. Hier findet jeder Reiter schnell und übersichtlich den richtigen TTouch zum Symptom oder Problem.

Tellington-Jones, Linda und Didier, Rebecca M.: **Reiten mit Körper, Geist und Seele**; KOSMOS 2015
Linda Tellington-Jones erklärt, welche Tellington TTouches Pferd und Reiter mental und körperlich stärken und wie ein ganzheitliches Reittraining aussieht. Auch als E-Book erhältlich.

Tellington-Jones, Linda und Taylor, Sybil: **TTouch for You!**; Gesundheit und Wohlgefühl mit dem Tellington-TTouch, KOSMOS 2014, E-Book-Ausgabe
Die Erfolgsmethode, angewendet beim Menschen. Tellington Touches mit ihren sanft kreisenden, hebenden und streichenden Berührungen als erfolgreicher und leichter Weg, sich selbst und anderen zu helfen.

Linda Tellington-Jones: **Tellington Training für Hunde**; Bindung stärken mit TTouch und Führtraining, KOSMOS 2025
In diesem Ratgeber gibt die Erfinderin der einzigartigen Körperarbeits- und Ausbildungsmethode Linda Tellington-Jones wertvolle Tipps zur Anwendung der TTouches im Alltag und zeigt, wie die sanfte Kommunikation im täglichen Training Vertrauen und Wohlbefinden für Hund und Mensch stärken kann. Das Tellington-Führtraining im Lernparcours vertieft und fördert das Vertrauensverhältnis zwischen Hund und Mensch.

Tellington special: Das Tellington-Magazin mit aktuellen Themen für Mensch und Tier, Abo-Service: abo.ts@tteam.de

Weitere empfehlenswerte Bücher

Klimke, Ingrid / Klimke, Reiner: **Cavaletti – Dressur und Springen**; KOSMOS 2018
Dieser Ratgeber zeigt die Cavaletti-Arbeit an der Longe, liefert wertvolle neue Anregungen für die Dressurarbeit sowie zahlreiche aktualisierte Aufbauskizzen für die Springgymnastik. Neben der Gymnastizierung des Pferdes und der damit verbundenen Verbesserung der Gangarten bringt Cavaletti-Arbeit Spaß und Abwechslung in den Trainingsalltag.

Klimke, Ingrid / Klimke, Reiner: **Grundausbildung des jungen Reitpferdes**; Dressur, Springen, Gelände; KOSMOS 2019
Jedes Pferd, ob es im Sport oder in der Freizeit geritten wird, braucht eine solide und fundierte Grundausbildung, damit es seine Aufgaben unter dem Reiter zuverlässig und motiviert erfüllen kann. Der Longseller, jetzt vollständig überarbeitet und neu bebildert.

Klimke, Ingrid: **Reite zu Deiner Freude**, Grundsätze meiner Pferdeausbildung; KOSMOS 2021
Ingrid Klimke stellt ihre Trainingsphilosophie vor. Die Basis bilden Vielseitigkeit und Abwechslung wie Cavaletti-Arbeit, Dressur, Springen und Reiten im Gelände. Am Beispiel ihrer eigenen Pferde gibt sie wertvolle Tipps zur Förderung des jeweiligen Pferdecharakters. Auch als E-Book erhältlich.

Lubetzki, Marc: **Im Kreis der Herde**, Von wilden Pferden lernen; KOSMOS 2019
Tierfilmer Marc Lubetzki beobachtet und filmt seit 2012 Wildpferdeherden unter anderem in Deutschland, Großbritannien und Portugal. Während der Dreharbeiten wird er selbst ein Teil der Herde. Wie er das Vertrauen der Tiere gewinnt und welche Schlüsse er aus seinen einzigartigen Beobachtungen zieht, beschreibt er in diesem Buch. Es gelingt ihm, alte Missverständnisse aufzuklären und zu beweisen, wie nah sich Wild- und Hauspferd in ihrem Verhalten sind.

Meyners, Eckart: **Wie bewegt sich der Reiter?**, Bewegungsabläufe verstehen, Sitz & Hilfengebung verbessern; KOSMOS 2016
Eckhart Meyners gibt einen Überblick über die Anatomie des Reiters auf Basis neuester wissenschaftlicher Erkenntnisse und macht verständlich, was beim Reiten im Körper passiert. Faszienübungen helfen Haltung, Fitness und Beweglichkeit zu verbessern.

Ochsenbauer, Ute / Schmidtlein, Beate: **Fohlen und Jungpferde**, Halten, Erziehen, Fördern; KOSMOS 2021
In diesem Ratgeber erfahren Pferdehalter, wie man das richtige Maß zwischen Freiheit und Förderung hält, in welchem Alter Jungpferde am besten lernen und was sie wann können sollten – mit wichtigen Tipps zur artgerechten Haltung und Fütterung sowie persönlichen Erfahrungen der Autorinnen.

Podhajsky, Alois: **Die Klassische Reitkunst**, Reitlehre von den Anfängen bis zur Vollendung; KOSMOS 2024
Das ist klassische und pferdeschonende Reiterei auf höchstem Niveau: Umfassend, nachvollziehbar und systematisch gibt der legendäre Leiter der Spanischen Hofreitschule in Wien, Alois Podhajsky, in diesem Klassiker der Pferdeliteratur sein Wissen und die Erfahrungen eines ganzen Reiterlebens an alle Dressurreiter weiter.

Savoie, Jane: **Positiv denken – erfolgreich reiten**, Mit Mentaltraining zum persönlichen Sieg; KOSMOS 2009
Drill und Anstrengung beim Reiten? Die moderne Sportpsychologie setzt auf mentales Training und Visualisierung, um die reiterlichen Herausforderungen zu meistern. Das Praxisbuch erklärt Schritt für Schritt, wie diese alternativen Methoden zum schnellen Erfolg führen.

Schöpe, Sigrid: **Bodenarbeit mit Pferden**, Abwechslungsreiche Übungen, die Spaß machen; KOSMOS 2023
Egal ob Warmblut, Araber oder Shetland-Pony – Bodenarbeit gymnastiziert jedes Pferd, schafft Vertrauen und bringt Abwechslung in den Alltag von Pferd und Reiter. Sigrid Schöpe erklärt Bodenarbeit Schritt für Schritt – von einfachen Lektionen, die das Pferd bereits effektiv trainieren, bis zu Zirkustricks, damit auch bei Fortgeschrittenen keine Langeweile aufkommt.

Recktenwald, Anke: **Besser Reiten mit Feldenkrais**, Körper- und Reitübungen; KOSMOS 2012, E-Book
Mit der Feldenkrais-Methode kann der Reiter seinen Körper ganz neu entdecken. Durch leicht nachvollziehbare Übungen werden Fehlhaltungen vermieden und Spannungen gezielt abgebaut. Dies führt zu einer feineren Hilfengebung im Sattel und zu mehr Harmonie zwischen Reiter und Pferd.

Wilsie, Sharon / Vogel, Gretchen: **Sprachkurs Pferd**, Pferdesprache lernen in 12 Schritten; KOSMOS 2018
Jedes Zucken von Ohr oder Nüster, jede Bewegung des Pferdes hat eine Bedeutung. Pferde reden mit uns, doch die meiste Zeit übersehen wir diese Signale. Mit diesem Übersetzungshelfer lernen wir, die Sprache unserer Pferde zu verstehen und uns mit ihnen so zu unterhalten, dass sie unsere Wünsche an Sie verstehen und sich verstanden fühlen.

Register

Bildnachweis

Mit Fotos von Akaka Photographic, Inc. (2 Fotos: Seite 248, 249), Darrel Dodds (1 Foto: Seite 8), Werner Ernst (1 Foto: Seite 49), Kirsten Henry (2 Fotos: Seite 280, 283 oben), Carol Lang (1 Foto: Seite 283 unten), Lothar Lenz/Kosmos (118 Fotos: Seite 2, 4 oben, 5, 6 oben, 7 unten, 10, 12, 13, 14, 16, 19, 20, 21, 22, 23, 24, 25, 26, 27, 28, 29, 31, 33, 35, 36, 38, 42, 44, 46, 47, 50, 51, 53, 54, 57, 59, 60, 61, 62, 65, 67, 68, 70, 71, 74, 76, 78, 79, 81, 83, 84, 86, 87, 89, 90, 91, 94, 98, 100, 101, 102, 103, 105, 106, 107, 109, 110, 112, 113, 114, 117, 119, 121, 122, 123, 124, 126, 128, 133, 134, 136, 137, 140, 142, 143, 145, 147, 149, 150, 151, 152, 154, 156, 157, 159, 165, 191, 219 oben, 232, 239 Mitte, 239 unten, 255, 266, 304), Bobbie Lieberman (3 Fotos: Seite 174, 217, 245 rechts), Gabriele Metz (4 Fotos: Seite 15, 17, 166), Hilmar Pabel (3 Fotos: Seite 294 unten), Julia Rau (1 Foto: Seite 9), Linda Tellington-Jones (7 Fotos: Seite 221 oben, 229, 241, 269), Linda Tellington-Jones Archiv (1 Foto: Seite 247), Ellen van Leeuwen (3 Fotos: Seite 244), Ingrid Wild (8 Fotos: Seite 245, 294 oben, 296 unten, 302 unten).

Alle anderen Fotos stammen von Gabriele Boiselle (311 Fotos: Seite 4 unten, 6 unten, 7 oben, 160, 164, 169, 170, 171, 172, 173, 176, 177, 178, 180, 181, 182, 183, 184, 185, 186, 187, 189, 190, 193, 194, 196, 198, 199, 200, 201, 202, 204, 205, 206, 207, 208, 209, 210, 211, 212, 215, 218, 219 unten, 220, 221 unten, 222, 223, 224, 225, 226, 227, 228, 230, 231, 234, 235, 236, 237, 238, 239 oben, 242, 243, 246, 250, 251, 252, 253, 254, 256, 257, 258, 259, 260, 262, 264, 265, 267, 271, 272, 273, 274, 275, 276, 278, 279, 281, 282, 284, 285, 286, 287, 288, 289, 290, 292, 296 beide oben rechts, 297, 299, 300, 302 oben, 303, 306, 307, 308 bis 325, 335).

Mit Illustrationen von Jeanne Kloepfer (6 Illustrationen: Seite 192, 194, 216, 232, 233), Cornelia Koller (17 Illustrationen: Seite 165, 188, 203, 227, 228, 237, 249, 254, 255, 256, 259, 260, 265, 266, 267), Laura Maestro (2 Illustrationen: Seite 163, 239), Beth Preston (44 Illustrationen: Seite 41 bis 148), Phil Pretty (1 Illustration: Seite 280), Linda Tellington-Jones Archiv (2 Illustrationen: 224, 244).

Impressum

Umschlaggestaltung von GRAMISCI Editorialdesign, Isabell Fischer, München unter Verwendung von zwei Farbfotos von Anna Auerbach/KOSMOS.

Mit 466 Farbfotos und 72 Illustrationen.

Alle Angaben und Methoden in diesem Buch sind sorgfältig recherchiert, erwogen und geprüft. Sie entbinden den Pferdefreund nicht von der Eigenverantwortung für sein Tier und sich selbst. Die Anwendung der beschriebenen Methoden liegt in eigener Verantwortung. Der Verlag und die Autorin übernehmen keine Haftung für Personen-, Sach- oder Vermögensschäden, die aus der Anwendung der vorgestellten Materialien und Methoden entstehen.

Unser gesamtes Programm finden Sie unter **kosmos.de.** Über Neuigkeiten informieren Sie regelmäßig unsere Newsletter, einfach anmelden unter **kosmos.de/newsletter**

Gedruckt auf chlorfrei gebleichtem Papier

First published in 2006 by Trafalgar Square Publishing, North Pomfret, Vermont, USA
Aus dem Amerikanischen übersetzt von Sigrid Eicher.

Pfizerstraße 5–7, 70184 Stuttgart
info@kosmos.de

ISBN 978-3-440-17981-9
Grundlayout: Friedhelm Steinen-Broo, eStudio Calamar
Satz und Layout: akuSatz Andrea Kunkel, Stuttgart
Redaktion: Gudrun Braun, Hamburg
Produktion: Claudia Frank
Druck und Bindung: Print Consult GmbH, München
Printed in Slovenia / Imprimé en Slovénie

FSC www.fsc.org MIX Papier | Fördert gute Waldnutzung FSC® C106855